烟草病虫害
诊断及绿色防控技术

云南省烟草农业科学研究院
上海烟草集团有限责任公司 编著

科学出版社
北京

内 容 简 介

本书介绍了烟草病虫害的诊断、预测预报技术、绿色防控技术等。内容涵盖76种烟草病虫害发生危害的原因、特点及主要的识别特征，解释了导致众多病虫危害症状出现的因果关系，描述了如何确定病虫侵染危害水平及制定可行的绿色控制技术。本书是编者的研究成果及实践经验总结，同时参阅了大量文献资料，内容丰富、资料翔实、图文并茂，反映了历史及当前烟草生产中烟草病虫害的真实状况和研究、防控水平。

本书可供烟草生产技术人员、大专院校植保专业师生参考使用。本书适合国内开设农学、林学、生物学等相关专业的高校和研究所图书馆馆藏，也适合其他各类综合性图书馆收藏。

图书在版编目（CIP）数据

烟草病虫害诊断及绿色防控技术 / 云南省烟草农业科学研究院，上海烟草集团有限责任公司编著. —北京：科学出版社，2023.11

ISBN 978-7-03-077090-5

Ⅰ.①烟… Ⅱ.①云… ②上… Ⅲ.①烟草－病虫害－诊断 ②烟草－病虫害防治方法 Ⅳ.①S435.72

中国国家版本馆CIP数据核字（2023）第214986号

责任编辑：马 俊 孙 青 / 责任校对：郑金红

责任印制：赵 博 / 封面设计：无极书装

科学出版社 出版

北京东黄城根北街16号

邮政编码：100717

http://www.sciencep.com

北京建宏印刷有限公司印刷

科学出版社发行 各地新华书店经销

*

2023年11月第 一 版 开本：889×1194 1/16

2024年5月第二次印刷 印张：24 1/4

字数：570 000

定价：298.00元

（如有印装质量问题，我社负责调换）

本书编辑委员会

主编简介

秦西云 男，1962 年 5 月生，四川省崇州市人。云南省烟草农业科学研究院研究员。1983 年获云南农业大学学士学位。参加工作以来长期从事烟草植保专业研究工作，主要从事烟草病虫害发生机制与绿色防控技术研究。先后主持并参加完成国家烟草专卖局、云南省科技厅、云南省烟草专卖局重点资助项目等多项课题，研究工作成果获省部级科技成果奖 8 项。“烟草主要病虫害发生规律及监测预警技术”成果获 2018 ～ 2019 年度神农中华农业科技奖二等奖；“云南烟草丛顶病病原、致病机理及防治研究”成果获 2004 年云南省科技进步奖一等奖；“全国烟草有害生物调查研究”成果获 2015 年度中国烟草总公司科技进步奖特等奖；“烟草病虫害信息库及远程诊断预警系统研究与应用”成果获 2013 年度中国烟草总公司科技进步奖三等奖。至今已发表论文 50 多篇，其中在 SCI 收录的学术刊物上发表 10 余篇，主编《烟草病虫害防治图册》等相关专著 4 部，申请并获国家发明专利授权 6 项。

前　言

本书针对烟草生产中发生的病虫害问题，归纳、提炼、总结烟草病虫害研究及防控成果，从众多田间病虫害图片中精选病虫症状典型的图片，解析田间病虫害的快速诊断方式，诠释导致众多伤害症状出现的原因，制定明确病虫侵染危害水平和减少病虫害的发生、保护烟株正常生长的防控技术。本书对参与烟草生产人员掌握烟草病虫害绿色防控技术有重要参考价值。本书由三大部分组成。

第一部分为烟草病虫害诊断及防控，由第一章至第三章构成。介绍烟草病虫害的概念、病虫害发生的原因、特点及主要的识别特征。同时介绍了烟草病虫害防控的基本知识、基本方法和主要措施。

第二部分为烟草病虫害绿色防控技术及应用，由第四章和第五章构成。遵循烟草病虫害的预测预报技术准则，以保健栽培技术为基础，按“农业防治、生物防治和物理防治为主，化学防治为辅”的技术指导原则，提出病虫害绿色控制技术。

第三部分为云南省烟叶产区发生并造成重大损失重要病害的研究及防控综述，由第六章构成。对烟草丛顶病等特有及云南产区主要的10种病害进行系统介绍。这些病害曾是或者现在是云南常年、大面积危害，并曾被立项进行系统研究。

本书图文并茂、内容丰富，为烟草生产技术人员和种烟农户提供直观、简洁的学习资料；同时，本书的图片来源于30多年的生产实践，大量的图片反映了历史上及当前烟草生产中的真实状况，是烟草生产者和烟草科研工作者的重要参考对象。

本书的编写得到了上海烟草集团有限责任公司、云南省烟草专卖局、云南省烟草病虫害预测预报及综合防治站的大力支持。云南农业大学黄琼教授、中国农业科学院青州烟草研究所王凤龙研究员、西南大学丁伟教授对初稿进行了审阅，并提出宝贵意见；科学出版社编辑给予了热情的鼓励和支持。书稿主要内容引用了“烟草主要病虫害发生规律及监测预警技术”“云南烟草丛顶病病原、致病机理及防治研究”“全国烟草有害生物调查研究”“烟草病虫害信息库及远程诊断预警系统研究与应用”的研究资料及成果，并得到项目参与人员的理解和帮助，在这里一并表示感谢。

本书编写人员虽然尽了最大的努力，但由于水平有限，难免有不足之处，诚请同行和广大读者予以批评指正。

作　者

2023年6月

目　录

第一章
烟草主要病害的诊断及防控

在烟草种植过程中，有些烟草病害常容易被混淆，如根茎类病害黑胫病和青枯病，叶斑类病害烟草野火病和烟草赤星病等。而对烟叶生产中主要病害的病因、症状或体征、控制方法等，均以烟草种植人员经验的方式解读，误诊现象时有发生。若误诊病害会导致防治成本大量增加、防控无效，病害流行，造成烟叶生产重大损失。

本章主要介绍在烟草生长期间发生的一些病害。第一节：苗期病害诊断及防控；第二节：大田期真菌病害诊断及防控；第三节：大田期细菌病害诊断及防控；第四节：大田期烟草线虫病害诊断及防控；第五节：大田期病毒病害诊断及防控；第六节：环境或气候相关病害诊断及防控；第七节：除草剂药害诊断及防控；第八节：营养问题诊断及防控。

第一节　苗期病害诊断及防控

烟草苗期病害种类与育苗方式关系密切。就漂浮育苗而言，侵染性病害主要有烟草普通花叶病、烟草斑萎病等病毒性病害，烟草炭疽病、烟草立枯病、烟草猝倒病、烟草白粉病、烟草黑胫病等真菌性病害，烟草野火病、烟草黑脚病等细菌性病害；非侵染性病害有药害、盐害、冷害等；藻害以及少量杂草。病原主要有病原微生物、化学伤害、小气候及管理不当等因素。危害部位为根、茎、叶，症状主要表现为烟苗倒伏、枯死、腐烂、变色（斑块、黄化）、畸形等。在苗期病害中，病毒病为害最大、最难防治，其他病害仅局部发生，防治原则是“预防为主、准确诊断、消除病源、控制发病条件”，防控措施是“预防、保健、药控”。

一、烟草炭疽病

病原：烟草炭疽病由炭疽菌属的烟草炭疽病菌（*Collectotrichum nicotianae*）引起，属真菌性病害（图 1-1-1、图 1-1-2，孢子和菌丝）。病菌主要在病株残体越冬，初侵染的来源主要是带菌土壤、肥料和病残体。在 25 ～ 30℃时易于流行，超过 35℃就很少发病。湿度对病菌的繁殖传播起决定性作用，苗床湿度大、有水滴、烟苗过密利于发病。苗床管理粗放的发病重，苗床管理精细的发病轻。

症状：烟苗发病初期，在叶片上产生暗绿色水渍状小点，1 ～ 2 天内可扩展成直径 2 ～ 5mm 的近圆形病斑。病斑中央为灰白色或黄褐色，稍凹陷，边缘明显，稍隆起呈赤褐色，称为“雨斑”（图 1-1-3、图 1-1-4）。病斑较多或较大时，常使幼苗折倒，使幼苗枯死。发病严重时，烟苗成片枯死。

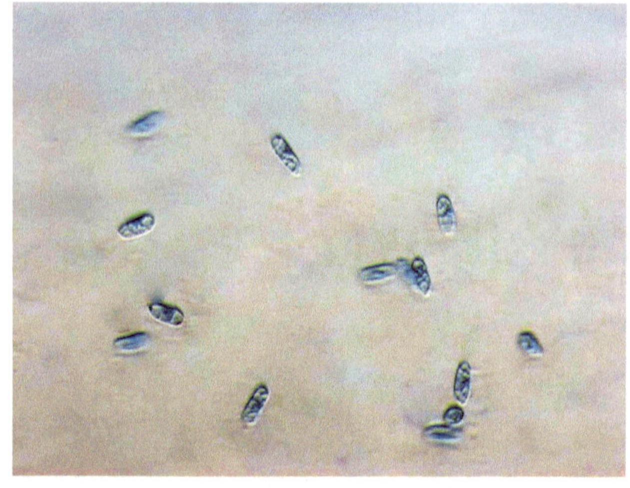

图 1-1-1

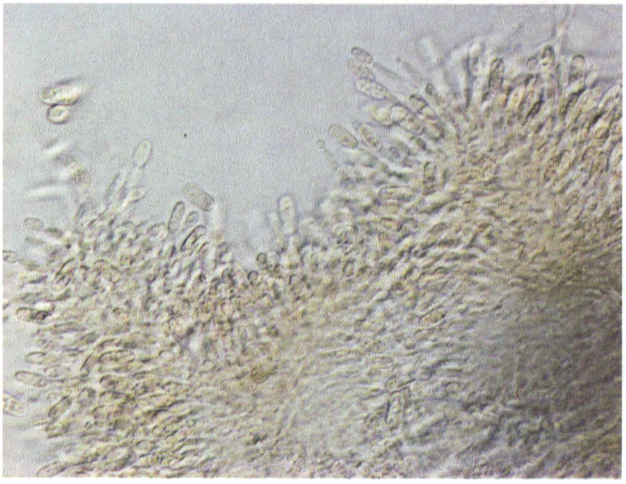

图 1-1-2

图 1-1-3

图 1-1-4

防控：

1）保健措施：用孔数适度的育苗盘，及时间苗，降低株间湿度；适时通风，控制苗棚湿度。

2）预防措施：对育苗材料进行消毒，用波尔多液进行预防。

3）药剂控制：发病初期，喷施枯草芽孢杆菌或 58% 甲霜・锰锌 500 倍液。

二、烟草立枯病

病原：由立枯丝核菌（*Rhizoctonia solani*）引起的真菌性病害，属半知菌亚门无孢菌群的丝核菌属（图 1-1-5、图 1-1-6）。病菌可在寄主残体和土壤中长期存活，由流水、病土或病株残体传播，病苗可将病菌带入大田。烟草立枯病为害受环境因素影响很大，其中最重要的是温度。高温高湿利于该病发生，苗床温度 28 ～ 32℃和 97% 以上的相对湿度时发病较重，苗床揭膜后遇连续雨天往往出现发病高峰。

症状：立枯病主要在育苗中后期发生，易在茎基部和最下部叶柄处造成为害（图 1-1-7、图 1-1-8）。受害处初呈水浸状圆形斑点，随后变为褐色斑点；在湿度低时，斑点可扩大成褐色椭圆形凹陷病斑，边缘明显，继续扩展后，可绕茎向上扩展数厘米，造成烟苗死亡；湿度大时，茎基部和底部叶片皮层变色腐烂，病斑上常有不明显的白色蛛丝网状霉层，严重时烟苗倒伏，有时在发病部位会形成灰色或淡褐色的菌核。

图 1-1-5

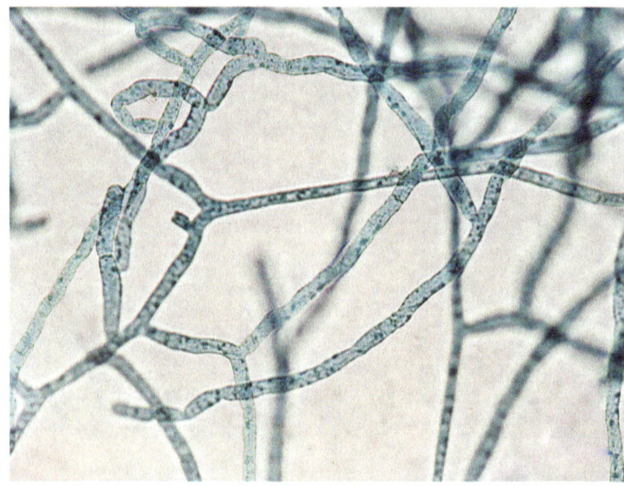

图 1-1-6

图 1-1-7

图 1-1-8

防控：

1）保健措施：保持棚内温度 20 ～ 25℃。适时通风，防止高温高湿的情况出现。

2）预防措施：对育苗材料尤其是旧苗盘进行认真消毒。

3）药剂控制：发病初期，喷施枯草芽孢杆菌或 58% 甲霜 • 锰锌 500 倍液。

三、烟草猝倒病

病原：由腐霉属（*Pythium*）中的一些种引起的真菌性病害（图 1-1-9、图 1-1-10）。该菌以卵孢子和厚坦孢子在土壤及病株残体上越冬，在适宜的条件下以游动孢子或菌丝侵染烟苗根茎。持续低温、高湿利于发病，温度持续低于 24℃、空气湿度大、苗过密、基质含水量高容易导致该病发生蔓延。

症状：

1）成片发生。烟苗主要在大十字期前发病，通常连片发病，成片死亡，致使苗床形成块状的“圆补丁”（图 1-1-11、图 1-1-12）。

2）萎蔫倒卧。感病烟苗初期近地面茎部呈褐色水渍状软腐，似开水烫过，叶呈暗绿色，苗成片萎蔫、倒卧、腐烂、死亡。

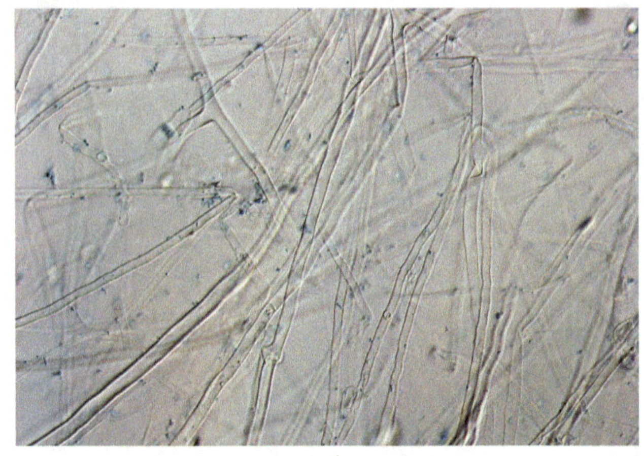

图 1-1-9

图 1-1-10

图 1-1-11

图 1-1-12

3）产生菌丝。湿度大时，在病苗腐烂部位产生白色菌丝。

防控：

1）保健措施：及时间苗，揭膜通风，降低湿度。

2）预防措施：对旧苗盘、旧膜等进行严格消毒。发现病苗，立即拔除。

3）药剂控制：发病初期，用枯草芽孢杆菌或 58% 甲霜·锰锌 500 倍液浇施苗盘。

四、烟草黑脚病

病原：该病是一种细菌性病害，由胡萝卜软腐坚固杆菌胡萝卜软腐亚种（*Pectobacterium carotovorum* subsp. *carotovorum*）引起（图 1-1-13）。该菌可侵害多种植物，可在土壤、未腐熟的土杂肥或寄主植物组织上残留，成为初侵染来源。该病主要在烟草漂浮苗大十字期后开始发病，发病高峰期在剪叶至成苗期。病菌借水流、风、昆虫或地下害虫、剪叶器具等传播，主要由伤口侵入，也可从叶片气孔、水孔侵入。病菌适宜生长温度为 26 ～ 29℃，湿度为 95%，高温高湿、通风不良利于发病。苗池水不洁净、氮肥过多，剪叶工具不消毒极易造成感病和传播。

症状：

1）烟苗基部茎叶受害。

2）叶软腐。底部叶先感病，出现暗绿色湿腐状（图 1-1-13），病斑顺叶脉向叶基部扩展，叶肉组织软

图 1-1-13

化，腐烂汁液外流，具臭味。

3）茎坏死。茎部感病，最初在受害部位出现水浸状坏死，病部很快扩大，病组织软化、变色、凹陷或起皮，病斑边缘有明显界限。

4）苗倒伏。发病初期，湿度低时茎部病斑呈棕褐色枯死斑（图 1-1-14），持续高温高湿时病斑界限模糊不清、茎软腐，整株烟苗倒伏死亡（图 1-1-15 ～图 1-1-17）。

图 1-1-14

图 1-1-15

图 1-1-16

图 1-1-17

防控：

1）保健措施：合理施肥，池水氮素初始浓度控制在 100 ～ 150mg/L，减少病害发生。

2）预防措施：对旧苗盘、池水、剪叶器具、人员严格消毒，防止病菌传播。大十字期后，合理通风（侧通风法），增加育苗池水，抬高育苗盘盘面，以增加盘内苗间的通风，降低苗棚湿度，不利于病害发生。在烟苗干燥时剪叶，防感病。发现病株，立即拔除。

3）药剂控制：发病初期，叶面喷施 77% 硫酸铜钙可湿性粉剂 400 ～ 600 倍液，57.6% 氢氧化铜水分散粒 1000 ～ 1400 倍液，4% 春雷霉素可湿性粉剂 800 倍液，50% 氯溴异氰尿酸可溶性粉剂 1000 ～ 1500 倍液等药剂。

五、烟草斑萎病毒病

病原：烟草斑萎病毒病主要由番茄斑萎病毒属番茄环纹斑点病毒（TZSV）和番茄斑萎病毒（TSWV）引起，是一种病毒性病害，病毒由西花蓟马和烟蓟马传播（图 1-1-18、图 1-1-19）。蓟马幼虫吸食病株获毒，长成成虫后传毒。蓟马体小，寄主广，能迁飞，多在嫩叶或花朵中停留取食，捕食螨等天敌能捕食该虫。

图 1-1-18

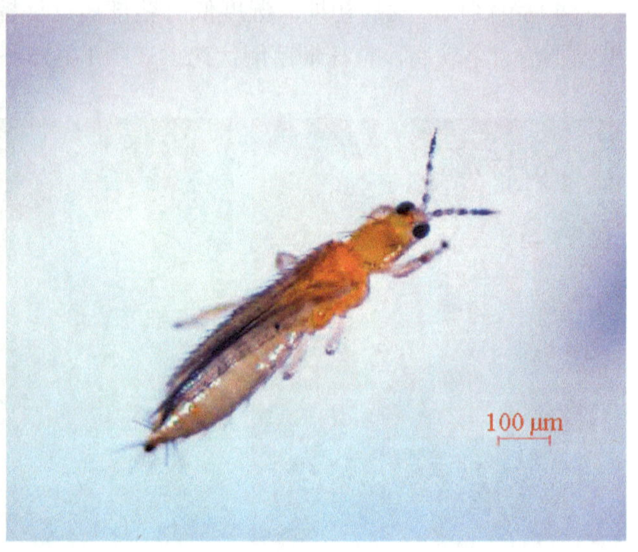

图 1-1-19

症状：

1）坏死斑。烟苗感病，嫩叶上有坏死斑，为褐色或黑褐色（图 1-1-20）。

2）叶畸形。烟苗同侧多片叶密布小的坏死斑，之后小斑合并为大斑，形成不规则的坏死区，叶片出现畸形（图 1-1-21）。

防控：

1）保健措施：育苗地避开蔬菜和花卉大棚。铲除育苗场所周边杂草，减少传毒昆虫蓟马的数量，控制病害流行。

2）预防措施：苗棚上覆盖细密防虫网，阻止蓟马入棚。在苗棚周围和苗棚内安置蓝色诱虫黏胶板（蓝板）诱杀蓟马，散放捕食螨捕食蓟马。发现病株，及时移出苗床。

3）药剂控制：用 70% 吡虫啉可湿性粉剂 12 000 ～ 13 000 倍液，3% 啶虫脒乳油 1500 ～ 2500 倍液等杀虫剂交替喷雾，防控蓟马。

图 1-1-20

图 1-1-21

六、烟草白粉病

病原：烟草白粉病是由菊科白粉菌（*Erysiphe cichoracearum*）引起的一种真菌性病害，属于子囊菌亚门的白粉菌目，白粉菌科，白粉菌属（图 1-1-22、图 1-1-23）。子囊壳或病残体上的菌丝在土壤中越冬。初侵染是子囊孢子或菌丝，再侵染是分生孢子。潮湿、阴凉和缺光利于发病，中温、中湿容易流行，高温、高湿不利于发病。病菌主要靠空气流动和农事操作中的传带进行传播。另外，蓟马、蚜虫、烟粉虱等在苗期为害的同时进行传播，造成侵染。氮肥施用过量有利于发病。

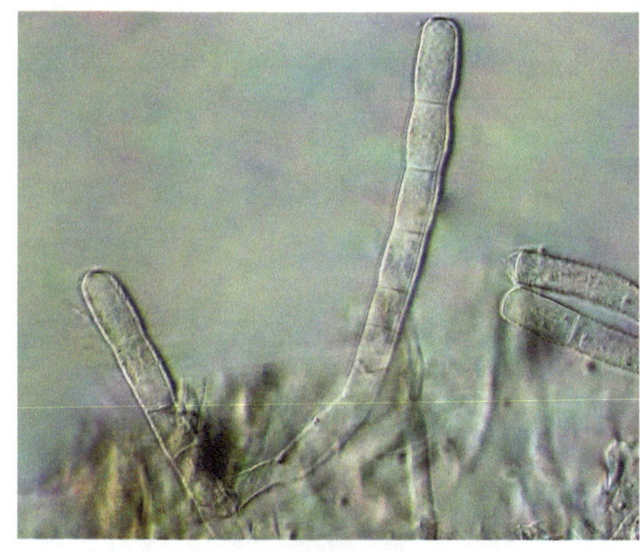
图 1-1-22

图 1-1-23

症状：烟苗感染白粉病后，在叶片的正、反两面和茎上着生一层白粉。叶片的背面先出现毯状斑块，斑块迅速扩大，很快把叶背面遮掩，在叶片表面出现褐斑（图 1-1-24、图 1-1-25）。

防控：

1）保健措施：严格农事消毒，减少侵染传播。控制苗棚湿度，保持适度通风。控制氮肥用量。

图 1-1-24

图 1-1-25

2）预防措施：发病时，立即拔除病苗，减少侵染源。揭膜通风，降低湿度。

3）药剂控制：发病初期，喷施 77% 硫酸铜钙可湿性粉剂 400 ～ 600 倍液，57.6% 氢氧化铜水分散粒 1000 ～ 1400 倍液等药剂。

七、烟草野火病

病原：烟草野火病是一种细菌病害，由丁香假单胞杆菌烟草致病变种（*Pseudomonas syringae* pv. *tabaci*）引起（图 1-1-26、图 1-1-27）。初侵染源主要来自带病种子、未经分解的病残体和被病残体污染的水源。病菌借风、雨或昆虫传播，从自然孔口及伤口侵入叶片。湿度大有利于病菌传播。氮素水平高容易发病。

症状：病叶初现水渍状褐色小圆斑，周围有一圈宽晕环，直径可达 1 ～ 2cm。严重时病斑合并后成不规则、有轮纹的大斑（图 1-1-28、图 1-1-29）。

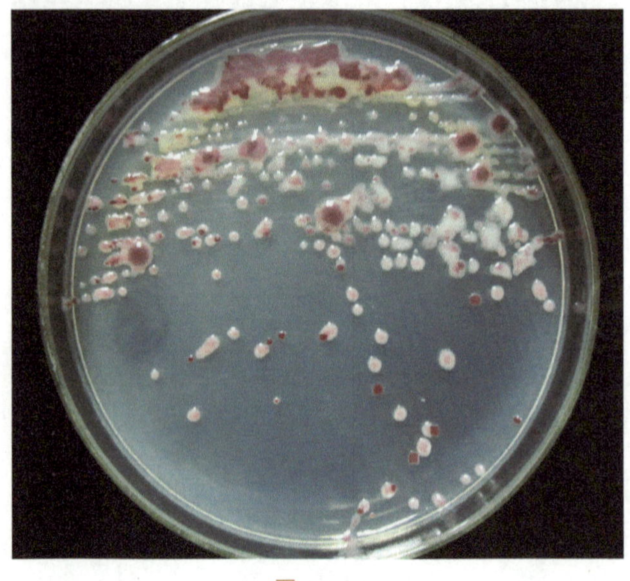
图 1-1-26

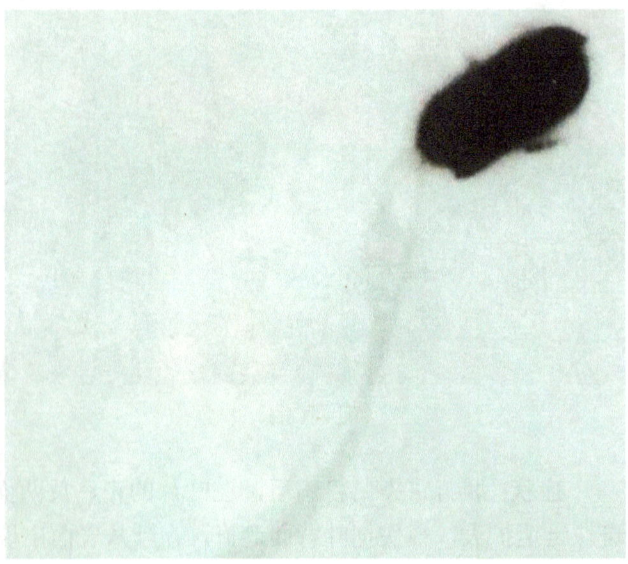
图 1-1-27

图 1-1-28

图 1-1-29

防控：

1）保健措施：用孔数适度的育苗盘育苗，及时间苗，降低株间湿度，不利于发病。适度通风，避免棚内高湿，减少病害发生。控制氮肥用量，防止烟苗生长过旺。

2）预防措施：对旧盘、池水、剪叶器具严格消毒，控制初侵染源和病菌传播。及时摘除病叶，并喷施 1 ∶ 1 ∶ 160 倍波尔多液。

3）药剂控制：发病初期，叶面喷施 77% 硫酸铜钙可湿性粉剂 400 ～ 600 倍液，57.6% 氢氧化铜水分散粒 1000 ～ 1400 倍液等药剂。

八、烟草普通花叶病毒病

病原：烟草普通花叶病毒病由烟草花叶病毒属（*Tobamovirus*）的代表成员烟草普通花叶病毒（*Tobacco mosaic virus*，TMV）引起（图 1-1-30）。初侵染来源主要是病株残体、带病毒育苗材料。病毒通过摩擦、触摸、剪叶造成的伤口传播。

症状：烟苗感病后，前期无明显症状；后期病苗幼叶色淡，明脉，叶片淡绿色，近光呈现半透明状，逐渐形成淡黄至浓绿相间的斑驳“花叶”（图 1-1-31、图 1-1-32）。

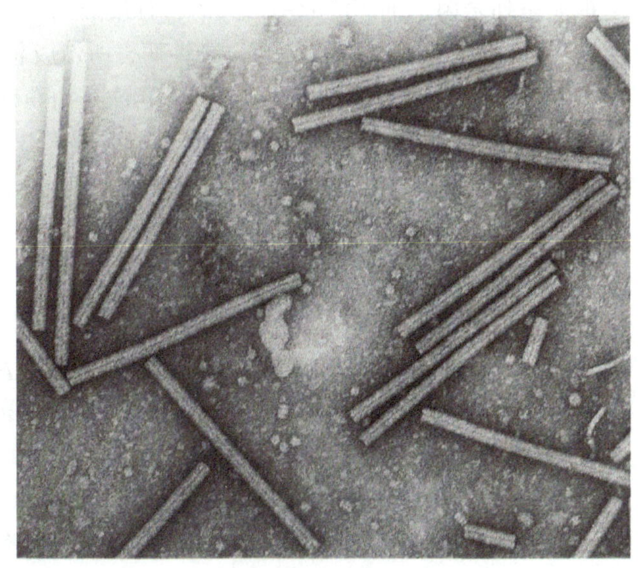
图 1-1-30

防控：

1）保健措施：育苗期间全程覆盖尼龙网，减少传染源。

2）预防措施：对旧盘、剪叶工具等严格消毒。移栽前，可用试纸条对烟苗进行检测，确认无病毒侵染后才能移栽。移栽前 3 天，喷施 0.1% 硫酸锌预防。

3）药剂控制：发病初期，叶面喷施 0.1% 硫酸锌与 1% 尿素混合液 2 ～ 3 次。

图 1-1-31

图 1-1-32

第二节　大田期真菌病害诊断及防控

烟草真菌病害是烟草病害中发生种类最多、为害最为严重、防治难度最大的病害。在烟草生产上曾经严重为害的烟草病害几乎都是真菌病害，如在美洲、欧洲、大洋洲等毁灭性暴发的烟草霜霉病，在中国黄淮烟区大流行的烟草黑胫病，全国普遍发生的烟草赤星病等。20 世纪 30 年代之前，中国有文字记载的烟草真菌病害仅有 18 种；90 年代初经全国烟草侵染性病害调查，已在中国发现的烟草真菌病害有 28 种（包括黏菌病害 1 种），约占已发现烟草侵染性病害的 47.5%，所造成的经济损失占烟草侵染性病害造成损失的 37.8%。

根据病害发生分布及所造成的烟叶产量和产值损失看，发生在烟草苗期的主要真菌病害为烟草炭疽病和烟草猝倒病，它们的分布范围很广，对烟草生产影响较大，偶尔还会在移栽后的下部叶片上发病。烟草根茎的主要真菌病害为烟草黑胫病，该病从 20 世纪 30 年代以来一直是中国烟草生产上的主要病害，它所造成的经济损失占烟草侵染性病害所造成的总损失的 20% 左右，随着普遍推广种植抗病品种及甲霜灵系列杀菌剂的广泛应用，其为害程度有所下降。烟草叶斑类真菌病害中，为害最重的是烟草赤星病，它所造成的经济损失占烟草侵染性病害所造成总损失的 13.5%，曾在 60 年代中期及 80 年代中后期至 90 年代中期两度暴发流行，损失严重；其次是白粉病间歇性暴发为害。近年来烟草靶斑病在云南南部烟区间歇性发生，流行年份造成烟叶损失严重；烟草煤污病、烟草破烂叶斑病及烟草斑点病等，各地都有发生，但为害一般较轻。烟草真菌性病害种类繁多，每种病害的分布区域和发生程度各有不同。

一、烟草黑胫病

病原：烟草黑胫病是由烟草疫霉菌（*Phytophthora parasitica* var. *nicotianae*）引起的真菌性病害（图 1-2-1、图 1-2-2）。以菌丝体、卵孢子及厚垣孢子遗落在土壤或混杂堆肥中的植株残余组织上越冬，初侵染来源主要来自带病的土壤，其次是灌溉水和雨水及农家肥料。烟草黑胫病的发生流行主要取决于寄主抗病性、病原菌的生理小种和致病力以及环境条件三个因素的相互作用。一般地势低洼、排水不良、土壤黏重、偏碱的地块发病较重，反之则较轻。土壤中钙、镁离子增加时病害加重，氮肥过多增加植株感病性。在线虫和地下害虫为害重的地块，由于它们造成大量伤口，有利于侵染，黑胫病也往往加重。如果大面积种植感病品种，病原菌初侵染源数量大（如连作烟田等）或在烟草生长季节高温多雨，就可能引起烟草黑胫病的大流行。

症状：最初中上部叶片表现为叶尖失水凋萎，干旱时枯尖，随后茎部近地面处产生黑色斑，感病茎基部环状细缢，干枯呈黑褐色，茎部干燥时劈开，病茎髓部发黑，变褐，干缩，分离成“碟片”状（图 1-2-3 ～图 1-2-5）。烟株生长进入团棵期若遇高温多雨天气，一旦出现侵染，植株很快死亡并可引起烟草黑胫病的大流行（图 1-2-6、图 1-2-7）。

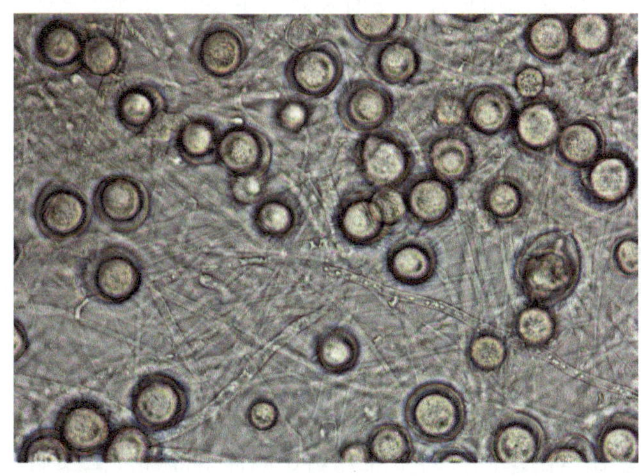

图 1-2-1

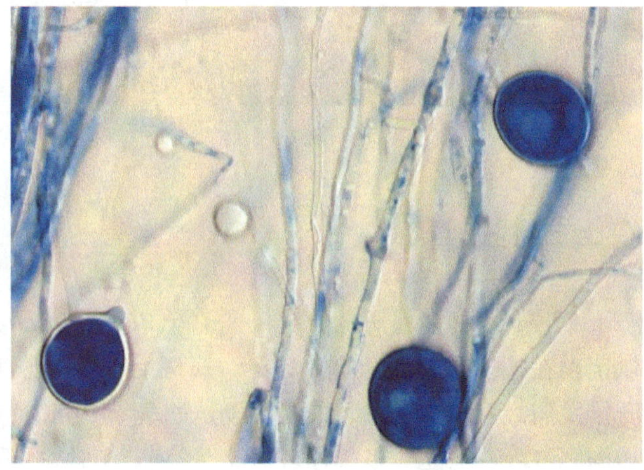

图 1-2-2

图 1-2-3

图 1-2-4

图 1-2-5

图 1-2-6

图 1-2-7

防控：

1）保健措施：选用抗病品种，如‘K326’等。如果种植‘红花大金元’或‘KRK26’等感病品种，尽量选用轮作田块。

2）预防措施：移栽后严禁大水漫灌，雨后及时排除烟沟积水，及时揭膜培土。

3）药剂控制：发病初期喷施枯草芽孢杆菌或58% 甲霜·锰锌 500 倍液喷淋烟株茎基部，每隔 7 ～ 10 天 1 次，共交替施用 2 ～ 3 次。

二、烟草赤星病

病原：烟草赤星病是由链格孢菌（*Alternaria alternata*）引起的真菌病害（图 1-2-8、图 1-2-9）。病菌以菌丝在病株残体或杂草上越冬。病斑上产生的分生孢子，由风雨传播形成再侵染。叶片进入成熟阶段开始发病。烟株生长进入采烤阶段是烟草赤星病的感病期。一旦阴雨连绵，温湿度适宜，病害易于流行；如施肥过晚、氮肥过多或移栽后缺乏管理，病情加重。在云南烟区 7 月中旬开始在烟株下部叶片上发病，以后随着烟株成熟病害逐渐加重，到 8 月中旬进入发病高峰期，8 月上旬至 9 月上旬为流行盛期。

图 1-2-8

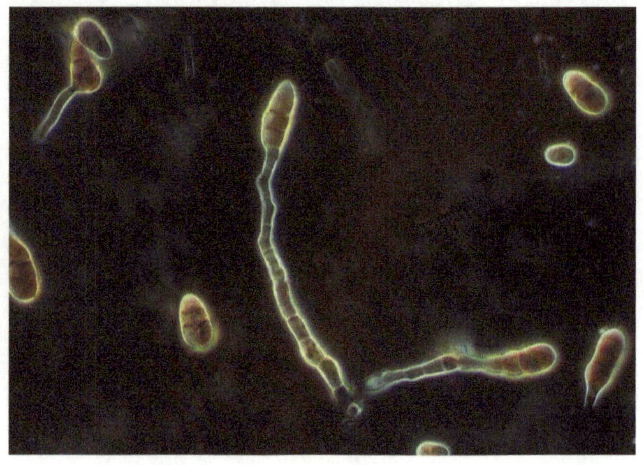
图 1-2-9

症状：最初在叶片上出现黄褐色圆形小斑点，以后变为褐色。病斑最初直径 0.1cm 左右，以后逐渐扩展，可达 1 ～ 2cm。病斑圆形或不规则圆形，褐色，病斑产生明显的同心轮纹，质脆、易破，病斑边缘明显，外围有淡黄色晕环（图 1-2-10、图 1-2-11）。病斑中心有黑色的霉状物，为病菌的分生孢子和分生孢子梗。天气干燥时在病斑中部产生裂孔。病害严重时，许多病斑相互连接合并，致使病斑枯焦脱落（图 1-2-12、图 1-2-13）。

防控：

1）保健措施：适时早栽，合理施肥，保持氮、磷、钾养分平衡，适时采收，保持烟田通风透光良好，降低湿度，减少发病。

2）预防措施：摘除发病脚叶，减少田间传染病源。成熟叶提前采烤，改善田间光照、通风条件，降低田间湿度。用波尔多液进行预防。

图 1-2-10

图 1-2-11

图 1-2-12

图 1-2-13

3）药剂控制：在发病初期喷施枯草芽孢杆菌或 40% 菌核净可湿性粉剂 1000 ～ 1200 倍液，每隔 7 ～ 10 天喷洒 1 次，连喷 2 ～ 3 次。

三、烟草靶斑病

病原：是由瓜亡革菌（*Thanatephorus cucumeris*）引起的真菌性病害（图 1-2-14、图 1-2-15）。以菌丝和菌核在土壤和病株残体上越冬，越冬病菌产生担孢子，靠空气流通而传播扩散到健康的烟株上侵染为害。病菌在 24℃以上的温度和适宜的湿度条件下产生孢子，萌发直接侵入烟草叶片，完成初侵染。无性世代菌丝和菌核萌发直接侵染烟草幼苗，引起发病。这种有性或无性世代的病原菌引起的病害，在病部产生侵染的接种体，引起再侵染；幼苗期时间短，再侵染的次数不是很多，大田叶部症状在适宜的环境条件下，需 16 ～ 20 天完成侵染循环。

症状：主要在大田烟株成熟期发生，既可侵染叶片，也可为害茎部。初为圆形水渍状斑点，如温度适宜、湿度较大、叶片湿润时间较长，则病斑迅速扩展，形成直径 2 ～ 20cm 的不规则斑，有同心轮纹，并形成褪绿晕圈，病斑坏死部分易碎穿孔，形似枪弹射击后在靶上留下的空洞，故称靶斑病（图 1-2-16 ～图 1-2-19）。在叶片表面的病斑边缘常产生该菌的菌丝体及有性世代的子实层和担孢子（图 1-2-20）。

防控：

1）保健措施：保持田间整洁，及时清除病株残体；合理密植，及时清除底脚叶，保证烟田通风透光。

图 1-2-14

图 1-2-15

图 1-2-16

图 1-2-17

图 1-2-18

图 1-2-19

图 1-2-20

2）预防措施：深耕晒垡，施用石灰粉土壤消毒、团棵期可使用波尔多液进行预防。

3）药剂控制：发病初期喷施枯草芽孢杆菌或 1.8% 嘧肽多抗水剂或 10% 井冈霉素水剂。

四、烟草蛙眼病

病原：是由烟草尾孢菌（*Cercospora nicotianae*）引起的一种真菌病害（图 1-2-21、图 1-2-22）。病菌主要随病株残体在土壤中越冬，为每年初次侵染的主要来源。病斑上产生的分生孢子借风雨传播，分生孢子散落于适宜的烟叶上对烟叶进行侵染。高温高湿、阴雨连绵的天气，发病往往比较严重。地势低洼、土壤黏重、排水不良、种植过密、通风透光不良的烟田发病重。烟株打顶过晚，由于氮肥缺乏，造成“假成熟”，这种所谓过熟的烟叶，易受蛙眼病菌侵害，造成严重的损失。

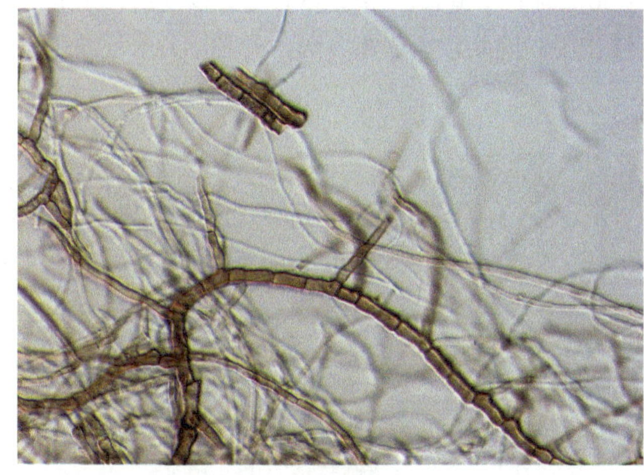

图 1-2-21

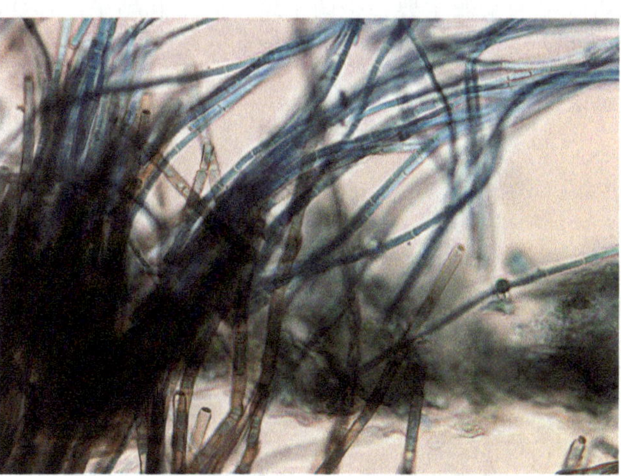

图 1-2-22

症状：病斑圆形，直径多在 10mm 以下。病斑分为 3 个层次：外层为褐色狭窄边缘，二层褐色或茶褐色，内层呈灰白色羊皮纸状，像蛙眼。发病叶片上病斑数量多时，常连接成片，破裂干枯。湿度大时，病部产生灰色霉层，是病菌的分生孢子梗和分生孢子。下部叶片、成熟叶片易感病，在天气潮湿时，也可侵染幼嫩的叶片。一张叶片上病斑可多达几百个，遇暴风雨，病斑常破裂脱落，形成穿孔，严重时许多病斑连接成片，致使整个叶片枯死。如果叶片采收前 2 ～ 3 天受侵染，进入烤房后就会形成绿斑或黑斑（图 1-2-23、图 1-2-24）。

图 1-2-23

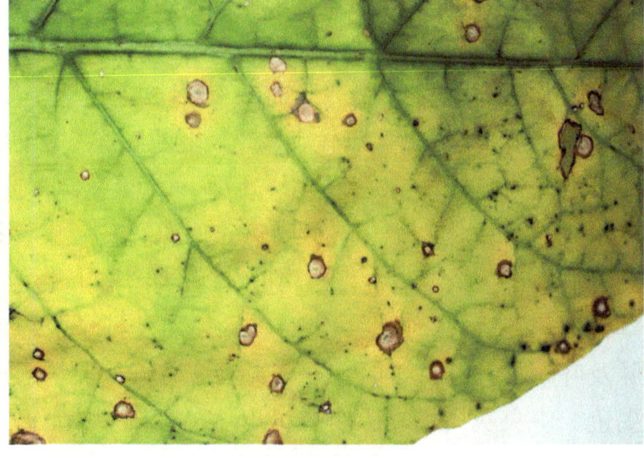

图 1-2-24

防控：

1）保健措施：实行轮作，合理密植，平衡施肥，避免氮肥过多和钾肥不足。

2）预防措施：喷施 1 ∶ 1 ∶ 160 ～ 180 倍波尔多液进行预防，适时采收，防止叶片过熟，及时摘除底部病叶，减少传染。

3）药剂控制：发病初期用枯草芽孢杆菌每隔 7 ～ 10 天喷施 1 次，连续 2 ～ 3 次。

五、烟草炭疽病

病原：由烟草炭疽病菌（*Collectotrichum nicotianae*）引起的真菌病害（图 1-2-25、图 1-2-26），在病株残体越冬，或以菌丝体在种子内及分生孢子黏附于种子表面越冬，田间感病野生寄主也是其越冬场所。初侵染的来源主要是带菌土壤、肥料和种子。在 25 ～ 30℃时易于流行，超过 35℃就很少发病。水分对病菌的传播、繁殖、分生孢子的萌发及侵染起着决定性作用。因此，烟草在多雨、多雾、大水漫灌等适温条件下易于发病。

图 1-2-25

图 1-2-26

症状：

发病部位以叶为主，茎、叶柄、花、蒴果均可发病。在叶片上产生暗绿色水渍状小点，1 ～ 2 天内可扩展成直径 2 ～ 5mm 的近圆形病斑（图 1-2-27、图 1-2-28）。天气干燥、田间湿度小时，病斑中央为灰白色或黄褐色，稍凹陷，边缘明显，稍隆起呈赤褐色，称为“雨斑”。病斑密集时常互相合并，叶片扭缩或枯焦，状似火烘过，称为“热瘟”。叶脉、叶柄及茎部的病斑呈梭形，凹陷开裂，黑褐色。多先从脚叶发病，逐渐向上蔓延；茎上病斑较大，呈网状纵裂条斑，凹陷，黑褐色。天气潮湿时病部产生黑色小点，在茎部病斑上尤为明显。花、蒴果受害后，产生褐色圆形或不规则小斑。

烟草炭疽病和烟草气候性斑点病田间发病症状易混淆。两者的主要区别如下。①发病时间不同。烟草炭疽病在整个烟草生育期均可发病；烟草气候性斑点病主要在团棵至旺长期发病。②发病部位不同。烟草炭疽病在叶片、叶柄、茎、花、果实及种子上均可发生。而烟草气候性斑点病仅为害叶片，不为害叶脉及叶柄。③症状不同。烟草炭疽病病斑一般呈圆形或近圆形，病斑较大，叶正面凹陷明显，病斑边缘褐色，中央灰白色，后期多穿孔，在潮湿条件下产生黑色小点；而烟草气候性斑点病病斑多为圆形或不规则形，病斑密集，多而小，常集中在叶片中部、叶尖或边缘，发病初期的病斑为褐色而后期转为白色，

图 1-2-27

图 1-2-28

病斑平滑。

防控：

1）保健措施：实行轮作，合理密植，平衡施肥，避免氮肥过多和钾肥不足。

2）预防措施：喷施 1 ∶ 1 ∶ 160 ～ 180 倍波尔多液进行预防，适时采收，防止叶片过熟并注意摘除底部病叶，减少传染。

3）药剂控制：发病初期喷施枯草芽孢杆菌或 58% 甲霜 · 锰锌 500 倍液。

六、烟草白粉病

病原：由菊科白粉菌（*Erysiphe cichoracearum*）引起的一种真菌病害（图 1-2-29、图 1-2-30）。通过子囊壳或病残体上的菌丝在土壤中越冬。初侵染是子囊孢子或菌丝，再侵染是分生孢子。潮湿、阴凉和缺光的天气条件，有利于孢子萌发和芽管穿入叶片发病。中温、中湿适宜流行，高温、高湿反而起限制作用。白粉病的病原菌主要靠空气的流动和农事操作中的传带进行传播。另外，蓟马、蚜虫、烟粉虱等在苗期常发性害虫在为害的同时，也进行传播，造成侵染。一般在温度 25 ～ 28℃，空气相对湿度 50% ～ 80% 的条件下，白粉病极易发生、流行。特别是在成苗期，如果遇到高温、晴雨交替、天气闷热

图 1-2-29

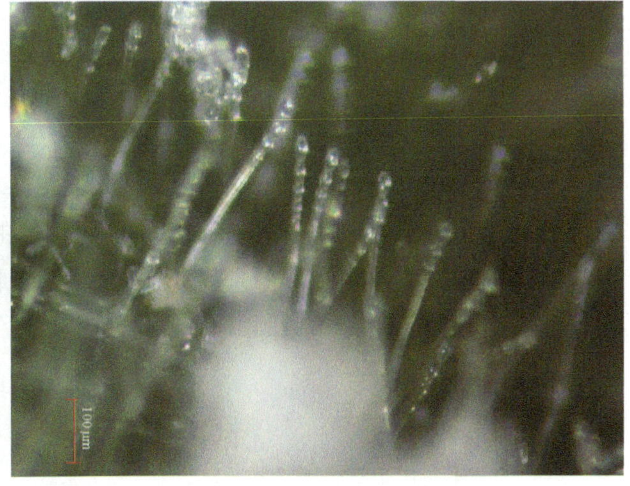

图 1-2-30

等情况，白粉病就很容易发生流行。氮肥施用过量有利于白粉病的发生。

症状：

烟草白粉病主要发生在中下部叶片表面，严重时也会蔓延到茎秆上。叶片的背面先出现毯状斑块，然后在叶片的正、反两面和茎上着生一层白粉斑块，会迅速扩大，很快把叶背面遮掩，在叶片表面出现褐斑（图 1-2-31 ～图 1-2-34）。

图 1-2-31　图 1-2-32

图 1-2-33　图 1-2-34

防控：

1）保健措施：严格消毒，控制初侵染源和病菌传播，控制田间湿度，保持田间排水通畅；控制氮肥用量。

2）预防措施：发病时应立即摘除病叶并移出烟田。

3）药剂控制：发病初期喷施 77% 硫酸铜钙可湿性粉剂 400 ～ 600 倍液，或 57.6% 氢氧化铜水分散粒 1000 ～ 1400 倍液等药剂进行防治。

七、烟草根黑腐病

病原：由基生根串珠霉菌（*Thielaviopsis basicola*）侵染引起的真菌病害（图 1-2-35、图 1-2-36），属

图 1-2-35

图 1-2-36

半知菌亚门。病残体和带菌土壤是该病的初侵染源。条件适宜时分生孢子或厚垣孢子萌发产生侵入丝，由伤口侵入寄主表皮细胞，侵入后菌丝在表皮细胞间分枝蔓延，形成大量分生孢子和厚垣孢子，进行再侵染。发病适温 17 ～ 23℃，15℃以下或 26℃以上发病较轻。相对湿度在 80% 以上时发病重。低温多雨或连绵阴雨天容易造成流行。连作烟田、低洼湿地、瘠薄盐碱地易发病。

症状：被侵染烟株因根系被破坏而供水不足，植株呈萎蔫状，生长缓慢，中下部叶片变黄、枯萎，遇到低温潮湿天气病情加重，重病烟株的大部分根系变黑腐烂，植株严重矮化，拔起可见整株根系变黑褐、坏死，不发须根，主根表皮脱落（图 1-2-37 ～图 1-2-39）。

图 1-2-37

图 1-2-38

图 1-2-39

防控：

1）保健措施：与小麦、水稻等作物进行 2 ～ 3 年轮作。

2）预防措施：防止烟田积水，及时中耕除草，拔除病株，对拔除的病株要集中销毁，严禁随意丢弃，以减少菌源。

3）药剂控制：发病初期浇灌枯草芽孢杆菌或 50% 福美双可湿性粉剂 500 倍液，每株灌兑好的药液 100 ～ 200ml。

八、烟草破烂叶斑病

病原：由烟草壳二孢菌（*Ascochyta nicotianae*）引起的一种真菌病害（图 1-2-40、图 1-2-41）。病菌以分生孢子器或菌丝在病株残体上越冬，烟草种子的种皮也可带菌，成为翌年的初侵染源。分生孢子主要靠风雨或气流传播。低温、多雨的凉湿天气有利于发病。

症状：发病多在旺长期至打顶期。主要为害叶片尤其中下部叶片和茎部。叶片染病，病斑为不规则圆形或近圆形，中心部灰色至褐色，边缘隆起，病健交界处明显，病斑直径 2.5cm 或更大，常相互愈合，后期病斑易破裂穿孔呈碎叶状。病斑表面具同心轮纹，中部常生多个褐色至暗褐色小点，即病菌的分生孢子器。中脉及叶耳处多生褐色长形斑，比烟草赤星病的病斑大，病叶多从中脉病斑处折断（图 1-2-42、图 1-2-43），区别于赤星病。茎部染病，产生深褐色长形病斑，比烟草赤星病菌所致的病斑大，但数目要

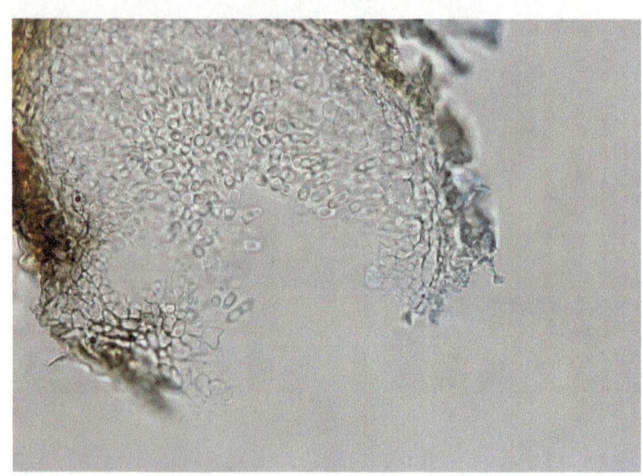

图 1-2-40

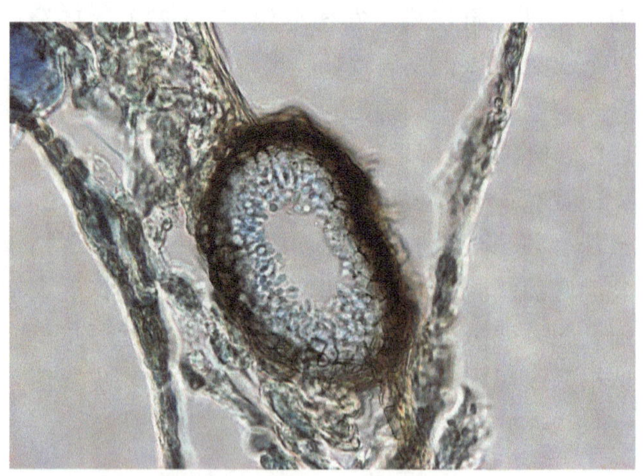

图 1-2-41

图 1-2-42

图 1-2-43

少得多。

防控：

1）保健措施：合理密植，改善通风透光条件，雨后及时排水，防止田间积水。实行轮作，适量施肥，避免氮肥过多和钾肥不足。

2）预防措施：适时早栽，及早摘掉脚叶，发现病叶马上摘除，以减少菌源。

3）药剂控制：发病初期及时喷洒 1 ∶ 1 ∶ 160 倍波尔多液或用枯草芽孢杆菌隔 7 ～ 10 天喷施 1 次，连续 2 ～ 3 次。

九、烟草煤污病

病原：以蚜虫在烟叶表面分泌的蜜露作为营养物生长繁殖的腐生菌或附生菌引起的真菌病害，主要有链格孢菌（*Alternaria alternata*，图 1-2-44）、草本枝孢菌（*Cladosporium herbarum*）、出芽短梗霉菌（*Aureobasidium pullulans*，图 1-2-45）等。密度过大、通风透光不良、蚜虫发生重的烟株易发此病。多在烟株中下部叶片发病。

症状：在烟蚜为害严重田块发病较多（图 1-2-46、图 1-2-47）。在烟叶表面，尤其是下部成熟的叶片上，散布着煤烟状的黑色霉层，多呈不规则形或圆形。由于霉层遮盖叶表，影响光合作用，阻碍碳水化合物的充分形成，致使病叶变黄，出现黄色斑块，叶片变薄，品质低劣。

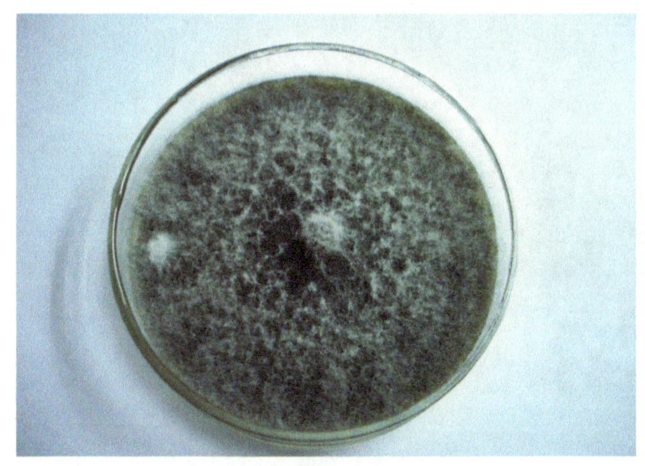

图 1-2-44

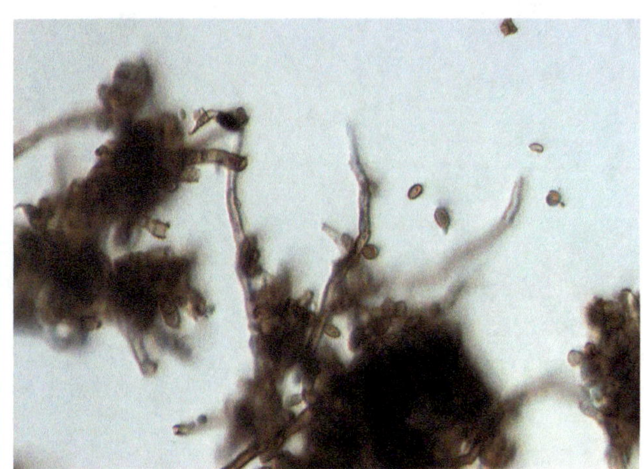

图 1-2-45

图 1-2-46

图 1-2-47

防控：

1）保健措施：合理密植，平衡施肥，避免氮肥过多和钾肥不足。

2）预防措施：防治此病发生的关键是防止蚜虫滋生，及时摘除脚叶，发现病叶马上摘除，以减少菌源扩散。

3）药剂控制：发病初期及时喷洒 1 ∶ 1 ∶ 160 倍波尔多液或用枯草芽孢杆菌隔 7 ～ 10 天喷施 1 次，连续 2 ～ 3 次。

十、烟草穿孔病

病原：又名烟草白星病，叶点霉斑病等，由烟草叶点霉（*Phyllosticta tabaci*）引起的真菌病害（图 1-2-48、图 1-2-49）。病菌在病株残体上越冬，条件适宜时侵入为害，借风、雨传播。大田期生长过旺易于发病。

症状：旺长期至打顶期发生较多。大田期多发生在烟株中下部叶片上。病斑初期为一小白点，周围褐色。病斑后期，中央的死亡组织易裂开、脱落，呈穿孔状。随着病情的发展，病斑扩展或合并成大斑，病斑中心易穿孔脱落（图 1-2-50、图 1-2-51）。

图 1-2-48

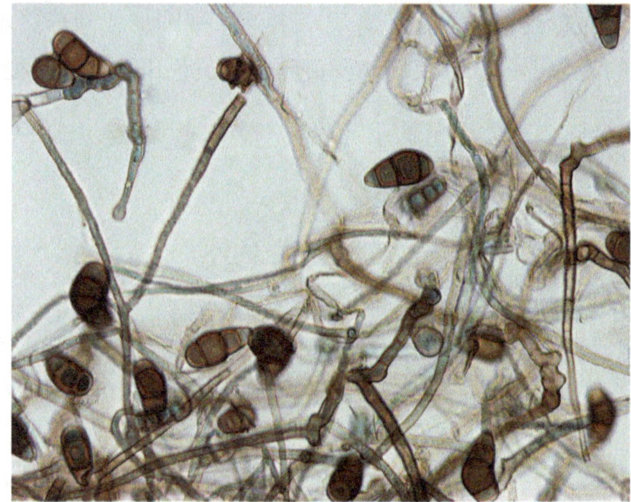

图 1-2-49

图 1-2-50

图 1-2-51

防控：

1）保健措施：合理密植，改善通风透光条件，雨后及时排水，防止湿气滞留。实行轮作，合理密植，适量施肥，避免氮肥过多和钾肥不足。

2）预防措施：适时早栽，及早摘掉脚叶，发现病叶马上摘除，以减少菌源。

3）药剂控制；发病初期及时喷洒 1 ∶ 1 ∶ 160 倍波尔多液或用枯草芽孢杆菌隔 7 ～ 10 天喷施 1 次，连续 2 ～ 3 次。

十一、烟草菌核病

病原：由核盘菌（*Sclerotinia sclerotiorum*）引起的真菌病害（图 1-2-52、图 1-2-53）。菌核黑色，近球形至豆瓣形，坚硬、鼠粪状，直径 2 ～ 10mm，表皮黑色，内部灰白色，萌发产生子囊盘 4 ～ 5 个。子囊盘淡红褐色，直径 0.5 ～ 11mm。子囊圆筒形，大小为（114 ～ 160）μm ×（8.2 ～ 11）μm。子囊孢子椭圆形或梭形，大小为（8 ～ 13）μm ×（4 ～ 8）μm，无色，单胞，两端各具一个油球。病菌由病土、病残体及附着在种子的菌核传播，条件适合时，产生子囊盘、子囊和子囊孢子。子囊孢子随风传播为害。该菌适合潮湿凉爽的气候，发病温度 5 ～ 20℃，最适 15℃。菌核在干燥条件下存活 3 年以上，湿润条件仅存活 1 年。相对湿度 85% 以上时子囊孢子才可萌生。该菌能侵染除烟草外的油菜等多种蔬菜作物，所以与油菜等作物轮作发病重，冬春香料烟产区此病较重。施用带菌粪肥、植烟密度过大、排水不良及田间湿度大等情况下，菌核病易发生。

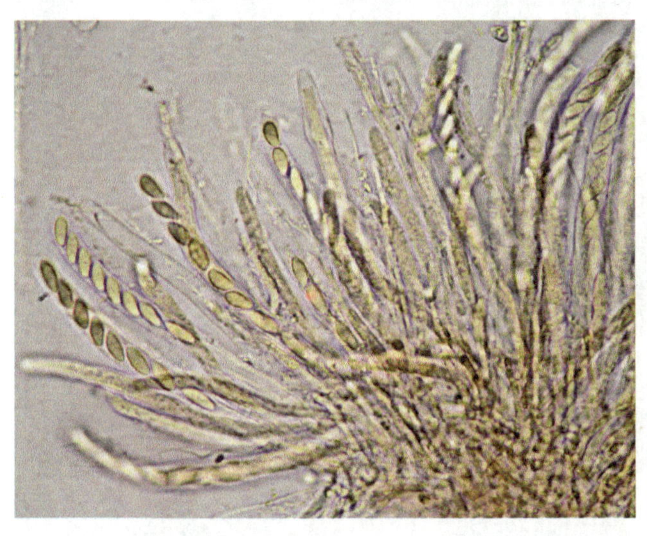

图 1-2-52

图 1-2-53

症状：该病侵染初期幼苗茎基部呈水渍状腐烂，可引起猝倒。成株受害多在近地面茎部、叶柄和下部叶片及主脉出现红褐色病斑，边缘不明显，病株茎部的病斑呈椭圆形、浅褐色，随后扩展成深褐色软腐，病健交界处有较深色褐纹，常引起叶柄或茎基部腐烂。叶片上发生水渍状淡褐色病斑，在湿度较大时，病部表面可见白色棉絮状霉层。后期茎秆上病斑初为浅褐色，后变成白土色，稍凹陷，最终导致组织腐朽、表皮易剥、茎内中空、碎裂成乱麻状。病茎上的菌丝可形成黑色菌核。在高湿条件下，茎秆和病叶表面密生白色棉絮状菌丝体和黑色鼠粪状菌核硬块，病斑发黑、变黏。后期重病株在茎秆内产生大量黑色鼠粪状菌核。重者整株凋萎枯死（图 1-2-54 ～图 1-2-63）。

防控：

1）保健措施：与禾本科作物轮作 2 ～ 3 年或烟稻轮作，增施充分腐熟的有机肥。

2）预防措施：发病前期，拔除单发病烟株，并用石灰粉消毒病穴。适时早栽或高垄栽培。合理

图 1-2-54　图 1-2-55　图 1-2-56

图 1-2-57　图 1-2-58　图 1-2-59

密植，多中耕，降低田间湿度。搞好排水作业。对拔除的病株要集中销毁，严禁随意丢弃，以减少菌源。

3）药剂控制：发病初期喷施枯草芽孢杆菌或 40% 菌核净可湿性粉剂 1000 ～ 1200 倍液，每隔 7 ～ 10 天喷洒 1 次，连喷 2 ～ 3 次。

十二、烟草白绢病

病原：由小菌核属的齐整小菌核菌（*Sclerotium rolfsii*）引起的真菌病害（图 1-2-64 ～图 1-2-69）。菌丝

图 1-2-60

图 1-2-61

图 1-2-62

图 1-2-63

无色，具隔膜。菌核由菌丝构成，外层为皮层，内部由拟薄壁组织及中心部疏松组织构成，初白色，紧贴于寄主上，老熟后黄褐色，圆形或椭圆形，直径 0.5 ～ 3mm。高温、高湿条件下，产生担子及担孢子。担子无色，单胞，棍棒状，大小为 16μm×6.6μm，小梗顶端着生单胞无色的担孢子。病菌以菌核或菌丝块在土壤中越冬，该菌在干燥的土中可存活 10 年以上。病菌常随土壤、有机肥及灌溉水传播。连作地、土壤黏重或多雨年份易发病，植株生长弱的田块发病重。

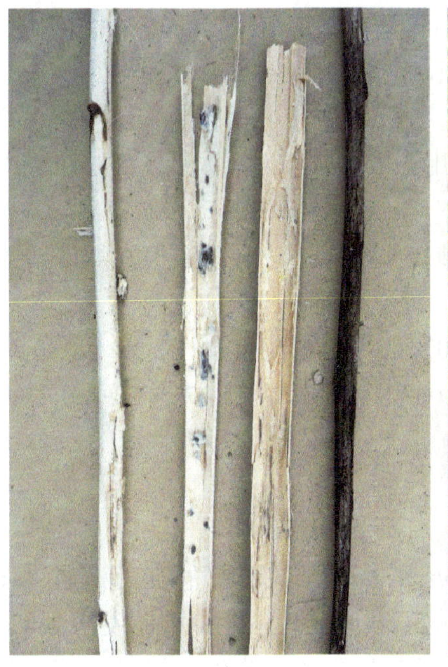

图 1-2-64

图 1-2-65

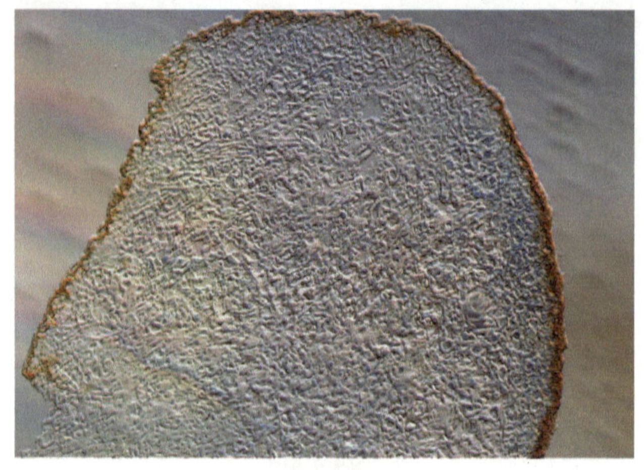

图 1-2-66

图 1-2-67

图 1-2-68

图 1-2-69

症状：初现褐色病变，接着在病斑处长出大量白色绢丝状菌丝体包裹茎基部，后病部产生许多油菜籽状小菌核，初为白色，后渐变为茶褐色。随病情扩展，病株由上向下萎蔫，严重的迅速黄化枯死，湿度大时病部易腐烂，仅残留纤维组织，全株倒伏干枯。

防控：

1）保健措施：实行轮作，选用稻田或前茬为禾本科作物的地块，提倡施用酵素菌沤制的堆肥或腐熟的生物有机肥。

2）预防措施：烟草生长中后期，追施草木灰，必要时在烟株基部撒施草木灰，重病地区或田块，在春耕时即可施用石灰。

3）药剂控制：发病初期用 50% 乙烯菌核净可湿性粉剂 500 倍液或 50% 苯菌灵可湿性粉剂 1000 倍液、50% 甲基硫菌灵可湿性粉剂 1000 倍液浇灌根部，7 ～ 10 天 1 次，连续防治 2 ～ 3 次。

十三、烟草灰霉病

病原：是由灰葡萄孢菌（*Botrytis cinerea*）引起的真菌病害（图 1-2-70、图 1-2-71）。病原以菌核或菌丝在病残体上越冬。在适宜的温湿度条件下，菌核萌发产生子囊盘和子囊孢子，有时亦可直接产生孢子。发病后，病部可产生大量分生孢子，分生孢子借气流传播扩散。分生孢子梗直立，大小为

（1334 ～ 1814）μm×（14 ～ 20）μm，顶部具分枝 1 ～ 2 个，分枝顶端着生大量的分生孢子，似葡萄穗状。分生孢子圆形或近圆形，单胞，大小为（8.3 ～ 14）μm×（8 ～ 12）μm。病菌发育适温 10 ～ 23℃，最高 30 ～ 32℃，最低 4℃，适湿为持续 90% 以上。低温高湿环境有利于发病。植烟密度过大、烟田排水不畅时发病重。

症状：在苗床期，烟苗发病多从茎基部开始，初呈水渍状斑，高湿条件下很快发展成中部黑褐色、稍下陷的长圆形病斑，叶片变黄、凋萎，湿度大时烟苗腐烂而死（图 1-2-72）。大田期，多发生于大田中后期中下部叶片上，还可通过叶柄传染到茎部。叶片病斑初为水渍状，暗褐色。其后，病斑扩展，内侧有不清晰轮纹，且互相合并，呈不规则形，并沿主脉、侧脉发展，扩及叶尖和叶柄，又通过叶柄传至茎部。最后，病斑中央坏死，呈黑褐色薄膜状。天气晴朗时病斑干枯、破碎，仅剩叶脉，天气潮湿时病斑表面产生灰色霉状物。在适宜的条件下，还可产生片状菌核。病叶采收后，病叶健叶重叠堆放，健叶又可被污染，甚至腐烂（图 1-2-73 ～图 1-2-76）。

防控：

1）保健措施：合理密植，保证通风透光，防止田间积水，加强田间管理，增强烟株抗病性。及时采收底脚叶，避免阴雨天采收，并尽可能充分成熟时采收，减少采摘伤茎机会。

2）预防措施：及时清除病叶、病株，带出田间烧毁。收获后清除田间病残体，深翻土壤，减少越冬

图 1-2-70

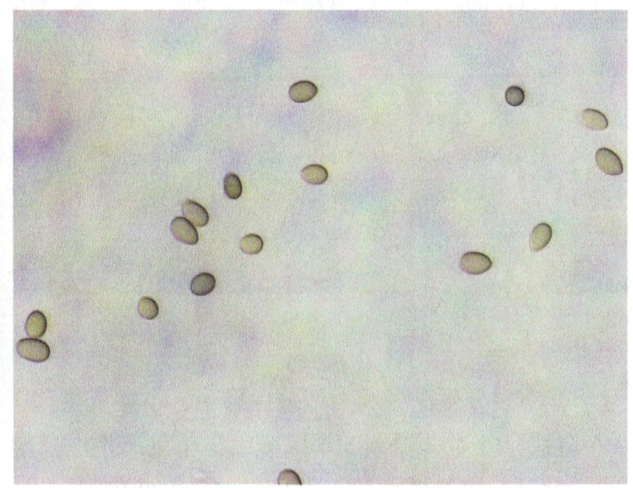

图 1-2-71

图 1-2-72

图 1-2-73

图 1-2-74

图 1-2-75

图 1-2-76

病菌数量。

3）药剂控制：发病初期喷施枯草芽孢杆菌；40% 菌核净可湿性粉剂 1000 ～ 1200 倍液，每隔 7 ～ 10 天喷洒 1 次，连喷 2 ～ 3 次。

十四、烟草镰刀菌根腐病

病原：烟草镰刀菌根腐病由镰刀菌属（*Fusarium*）的多种病原菌引起，其中以茄镰刀菌（*F. solani*）为主。

镰刀菌株在马铃薯葡萄糖琼脂（PDA）培养基上的气生菌丝生长旺盛且产生紫色色素。分生孢子有小型分生孢子和大型分生孢子，小型分生孢子长椭圆形，单胞偶双胞，无色；大型分生孢子镰刀形，3 个隔膜，少数 4 个或 5 个隔膜。该菌可产生厚垣孢子和菌核（图 1-2-77、图 1-2-78）。

症状：病株发黄萎蔫枯死。将病株斜切，木质部褐色，导管内有菌丝和分生孢子（图 1-2-79、图 1-2-80）。

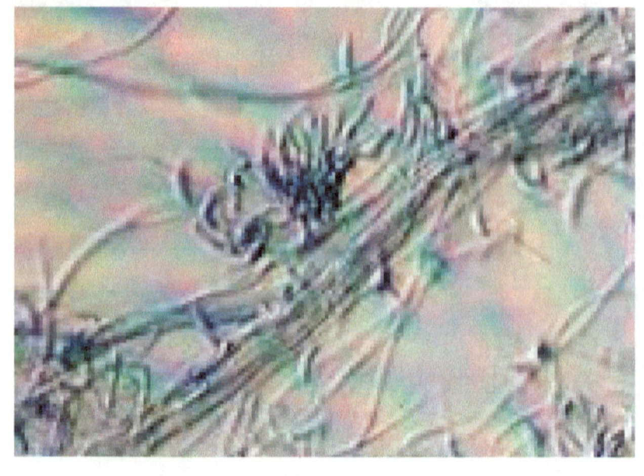
图 1-2-77

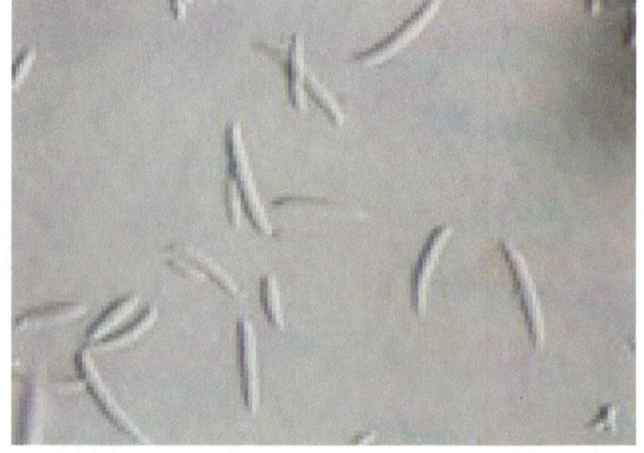
图 1-2-78

图 1-2-79

图 1-2-80

防控：

1）保健措施：实行轮作，选用稻田或前茬为禾本科作物的地块，提倡施用酵素菌沤制的堆肥或腐熟的生物有机肥。

2）预防措施：烟草生长中后期，追施草木灰，必要时在烟株基部撒施草木灰，重病地区或田块，在春耕时即可施用石灰。

3）药剂控制：发病初期用 50% 乙烯菌核净可湿性粉剂 500 倍液或 50% 苯菌灵可湿性粉剂 1000 倍液或 50% 甲基硫菌灵可湿性粉剂 1000 倍液浇灌根部，7 ～ 10 天 1 次，连续防治 2 ～ 3 次。

第三节　大田期细菌病害诊断及防控

在烟草上报道的细菌病害有 8 种。经全国有害生物调查表明，国内已发现 6 种病害。其中以烟草青枯病发生最广，危害最重，造成的损失在各类病害中居第四位。其次是烟草野火病和角斑病，在部分烟区为害较重，在田间常与烟草赤星病混合发生，烟草空胫病在烟草上零星发生，危害较轻，剑叶病大部分烟区有记载，但很少造成危害。新鉴定出来的种类有烟草细菌性叶斑病和烟草细菌性黑腐病 2 种。

一、烟草青枯病

病原：由青枯雷尔氏菌（*Ralstonia solanacearum*）引起的一种细菌性病害（图 1-3-1 ～图 1-3-3）。病菌主要在土壤中或遗落在土壤中的病株残体上越冬，病原菌靠雨水、排灌水、病土、病苗、人畜活动、生产工具及昆虫进行扩散传播。高温高湿是青枯病流行的先决条件。气温在 30 ～ 35℃，湿度在 90% 以

图 1-3-1

图 1-3-2

图 1-3-3

上时，病害常常发生严重。排水不良、土壤湿度过大的地方发病较重。地势低洼、土壤黏重的地块，也易诱发此病。中性偏酸的土壤，有利于病害的发生。连作田块增加了土壤中的病菌含量，初侵染量增加，发病重。

症状：病菌由根部侵入烟株，田间初期症状为下部叶片半边出现凋萎并黄化，遇到烈日、高温，则全株叶片由下往上逐渐黄化凋萎，数日内全部枯死；叶脉有枯死症状。发病后期茎部呈现时隐时现、由下到上的黑色条斑，发病一侧根系坏死，多靠不定根支撑生长。将病株茎部横切，可见维管束变成褐色，用力挤压切口，会从导管中渗出黄白色乳状黏液，即细菌“菌脓”（图 1-3-4 ～图 1-3-7）。

防控：

1）保健措施：增施磷钾肥，适当增施锌、硼肥，清理边沟，防止雨后烟沟积水，降低田间湿度。

图 1-3-4

图 1-3-5

图 1-3-6

图 1-3-7

2）预防措施：叶面补肥（喷施叶面肥），延缓上部叶片黄化速度。

3）药剂控制：发病初期采用 50% 氢氧化铜水分散粒剂 500 倍液或用 20% 噻菌茂可湿性粉剂 600 倍液灌根。

二、烟草野火病

病原：烟草野火病是由丁香假单胞杆菌烟草致病变种（*Pseudomonas syringae* pv. *tabaci*）引起的一种细菌性病害（图 1-3-8）。野火病菌能产生野火毒素，扰乱蛋氨酸的新陈代谢，在病斑周围形成黄色晕环。初次侵染源为带病种子和未经分解的病残组织。病菌借风、雨或昆虫传播，从自然孔口及伤口侵入叶片。暴风雨易在烟株上造成伤口，利于细菌传播，特别是遭受冰雹袭击后，叶片上产生大量孔洞，病菌可以从伤口迅速成功地侵入，造成野火病大发生。

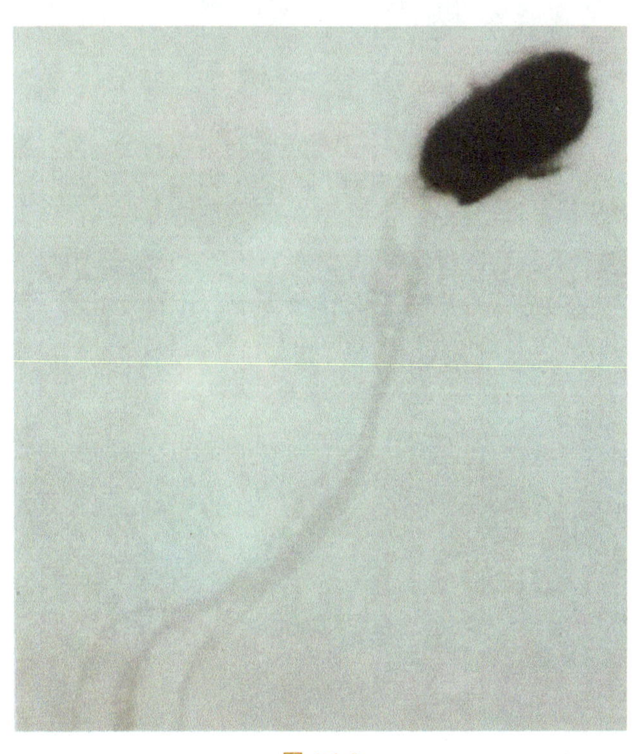
图 1-3-8

症状：叶片受害时，初期产生褐色水渍状小圆斑，病斑周围有很宽的黄色晕圈（本病的主要特征）。几天后，变成一个圆形或近圆形的褐色病斑，直径为 1 ～ 2cm。如遇高温、高湿天气，病斑会迅速增大，相邻的病斑愈合成不规则的大斑，并产生轮纹，有时病斑上会产生浅黄色的菌脓。天气干燥时，病斑破裂、脱落。嫩茎或蒴果、萼片发病时，病部产生不规则的小斑，最初呈水渍状，以后变成褐色病斑，周围晕圈不明显。由于相邻病斑愈合后形成的大斑上有轮纹，所以常常与赤星病相混淆（图 1-3-9 ～图 1-3-13）。

图 1-3-9

图 1-3-10

图 1-3-11

图 1-3-12

图 1-3-13

野火病与赤星病的主要区别是：赤星病的轮纹是规则的，以病斑最初的侵染点为圆心的同心轮纹，就像松树横断面的年轮一样；而野火病的轮纹是杂乱的、不规则的，往往是弯弯曲曲的、多角的。

防控：

1）保健措施：合理施肥、灌水，控制氮肥施用量，并适当增施磷肥、钾肥。

2）预防措施：早期田间点片发生时，及时摘除病叶，并喷洒 1 ∶ 1 ∶ 160 倍波尔多液。

3）药剂控制：发病初期喷施 77% 硫酸铜钙可湿性粉剂 400 ～ 600 倍液，57.6% 氢氧化铜水分散粒 1000 ～ 1400 倍液等药剂进行防治。

三、烟草空胫病

病原：是由欧式杆菌属胡萝卜软腐欧式菌胡萝卜软腐亚种（*Erwinia carotovora* subsp. *corotovora*）引起的细菌病害。病菌主要在土壤中或遗落在土壤中的病株残体上越冬，病原菌靠雨水、排灌水、病土、病苗、人畜、生产工具及昆虫进行扩散传播。高温、高湿是烟草空胫病流行的先决条件。气温在 30 ～ 35℃，湿度在 90% 以上时，病害常常发生严重。排水不良、土壤湿度过大的地方发病较重。地势低洼、土壤黏重的地块，也易诱发此病。中性偏酸的土壤，有利于病害的发生。连作田块增加了土壤中的病菌含量，初侵染增加，发病重。

症状：苗期和大田期间均可发生。在苗期，烟草空胫病可以引起烟苗黑脚病。在大田期多发生在生长后期，地上部茎、叶均可受害。病症通常在打顶、抹杈时开始出现。尽管病原菌可以从茎的任何伤口侵入，但主要还是从打顶所造成的伤口侵入，并沿髓部向下蔓延。受侵染后，髓部迅速变成褐色，继之出现软腐，髓部组织被分解，顶叶萎蔫，病部继续向下发展，叶片悬挂在茎上或脱落，茎部变空。叶片受害时，开始出现暗绿色斑点。继之叶肉消失，仅残留叶脉，若采收了已受侵染的叶片，在调制过程中，可继续发展形成软腐，并散发出特有的气味。有时在茎上表现为黑色条斑，继续发展可环绕全茎，在病斑以上叶片凋萎，而以下叶片正常（图 1-3-14 ～图 1-3-17）。

图 1-3-14

图 1-3-15

图 1-3-16

图 1-3-17

防控：

1）保健措施：空胫病菌可在土壤中越冬，采用3年以上轮作，保持氮、磷、钾养分平衡。

2）预防措施：田间打顶、抹杈和采收时要选择晴天，以便加速伤口愈合，防止细菌侵入；最为有效的办法是在发病初期人工剖开茎部，使髓部风干，能有效防止叶片脱落。

四、烟草角斑病

病原：是由假单胞杆菌属丁香假单胞杆菌烟草致病变种（*Pseudomonas syringae* pv. *angulata*）引起的细菌类病害。病菌在病残体或种子上越冬，也能在一些作物和杂草根系附近存活，成为翌年该病的初侵染源。田间的病菌主要靠风雨及昆虫传播。病菌通过伤口或从气孔、水孔侵入烟叶，引致发病。栽植过密、植株郁蔽、田间湿度大及施用氮肥过多易发病，长期连作的烟田或田间大水漫灌、雨多造成积水的田块发病重。

症状：在生长后期多发生，叶片染病时在叶片上产生多角形至不规则形黑褐色病斑，边缘明显，周围没有明显的黄色晕圈，发病严重时，黑褐色或边缘黑褐色，中央呈灰褐色或污白色，有的病斑扩展至1～2cm，四周色深于中间，常现多重云形轮纹。湿度大时病部表面溢有菌脓，干燥条件下病斑破裂或脱落（图1-3-18～图1-3-20）。在诊断本病时，应注意把它同烟草野火病区分开来。野火病病菌能产生一种

图1-3-18

图1-3-19

图1-3-20

称为野火毒素的特殊氨基酸，可使其病斑周围产生一种很宽的黄色晕环；角斑病病菌则不产生毒素，其引起的角状病斑周围不产生黄色晕环或不明显。这是两病症状的主要区别。

防控：

1）保健措施：适时早栽，合理施肥，保持氮、磷、钾养分平衡，适时采收，保持烟田通风透光良好，降低湿度，减少发病。

2）预防措施：摘除染病脚叶，减少田间传染病源。成熟叶提前采烤，改善田间光照、通风条件，降低田间湿度。用波尔多液进行预防。

3）药剂控制：发病初期喷施 50% 氢氧化铜水分散粒剂 500 倍液或用 20% 噻菌茂可湿性粉剂 600 倍液等叶面喷雾 1 ～ 2 次。

五、烟草剑叶病

病原：是由烟草根际土壤中的蜡样芽孢杆菌（*Bacillus cereus*）分泌物引起。病原细菌可在土壤中长期存活，一般不引起病害。只有在该菌分泌毒素破坏烟株正常代谢、异亮氨酸积累达一定量时，才能引致烟草形成剑叶症状。土壤潮湿、通气性差、排水不良、氮素缺乏时易发病。土温偏高、35℃以上发病重。土温低于 21℃症状不明显。土壤结构不好、整地粗糙、排水不良或初开垦的烟田易发病。

症状：发病初期，叶片边缘黄化，后向中脉扩展，严重的整个叶脉都变为黄色，侧脉则保持暗绿色、网状。叶片只有中脉伸长而形成狭长剑状叶片。植株顶端的生长受到抑制，呈现矮化或丛枝状，根部常变粗，稍短。植株的下部叶片有时变黄（图 1-3-21、图 1-3-22）。

图 1-3-21

图 1-3-22

防控：

1）保健措施：增施有机肥，改良土壤，改善土壤理化性状，提高土壤排水能力，防止烟田积水，合理施肥，满足烟草生长需要。

2）预防措施：发病后补施氮肥可减轻症状，秋耕时每亩①施用硫黄 2kg。

---

① 1 亩≈ 667m^2。下同。

图 1-3-23

六、烟草细菌性叶斑病

病原：由黄单胞杆菌属野油菜黄单胞杆菌疤斑致病变种（*Xanthomonas campestris* pv. *vesicatoria*）引起。

症状：一般在旺长后期发生，成熟期发病较重。病斑在叶脉间发生，初期为圆形、黄褐色，后扩大形成不规则褐色病斑。天气潮湿时病斑呈黑褐色并软化腐败。后期病斑可融合成大面积坏死。病斑常脱落形成穿孔，使叶片破烂不堪。（图 1-3-23 ～图 1-3-25）。

图 1-3-24

图 1-3-25

防控：

1）保健措施：合理施肥、灌水，控制氮肥施用量，并适当增施磷肥、钾肥。

2）预防措施：早期田间点片发生时，及时摘除病叶，并喷洒 1 ∶ 1 ∶ 160 倍波尔多液。

3）药剂控制：发病初期喷施 77% 硫酸铜钙可湿性粉剂 400 ～ 600 倍液，57.6% 氢氧化铜水分散粒 1000 ～ 1400 倍液等药剂进行防治。

第四节 大田期烟草线虫病害诊断及防控

线虫侵染烟草所引起的病害统称为烟草线虫病害，线虫主要寄生在烟草根部进行为害。在世界范围内为害烟草的线虫主要有根结线虫（*Meloidogyne* spp.）、胞囊线虫（*Heterodera* spp.）和根腐线虫（*Pratylenchus* spp.）三大类，其中根结线虫分布最广，为害最重。线虫除对烟草直接造成为害外，往往与烟草镰刀病菌、黑胫病菌、青枯病菌等造成复合侵染，加重为害程度，给烟草生产带来更大的损失。此外，有些线虫还是某些病毒的传毒介体，如毛刺线虫和拟毛刺线虫是烟草脆裂病毒的传毒介体，剑线虫是烟草环斑病毒的传毒介体，细长针线虫和长针线虫是番茄黑环病毒的传毒介体。在我国，烟草上发生范围最广、为害最重的线虫也是根结线虫。烟草根结线虫病在我国各大烟区普遍发生，且日趋严重，仅云南省发病面积就达 60 多万亩，病株造成烟叶减产 30% ～ 50%，已成为烟草生产中的主要病害之一。

一、烟草根结线虫

病原：烟草根结线虫是由根结线虫属的若干种根结线虫（*Meloadogyne* spp.）所引起的根部病害（图 1-4-1、图 1-4-2）。为害烟草的根结线虫种类主要是南方根结线虫（*M. incognita*）、爪哇根结线虫（*M. javanica*）、花生根结线虫（*M. arenaria*）和北方根结线虫（*M. hapla*）等。病害初侵染源是土壤中的雌虫、卵及幼虫。线虫侵染取食烟根时的分泌物刺激中柱鞘细胞分裂，特别是线虫头部附近的根细胞分裂更迅速，形成多核的“巨细胞”，同时周围细胞也迅速增生，形成根结。壤土、砂壤土便于线虫活动，一般受害较重。干旱年份根结线虫病严重，多雨年份较轻。

症状：根结线虫多在大田成熟期发病，病株叶片从叶尖和边缘开始干枯内卷，叶色变淡，表现为营养不良似缺肥状，株型矮小。随着病情加重烟株呈现叶片早衰，下部叶片边缘干枯，病株生长缓慢，矮化及叶片黄化（图 1-4-3、图 1-4-4）。挖出病株根系在根上形成大小不一的根结，有时许多根结紧密连接在一起，形成一个大根结，使根呈“鸡爪状”。在小的根结内至少有一条幼虫，而大根结内有大量处于

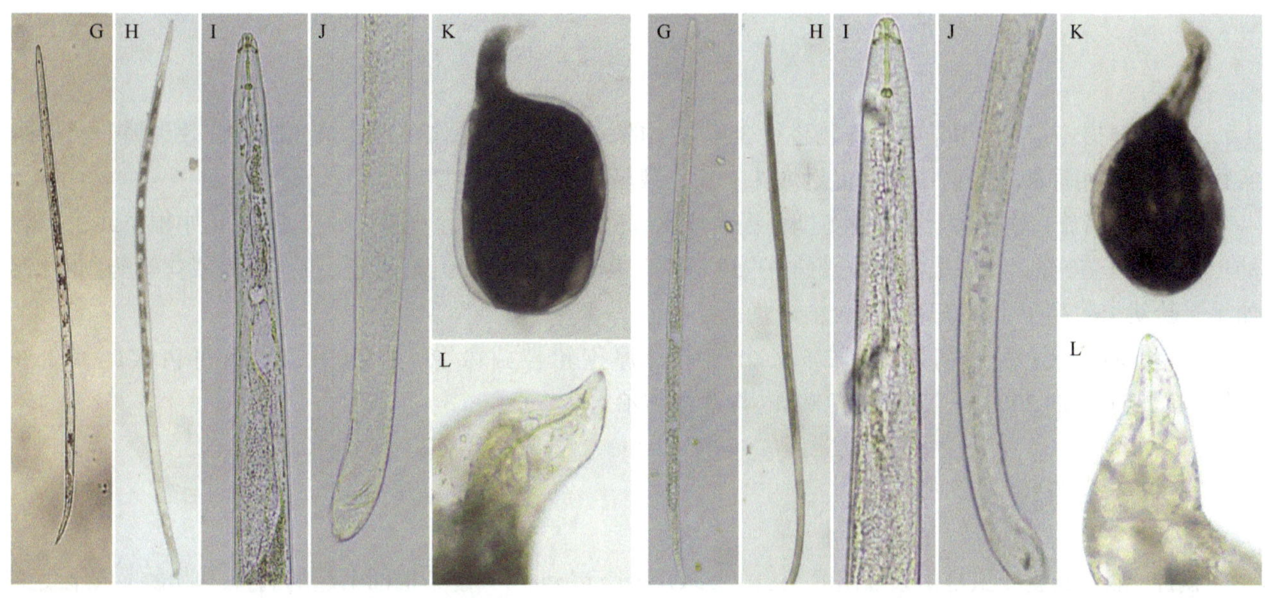

图 1-4-1　　图 1-4-2

图 1-4-3

图 1-4-4

不同虫态的线虫。发病后期，部分根腐烂中空，严重时，仅留变粗的主根，侧根则全部腐烂（图 1-4-5、图 1-4-6）。烟株受害初期如干旱少雨，这种症状更为严重。

图 1-4-5

图 1-4-6

防控：

1）保健措施：可选用禾本科作物进行 3 年以上的轮作，水旱轮作可迅速杀死线虫，效果最佳。旱地实行冬翻，施用净肥，及时中耕，促进烟株生长，减轻损失。

2）预防措施：对植烟土壤中越冬烟草根结线虫二龄幼虫数量进行检测。如果 100g 土中根结线虫二龄幼虫数量低于 50 条，不必采用防控措施；在 50 条≤二龄幼虫数＜ 100 条应选用抗病品种或化学药剂防控；如果二龄幼虫数高于 100 条则不宜种植烟草。

3）药剂控制：发病初期施用 2.5 亿个孢子 /g 厚孢轮枝菌微粒剂 1500 ～ 2000g 每亩穴施或 25% 阿维 • 丁硫水乳剂 2000 ～ 2500 倍液 80ml/ 株灌根防治。

二、烟草胞囊线虫

病原：烟草胞囊线虫是由大豆胞囊线虫（*Heterodera glycines*）侵染根部引起的病害。胞囊线虫雌线虫白色洋梨形，半内寄生；卵为圆形，藏在母体中，充满卵粒的死亡雌虫即为胞囊，雄成虫线形，皮膜质透明，尾端略向腹侧弯曲，平均体长 1.24mm。卵长椭圆形，一侧稍凹，皮透明，大小为 108.2μm×45.7μm。除为害烟草外，还可侵染马铃薯、茄子等 45 种茄科植物。

症状：在苗期一般无明显症状，大田期发病严重时可造成烟株弱小、叶片发黄。发病始于苗期，一直延续至成株期。苗期染病，地上部生长缓慢或停滞，逐渐枯萎，与根结线虫病相似，但根部不长根结。主要表现为根系褐变，根少，小根粗细不等，根尖呈弯曲状，部分出现腐烂，在根上生出 0.5mm 白色至棕色或黄色小颗粒。发病轻的根部，后期症状有所缓和，发病重的一直处于发育停滞状态直至枯死。在成熟期，病株略有矮化，叶片瘦小、下卷，前端尖细、向下卷曲呈钩状。叶缘、叶尖首先发黄，最后几乎整叶黄化，叶脉出现坏死；部分受侵染根系出现褐色坏死，最终整个根系腐烂、干枯。枯死根上常常留有黑褐色的球形颗粒（胞囊线虫的胞囊）脱落后呈现的坑穴（图 1-4-7 ～图 1-4-9）。

防控：

1）保健措施：降低越冬病原基数，烟叶采收结束后及时将植株拔出带到田外集中处理，可有效降低土壤中胞囊的数量。

图 1-4-7

图 1-4-8

2）预防措施：实行 5 年以上的轮作，提倡水旱轮作，切忌与大豆轮作，合理灌溉，避免土壤干旱。

3）药剂控制：发生严重时，于烟草移植时和 5 月中旬对土壤进行药剂处理，能在一定程度上抑制初侵染，选用的药剂参考烟草根结线虫病。

图 1-4-9

三、烟草根腐线虫

病原：由穿刺短体线虫（*Pratylenchus penetrans*）引起。线虫除卵以外的各个龄期都能在根内和根与土壤之间自由运动，破坏根皮层的细胞引起局部损伤，往往由于并发微生物感染而引起更严重的根部损伤，因此又被称为根腐线虫。该病原线虫常与烟草的其他病菌，如烟草青枯病菌、烟草黑胫病菌、烟草枯萎病菌复合侵染为害烟草。穿刺短体线虫以卵、成虫或幼虫在土壤或病残体内越冬，成虫或幼虫在无取食寄主植物存在的条件下至少存活 4 个月。成虫和幼虫均可侵入寄主表皮细胞，自由出入根系内外。线虫多从须根侵入，多数聚集于根的伸长区，也可侵染侧根。通过口针刺破根表皮细胞进入根内，一旦 1 条线虫进入表皮细胞，多条线虫可由此伤口进入根内聚集并取食相邻寄主组织，导致大量根表细胞死亡。雌虫产卵于根内或根表，每头雌虫产卵期约 3 天，每天产 1 枚卵。幼虫为 4 个龄期，幼虫期 2 ～ 3 个月。线虫主要通过土壤、苗木和水流传播。穿刺短体线虫主要分布于 0 ～ 30cm 的土壤中，高温、高湿利于其生长和繁殖；适宜生存的土壤 pH 为 5.0 ～ 6.5；沙质土壤比黏质土壤发生严重。

症状：此病的主要特征是受害烟草根部褐色腐烂。烟草早期受害生长受抑制，矮小，受害轻的烟株白天出现萎蔫，夜间恢复，第二天又萎蔫，最后枯死。烟株的中下部分叶缘变黄、坏死，重病烟株整株叶片变黄，根部有伤痕，水渍状，以后皮层伤痕淡黄色至黑色，伤痕破裂，皮层组织自维管束柱剥落，线虫侵入寄主根部皮层后，皮层细胞崩溃，病部坏死，地上部分矮化，叶片褪绿（图 1-4-10 ～图 1-4-12）。

防控：

1）保健措施：育苗池水消毒，加强苗床通风降湿管理。加强栽培管理，促进根系发育。

2）预防措施：加强肥水管理，促进根系生长。育苗基质消毒，保证育苗期免受侵染。

图 1-4-10

图 1-4-11

图 1-4-12

第五节　大田期病毒病害诊断及防控

烟草病毒病是一类在烟草上普遍发生且为害严重的侵染性病害，也是世界范围内的重要病害之一。20 世纪 50 年代以来，烟草病毒病先后在世界各主产烟区相继暴发流行，并日趋严重，给烟草生产造成了不同程度的损失。尤其是 80 年代以后，烟草病毒病相继大面积暴发流行，严重威胁烟草生产，挫伤了烟草种植者的积极性。据朱贤朝等（2022a）报道，1989 年，仅马铃薯 Y 病毒（PVY）侵染烟草后，给加拿大烟草业造成的直接经济损失就高达 100 万美元，使意大利烟草产量下降了 35%。1995 ～ 1996 年，仅烟草花叶病和烟草番茄斑萎病，给美国北卡罗来纳州的烟草生产造成了 872 万美元的损失。1974 ～ 1977 年 4 年间，山东烟区有 3 年暴发流行烟草病毒病。1975 年山东烟草病毒病大流行，重病田减产 20% ～ 50%，夏烟减产 70% 以上。1978 年，烟草花叶病在安徽烟区大流行，损失烟叶 1000 多万千克，上中等烟叶损失 30% 以上，其中仅安徽凤阳县烟叶总产量损失就高达 92.3%，引起烟草界的普遍震惊。据全国烟草侵染性病害调查组对我国烟草花叶病毒（TMV）和黄瓜花叶病毒（CMV）发生为害较重的 14 个产烟省区的调查统计（孔凡玉等，1995），1989 ～ 1991 年，TMV 和 CMV 平均每年发生面积达 277.5 万亩以上，产量损失 8864.58 万 kg，直接经济损失 2347.23 万元人民币。90 年代以后，烟草病毒病在我国烟区为害更加严重，以蚜虫介体传播的 CMV、PVY、烟草蚀纹病毒（TEV）为主的病毒病在烟草上的为害日益严重，导致烟草病毒病呈现出连年发生并间歇式暴发的流行态势。1998 ～ 2000 年，烟草病毒病在黄淮烟区大流行。据报道，1986 年安徽烟区烟草脉斑病大流行，其中固镇县烟区发病率在 20% ～ 50% 的田块约 4950 亩，发病率达 50% 至 80% 以上，严重田块 600 亩，毁灭性田块约 1200 亩，一般田块 PVY 发病率均在 10% 左右；2000 年烟草病毒病在河南烟区发生为害程度达历史之最，全省 150 万亩烟田几乎 100% 发病，绝收面积近 40 万亩，严重发病面积 460 万亩，直接经济损失超过 4 亿元人民币。由于烟草病毒病迄今尚无有效的治疗措施，烟草病毒病害成为世界各烟区烟草上的主要病害之一，发生较为普遍严重，每年都造成巨大的经济损失。随着栽培品种单一化、种植结构改变和栽种面积的不断扩大而有逐步加重的趋势。目前烟草病毒病造成的经济损失已大大超过了烟草真菌病害，成为烟草生产上威胁最大的一类病害。

一、烟草普通花叶病毒病

病原：烟草普通花叶病毒病是由烟草普通花叶病毒（*Tobacco mosaic virus*，TMV）引起的病毒类病害

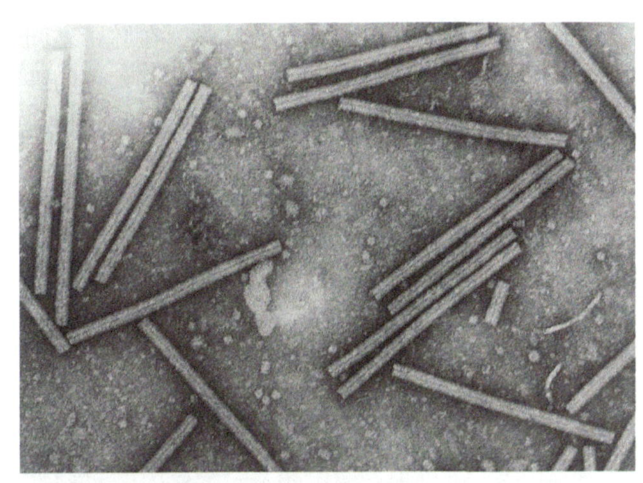
图 1-5-1

（图 1-5-1）。大田初侵染源主要是带病烟苗、病株残体、肥料、带毒土壤。在田间通过烟株间的相互摩擦、农事操作和工具的机械接触使病毒传播而引起再侵染。烟草连作年限越长，烟草花叶病发病越重。田间管理不及时的田块，烟株根系不发达，生长矮小，发病严重。

症状：病毒易于通过接触传染，带毒的烟苗、带菌的土壤及大田操作时进行传播；感病烟株首先在嫩叶上出现症状，叶脉组织变成淡绿色，近光呈现半透明状，即“明脉”。几天后叶片上形成淡黄色至浓绿色相间的斑驳，即“花叶”，重型花叶病症状叶色黄绿相间呈嵌状，深绿色部分出现疱斑。在气温较高和光照较强的天气条件下，发病烟株的叶片出现红褐色坏死斑，即“花叶灼斑”。遇干热风或突降冷雨，容易引起花叶病的暴发流行（图 1-5-2、图 1-5-3）。

图 1-5-2

图 1-5-3

防控：

1）保健措施：移栽前认真清除发病烟苗，用试纸条对烟苗进行检测，无毒后再移栽。严禁移栽病苗和弱苗，移栽后及时清除发病烟苗，隔离发病中心，田间出现普通花叶病，应立即追施速效性肥料，促进生长。

2）预防措施：漂浮苗移栽前 3 天，预防性喷施 0.1% 硫酸锌。

3）药剂控制：发病初期及时喷施 0.1% 硫酸锌与 1% 尿素混合液 2 ～ 3 次。

二、烟草马铃薯 Y 病毒病

病原：由马铃薯 Y 病毒（*Potato virus Y*，PVY）以蚜虫非持久性传播为主而引起的病毒类病害（图 1-5-4）。病毒粒体为曲杆状，发生流行与气候、寄主、环境和有翅蚜的数量关系密切。大田期田间发病率与烟蚜发生量呈正相关，氮肥过量，烟株组织生长幼嫩，较易感病。

症状：病毒主要由蚜虫传播到烟株上（图 1-5-5）。发病初期在新叶上出现“明脉”，后形成系统斑驳。

叶片上沿叶脉两侧形成暗绿色的脉带，在脉带之间表现黄化，还会出现卷叶扭曲现象，叶脉变成深褐色至黑色，坏死斑常常延伸到中脉，甚至进入茎的维管束组织和髓部而引起叶片坏死。有时坏死仅限于支脉和主脉梢，叶片尚能保持一段时间的活力，烟株变矮，叶片皱缩并向内卷曲（图 1-5-6 ～图 1-5-8）。

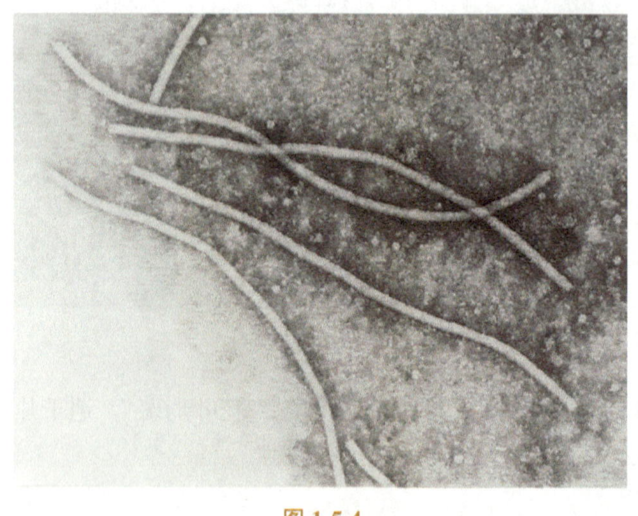

图 1-5-4

图 1-5-5

图 1-5-6

图 1-5-7

图 1-5-8

防控：

1）保健措施：加强苗床管理，培育无病壮苗。及时间苗、定苗，合理施肥浇水，合理控温控湿。操作时要用肥皂水洗手，严禁吸烟，尽量减少操作工具、手、衣服与烟株的接触。及时追肥、培土、浇水，促使烟株根系发达、生长健壮，提高抗病能力。

2）预防措施：采用网罩隔离育苗的方法，铺设灰色地膜，或张挂银灰色反光膜条，可有效地驱避蚜虫向烟田内迁飞，防止蚜虫传毒。

3）药剂控制：发病初期用 200g/L 吡虫啉可溶液剂 4000 倍液或烟草上推荐使用的杀虫剂，对蚜虫进行防治，烟叶正背两面喷雾 1 ～ 2 次，每次间隔 7 ～ 10 天。

三、烟草脉带病毒病

病原：由烟草脉带花叶病毒（*Tobacco vein banding mosaic virus*，TVBMV）（图 1-5-9）以蚜虫非持久性传播为主而引起的病毒类病害（图 1-5-10）。在氮肥充足时，烟草生长迅速，组织幼嫩，蚜虫数量较多时，特别是与蔬菜和油菜相邻的烟田发病较重。

症状：病毒主要由蚜虫传播到烟株上。初期侵染的烟草叶片表现花叶、叶片革质化，病斑沿叶脉两侧呈深绿带状花叶症状、脉带（沿叶脉的带状绿岛）及坏死斑症状，后期脉带发白，缝衣针线状，严重的病斑叶片呈网状坏死穿孔（图 1-5-11 ～图 1-5-14）。

防控：

1）保健措施：加强水肥管理，增施硫酸锌，促使烟株早生快发，通过增强烟株的营养抗性来增强其抗病能力，以减轻病毒病的发生为害。

2）预防措施：防治蚜虫，切断病毒病的传播途径。用 70% 吡虫啉 1 ∶ 3000 倍液或 50% 啶虫脒 1 ∶ 2000 倍液兑水喷雾防治。

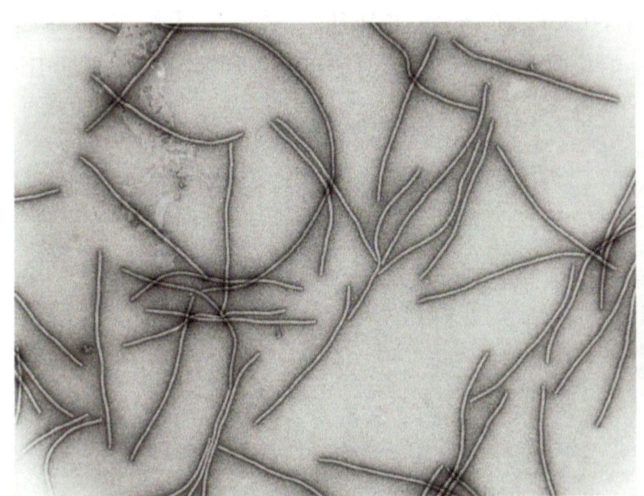

图 1-5-9

图 1-5-10

图 1-5-11

图 1-5-12

图 1-5-13

图 1-5-14

3）药剂控制：发病初期喷施叶面肥或喷施病毒抑制剂减轻危害。

四、烟草蚀纹病毒病

病原：由烟草蚀纹病毒（*Tobacco etch virus*，TEV）引起的病毒类病害，属于马铃薯Y病毒属（图 1-5-15）。主要通过蚜虫非持久性传播和汁液传播，蚜虫数量较多时，特别是与蔬菜和油菜相邻的烟田，发病较重（图 1-5-16）。

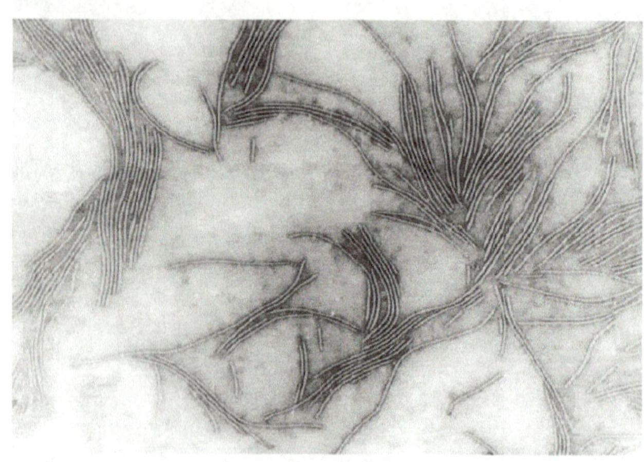
图 1-5-15

图 1-5-16

症状：病症常在烟株生长中后期显现，旺长期特别明显，打顶后病情发展趋缓。以叶片为主，茎叶均可受害，重病叶片多集中在中部第 6 ～ 12 片叶上。蚀纹病毒因不同的病毒株系、烟草品种及生长条件而不同。初期在叶面上形成 1 ～ 2mm 的褪绿小黄斑，然后沿细脉发展，连成褐色或银白色线状蚀刻。脉间出现多角形不规则小坏死斑，严重时病斑布满整个叶面。后期病组织连片枯死脱落，形成穿孔，叶脉虽仍残留，但主脉已成枯焦条纹，支脉变黑而卷曲，采收时叶片破碎。有时茎部也可受害，形成干枯条斑（图 1-5-17 ～图 1-5-19）。

防控：

1）保健措施：植烟田块远离蔬菜、油菜地，以减少感染病毒的机会；确定适宜的播种和移栽时间，避开烟蚜迁飞高峰期移栽烟苗。蚜虫传毒主要以有翅蚜为主，无翅蚜传毒有限。

2）预防措施：育苗时必须全程覆盖防虫网。移栽后铺设银灰色地膜覆盖，可以有效地驱避蚜虫向烟

图 1-5-17

图 1-5-18

图 1-5-19

田迁飞。

3）药剂控制：喷施 70% 吡虫啉可湿性粉剂 12 000 ～ 13 000 倍液、3% 啶虫脒乳油 1500 ～ 2500 倍液等杀虫剂防治烟蚜，减少病害的传播。

五、烟草斑萎病毒病

病原：由番茄斑萎病毒属番茄环纹斑点病毒（*Tomato ring spot virus*，TRSV）和番茄斑萎病毒（*Tomato spotted wilt virus*，TSWV）以蓟马非持久性传播为主而引起的病毒类病害（图 1-5-20、图 1-5-21）。病毒粒子呈球状粒体。蓟马幼虫吸食病株才能获毒，由成虫传毒。病毒可以通过一些野生植物越冬。但是，病毒流行水平主要依赖于虫口密度。

症状：烟草病株初期表现为在幼嫩叶片上，引起坏死的斑点、斑纹或同心轮纹枯斑；有时在叶片上可密布小的坏死环，这些坏死环常常合并为大斑，形成不规则的坏死区。坏死区初为淡黄色，后变为红褐色，严重的呈灼烧状，有的叶片半片叶点状密集坏死，且不对称生长，呈镰刀状。坏死条纹可沿茎秆发展，在导管和髓部呈现黑色坏死和空洞。发病后期，烟株进一步坏死，茎秆上有明显的凹陷坏死症状，且对应部位的髓部变黑，但不形成碟片状；最终导致烟株整株死亡或染病烟株矮化、顶芽萎垂（图 1-5-22 ～图 1-5-25）。

防控：

1）保健措施：清除田间杂草。结合中耕管理对烟草斑萎病发病情况进行认真排查，发现病株必须及时清理出烟田。减少田间病原和传媒昆虫的数量，控制病害流行。

图 1-5-20

图 1-5-21

图 1-5-22

图 1-5-23

图 1-5-24

图 1-5-25

2）预防措施：用蓝板诱杀蓟马。蓟马是烟草斑萎病毒病在田间传播流行的传毒介体。切断传媒途径是控制病害再侵染和流行的最有效措施。

3）药剂控制：发病初期喷施 70% 吡虫啉可湿性粉剂 12 000 ～ 13 000 倍液、3% 啶虫脒乳油 1500 ～ 2500 倍液等杀虫剂喷雾对蓟马进行交替防控。

六、烟草曲叶病毒病

病原：由联体（双生）烟草曲叶病毒（*Tobacco leaf curl virus*，TLCV）引起的病毒类病害（图 1-5-26、图 1-5-27）。该病毒属菜豆金黄色花叶病毒属。病毒主要由粉虱传毒传播到烟株上，病毒在粉虱体内可终生存活，但不能经卵传毒。汁液摩擦和菟丝子不能传毒。白粉虱最小获毒期需 15 ～ 120min，在健株上传染病毒需要 10 ～ 60min。高温干旱有利于粉虱传毒活动。田间遗留的烟杈是烟草曲叶病毒初侵染源，经白粉虱吸食杈烟获毒并传毒健康烟株引起烟草病毒类病害。该病发生与气候条件及寄生于烟叶的粉虱数量有关。大田生长期易于粉虱取食及获毒和传毒，团棵旺长期烟株易感病。经粉虱吸食后，迁飞到烟田传毒。粉虱传毒方式为非持久性传毒。吸食 24 ～ 48h 就能带毒，带毒粉虱在烟株上吸食 2 ～ 10min 即可完成接毒过程，接毒后显症时间与温度有直接关系。30℃左右显症最快。烟草曲叶病的发生和流行与粉虱活动关系密切，高温干旱，粉虱活动猖獗，曲叶病重。雨季则发病轻。烟叶收获后留有烟秆的地块翌年发病重。

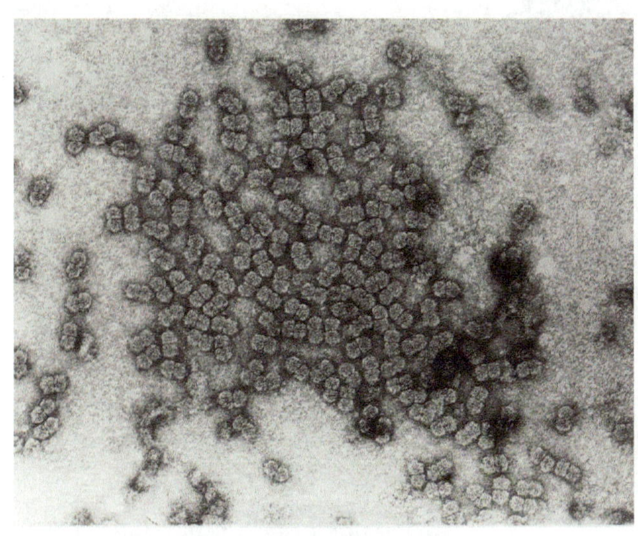

图 1-5-26

图 1-5-27

白粉虱在烟草上为害较为隐蔽，常聚集在烟叶背面不易看到。成虫体长 0.9 ～ 1.4mm，淡黄白色或白色，雌雄均有翅，全身披有白色蜡粉，雌虫个体大于雄虫，其产卵器为针状，口器为锉吸式；成虫和若虫吸食植物汁液，被害叶片褪绿、变黄、萎蔫，甚至全株枯死。

症状：病毒主要由粉虱传播到烟株上。发病烟株叶片皱缩，叶面凹凸不平，叶色变深绿，叶缘向背面卷曲，叶片僵化变脆，严重的矮化，节间变短，茎弯曲畸形，不能正常生长。叶背面叶脉加厚变粗，常常呈弯曲状，主侧脉两侧常产生耳突。重者卷叶、畸形，枝叶丛生。整株发病，不能正常生长（图 1-5-28 ～图 1-5-33）。

防控：

1）保健措施：清除烟田及周围杂草，减少毒源，移栽无病壮苗。

2）预防措施：及时拔除田间病株。

图 1-5-28

图 1-5-29

图 1-5-30

图 1-5-31

图 1-5-32

图 1-5-33

3）药剂控制：发病初期喷施2.5%高效氯氟氰菊酯乳油3000倍液等内吸性较强的杀虫剂。

七、烟草丛顶病毒病

病原：烟草丛顶病毒病是由烟草丛顶病毒（*Tobacco bushy top virus*，TBTV）及黄症病毒科的烟草脉扭病毒（*Tobacco vein distorting virus*，TVDV）复合侵染引起的病毒类病害（图1-5-34、图1-5-35）。属幽影病毒属。主要通过蚜虫传毒，蚜虫传播烟草丛顶病的方式为持久型，病毒不能够在蚜虫体内增殖。介体要求至少15min的获毒饲养期，通常要在24h后才能传毒。较长的获毒饲养时间使持毒时间提高到数天。TBTV及其似卫星RNA可以通过汁液摩擦接种。TVDV只能通过蚜虫传播而不能通过摩擦接种传播。

症状：烟草丛顶病毒病田间典型症状为植株严重矮化，侧枝丛生，叶片变小、变脆、黄化、茎秆变细、根系发育差。发病叶片先出现淡褐色蚀点斑并发展成坏死斑（图1-5-36、图1-5-37），随后的新生叶坏死症状减轻，逐渐变小变圆并褪绿或黄化；有时叶面皱缩，产生疱斑；之后顶端优势丧失（图1-5-38、图1-5-39）；腋芽比健株提早萌发，植株矮缩，生长缓慢，最后株型成为密生小叶、小枝的丛枝状塔形

图1-5-34

图1-5-35

图1-5-36

图1-5-37

（图 1-5-40、图 1-5-41）；苗期感病的烟株严重矮缩且不会开花，团棵期后发病的烟株表现为黄化丛枝塔形症状，能够开花结籽（图 1-5-42、图 1-5-43）。

图 1-5-38

图 1-5-39

图 1-5-40

图 1-5-41

图 1-5-42

图 1-5-43

防控：

1）保健措施：适时移栽。确定适宜的播种移栽期，避开蚜虫迁飞高峰期，减少传毒机会。加强烟田管理，团棵期以前将病苗拔除，用预备苗替换。

2）预防措施：采用网罩隔离育苗的方法防止蚜虫传毒，此方法可以将烟草丛顶病烟苗控制在 0.5% 以下，是防治烟草丛顶病的关键环节。

3）药剂控制：发病初期喷施 70% 吡虫啉可湿性粉剂 12 000 ～ 13 000 倍液，3% 啶虫脒乳油 1500 ～ 2500 倍液等杀虫剂。移栽后间隔 7 ～ 10 天，喷施 2 ～ 3 次。

八、烟草环斑病毒病

病原：由烟草环斑病毒（*Tobacco ring spot virus*，TRSV）引起的病毒类病害（图 1-5-44）。寄生广泛，主要在多年生茄科、葫芦科、豆科等寄主上成为来年的初侵染源。田间主要通过介体昆虫，如线虫、蓟马和蚜虫等传播，也可通过病株汁液接触传染，在高氮水平下发病重。

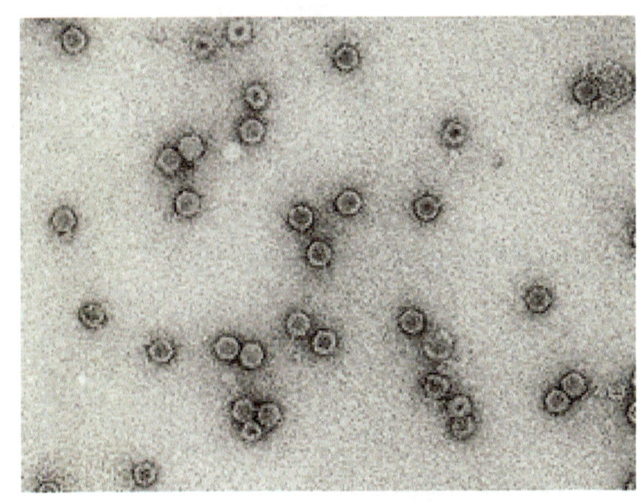

图 1-5-44

症状：病毒主要由蚜虫传播到烟株上。大田成熟期发生较多。叶片发病后，环斑沿叶脉发展，形成波浪形轮纹，褪绿变成浅黄色，斑纹常略有凹陷。有时病斑也发生在叶脉上，维管束受害后影响水分、养分输送，造成叶片干枯，品质下降。茎或叶柄上可见褐色条斑或凹陷溃烂（图 1-5-45 ～图 1-5-48）。

防控：

1）保健措施：在轮作的基础上，施足氮、磷、钾底肥，尤其是磷肥、钾肥。田间操作时，严格按照先无病田，后有病田的无病株，再操作有病烟株的原则进行；及时追肥、培土、灌溉、喷施多种微量元素肥料等，提高烟株的抗病性。

图 1-5-45

图 1-5-46

图 1-5-47

图 1-5-48

2）预防措施：移栽时覆盖银灰（或白）色地膜，显著减少有翅蚜迁入烟田的数量。

3）药剂控制：发病初期及时选用 70% 吡虫啉可湿性粉剂 12 000 ～ 13 000 倍液或 3% 啶虫脒乳油 1500 ～ 2500 倍液等杀虫剂喷雾对传媒昆虫进行防控。

九、烟草黄瓜花叶病毒病

病原：由黄瓜花叶病毒（*Cucumber mosaic virus*，CMV）以蚜虫非持久性传播为主引起的病毒类病害（图 1-5-49、图 1-5-50）。该病毒属黄瓜花叶病毒属，病毒粒子为二十面体，呈球状。发生流行与气候、寄主、环境和有翅蚜的数量关系密切。大田期田间发病率与烟蚜发生量呈正相关，氮肥过量时，烟株组织生长旺盛，较易感病。

症状：黄瓜花叶病毒首先在幼嫩的叶片上发病，叶脉透明，出现明脉症状，几天后变成花叶，叶片变窄、扭曲，表皮绒毛脱落，形成深绿、浅绿相间的花叶，并常出现疱斑。有的病叶粗糙、革质状，叶茎变长，侧翼变窄变薄，呈现拉紧状，叶尖细长；有的病叶叶脉向上翻卷，有时侧脉出现坏死斑或沿病叶脉出现深绿色闪电状坏死斑。植株明显矮化（图 1-5-51、图 1-5-52）。

防治：

1）保健措施：植烟田块远离蔬菜、油菜地，以减少感染病毒的机会；确定适宜的播种和移栽时间，避开烟蚜迁飞高峰期移栽烟苗。蚜虫传毒主要以有翅蚜为主，无翅蚜传毒有限。

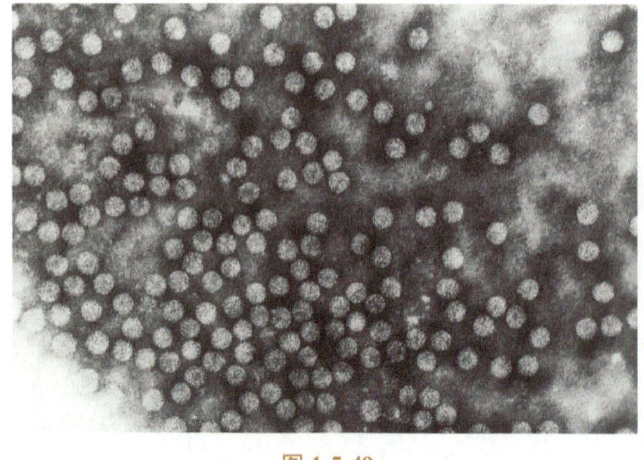
图 1-5-49

图 1-5-50

图 1-5-51

图 1-5-52

2）预防措施：采用纱网隔离培育无毒烟苗，利用银灰地膜覆盖，可以有效地驱避蚜虫向烟田迁飞。

3）药剂控制：发病初期喷施吡虫啉或啶虫脒类药剂防治烟蚜，减少病害的传播。

第六节　环境或气候相关病害诊断及防控

一、涝害

（一）症状

烟草是怕涝的作物，涝害一般会造成烟株萎蔫（图 1-6-1 ～图 1-6-4）。大田前期涝害，植株生长缓慢，叶片变为淡黄色。受害后期，叶片拱形下垂萎蔫，叶色变成褐色。烟田水涝严重影响烟草根系的通气条件。在伸根期，水涝影响根系的发育；在旺长期以后，则容易发生病害；在成熟期，则不利于烟叶成熟落黄。如果烟田受涝严重，或积水成灾，由于土壤中缺氧影响根系的正常生长和吸收，时间一长，随着土壤中还原物质的增加致使烟根中毒，甚至腐烂，烟株发生萎蔫或死亡。熊江波等（2015）报道，淹水条件下，烟株各部位烟叶中的总氮含量显著提高，而可溶性糖、钾和钾 / 氮显著降低。处于旺长期的烟株对水涝最敏感，此期淹水烟叶化学品质下降最严重，而且在各生育期淹水，烟叶的化学品质随淹水时间、淹水深度的增加呈显著下降趋势。

图 1-6-1

图 1-6-2

图 1-6-3

图 1-6-4

（二）病因

涝害一般有两种。一是湿害：当土壤过湿、水分处于饱和状态，土壤含水量超过了田间最大持水量，作物根系生长在沼泽化的泥浆中，这种涝害称为湿害。湿害虽不是典型的涝害，但本质与涝害大体相同，对烟草生产有很大影响（图 1-6-1、图 1-6-2）。二是涝害：典型的涝害指地表水淹没了烟草的全部或一部分而产生的危害。在低湿、沼泽地带、河边以及在发生洪水或暴雨之后，常有涝害发生。涝害会使作物生长不良，甚至死亡（图 1-6-3、图 1-6-4）。

（三）预防

烟田要起垄培土，疏通排水沟渠，预防积水淹根。采用高起垄、高培土技术，及时排除田间积水，防止水淹。

（四）防控

要疏通排水沟渠，根据地形、地势和田地大小，拉好边沟，大的烟田还需在田块的中间挖腰沟；在容易积水和坝区地下水位高的田块，采用高起垄、高培土技术，起垄高度应提高；所有的边沟或腰沟应比垄沟深 5cm 以上，便于及时排除田间积水，防止水淹。

二、旱害

（一）症状

烟株整个生长期都可能遇到旱害。烟草旺长期发生的旱害对烟叶的产量和质量影响最大。干旱会使烟叶生长量减少，叶色变黄，叶边缘干枯，上部叶片尤为明显；烟株生长后期接近成熟的叶片，会在叶脉间发生许多红褐色的较大斑块。斑周围有黄色带环绕，黄带外缘渐次转为正常绿色，斑大、数量多时连接成大而不规则的大斑块，叶缘向下弯而死亡（图 1-6-5、图 1-6-6）。烟田缺水，烟株生长缓慢，甚至停

图 1-6-5

图 1-6-6

滞不前，叶片小而厚，组织紧密，蛋白质、尼古丁等含氮化合物增加，烟味辛辣，品质低劣。

（二）病因

旱害就是在烟草生长期遇长期干旱，土壤水分缺乏或大气相对湿度过低，根部吸水速度赶不上蒸腾作用，植物水分平衡遭到破坏，这时叶片便失去膨压而出现萎蔫。烟草旱害一般分为 3 类。

1）大气干旱，是指空气过度干燥，相对湿度过低，常伴随高温和干风。这时植物蒸腾过强，根系吸水补偿不了失水，从而受到危害（图 1-6-7）。

2）土壤干旱，是指土壤中没有或只有少量的有效水，影响植物吸水，使其水分亏缺，引起永久萎蔫（图 1-6-8）。

图 1-6-7

图 1-6-8

3）生理干旱，土壤水分并不缺乏，只是因为土温过低、土壤溶液浓度过高或积累有毒物质等原因，妨碍根系吸水，造成植物体内水分平衡失调，从而使植物受到干旱危害。大气干旱如持续时间较长，必然导致土壤干旱，所以土壤干旱和生理干旱常同时发生。在自然条件下，干旱常伴随着高温，所以，干旱的伤害可能包括脱水伤害（狭义的旱害）和高温伤害（热害）。

（三）预防

超过烟草水分临界点的萎蔫即便补充水分烟叶也不能恢复正常，因此必须加强水分管理，可采取遮阳、灌水等措施减少高温蒸腾，减轻缺水造成的伤害。

（四）防治

1）种植抗旱品种：在经常干旱又无良好灌溉条件的烟区，种植抗旱品种。

2）加强苗床管理：烟苗移栽前 2 周，利用剪叶、控水等方式，控制地上部生长，促进根系发育，增强烟苗的抗旱能力。

3）及时灌水：掌握烟草各生育阶段对水分的需求，及时灌水，满足植株的生长。

4）增施钾肥：提高烟株的抗旱能力。

三、冷害

（一）症状

在苗期，幼苗遭受冷害现象较为常见，遇寒流降温天气，温度突然下降到 12℃以下。幼苗受低温伤害后出现叶片畸形，叶片发黄，幼芽和幼叶变黄或呈白色，烟苗生长缓慢。叶缘上卷，皱褶或微长，呈匙状（图 1-6-9 ～图 1-6-11）。苏亮等（2018）报道，烟苗以 3 ～ 4 叶期抗寒性最弱，随着幼苗的生长抗寒性逐渐增强。移栽后遇到冷害时，烟株幼芽和幼叶变黄或呈白色，停止生长，严重时会出现叶片畸形，叶缘呈锯齿状，随天气的逐渐转暖，大多数可恢复正常生长（图 1-6-12、图 1-6-13）。晋艳等（2007）报道，长期生长在低温条件下，可抑制烟株的生长发育，缩短营养生长期，导致早花。在无霜期短的地区，有时秋季早霜冻可使田间烟株受害，烟叶被霜冻后，出现挂灰甚至呈水渍状枯萎死亡，无采烤价值。

图 1-6-9

图 1-6-10

图 1-6-11

（二）病因

烟草属于温带和亚热带植物，0 ～ 12℃的低温对烟草的为害为冷害。低温使烟苗生理活动受到阻碍，可造成烟苗组织的伤害；烟苗根系生长停滞，吸收能力减弱，养分输送减慢，叶绿素形成受阻，烟叶发白；

图 1-6-12

图 1-6-13

低温影响叶片的生长分化，叶片畸形。

（三）预防

选择背风向阳的地方育苗，预报低温来临时及时加强苗床保温管理等措施，可通过在育苗棚外加盖保温覆盖物等措施保护幼苗。

（四）防控

1）根据天气预报在寒流降温天气到来之前，在苗床上加盖覆盖物，关闭大小棚上的门窗进行保温。在海拔较高的地区，推广膜下小苗移栽，推广地膜覆盖栽烟，晚育苗早栽烟，在霜冻来临之前把烟叶采收完。

2）低温锻炼是很有效的措施，因为植物对低温有一个适应过程。如预先给予适当的低温锻炼，而后即可抗御更低的温度，否则就会在突然遇到低温时遭灾。在移栽前，必须先揭棚膜（小棚）或加强通风（大棚）锻苗，经过低温锻炼的烟苗，其细胞膜的不饱和脂肪酸含量增加，膜透性稳定，细胞内 NADPH/NADP 值和 ATP 含量增高，这些都有利于烟株抗冷性增强。

3）合理施肥，调节氮磷钾肥的比例，增加磷肥、钾肥比重能明显提高烟株抗冷性。

四、雹害

（一）症状

冰雹对烟株的伤害是瞬间造成的机械损伤，轻微的造成烟叶穿孔，严重的可导致全株撕碎，倒伏死亡（图 1-6-14、图 1-6-15）。

（二）病因

冰雹是一种局部性的自然灾害，往往伴有狂风，由冰雹和狂风造成烟株机械伤害，叶片破损、掉叶、折秆，严重时可造成绝产。在烟叶主产区每年都有轻重不等的冰雹灾害。冰雹主要发生在夏秋季节，每

图 1-6-14

图 1-6-15

次降雹的时间不长，多数为几分钟，降雹的范围一般都不大，多呈带状分布。但由于烟草的叶面积大，叶片组织脆、薄，易于擦破、撕伤或折断，雹灾在部分烟区仍造成较大的损失。

（三）预防

预防冰雹灾害的最有效途径是做好规划布局，尽可能避开冰雹易发地带。在摸清降雹特征及路径并能准确预报的前提下，部分地区运用高炮将消雹物质发射到雹区上空进行人工消雹，可降低雹灾的损失。

（四）减害

遭受冰雹袭击的烟田，可根据冰雹灾害发生时期、危害程度的不同，采取以下措施。

1）旺长期前，烟草有较强的再生能力，烟株遭受冰雹灾害一般损失较小。受冰雹打击较轻的烟株，在清除残叶、断叶后，让其继续自然生长。受冰雹打击严重，在茎基部 3 ～ 5 叶位处将主茎砍掉，将基部破碎叶片暂留作为功能叶，然后在基部选择一个生长健壮的腋芽培育杈烟。旺长期后，已进入烟株生育阶段中后期，生理年龄已较老。受冰雹打击较轻、仍有采烤价值的烟田，在清除残叶、断叶后，将受打击较轻的残叶留下，让其继续自然生长，可在现蕾以后，及时打顶并在中上部留一个生长健壮的腋芽培育杈烟。受冰雹打击严重，叶片破碎无采收价值的烟田，若各种处理措施效果都不能使人满意，建议改种其他作物。

2）烟株受冰雹打击后，在进行培育杈烟处理的同时，及时改善烟株营养条件，立即进行追肥培土。追肥量视烟株打击程度及培育杈烟处理的方法而定。一般情况下可补施全部施肥量的 10% ～ 20%；同时，加强田间管理，为烟株生长提供良好的土壤条件，促进生长发育，使其尽快恢复生长。

3）冰雹灾害后应及时排水降湿，将冰雹打断的枝叶、断株清理出烟田，搞好烟田卫生。由于烟株茎叶留下大量伤口，极易受各种病菌侵染而造成病害流行。因此，对遭受冰雹打击的烟田，不论是否发病，都必须做好病害预防，防止病害发生、流行。

五、雨斑

（一）症状

一般病斑出现在受击打的一面，初期出现水渍状的暗绿色小斑点，2～3天后呈褐色，不会扩大发展（图1-6-16）。

图 1-6-16

（二）病因

雨斑是叶片受单点大暴雨击打而形成的。雨斑多发生在烟株的中上部叶片易受雨点击打的部位，特别是呈水平位置的顶叶正面；或被风吹翻转的叶片背面等处。

（三）防控

加强田间管理，及时扶正倒伏的烟株，翻转被风吹翻的叶片。

六、雷击

（一）症状

雷电常击伤田间烟株。烟田受雷击伤害后的烟株通常是近圆形分布，有明显遭雷击区中心的烟株，突然萎蔫并死亡；边缘的烟株受害较轻，个别烟株或部分叶片萎蔫，或烟片受伤害组织坏死。雷击严重的烟株，自土表向上，沿茎一侧出现一条褐色的条纹，并延伸至叶的中脉，受伤叶背的中脉和侧脉变黑死亡。有的叶尖变褐而干枯。由于受伤的中脉和正常叶脉间组织不均衡生长，致使叶片皱缩、扭曲。烟茎亦是一侧受伤，另一侧正常，顶部向受伤一侧弯曲扭转。把受害烟茎纵剖，可见髓心分离呈“碟片状”，但碟片之间无菌丝（图1-6-17～图1-6-20）。

（二）病因

雷击，指打雷时云层之间的放电电流通过烟株而造成杀伤或破坏。这种迅猛的放电过程产生强烈的闪电并伴随巨大的声音，也就是我们所看到和听到的闪电和雷鸣。

（三）预防

雷击是一种自然现象，田间烟株受雷击是一种小概率事件，危害量不大，不必采用额外补救措施。主要是在田间的烟农要注意个人防护避免受伤害。

图 1-6-17　图 1-6-18

图 1-6-19　图 1-6-20

在炎热的天气里，午后的雷雨增加了雷击事故发生的概率。夏日较易发生雷击事故，一则由于天气潮热多雨，同时人体分泌出大量的汗液，在室外要注意防雷，要及时躲避，不要在空旷的野外停留。在空旷的野外无处躲避时，应尽量寻找低洼之处（如土坑）藏身，或者立即下蹲，降低身体的高度。

七、遗传畸变症

（一）症状

有时在植株上出现畸形、耳突、返祖等的叶片（图 1-6-21 ～图 1-6-25）。在田间不常见到。嵌合体或杂色烟草植株在叶片上有不规则的色块，颜色从奶油白色到黄绿色并且赋予植株大理石样或斑驳的外观。大多数杂色烟株保持正常的株型、正常开花和产生果实。

（二）病因

遗传畸变的烟草，通常没有经济价值或经济价值较低，可能会与传染性疾病或化学药物伤害混淆。

图 1-6-21

图 1-6-22

图 1-6-23

图 1-6-24

最常见的遗传畸变叫作嵌合体，它是指植株由两种以上由于无性细胞变异引起的遗传不同的组织组成。它们通常像馅饼型的部分发生在叶片、茎秆或花上，在叶片上出现有褶饰边的纹理或不规则的黄绿色或白色的色块。叶脉通常标志着杂色叶片组织的边界。

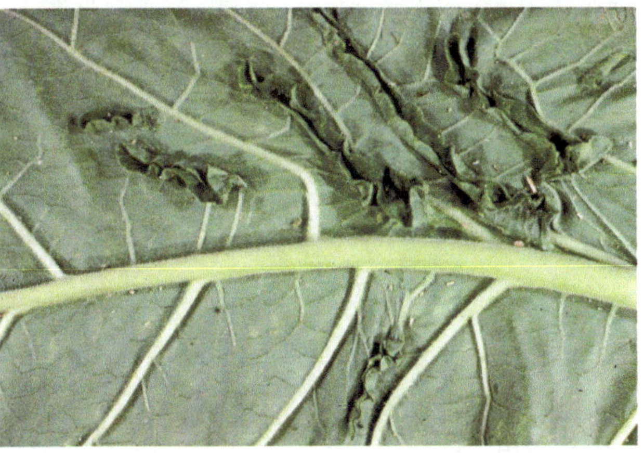
图 1-6-25

八、烟草气候斑点病

（一）症状

苗期和大田期均可发生，但主要是大田期发生严重。发病初期为水渍状小点，先褐色后变灰色或白色，直径 1 ～ 2mm，圆形或不规则形，病斑多集于叶尖或叶脉两侧。田间症状表现很快，发病迅速，病斑往往在 1 ～ 2 天内就可从水渍状转变为褐色，进而呈灰色或白色（图 1-6-26 ～图 1-6-31）。

图 1-6-26　图 1-6-27

图 1-6-28　图 1-6-29

图 1-6-30　图 1-6-31

（二）原因

气候斑点病主要由冷害造成，也有可能是由于空气中臭氧（O_3）的毒害。一般在空气中有 0.06 ～ 0.08mg/L O_3 即有破坏作用，若此量达 24h，即形成病害。一般土壤湿度高、磷钾肥不足、氮肥偏多时烟株发病较多；烟株进入团棵期，如遇下大雨或持续低温、多雨、日照少的气候，易发病。不同品种抗病性差异较大，美引品种如‘K326’‘G28’发病较重。

（三）预防

选栽抗性强的品种，如选种‘红花大金元’等品种；控制施氮量，增施磷肥、钾肥；及时中耕排水，降低烟田湿度，加强肥水管理，促进烟株健壮，做好预防工作，辅以药剂防治。优化栽培管理工作，从品种、移栽、施肥、管理、栽烟环境等方面创建烟草健康生长的条件，避免在空气污染严重的地方栽烟，提高烟株自身抗性。

（四）防治

团棵期之后，若预报有冷空气来临的烟区，可及时喷施增效波尔多液 300 倍液或 80% 代森锌 600 倍液或淘米水或米汤等预防。

九、太阳灼伤

（一）症状

一般发生在烟株快速生长之后，继之以炎热天气，通常是正对太阳的部位先受害，尤其是被大风吹转的叶片，叶片背面直接受太阳光的暴晒也易发生。叶片受损伤部分组织呈黄白色斑块，然后逐渐转变为红褐色枯焦状，严重时出现大块火红色的烘斑，形成不定型的大枯死区，手触即破。有的叶片则从叶尖枯焦卷缩，然后扩展到整个叶缘，使叶片大面积受害（图 1-6-32、图 1-6-33）。

图 1-6-32

图 1-6-33

（二）病因

高温日灼烟是在高温、强光照条件下受到伤害的异常烟叶。在连续高温强光的作用下，直接伤害部分叶片，烟叶蒸腾和呼吸失常，叶绿体蛋白质变性，致使叶组织尚未成熟就出现众多黄斑，并很快褐变。这种现象总是发生在长期阴天、光照不足、湿度过大之后，继之出现烈日干旱天气，因而也称日灼烟。高温日灼症多发生在旱地，特别容易发生在晚发和二次生长地块，且主要为害上部叶。凡肥力不足、生长势较弱或过旺、钾肥不足或氮、磷、钾比例不协调的烟田，日灼率发生较高。反之氮、磷、钾比例协调，肥力充足则日灼发生较轻，甚至不发生日灼。

（三）预防措施

灌水宜在清晨或傍晚，可防止日灼进一步发生。

（四）防治措施

1）天气干旱时，烟田及时灌水或轻度中耕促进烟株正常生长，灌水宜在清晨或傍晚；雨后防止烟沟积水，保持田间排水畅通。

2）叶面补钾，2% 硫酸钾叶面喷雾 1 ～ 2 次，每次间隔 7 ～ 10 天。

3）淘米水、米汤或清水，以 1 ∶ 1 的比例，相隔 3 ～ 5 天连续用喷雾器喷施 2 ～ 3 次就可。

4）喷施波尔多液 100 倍液，每次间隔 7 ～ 10 天。

第七节　除草剂药害诊断及防控

一、症状

烟草是对除草剂敏感的作物，田间常出现烟株受除草剂药害，烟苗和大田烟株均可能遭受药害。药害症状因农药种类、浓度、烟株生长时期和环境条件不同而不同，常见的有畸形和坏死两类。造成畸形类症状的往往是一些内吸性农药对烟草的伤害，畸形症状的同时还有烟叶叶绿素减少，受害部位发白、发黄的症状；坏死类症状则由触杀类农药引起，往往造成局部或系统快速枯死，病斑主要分布于农药接触部位。以下几种为田间常出现的除草剂引起的药害症状。

（一）二氯喹啉酸类除草剂药害症状（图 1-7-1 ～图 1-7-3）

药害系前作使用二氯喹啉酸类除草剂残留所致。症状在烤烟成株上部新叶表现较突出，叶缘卷曲向后翻，上部烟叶不开片，叶片缩小并变厚，颜色转深色，为害严重的烟株，株形矮小，呈条状，整块田同时发生，呈“卷叶病”状。

图 1-7-1

图 1-7-2

（二）百草枯药害症状（图 1-7-4 ～图 1-7-7）

百草枯是烟田禁用的除草剂品种。烟农常用于非耕地、田埂、路边的杂草防除，药害的产生多是除草剂使用方法不当导致，在非烟田使用过程中未定向喷雾防除杂草，药液不慎漂移到烟株上产生药害，主要表现在叶脉网状失绿，严重的白化枯死。

图 1-7-3

图 1-7-4

图 1-7-5

图 1-7-6

图 1-7-7

（三）草甘膦药害症状（图 1-7-8 ～图 1-7-11）

草甘膦是一种广效型的有机磷除草剂，也是烟田内禁用的除草剂品种。烟农常用于非耕地、田埂、路边的杂草防除。药害产生的原因同百草枯，但症状有一定差异，主要表现在叶肉失绿，叶脉呈深绿色网状，严重的叶片畸形白化枯死。

图 1-7-8

图 1-7-9

图 1-7-10

图 1-7-11

二、原因

在田间喷雾过程中的飘逸以及误用是产生药害的常见情况。防病虫的农药按产品的推荐说明使用一般不会产生药害，但随意提高施药浓度、次数及混用农药往往直接或间接地提高了烟草受药浓度，是造成烟草药害的根本原因。

三、预防

严格按照技术部门和农药厂家推荐的农药施用说明科学合理用药。

四、防控

1）保健措施：在落实烟叶种植计划的时候，对上年稻田施用过除草剂的稻田不要安排种烟，以免残留除草剂导致烟草药害的发生。烟田内严禁使用除草剂。

2）补救措施：①追施速效性化肥或叶面追肥，如磷酸二氢钾或氨基酸叶肥等，对除草剂的药害有一定的缓解作用；②加强农事管理，灌水、排水、松土，以促进烟草的生长，加速除草剂的降解；③使用草木灰或石灰或应用植物生长调节药剂促进烟草生长；④烘烤时可使用高温变黄、快速定色的烘烤技术。

第八节　营养问题诊断及防控

一、氮失调症

（一）症状

烟草的氮失调在苗期和大田期都可能出现，主要有缺氮、铵中毒和氮肥过量等。烟株生长中氮不足或过量都会对烟株的生长和烟叶的质量、产量有较大的影响。

1. 缺氮症状

云南省烟草科学研究所和云南省土壤肥料测试中心（1995）报道，缺氮会导致烟株生长缓慢，虽然烟株形态基本正常，但茎秆矮而纤细，叶片小而薄。一般是下部叶先出现叶片褪绿黄化，并从下部逐渐向中上部叶扩展；叶色从正绿色变成浅绿色、浅黄色到褐色干枯，叶片和根系出现早衰，严重时早衰死亡。缺氮烟株易出现早花。若打顶后缺氮，则上部叶片狭小，叶片的蛋白质、烟碱等氮化合物含量明显降低，烤后叶色淡，叶片薄，香气和吃味平淡，产量低；严重影响烟叶产质量（图 1-8-1、图 1-8-2）。

图 1-8-1

图 1-8-2

2. 铵中毒症状

主要出现在烟苗移栽后，施用肥料中铵态氮较多，烟株易出现铵态氮吸收过量，烟株基部和中部叶片除叶脉保持绿色外，其余组织出现失绿，进而枯焦凋落，叶缘呈破损状或向背面翻卷（图 1-8-3、图 1-8-4）。

3. 氮过量

苗期和大田期均会出现因施氮过量出现肥害问题。苗期较轻微的肥害导致烟叶叶色浓绿，茎叶生长过旺；严重的出现根、茎、叶局部或全部坏死；营养液中苗肥浓度过高，会出现盐渍现象，通常是育苗基质表面出现一种“霜状物”——富集的盐分（图 1-8-5、图 1-8-6）；盐渍会造成十字期及以前的幼苗大量死亡。

移栽烟苗的根系若与肥料接触会导致烧根；若追肥浓度过高、位置不适当，往往出现烧苗、烧根现象。

图 1-8-3

图 1-8-4

图 1-8-5

图 1-8-6

在烟株的生长后期，土壤中仍有较多的氮，烟株还会出现徒长，生长过分旺盛，叶色变浓绿，叶片大而厚，成熟迟缓或不能正常成熟落黄。叶片不易烘烤。烤后烟叶外观色泽暗淡，叶片组织结构紧密、杂色较重、刺激性较大、吃味辛辣、烟碱含量高、淀粉残留过多、内在化学成分不协调，极大地降低了烟叶质量。成熟期烟叶不能正常成熟、落黄，出现的“贪青烟”，农民常称为“老憨烟”（图 1-8-7、图 1-8-8）。

图 1-8-7

图 1-8-8

（二）病因

氮是细胞内各种氨基酸、酰胺、蛋白质、生物碱等化合物的组成部分。蛋白质是生命的基础，是细胞质、叶绿体和酶等的重要构成物质，是对烟草产量、品质影响最大的营养元素。氮的缺乏或过量均会对烟株的生长造成不良的影响。

苗期的肥害往往是营养液中肥料浓度过高造成，也会因水体 pH、养分不平衡等产生，尤其揭棚膜后育苗池水分蒸发量大，极容易形成随水上升的盐分富集在基质表面，甚至出现在烟苗茎秆和叶片上，高浓度的盐通过影响烟苗组织质膜、对细胞产生渗透胁迫等作用，导致出苗至大十字期的烟苗受害，甚至死亡。

大田期的氮失调，在大田前期多出现烧苗、铵中毒等；大田后期会因氮肥不足出现缺氮早衰或后期氮供应过量出现贪青晚熟，贪青晚熟可能因施肥过量、土壤黏重、肥力过高或揭膜过晚等原因导致。

（三）防控

避免苗期肥害最根本的方法就是按照技术操作规范合理用肥，切忌加大肥料用量，当营养液中氮浓度超过 200mg/kg 时就会对烟苗产生毒害作用，浓度过高会出现盐渍；发现基质表面出现盐渍现象后，立即用清水从苗盘上方淋洗，可消除基质表面的盐渍，保护烟苗，使其能正常生长。

大田期的主要调控措施包括以下方面。

1）大田期施肥量也不能盲目加大，施用基肥、追肥，要与烟苗根系保持适当距离，肥料要和土壤尽可能混合，避免烟根直接接触肥料。

2）若烟株生长前中期出现缺氮症状时，及时增施含氮化肥，采用兑水浇的方法；在生长后期（如打顶前后）出现缺氮症状时，可用 0.5% ～ 1.5% 的硝酸钾或硝酸钙叶面喷施，若缺氮症状较重，可按每亩 1kg 肥料兑水浇灌。

3）烟草施用的氮肥中，铵态氮所占比例以不多于 40% 为宜。

4）烟株的氮肥略为过量时，可以适度推迟封顶打杈，能增加烟株氮的消耗，同时叶面喷施磷酸二氢钾，促进烟叶的成熟落黄。

5）对于贪青晚熟的烟株可每隔 3 ～ 5 天叶面喷施 0.2% 的磷酸二氢钾，喷施 2 ～ 3 次，促进其落黄成熟。

二、磷缺乏症

（一）症状

典型的磷缺乏症一般表现生长延迟、矮化、瘦弱。植株的叶色会呈暗绿色，茎节缩短，上部烟叶呈簇生状，特别是在烟株生长的早期，叶片会比正常偏窄。缺磷严重的烟株，有时在下部叶片上出现周围为浅黄绿色的褐色（坏死）斑，叶斑内部色浅，周围深棕色，呈环状，病斑会连成块，枯焦、穿孔，易破碎。磷在烟株体内易于移动，开始缺磷素时，衰老组织中的磷素向新生组织中转移，通常下部叶片先出现缺磷症状，而上部叶仍能正常生长；随着缺磷的加重，缺磷症状会逐渐向上部发展（图 1-8-9、图 1-8-10）。大田缺磷烟株，烈日下易发生正午凋萎。相对于其他大量元素的缺素症状，缺磷较为少见，缺磷症状可能不明显，在田间较难识别。为证实可疑的缺磷症状时，可进行土壤或植株分析。

图 1-8-9

图 1-8-10

（二）病因

磷是重要的生命元素，它是烟株体内许多有机化合物的组成成分，以各种方式参与生物遗传信息和能量传递，并促进碳水化合物的合成、分解和运输。对烟株的生长发育、烟叶品质的形成所起的作用与氮同样重要。烟叶中磷的含量相对稳定，一般在 0.2% 左右。缺磷时，碳水化合物的合成、分解、运转受阻，蛋白质、叶绿素的分解亦不协调，叶色呈浓绿色或暗绿色。生长前期缺磷，植株生长发育不良，特别是影响根系的生长；抗病力与抗逆力明显降低；生育后期缺磷，成熟迟缓。

（三）防控

磷对烟草初期生长特别是根系的生长影响较大，故磷肥宜在移栽前作为基肥一次性施入。磷在土壤中的移动性较差，施肥时应施在烟株根区的土壤中。有的烟区将磷肥与农家肥一起堆捂后作为基肥施用，可提高肥料中磷的利用率。在烟株生长的前期出现缺磷的症状时，用过磷酸钙根部追施或兑水浇施；在烟株生长的中期或后期出现缺磷的症状时，用 1% ～ 2% 的过磷酸钙或 0.2% ～ 0.5% 的磷酸二氢钾喷施叶面 2 ～ 3 次有较好的效果，可有效提高烟株的抗性和烟叶品质。

三、钾缺乏症

（一）症状

缺钾症状先在叶尖和叶沿缘出现黄绿色斑点，叶片中间绿色区域继续生长，叶片由于缺钾，叶尖、边缘生长停滞，叶缘向叶背翻卷，叶尖向下向内钩，叶片呈现边缘皱缩。叶面凹凸不平；接着叶尖和叶缘的斑点扩大、褪色变黄、变褐、枯黄，叶片病斑连成块、坏死、枯焦、脱落，叶片边缘呈破烂状。随着缺钾的加剧，症状以“V”形向整个叶片扩展。严重缺钾烟株生长缓慢，烟株矮小，根系发育不好，抗逆性差，易遭受病虫侵害。快速生长的烟叶上出现的症状较为明显，且发展得较快；但一般出现在中下部叶片，并随着缺钾程度加重向上发展。沙壤土、氮肥过量地块或氮钾供应失调的烟株易出现缺钾症状。干旱或降雨过多易出现缺钾症状。钾过量会影响部分中微量元素的吸收（图 1-8-11、图 1-8-12）。

图 1-8-11

图 1-8-12

（二）病因

钾是烟草吸收最多的营养元素之一，对烟叶的品质影响较大。钾与其他营养元素不同，钾在烟草体内几乎不形成任何稳定的结构物质，多以游离状态存在。钾是多种酶的活化剂，几乎参与烟株体内所有的代谢过程。钾能提高蛋白质分解酶类的活性，从而影响氮的代谢过程；钾离子能提高细胞的渗透压，从而增加植物的抗旱性和耐寒性；钾也能促进机械组织的形成而提高植株的抗病力。因此，缺钾烟株的碳水化合物代谢和氮代谢将产生紊乱，化学成分失调，吃味变差，杂气重，刺激性增加，抗逆性降低，大大降低了烟叶的品质和产量。

（三）防控

在目前生产上使用的含钾肥料主要是复合肥；此外，常用钾肥还有硫酸钾、硝酸钾；烟株生长前期、中期（现蕾期前）缺钾可施用硫酸钾或硝酸钾补钾，施用硝酸钾时要考虑烟株对氮的需求。在烟株生长后期缺钾时，可用硫酸钾兑水浇施，也可用 2% 的磷酸二氢钾或 2.5% 的硫酸钾叶面喷施 2 ～ 3 次，可以缓解缺钾症状。

四、钙失调症

（一）症状

缺钙症状首先在上部或最幼小的叶片上出现，急性缺钙时，在叶尖和沿叶缘出现坏死区域。典型情况下，因为钙在植物体内不能移动，缺钙症状从芽变成浅绿色开始，然后是新叶卷曲并向下卷。烟株生长发育不良，淀粉、蔗糖、还原糖等在叶片中大量积累，叶片变得特别肥厚，颜色浓绿，叶尖和叶缘下卷、枯死脱落，叶片变厚似唇状（也称扇贝状）。烤烟快速生长时期缺钙，幼叶皱缩、弯曲，继而尖端和边缘部分坏死，叶片畸形，严重的生长点死亡，腋芽大量发生，又很快枯死（图 1-8-13、图 1-8-14）。

图 1-8-13

图 1-8-14

（二）病因

正常情况下烟叶中钙的含量仅次于钾。但由于受土壤条件的影响，部分烟区烟叶中钙的含量超过了钾。钙是构成细胞结构的重要成分，钙与细胞间的果胶酸相结合形成较难溶解的盐——果胶钙；钙能够促进细胞分裂；钙在维持膜的结构和性质上起着重要的作用。钙与硝态氮的吸收及同化还原、碳水化合物的分解合成有关。由于钙在植株体内的移动性较差，很少能从较老的组织中移动到幼嫩组织中去，因此，烟株钙素缺乏症表现在根尖、顶芽、叶尖等幼嫩组织中。缺钙常出现在低 pH 的沙壤土中。尽管钙过量不会对烟株造成为害，但过多的钙会造成烟株成熟推迟，还会造成某些微量元素的失调，从而也会影响烟叶的质量。

钙也被认为是细胞代谢的总调节者，具有防止其他过量离子毒害的功能。留种烟株在开花前缺钙，花蕾易脱落；开花时缺钙，则花冠顶部枯死，以致雌蕊突出。钙对镁及微量元素有拮抗作用，能减轻微量元素过多引起的毒害。但钙吸收过多，容易延长营养生长期，成熟推迟，对品质不利。

（三）防控

生产上可供选择的含钙肥料主要包括生石灰、熟石灰、石灰石粉、石膏和一些工业废渣。云南省植烟土壤中交换性钙的含量较高，一般植烟土壤中不需要施入钙肥。只有在 pH 低于 5 的酸性土壤中才会出现缺钙现象。在酸性土壤中施钙肥不仅能补充钙素营养，还能调节土壤 pH，提高土壤中营养元素的有效性。当土壤 pH 低于 5 时，可每亩条施 40 ～ 60kg 熟石灰，撒施每亩可用 100 ～ 150kg。撒施由于量大可隔 3 ～ 5 年施用一次，条施则可隔年施用。

五、镁失调症

（一）症状

缺镁时叶绿素的合成受阻，分解加速，光合作用强度降低，表现为烟叶失绿。镁在植物体内容易移动，缺镁时，镁从生理衰老部位向新生部位移动，因此烟株缺镁时最早症状为下部叶尖端、边缘及叶脉间失绿。

失绿症状在整株烟上表现为由下而上。缺镁叶片很少出现坏死斑。在单个叶片上，失绿从叶尖和叶缘开始向叶基部和中间扩散，使叶片形成清晰的网状脉纹。在缺镁严重时，下部叶片几乎变成白色，但叶脉及其紧邻部分保持绿色，缺镁可在各个生长阶段发生，但是在烟叶快速生长期（移栽后 4 ～ 8 周）和成熟期较常见（图 1-8-15、图 1-8-16）。在低镁的土壤中大量施钾或钙会加剧镁的缺乏，正常叶含镁量为其干重的 0.4% ～ 1.5%，低于 0.2% 就会出现缺镁症状；在 0.2% ～ 0.4%，会出现轻度缺镁症。当叶片内钙镁比值大于 8 时，即使含镁量在正常范围，亦会出现缺镁症状。镁过多，有延迟成熟的趋向。

图 1-8-15

图 1-8-16

（二）病因

镁在烟株体内最主要的功能是作为叶绿素的中心原子，位于叶绿素分子结构卟啉环的中间，是叶绿素中唯一的金属原子。镁是酶的强激活剂，烟草中参与光合作用、糖酵解、三羧酸循环、呼吸作用、硫酸盐还原等过程的酶，都要靠镁激活。镁还与蛋白质合成所需要的核糖亚单位联合作用有关，在缺镁或钾过量时，核糖亚单位解离，蛋白质就停止合成；乙酰辅酶 A 的合成必须有镁的参与，而乙酰辅酶 A 是形成脂肪所必需的，所以，脂肪的合成也必须有镁的参与。

云南省的植烟土壤中交换性镁含量较高，多数超过 150mg/kg，就土壤本身而言，缺镁只是局部性的。

但烟叶缺镁的情况时常出现，究其可能原因：烟叶生产上注重施钾肥，若烟株根区土壤的镁/钾超过一定比值[一般作物为(2～3)∶1]就会出现叶片缺镁症状；若烟株根区土壤的钙/镁＞8时也易诱发叶片缺镁症。

（三）防控

目前生产上所施用的镁肥种类有硫酸镁、水镁矾、硫酸钾镁、菱镁矿、白云石、镁石灰（氧化镁）、钙镁磷肥等。其中较为常用的是硫酸镁和钙镁磷肥。不同肥料品种的施用方法不同。钙镁磷肥主要是作为磷肥施用，用量以磷肥为主，一般全部用作基肥条施或穴施。硫酸镁也可用作基肥穴施或环施，用量为15kg/亩。如果在烟株生长过程中出现缺镁，可采用硫酸镁叶面喷施，浓度为0.1%～0.2%的硫酸镁溶液，每隔5～7天喷一次，喷施2～3次可缓解烟株的缺镁症状。

六、硫失调症

（一）症状

烟株缺硫表现的症状是生长缓慢，叶片绿色变浅或变黄。烟株缺硫还会造成叶细胞紧密，叶片变小、变厚；无坏死斑块出现；烤后烟叶叶质变硬、易碎（图1-8-17、图1-8-18）。

图1-8-17

图1-8-18

由于硫经常随一些营养元素的硫酸盐施入土壤中，有时会造成烟株中硫的过量，过量的硫对烟株的生长影响不明显，但烟叶中硫的含量过高对烟叶品质，特别是对燃烧性产生不良影响。

（二）病因

硫是烟草必需的营养元素，烟草干物质的含硫量一般在0.2%～0.7%。硫在烟草体内的存在形态主要有两种，一种是无机态硫SO_4^{2-}；另一种是有机态的硫，主要是含硫氨基酸和蛋白质。硫在烟株体内的主要生理功能分别为：①作为蛋白质和酶的组成成分；②调节烟草体内的氧化还原反应；③硫能消除重金属离子对植株的毒害，由于半胱氨酸中的巯基是一个反应性极强的基团，它能与重金属离子，如铅、镉等形成稳定的螯合物，因此，对消除重金属污染具有重要的作用；④硫在叶绿素的形成和光合作用、氮的代谢等重要生理代谢中具有十分重要的意义。

（三）防控

由于烤烟生产上所使用的肥料中多少总含有一定的硫，因此烤烟田中很少出现缺硫症状，一般情况下也不需再施用硫肥。但如果烟株出现缺硫症状，或土壤中硫含量低于 12mg/kg 时，可每亩施用石膏粉 6 ～ 9kg，或者施用硫黄粉 2kg，施用过磷酸钙也可以满足烟株对硫的需要。

七、氯缺乏和毒害

（一）症状

缺氯症状：根系细长，根量少，根呈灰白色；烟株矮小，叶片小，叶色暗绿，新叶卷曲，叶缘皱缩，叶片向上凸起。烤后烟叶中氯含量过低，烟叶的吸湿性差，韧性低，油润差，易破碎。

毒害症状：根量极少，根呈黑褐色，叶片小，叶色浓绿，叶片肥厚而脆，严重的可出现生长点坏死，叶面色暗粗糙，叶畸形，烟茎扭曲；烤后烟叶吸湿性高，容易发霉；卷烟香味和燃烧性差，易熄火（图 1-8-19 ～图 1-8-21）。

图 1-8-19

图 1-8-20

（二）病因

氯是烟株生长的必需元素，它参与光合作用中释放氧的相关反应及气孔的调节，有利于叶绿素的合成；能够激活膜上的 ATP 酶，对植物细胞的伸长有重要作用；能够调节渗透压，增强植物抗逆性相关酶的活性，有利于提高烟株的抗病性；适量的氯能促进烟株生长，烟叶保持一定的吸湿性，改善烟叶的颜色、弹性、油分等品质因素；缺氯主要是通过植烟土壤和烟叶的化学检测，一般认为土壤的水溶性氯含量低于 30mg/kg，烟叶的水溶性氯含量低于 0.3% 是判断氯含量

图 1-8-21

低的临界值。一般认为烟叶中含有0.3%～0.8%的氯使烟叶质地柔软，烟叶质量提高；缺氯影响烟叶的品质，特别是烤后烟叶不易吸湿，干燥易碎，烟叶的颜色、弹性、油分等变差。但氯吸收过多时，代谢失调，叶片变得肥厚而脆；含氯高的烟叶吸湿性强，在储藏期间易吸收过量的水分，引起霉烂。烟叶中含氯量大于1%，烟叶燃烧性变差，常出现熄火烟，烟叶品质降低，使烟叶失去使用价值。因此，烟草被列为“忌氯作物”。

（三）防控

氯是烟草所必需的营养元素，不可缺少；但氯含量过高又会降低烟叶品质。因此氯的施用必须在专家的指导下进行。氯在土壤中较易流动，在南方雨水较多的烟区，或因氯的流失使土壤中的氯过低，可适量施用氯肥。生产中不提倡用氯化钾，主要是因为氯化钾与硫酸钾的巨大价格差异容易导致氯化钾的滥用；在缺氯植烟土壤中可在烟草专用肥中配入一定量的氯肥来解决缺氯问题；烟草肥中氯的比例不宜超过3.5%，一般在2%左右为宜。含氯肥料不能用作追肥，容易引起烟叶中氯离子含量超标。生产中更为常见的是氯的过量，主要来源是土壤中种植其他作物残留的氯，以及被含氯工业废水污染的农田灌溉用水。

八、铜失调症

（一）症状

缺铜一般表现为嫩叶褪绿及部分叶组织坏死；植株纤细，木质部纤维化和表皮细胞壁木质化及加厚程度减弱，叶片易折断，根系生长差（图1-8-22、图1-8-23）。

铜过量也会对烟株生长产生不利影响，铜的毒害使烟株矮小，生长迟缓，叶片褪绿，主脉发白，叶面呈现网状的黄绿相间，严重的叶片全部褪绿变白，最后干枯呈烧焦状，烟叶破碎脱落。根系生长差（图1-8-24、图1-8-25）。

图 1-8-22

图 1-8-23

图 1-8-24

图 1-8-25

（二）病因

铜是烟株中铜氧化酶类、酪氨酸、抗坏血酸等物质的组成成分，参与氧化还原过程，增强呼吸效率；铜离子能使叶绿素保持稳定，植物中约有 70% 的铜集中在叶绿素中；铜对蛋白质和糖类的代谢有促进作用；铜还能促进细胞壁的木质化，增强烟株的抗病性。由于烟草对铜的需要量极少，适宜范围较窄，土壤中的有效铜小于 0.2mg/kg 可能出现缺铜，土壤中的有效铜高于 1.8mg/kg，有效铜含量较为丰富，可能出现铜中毒。当土壤偏酸或偏碱，或磷、锌含量较高时，易出现缺铜。

（三）防控

常用硫酸铜、氧化亚铜、铜螯合物等，建议采用叶面喷施，喷施浓度为 0.03% 硫酸铜水溶液或 0.03% Cu-EDTA 溶液，要用溶解后上清液。喷施铜肥时，要严格控制浓度，施用不当，易灼伤叶片，引起药害。

九、铁缺乏和毒害

（一）症状

铁在烟株体内不容易转移，缺铁首先表现在顶端和幼叶失绿黄化、脉间失绿，叶脉仍然保持绿色；严重缺铁的烟株上部的幼叶整片黄化，叶片基部黄褐色，仅叶脉呈绿色，似网纹状，老叶仍然保持绿色。在田间诊断缺铁症状时，可用 0.5% 硫酸亚铁喷施或涂叶 1 ～ 3 次，如症状减轻或消失，则确系缺铁（图 1-8-26）。当在排水和通气不良等土壤氧化还原电位低的地块，高价铁离子被还原成易吸收的低价铁离子时，土壤中铁离子浓度就大大增加，容易发生吸铁过多，叶片出现棕褐色斑块的中毒症状，通常下部叶先出现明显的棕色

图 1-8-26

斑块，烟叶烤后是品质低劣的灰至灰褐色叶片。

（二）病因

铁是与呼吸有关的酶——细胞色素酶、细胞色素氧化酶、氧化还原酶、过氧化氢酶等的组成部分。铁主要分布在叶绿体内，参与叶绿素的合成过程。铁素缺乏时，叶绿素合成受阻。由于铁在体内不易移走，所以首先在新生组织呈现缺素症，上部叶片先变黄并渐次白化，而下部叶片的叶色仍然正常。铁吸收过多，铁容易在叶组织中沉积，烤后叶片呈现不鲜明的污斑，叶呈灰至灰褐色。由于铁是土壤中最丰富的元素之一，田间很少发生缺铁症状。

（三）防控

出现缺铁症状可叶面喷施 1% ～ 3% 的硫酸铁或硫酸亚铁水溶液，隔 3 ～ 5 天喷施一次，喷 2 ～ 4 次。在排水和通气不良等土壤氧化还原电位低的地块种烟，要高墒深沟，做好田间排水。

十、锰失调症

（一）症状

1. 缺锰症状

缺锰症状开始于下部叶，叶面上出现的斑点与空气中臭氧浓度太高时引起的褐色斑点（通常称为气候斑）非常相似。缺锰烟株纤弱，茎秆细长，叶片狭窄。在幼嫩部分叶片软而下披，脆弱易折，脉间褪绿变黄，叶脉仍保持绿色，沿主脉两侧叶肉出现条状白色泡点，整叶呈花纹状，严重时有黄褐色小斑点，逐渐扩展分布于整个叶片。其后褪绿变黄部分渐呈褐色，进而转为棕褐色，叶尖、叶缘枯焦卷曲，原来黄褐色的斑点扩大连接成片，直至坏死脱落。在田间，缺锰症状不常见。缺锰常发生在含锰低、施石灰过多的土壤上（图 1-8-27、图 1-8-28）。

图 1-8-27

图 1-8-28

过量施用石灰会增加土壤的 pH，降低锰对烟株的有效性。pH 为 6.2 或更高时，锰含量较低的土壤上（有效锰小于 5mg/kg）施用石灰后，部分烟株会出现缺锰症状。

2. 锰毒害症状

1）老叶出现脉间褪绿或棕色斑块的症状，而且斑块上有锰的氧化物沉淀。在沿叶脉的深绿区域之间出现浅黄绿色—黄色到浅白色的斑驳。

2）叶片会变硬，表面呈半光滑。在极酸性的情况下，锰的可用性提高，斑驳将会扩散到整个烟株，烟株会矮化。

3）表现锰中毒症状的烟株通常在田间呈块状或条状分布。整块田中毒的情况很少见。

4）在温度或土壤 pH 较低的情况下，锰的毒害更容易发生。烟叶中锰含量过高时，容易引起调制后的叶片出现黑灰色斑块。

（二）病因

在烟株体内，锰是许多酶的活化剂，如氧化还原酶、水解酶、转化酶；与 ATP 或类似的磷酸化合物中磷键的裂解有关；它可促进氨基酸合成肽键，有利于蛋白质的合成，也能促进肽键水解生成氨基酸，运输到生产器官或生殖器官中再合成蛋白质；它能促进碳水化合物和氮代谢，与烟株生长发育和烟叶的质量和产量密切相关。缺锰会引起烟株体内一系列的代谢紊乱。锰对烟株体内生长素重组，叶绿素的合成以及叶绿体的发育、增殖、片层结构的维持都有着重要的作用。

当土壤 pH 在 5.5 左右或更低时，由于土壤中锰的溶解度很高，更容易被烟株吸收而发生锰过剩或中毒。烟株锰中毒通常还会诱发其他矿质营养元素，如铁、镁、钙等的缺乏症状发生。

（三）防控

在土壤中，土壤的 pH 和 Eh（氧化还原电位）值、土壤中有机质含量及根系分泌物都影响着土壤中锰的有效性。土壤中有效锰主要是水溶性锰和交换态锰，还包括部分易还原态锰。在有机质泥炭土、高有机质含量的沙土、高 pH 的石灰土壤和石灰施用量过大的酸性土壤上，都有缺锰的可能。锰肥施于土壤或叶面喷施能够补充锰的缺乏。硫酸锰是一种易溶且便宜的锰肥，土壤施时用量为 0.5 ～ 1.0kg/ 亩，条施或穴施；也可叶面喷施，用 0.1% ～ 0.2% 的浓度，隔周喷施，可喷施 2 ～ 3 次；锰的螯合物可用于叶面喷施，效果比较好，但施入土壤时效果不如硫酸盐好。当进行土壤施用时，把锰肥与酸性肥料混施可提高锰的有效性。

在地下水位较高的地块，深沟高垄，加强田间排水，改善植烟土壤的通气状态；以及施用石灰改良酸性土壤，可以减轻锰对烟株的毒害。

十一、锌失调症

（一）症状

土壤有效态锌＜ 0.5mg/kg 时可视为缺锌。缺锌的烟株生长缓慢或停止，烟株矮小，幼叶失绿，顶叶簇生，叶片小；下部叶片脉间出现大而不规则的枯褐斑，随时间的推移枯斑逐渐扩大，组织坏死。过量的锌会对烟株生长有一定的抑制，如果植株吸收了可以致毒剂量的锌，可以导致整株死亡（图 1-8-29、图 1-8-30）。

图 1-8-29

图 1-8-30

（二）病因

锌是谷氨酸脱氢酶、苹果酸脱氢酶、磷脂酶和黄素酶的组成成分；这些酶对体内物质水解及氧化还原过程和蛋白质的合成有重要的作用。锌参与生长素的合成，是色氨酸不可缺少的组成成分，而色氨酸是生长素合成的前体物质。锌是氧化还原过程中一些酶的激活剂，最早发现的含金属锌的酶是碳酸酐酶，它大量存在于叶绿体内；它还可促进叶绿素、胡萝卜素、叶黄素的合成，从而促进光合作用。缺锌时，细胞内氧化还原过程发生紊乱，上部叶片变得暗绿肥厚，下部叶片出现大而不规则的枯斑，植株生长缓慢。

（三）防控

叶面喷施 0.1% ～ 0.2% 硫酸锌水溶液，团棵和旺长期各喷施一次。

十二、硼缺乏和毒害

（一）症状

1. 缺硼症状

烟株在团棵后进入快速生长期，缺硼会出现叶片的叶柄断裂，有时一株烟上可出现 2 ～ 4 片断叶；在缺硼严重时，烟株会出现生长点坏死，烟株顶芽的幼叶及新叶的叶尖等变为灰色，最后变黑枯死，顶芽的幼龄叶片变形，呈扭曲状，烟株停止长高，其他叶片则变厚，叶面皱缩，叶片肥厚粗糙失去柔软性；后期侧芽大量发生，烟株呈丛生状（图 1-8-31、图 1-8-32）。

2. 硼毒害症状

硼毒害的症状一般先在老叶的叶缘出现，呈现淡水渍状，而后变为橘黄色枯斑；叶脉间出现失绿斑块，也会变成橘黄色枯斑；在硼含量达 200mg/kg 的土壤中，毒害症状较重，烟株的功能叶也出现中毒症状，叶缘内卷，叶片呈舟状，老叶的枯斑更多，有的叶片枯萎凋落；继续增加硼，严重影响烟株生长，可导致烟株死亡（图 1-8-33、图 1-8-34）。

图 1-8-31

图 1-8-32

图 1-8-33

图 1-8-34

（二）病因

烟草是中等需硼作物。烟草组织的正常发育和分化需要硼，硼主要参与细胞伸长、细胞分裂和核酸代谢，硼参与蛋白质的代谢、生物碱的合成和物质运输，同时与钙、镁等主要元素有相互作用。近年来的相关研究表明，增加烟叶硼含量有利于烟叶的香吃味改善。因此硼对烟叶质量和产量有着很大的影响。在烟草体内，硼只能通过木质部向上运输，基本上不能通过韧皮部向下输送，因此，硼基本上不能被再利用，一旦在某一部位沉积，就基本上不能再迁移。因此，缺硼往往发生在生长点上。

硼在烟株上，从缺乏到过量出现毒害的浓度范围很窄。盆栽结果表明：在施硼 50mg/kg 的土壤中烟株生长正常；在 100mg/kg 的土壤中烟株出现中毒症状。

（三）防控

烟田缺硼时常用的硼肥是硼砂或硼酸。叶面喷施可用 0.2% ～ 0.5% 的可溶性硼砂溶液，于团棵期或出现缺硼症状后喷施 2 ～ 3 次。土施时每亩用量 1 ～ 1.5kg，可于栽烟前条施或穴施于土壤中；由于硼在烟株上从缺乏到过量出现毒害的浓度范围很窄，施用硼肥的数量要严格控制。

十三、钼缺乏症

（一）症状

缺钼烟株比正常烟株瘦弱，茎秆细长，叶片伸展不开，呈狭长状；下部叶片小而厚，叶间间距拉长。老叶边缘常由黄转白，因叶肉皱缩使叶片呈波浪状，缺钼烟株可能出现早花、早衰。

（二）病因

钼是固氮酶和硝酸还原酶的成分，在硝态氮的还原同化中起重要作用，如果烟株缺钼，硝酸还原酶活性低，硝态氮在体内积累，易造成氮不足而使氨基酸合成受阻，影响蛋白质的代谢，对烟株生长和烟叶产量、质量有不良影响；钼还能促进过氧化氢酶、过氧化物酶和多酚氧化酶的活性，是烟草生长不可缺少的元素。由于烟草对钼的需要量极少，田间烟株缺钼也很少发生。组织分析烟叶含钼＜ 0.1mg/kg 时，可视为缺钼。

（三）防控

钼肥常用钼酸钠或钼酸铵。可用作基肥，每亩用 5 ～ 15g，或用 0.1% ～ 0.3% 的水溶液叶面喷施，于团棵期和旺长期各喷一次。

第二章 烟草发病原因和病害种类

人们常说，“事出有因”，烟草病害也不例外。引起烟草发病的病因有各种生物致病病原物和不适宜的土壤、气候、肥料、农药、水分、环境污染物、农事活动等非生物病因。各种病原物、非生物病因往往会复合或协同导致烟株发病，因此生产中往往出现“一烟多病”的情况。

第一节 生物病因

引起烟草病害的生物因素称为病原物，简称病原。这些病原物多数为寄生，少数腐生，侵染烟草的病原物主要有病毒、真菌、细菌、植原体和线虫等，由各种病原物引起的病害具有传播侵染性特点，因此称为侵染性病害或传染性病害。侵染性病害可由一种或几种致病生物复合侵染引起。

一、病毒及亚病毒

引起烟草病害的病毒病统称为烟草病毒病。病毒是一类由核酸和蛋白质外壳构成的具有侵染性的微小粒体。病毒为非细胞结构微生物，大小为数十至上千纳米，形状有线形、球形、杆状、子弹状和双联体等。

烟草病毒寄主较多，可为害多种植物，也是烟草上普遍发生且为害严重的侵染性病原物。在实验室条件下通过人工接种方式可侵染烟草的病毒种类很多；在自然状态下，即在田间侵染烟草的病毒种类也不少。目前已知侵染烟草的病毒分属 7 科 10 属 23 种，未定科 4 属 8 种和分类地位至今尚未确定的 1 种，共计 32 种。侵染烟草的病毒中，以马铃薯 Y 病毒属最多，至少有 7 种；在不同传毒介体中以蚜虫为传播介体的病毒种类最多，至少有 11 种。病毒主要靠各种机械摩擦和媒介昆虫传播。根据发病症状特点可以分为两类。

第一类为花叶类病毒病，典型症状是深绿与浅绿相交错的花叶症状，此外还有斑驳、黄斑、黄条斑、枯斑、枯条斑等。引起该类病毒病的病毒基本上分布于植株全身的薄壁细胞中（包括表皮细胞和表皮毛），为系统发病，病毒很容易由病株汁液通过机械摩擦而侵染，其传毒媒介昆虫主要是蚜虫，有些花叶病毒也可通过种子传播。绝大多数蚜虫传毒属非持久型（口针传带型），即蚜虫在病株上取食几分钟，就具备侵染性，病毒主要存留在口针里，在健株上取食时，即将口针里的病毒传给健株。

第二类为黄化类病毒病，主要症状是叶片黄化、丛枝、畸形和叶变形等。引起该类病毒病的病毒主要存在于寄主韧皮部筛管和薄壁细胞中，可通过嫁接、寄生性种子植物和媒介昆虫传染，但不能通过机械摩擦由汁液接触传染。媒介昆虫主要有叶蝉、飞虱等，其次是木虱、蚜虫、蝽象和蓟马，暂未发现通过种子传播的黄化类病毒病。媒介昆虫传毒绝大多数属持久型病毒（体内繁殖型），即昆虫饲毒后，经过1个体内循环期，才能传毒，但病毒能在昆虫体内繁殖，媒介昆虫一旦获毒，即可终身持续传毒，有的还可经卵传毒；少数属半持久型病毒，即昆虫在病株上取食较长时间后，立即转移到健株上取食，不能传毒，要经过一段时间的体内循环期（病毒通过消化道进入体内，再回到唾液腺），病毒在体内只循环，不增殖。有些病毒由于传播介体的限制、寄主范围较窄以及其他原因，在烟草上引起的为害不大或影响范围仅限于一定的国家和地区。而烟草普通花叶病毒（*Tobacco mosaic virus*，TMV）、黄瓜花叶病毒（*Cucumber mosaic virus*，CMV）、马铃薯Y病毒（*Potato virus Y*，PVY）、烟草蚀纹病毒（*Tobacco etch virus*，TEV）、烟草环斑病毒（*Tobacco ringspot virus*，TRSV）、烟草曲叶病毒（*Tobacco leaf curl virus*，TLCV）和烟草坏死病毒（*Tobacco necrosis virus*，TNV）则属于引起全世界范围内烟区烟草产量和质量严重下降的病毒，中国已报道为害烟草的病毒有TMV、CMV、PVY、马铃薯X病毒（*Potato virus X*，PVX）、TEV、TRSV、TNV、TLCV、烟草条斑病毒（*Tobacco streak virus*，TSV）、苜蓿花叶病毒（*Alfalfa mosaic virus*，AMV）、烟草脉斑驳病毒（*Tobacco vein mottling virus*，TVMV）、烟草丛顶病毒（*Tobacco bushy top virus*，TBTV）和烟草脉扭病毒（*Tobacco vein distorting virus*，TVDV），其中TMV、PVY、TEV、TLCV、PVX和TNV为云南省各烟区常见的病毒。

植物病毒分类系统的形成是一个漫长而复杂的过程。1927年，约翰逊（Johnson）提出了在命名病毒时应该用首先发现该病毒寄主的拉丁文，再加上virus这个词和一个数字，并系统命名了50多种病毒。1940～1966年，科学家们陆续提出不同的分类方案，但均未被广泛接受。直到1966年在莫斯科举行的国际微生物学大会上，国际病毒命名委员会（International Committee on Nomenclature of Viruses，ICNV）召开了第一次会议，讨论并确定了病毒分类和命名的规则，推出以核酸种类、粒子结构、对称性、衣壳、包膜等为分类依据，将植物病毒划分为六组（group）的方案。1974年，ICNV更名为国际病毒分类委员会（International Committee on Taxonomy of Viruses，ICTV），该组织3～4年召开一次全体会议，修改和制定病毒的分类方案，先后于1971年、1976年、1979年、1982年、1991年、1995年、2000年和2005年发表了8个关于病毒分类和命名的正式报告。据统计，ICTV已收录9110种病毒，属于6域（realms）、10界、17门、2亚门、39纲、59目、8亚目、189科、136亚科、2224属、70亚属（https://talk.ictvonline.org/，截至2021年3月）。根据核酸类型分类，植物病毒包括了五大类群：双链DNA病毒（dsDNA）、单链DNA病毒（ssDNA）、双链RNA病毒（dsRNA）、单链负义RNA病毒（-ssRNA）、单链正义RNA病毒（+ssRNA）。而烟草常见病毒分属于ssDNA、dsDNA、+ssRNA和-ssRNA四大类群，见表2-1-1。

表2-1-1 烟草常见病毒及分类

病害名称	病毒种名	属名	科	类群
烟草曲叶病毒病	*Tobacco leaf curl virus*	菜豆金色黄花叶病毒属双生病毒科（*Begomovirus*）	双生病毒科（*Geminiviridae*）	ssDNA
烟草矮顶病毒病	*Tobacco apical stunt virus*	菜豆金色黄花叶病毒属（*Begomovirus*）	双生病毒科（*Geminiviridae*）	ssDNA
烟草黄矮病毒病	*Tobacco yellow dwarf virus*	玉米线条病毒属（*Mastrevirus*）	双生病毒科（*Geminiviridae*）	ssDNA
甜菜曲顶病毒属	*Beet curly top virus*	曲顶病毒属（*Curtovirus*）	双生病毒科（*Geminiviridae*）	ssDNA
烟草脉明病毒病	*Tobacco vein clearing virus*	*Solendovirus*	花椰菜花叶病毒科（*Caulimoviridae*）	dsDNA
烟草矮化病毒病	*Tobacco stumpy virus*	巨脉病毒属（*Varicosavirus*）	弹状病毒科（*Rhabdoviridae*）	-ssRNA
烟草花叶病毒病	*Tobacco mosaic virus*	烟草花叶病毒属（*Tobamovirus*）	*Virgaviridae*	+ssRNA
黄瓜花叶病毒病	*Cucumber mosaic virus*	黄瓜花叶病毒属（*Cucumovirus*）	雀麦花叶病毒科（*Bromoviridae*）	+ssRNA

续表

病害名称	病毒种名	属名	科	类群
烟草蚀纹病毒病	*Tobacco etch virus*	马铃薯Y病毒属（*Potyvirus*）	马铃薯Y病毒科（*Potyviridae*）	+ssRNA
烟草脉带花叶病	*Tobacco vein banding mosaic virus*	马铃薯Y病毒属（*Potyvirus*）	马铃薯Y病毒科（*Potyviridae*）	+ssRNA
烟草脉斑驳病毒病	*Tobacco vein mottling virus*	马铃薯Y病毒属（*Potyvirus*）	马铃薯Y病毒科（*Potyviridae*）	+ssRNA
烟草环斑病毒病	*Tobacco ringspot virus*	线虫传多面体病毒属（*Nepovirus*）	*Comovirinae*	+ssRNA
烟草坏死病毒病	*Tobacco necrosis virus*	坏死病毒属（*Necrovirus*）	番茄丛矮病毒科（*Tombusviridae*）	+ssRNA
烟草条斑病毒病	*Tobacco streak virus*	轴不稳环斑病毒属（*Ilarvirus*）	雀麦花叶病毒科（*Bromoviridae*）	+ssRNA
马铃薯X病毒病	*Potato virus X*	马铃薯X病毒属（*Potexvirus*）	甲型线形病毒科（*Alphaflexiviridae*）	+ssRNA
菊芋黄环斑病毒	*Artichoke yellow ringspot virus*	线虫传多角体病毒属（*Nepovirus*）	*Comovirinae*	+ssRNA
番茄黑环病毒病	*Tomato black ring virus*	线虫传多角体病毒属（*Nepovirus*）	*Comovirinae*	+ssRNA
番茄环斑病毒病	*Tomato ringspot virus*	线虫传多角体病毒属（*Nepovirus*）	*Comovirinae*	+ssRNA
甘薯轻斑驳病毒病	*Sweet potato mild mottle virus*	甘薯病毒属（*Ipomovirus*）	马铃薯Y病毒科（*Potyviridae*）	+ssRNA
辣椒脉斑驳病毒病	*Pepper vein mottle virus*	马铃薯Y病毒属（*Potyvirus*）	马铃薯Y病毒科（*Potyviridae*）	+ssRNA
烟草萎蔫病毒病	*Tobacco wilt virus*	马铃薯Y病毒属（*Potyvirus*）	马铃薯Y病毒科（*Potyviridae*）	+ssRNA
苜蓿花叶病毒病	*Alfallfar mosaic virus*	苜蓿花叶病毒属（*Alfamovirus*）	雀麦花叶病毒科（*Bromoviridae*）	+ssRNA
烟草坏死矮化病毒病	*Tobacco necrotic dwarf virus*	耳突花叶病毒属（*Enamovirus*）	*Solemoviridae*	+ssRNA
烟草脉扭病毒病	*Tobacco vein distorting virus*	马铃薯卷叶病毒属（*Polerovirus*）	*Solemoviridae*	+ssRNA
绒毛烟斑驳病毒病	*Velvet tobacco mottle virus*	南方菜豆花叶病毒属（*Sobemovirus*）	*Solemoviridae*	+ssRNA
烟草轻绿花叶病毒病	*Tobacco mild green mosaic virus*	烟草花叶病毒属（*Tobamovirus*）	帚状病毒科（*Virgaviridae*）	+ssRNA
烟草隐症病毒病	*Tobacco latent virus*	烟草花叶病毒属（*Tobamovirus*）	帚状病毒科（*Virgaviridae*）	+ssRNA
烟草脆裂病毒病	*Tobacco rattle virus*	烟草脆裂病毒属（*Tobravirus*）	帚状病毒科（*Virgaviridae*）	+ssRNA
烟草斑驳病毒病	*Tobacco mottle virus*	幽影病毒病属（*Umbravirus*）	番茄丛矮病毒科（*Tombusviridae*）	+ssRNA
烟草丛顶病	*Tobacco bushy top virus*	幽影病毒病属（*Umbravirus*）	番茄丛矮病毒科（*Tombusviridae*）	+ssRNA
烟草黄脉病毒病	*Coach yellow vein virus*	菜豆金色黄花叶病毒属（*Begomovirus*）	双生病毒科（*Geminiviridae*）	ssDNA
马铃薯Y病毒病	*Potato virus Y*	马铃薯Y病毒属（*Potyvirus*）	马铃薯Y病毒科（*Potyviridae*）	+ssRNA
烟草线条病毒病	*Tobacco streak virus*	等轴不稳环斑病毒属（*Ilarvirus*）	雀麦花叶病毒科（*Bromoviridae*）	+ssRNA
番茄不孕病毒病	*Tomato aspermy virus*	黄瓜花叶病毒属（*Cucumovirus*）	雀麦花叶病毒科（*Bromoviridae*）	+ssRNA
番茄斑萎病毒病	*Tomato spotted wilt orthotospovirus*	番茄斑萎病毒属（*Orthotospovirus*）	番茄斑萎病毒科（*Tospoviridae*）	+ssRNA

亚病毒，是一类比病毒更为简单，仅具有某种核酸不具有蛋白质，或仅有蛋白质不具有核酸，能够侵染动植物的微小病原体，是不具有完整的病毒结构的一类病毒，与病毒相似，但个体更小，特性稍有差别的病毒类似物，包括拟病毒、类病毒、卫星病毒、卫星RNA、朊病毒等。

烟草病毒病病状表现为整株生长不良，叶片出现花叶、畸形、坏死条斑等症状，无病征。

二、细菌及植原体

烟草病原细菌是指能侵染烟草引起病害发生的一类原核生物，归属于细菌域。细菌是单细胞，有球状、杆状、螺旋状，绝大多数为异养型生物，依靠寄生和腐生生存的原核微生物，以裂殖方法繁殖，其大小一般为 1μm×3μm。植物病原细菌主要通过风雨、雨水、灌溉水、介体昆虫、线虫等在田间传播，许多植物病原细菌还可以通过农事操作在田间传播。细菌接触感病植物后通过伤口和植物表面的自然孔口侵入。烟草细菌病害特征是产生叶斑、茎腐烂、萎蔫等症状，引起烟草叶斑病的细菌在病部表现水渍或油渍状，在空气潮湿时有的在病斑上产生胶粘状物称为菌脓；引起系统发病的细菌往往在烟株筛管等输导系统中形成大量菌体，致使水分运输受阻，初期出现萎蔫症状，后期大面积坏死、腐烂，出现大量菌脓。菌脓是细菌病害的特有病征。

1975 年，卢卡斯报道全世界烟草细菌性病害 7 种。至 2014 年全国烟草有害生物调查，在中国已发现的烟草细菌病害有 8 种，约占已发现烟草病害的 13.5%。据 2010 ～ 2014 年统计，烟草青枯病和烟草野火病所造成的损失占烟草侵染性病害造成损失的 15.9%，在各类病害中居第四位；烟草角斑病在部分烟区为害较重，如山东、四川等省，在田间常与烟草野火病混合发生，其他烟区一般为害较轻；烟草空茎病在烤烟上零星发生，为害较轻，在浙江、湖南及湖北等省为害较重；烟草剑叶病在大部分烟区有记载，但很少造成为害；烟草细菌性黑茎病、烟草细菌性叶斑病和烟草细菌性黑腐病 3 种病害为我国新发病害，前两种在吉林省个别县偶有发生，后一种在广东省乳源瑶族自治县偶尔发生。近年在云南省保山市的香料烟上发生一种细菌性斑点病。2019 年 9 月，卢灿华等在云南省丽江市、临沧市、红河州等地发现烟草细菌性黑斑病，该病的病原菌与菊苣假单胞菌（*Pseudomonas cichorii*）亲缘关系较近。

与烟草病原真菌和病毒相比，烟草病原细菌的种类较少，截至目前，已报道 13 种细菌引起 19 种烟草细菌病害，分别属于常见的雷尔氏菌属（*Ralstonia*）、假单胞菌属（*Pseudomonas*）、坚固杆菌属（*Pectobacterium*）、黄单胞杆菌属（*Xanthomonas*）、迪克氏菌属（*Dickeya*）、红球菌属（*Rhodococcus*）、诺卡氏菌属（*Nocardia*）、土壤杆菌属（*Agrobacterium*）、泛菌属（*Pantoea*）和芽孢杆菌属（*Bacillus*）。目前已报道的主要烟草病原细菌有茄雷尔氏菌（*Ralstonia solanacearum*）、假茄雷尔氏菌（*R. pseudosolanacearum*）、蒲桃雷尔氏菌（*R. syzygii*）、扁桃假单胞菌烟草致病变种（*P. amygdali* pv. *tabaci*）、铜绿假单胞杆菌（*P. aeruginosa*）、菊苣假单胞杆菌（*P. cichorii*）、胡萝卜软腐坚固杆菌胡萝卜软腐亚种（*P. carotovorum* subsp. *carotovorum*）、黑腐坚固杆菌（*P. atroseptica*）、巴西坚固杆菌（*P. brasiliense*）、菊花迪克氏菌（*Dickeya chrysanthemi*）、野油菜黄单胞菌萝卜致病变种（*X. campestris* pv. *raphani*）、野油菜黄单胞杆菌疱斑致病变种（*X. campestris* pv. *vesicatoria*）、束红球菌（*Rhodococcus fascians*）、诺卡氏菌属细菌（*Nocardia* sp.）、放射杆状土壤杆菌（*Agrobacterium radiobacter*）、蜡样芽孢杆菌（*Bacillus cereus*）、内生泛菌（*Pantoea endophytica*）。

植原体，原称类菌原体（MLO），是一类无细胞壁的原核微生物。大小为 80 ～ 800μm，形态多为圆形、椭圆形或不规则形。主要靠虫媒、嫁接传播，形成丛枝、畸形等类似病毒病的症状。

三、真菌

烟草病原真菌是烟草病原微生物中最大的一类病原物。在真菌分类系统中，烟草病原真菌属于不同的真菌类。根据惠特克（Whittaker）五界分类系统和安斯沃思（Ainsworth）等编著的《真菌词典》（*Dictionary of the Fungi*），烟草病原真菌隶属于假菌界、真菌界，传统的卵菌门已被划分成假菌界，其内含有烟草上重要的病原菌属：疫霉属、霜霉属和腐霉属 3 个属；而真菌界则包含油壶菌门、球囊菌门、担子菌门和子囊菌门的多种真菌，其主要类群及分类地位见表 2-1-2。由于不同类群病原真菌在形态结构和生物学特性等方面存在差异，它们所引发的烟草病害各有差异。真菌的营养体大多数为丝状体，少数为单细胞，有细胞壁和细胞核，无叶绿素，为异养生物。其种类多、繁殖快，在烟草全生育期引起各种根、茎和叶部病害。烟草主要的病害特征是产生根腐烂、黑胫、叶斑、白粉、菌核等症状。田间靠土壤、病残体、雨水和空气等传播。

表 2-1-2　烟草病原真菌主要类群、分类地位及所引起的病害名称

界	门	属	种及种下单元	病害名称
假菌界	卵菌门	疫霉属（*Phytophthora*）	烟草疫霉菌（*P. nicotianae*）	烟草黑胫病
		霜霉属（*Peronospora*）	天仙子霜霉烟草转化型（*P. hyoscyami* f. *tabacina*）	烟草霜霉病
		腐霉属（*Pythium*）	瓜果腐霉（*P. aphanidermatum*）	烟草猝倒病
			德氏腐霉（*P. debaryanum*）	
			终极腐霉（*P. ultimum*）	
真菌界	油壶菌门	油壶菌属（*Olpidium*）	芸苔油壶菌（*O. brassicae*）	烟草萎黄病
	球囊菌门	球囊霉属（*Glomus*）	大果球囊霉（*G. macrocarpum*）	烟草矮缩病
	毛霉门	根霉属（*Rhizopus*）	少根根霉菌（*Rhizopus arrhizus*）	烤烟霉变病
	担子菌门	小核菌属（*Sclerotium*）	齐整小菌核菌（*S. rolfsii*）	烟草白绢病
		亡革菌属（*Thanatephorus*）	瓜亡革菌（*T. cucumeris*）	烟草靶斑病
		丝核菌属（*Rhizoctonia*）	立枯丝核菌（*R. solani*）	烟草立枯病
	子囊菌门	白粉菌属（*Erysiphe*）	菊科白粉菌（*E. cichoracearum*）	烟草白粉病
		核盘菌属（*Sclerotinia*）	核盘菌（*S. sclerotiorum*）	烟草菌核病
		葡萄孢属（*Botrytis*）	灰葡萄孢菌（*B. cinerea*）	烟草灰霉病
		链格孢属（*Alternaria*）	链格孢菌（*A. alternata*）	烟草赤星病
			烟草交链孢菌（*A. tabacina*）	烟草黑斑病
			茄链格孢菌（*A. solani*）	烟草早疫病
		尾孢属（*Cercospora*）	烟草尾孢菌（*C. nicotianae*）	烟草蛙眼病
		棒孢菌属（*Corynespora*）	多主棒孢霉（*C. cassiicola*）	棒孢霉叶斑病
		弯孢霉属（*Curvularia*）	小疣弯孢菌（*C. verruculosa*）	弯孢霉叶斑病
		壳球孢属（*Macrophomina*）	菜豆壳球孢菌（*M. phaseoli*）	烟草炭腐病
		茎点霉属（*Phoma*）	烟草茎点霉（*P. tabaci*）	烟草茎点病
		叶点霉属（*Phyllosticta*）	烟草叶点霉（*P. tabaci*）	烟草斑点病
		炭疽菌属（*Colletotrichum*）	辣椒炭疽菌烟草专化型（*C. capsici* f. *nicotine*）	烟草低头黑病
			烟草炭疽菌（*C. nicotianae*）	烟草炭疽病
		镰孢菌属（*Fusarium*）	尖镰孢菌烟草致病变种（*F. oxysporum* var. *nicotianae*）	烟草枯萎病
			茄病镰刀菌（*F. solani*）	烟草镰刀菌根腐病
			尖孢镰刀菌（*F. oxysporum*）	
			木贼镰刀菌（*F. equiseti*）	
		根串珠霉属（*Thielaviopsis*）	基生根串珠霉菌（*T. basicola*）	烟草根黑腐病
		轮枝孢属（*Verticillium*）	黄萎轮枝菌（*V. albo-atrum*）	烟草黄萎病

（一）卵菌门

卵菌门真菌多生活于水中，少数为两栖和陆生，属腐生或寄生生活。其主要特征是：菌丝无隔膜、多核管状，细胞质由纤维素组成，无性繁殖产生具有鞭毛的游动孢子，有性繁殖产生卵孢子，其有性和无性孢子的类型很多，结构复杂。卵菌门真菌与烟草病害关系密切的是卵菌纲霜霉目的真菌，引起的烟草主要病害有烟草霜霉病、烟草黑胫病、烟草猝倒病等。这类病原真菌所致病害的症状有腐烂、斑点、猝倒等，病部产生孢子囊及孢子囊梗。以卵孢子越冬，一般以孢子囊及游动孢子引起初侵染和再侵染，借雨水和气流传播。在条件适宜时，潜育期短。可多次重复再侵染，尤其在低温多雨、潮湿多雾、昼夜温差大的条件下容易引起病害流行。

（二）球囊菌门

球囊菌门真菌绝大多数为腐生菌，广泛分布于土壤和肥料中，仅少数为寄生菌，其寄主包括人、动物、植物及其他真菌。其主要特征是：菌丝发达，无隔多核，细胞壁由几丁质组成；无性繁殖产生孢子囊和孢囊孢子，有性繁殖产生接合孢子。球囊菌门真菌与烟草病害有关的是接合菌纲毛霉目的真菌，如根霉属真菌在烟叶烘烤时引起新鲜烟叶霉变病。此外，接合菌亚门的大果球囊霉菌引起烟草矮缩病，使烟株根系生长受到抑制，地上部分发育迟缓，叶片不能正常开片，为烟草次要真菌性病害。

（三）子囊菌门

子囊菌门真菌属于高等真菌，全部陆生，属腐生或寄生生活。腐生菌广泛分布于土壤及各种腐烂基质上，寄生菌寄生于植物、动物和人引起病害。子囊菌菌体结构复杂，形态和生活习性差异很大。其主要特征是：①菌丝发达，有隔膜和分枝；②无性繁殖主要产生分生孢子；③有性繁殖产生子囊和子囊孢子。子囊菌门真菌与烟草病害关系密切的是锤舌菌纲中的白粉菌属、核盘菌属、葡萄孢属，座囊菌纲中的链格孢属、尾孢属、棒孢属、弯孢霉属、球壳孢属、茎点霉属、叶点霉属，粪壳菌纲中的炭疽菌属、镰刀菌属、串珠霉属和轮枝菌属真菌。子囊菌多侵染烟草的地上部分，造成局部性病害。以子囊果、菌核、菌索、菌丝体、分生孢子、厚垣孢子及菌丝体在土壤及病残体中越冬，通过气流、雨水、风雨和昆虫传播。子囊菌门真菌引起烟草病害的种类较多，如烟草赤星病、白粉病、灰霉病、菌核病、蛙眼病、炭疽病、低头黑病等。子囊菌侵染烟草后，除少数侵染维管束引起系统性的萎蔫症状外，大多数引起局部坏死和腐烂症状。

（四）担子菌门

担子菌门真菌属于较高等真菌，属腐生或寄生生活，其中包括许多种类的食用和药用真菌，如蘑菇、木耳、茯苓等。其主要特征是菌丝体发达，有隔膜和分枝，细胞一般双核，在双核细胞分裂以前，两个细胞核之间可以产生钩状突起，形成锁状联合，这样有利于双核的分裂；无性繁殖除锈菌产生无性孢子外，其余很少产生无性孢子；有性繁殖时从担子果上产生担子和担孢子。担子菌门中引起烟草病害的真菌主要有齐整小菌核菌，可引起烟草白绢病，瓜亡革菌引起烟草靶斑病。担子菌多外寄生或在表皮、表层寄生，造成斑点和腐烂等症状病征明显，如白绢、紫纹羽等。

四、线虫

线虫又称蠕虫，是一类低等的无脊椎动物。植物寄生线虫一般是圆筒状，两端尖。大多数为雌雄同型，长 0.5 ～ 1mm，宽 0.03 ～ 0.05mm。少数为雌雄异型，雌虫为梨形或肾形、球形和长囊状。线虫对植物的致病作用，除用口针刺伤寄主和线虫在植物组织内穿行所造成的机械损伤外，主要是线虫穿刺寄主时分泌的唾液中含有各种酶或毒素，造成各种病变。植物受线虫为害后所表现的症状，与一般的病害症状相似，因此将线虫对植物的为害归为病害而非虫害。

线虫为害烟草主要症状：烟株生长缓慢、衰弱、矮小、色泽失常，叶片表现垂萎等。高温干旱时叶片自下而上萎蔫、发黄，甚至枯死；根部形成瘤状根结，根表皮附着颗粒状物，或腐烂等。

线虫侵染烟草引起的病害统称为烟草线虫病。线虫主要寄生在烟草根部进行为害。世界范围内为害烟草的线虫主要有根结线虫（*Meloidogyne* spp.）、胞囊线虫（*Heterodera* spp.）和根腐线虫（*Pratylenchus* spp.）三大类。其中根结线虫为最主要的植物病原线虫，其寄主广泛，常见寄主多达 2000 余种，也是为害烟草的主要线虫属，主要有南方根结线虫（*M. incognita*）、爪哇根结线虫（*M. javanica*）、花生根结线虫（*M. arenaria*）和北方根结线虫（*M. hapla*）。在云南，为害烟草的常见种为花生根结线虫 2 号小种、南方根结线虫 1 号小种、爪哇根结线虫和北方根结线虫。线虫对烟草除了直接造成为害外，往往与烟草镰刀病菌、黑胫病菌、青枯病菌等复合侵染加重病害，给烟草生产带来更大损失，此外线虫还是某些病毒的传毒介体、如毛刺线虫和拟毛刺线虫是烟草脆裂病毒的传毒介体，剑线虫是烟草环斑病毒的传毒介体。在我国，烟草上发生范围最广、为害最重的线虫是根结线虫。烟草根结线虫在我国各大烟区普遍发生，且日趋严重，仅云南省发病面积就达 110 余万亩，病株造成烟叶减产 30% ～ 50%，已成为烟草生产中的主要病害之一。

五、寄生性种子植物

有少数高等种子植物，因根、叶退化，叶绿素的缺乏或不足，完全或部分丧失自养能力，需要从其他植物上吸取养分、水分等，被称为寄生性种子植物。寄主植物因水分、养分等被剥夺，轻则长势不良，造成矮化、生长发育不良，重则导致寄主死亡。根据寄生程度可以分为全寄生性种子植物和半寄生性种子植物。

（一）全寄生性种子植物

菟丝子等寄生植物的根、叶退化严重，需要从寄主植物上夺取它自身所需要的所有生活物质，这种寄生方式的植物称之为全寄生性种子植物。

（二）半寄生性种子植物

列当、槲寄生和桑寄生等植物的茎叶内有叶绿素，自己能制造碳水化合物，但根系退化，以其吸根的导管与寄主植物的导管相连，吸取寄主植物的水分和无机盐，称为半寄生性种子植物。

第二节 非生物病因

非生物病因是指对植物造成为害的物理、化学非生物因子。因其无传播侵染特性，故称为非侵染性病害或非传染性病害，也称为生理性病害。导致非侵染性病害的各种原因简称病因。烟草生产中常见的病因可归为下述情况。

一、肥料问题

烟草必需元素碳、氢、氧、氮、磷、钾、钙、镁、硫 9 种大量和中量元素以及铁、锰、铜、锌、钼、硼、氯 7 种微量元素。除碳、氢、氧外，其他元素基本上是从土壤中吸取，连续的作物种植和高产生产，要求不断地对土壤补充养分，施肥就是补充养分的最主要形式，施肥能否达到预期增产效果和补充养分的数量、种类、时期等因素密切相关。

烟草生长过程中必须进行养分补充工作，即施肥。烟草必需的矿质营养元素供应缺乏、过量或不平衡都会对烟草生长造成不良影响。养分过多或过少对植物的损害称为养分胁迫。生产中烟草营养胁迫主要体现在施肥过量、施肥不足和肥料养分比例不协调三个方面。施肥过量在苗期可导致盐析烧苗，大田还苗期常导致烧根、烧叶，大田生长期则导致徒长、叶色浓绿、不落黄等症状；施肥不足和肥料养分比例失衡往往导致烟株叶色不正、长势不良、生长缓慢，表现单一或复合的缺素症。

二、农药问题

烟草苗期和大田期不当的农药施用都会产生药害，轻微的药害导致烟株变色、畸形、局部坏死，长势不良，严重的导致叶片或烟株枯死。导致药害的主要原因有：使用不清洁的施药器械造成的药害。例如，用有除草剂残留的喷雾器给烟草施药，随意提高农药施用浓度，同类型农药的混用等直接、间接加大农药用量、浓度，都可能造成高浓度药害。部分杀虫剂和含铜杀菌剂较容易发生此类药害。错误混用不能混用的农药，可混用农药时未按要求减少用量等都可能造成药害。除喷雾时混用农药错误产生药害外，田间短间隔连续施用几种农药也可能造成药害。

失误用药就是将不能在烟草上施用的农药用于烟草，或田间其他作物施用农药时飘到烟草上对烟草造成的药害。施药时期不当，如晴天高温时用药水分快速蒸发，用药时间间隔太短等造成的农药富集，也会对局部烟叶造成药害。农药过期、伪劣农药成分和标注有效成分不一致，可能含有对烟草敏感成分，施用时易造成药害。过期农药，农户往往会加大施用浓度以保持防效，常常造成药害。

剪叶、除草、施肥、打药、中耕、放牧等农事活动，若操作不当，也会造成对烟株的各种伤害。在苗期，剪叶太低对烟茎生长点（烟心）的损伤，除草剂喷雾飘逸到烟叶上，农药不合理施用等都会对烟草造成伤害。不当的农事活动对烟株的伤害虽然仅限于局部发生，但往往直接而严重，值得注意。

三、水分问题

水分缺乏（干旱）和水分过量（水涝）都会对烟草造成危害。烟株受到涝害时，叶片光合作用下降，根系生长受阻，渍水严重，时间过长，烟株根、茎、叶都会严重受损，严重时烟株萎蔫，甚至死亡；烟株受到旱害，根部吸水速度赶不上蒸腾速度，叶片出现萎蔫，持续的干旱可导致烟株生长停滞，叶片发黄、叶缘枯死，甚至死亡。除直接的生理危害外，水分过量往往还是导致烟草根部病害的重要诱因，如烟草黑胫病、根黑腐病等往往在烟墒积水太多时候发病较重；高湿度往往使烟草白粉病发生严重；连续干旱往往使蚜虫发生量大、病毒病发病率高，烟株早花；叶斑类病害往往在过干和过涝时都容易发生。

四、温度问题

烟草生长温度范围较宽，地上部分从8～9℃到38℃均可生长，最适温度为25～28℃；根的生长温度范围7～43℃，最适31℃左右。温度过高、过低都会使烟草受到温度胁迫。1～2℃低温可使幼苗死亡，低于13℃生长停滞，35℃以上对烟苗生长不利，过高的温度也会导致烟苗死亡。低温对烟草的伤害主要是苗期遇超常低温造成冷害和冻害，0℃以上低温导致的烟苗生理失调称为冷害，冰点以下育苗组织结冰造成的损伤称为冻害。高温对烟苗的伤害主要发生在育苗棚未及时通风形成的湿热高温热害。低温、高温对烟草的伤害轻则抑制生长，重则出现畸形，诱发烟株早花，严重时则导致烟苗死亡。

五、自然灾害

自然灾害导致烟草的伤害具有突发、区域连片的特点。冰雹、暴雨、暴风、骤冷、骤热、强紫外线辐射、闪电雷击、雪、霜等都会对烟株造成直接伤害。"倒春寒"降温伴随的雪、霜可导致烟苗严重受害，高温天气育苗棚未及时通风降温会导致烟苗高温伤害，晴天一次完全揭开遮阳网遇强太阳照射会形成烟苗日灼伤害；大田期主要是冰雹、暴风、暴雨和冷空气寒流造成的各种物理、生理伤害，致使烟株出现异常表现，机械损伤的烟叶伤口还容易侵入细菌，往往会造成野火病严重发生。

六、环境污染

工业生产中排放的废水、废气和废渣（"三废"），农业生产中大量施用的化肥和农药，都可能随土壤、空气和水体对烟草造成直接和间接危害。矿质元素毒害物主要包括汞、镉、铬、铅、镍、砷和硒，有害毒气主要是臭氧（O_3）、二氧化硫（SO_2）、氯气（Cl_2）、氟化氢（HF），还有残留于土壤的滴滴涕、六六六等有害物质都会对烟草造成危害。尤其大气中的臭氧，对烟草的损害较大，低温（12℃以下）是臭氧毒害烟株产生气候性斑点的诱因。在焦化、电镀、煤气、冶炼、化肥等工厂排污污染区域，烟田上空臭氧浓度较高，遇到寒流冷空气时，往往突发各种症状的气候性斑点病，对烟叶质量的影响很大。

气候性斑点病的主要症状：发病初期为水渍状小点，先褐色后变灰色或白色，直径1～2μm，圆形或不规则形，病斑多集于叶尖或叶脉两旁。田间症状表现很快，发病迅速，病斑往往在1～2天内就可从水渍状转变为褐色，进而呈灰色或白色。因病害的发生时期、发生条件不同，病害的症状有白斑型、合斑型、环斑型、尘灰型、坏死褐点型、非坏死褐点型、成熟叶褐斑型和雨后黑褐斑型。

七、遗传问题

烟草遗传变异病害主要有白化症、黄化症、畸形等症状。该类病变仅在个别烟株上出现，不会传染，也难以治疗，是烟草隐性遗传基因的表现或基因突变等原因导致的。

第三节　烟草病害种类

一、侵染性病害

根据病原种类不同常将烟草侵染性病害分为：病毒及亚病毒病害、细菌及植原体病害、真菌病害、线虫病害和寄生性种子植物引起的烟草病害。

（一）病毒及亚病毒病害

目前报道的病毒病害有烟草卷叶病毒病、烟草黄矮病毒病、烟草矮化病毒病、番茄斑萎病毒病、烟草环斑病毒病、菊芋黄环斑病毒病、番茄黑环病毒病、番茄环斑病毒病、马铃薯 Y 病毒病、甘薯轻斑驳病毒病、辣椒脉斑驳病毒病、烟草蚀纹病毒病、烟草脉带花叶病毒病、烟草脉斑驳病毒病、烟草萎蔫病毒病、烟草坏死病毒病、苜蓿花叶病毒病、烟草线条病毒病、烟草黄瓜花叶病毒病、花生矮化病毒病、烟草坏死矮化病毒病、烟草脉扭病毒病、烟草黄网病毒病、烟草黄脉辅助病毒病、马铃薯 X 病毒病、烟草轻绿花叶病毒病、烟草普通花叶病毒病、烟草脆裂病毒病、烟草斑驳病毒病、烟草丛顶病毒病、烟草黄脉病毒病、烟草曲顶病、烟草曲叶病，共 33 种。

亚病毒病害有绒毛烟斑驳病毒病（拟病毒）1 种。

（二）细菌及植原体病害

细菌病害有烟草剑叶病、烟草空茎病、烟草青枯病、烟草角斑病、烟草野火病、烟草细菌性黑斑病、烟草细菌性黑茎病、烟草细菌性叶斑病、烟草细菌性黑腐病、烟草黑脚病，共 10 种。

植原体病害有烟草扁茎簇叶病 1 种。

（三）真菌病害

目前报道由病原真菌引起的病害有烟草赤星病、烟草靶斑病、烟草黑斑病、烟草灰斑病、烟草褐斑病、烟草破烂叶斑病（灰星病）、烟草灰霉病、烟草煤污病、烟草蛙眼病、烟草炭疽病、烟草低头黑病、烟草白绢病、烟草白粉病、烟草疮痂病、烟草镰刀菌枯萎病、烟草灰腐病、烟草穿孔病、烟草黑胫病、烟草猝倒病、烟草立枯病、烟草菌核病、烟草根黑腐病、烟草黄萎病、烟草斑点病、烟草炭腐病、烟草镰刀菌根腐病、烟草茎点病、烟草灰斑病、烟草黑斑病、烟草早疫病、烟草碎叶病、烟草黑霉病、烟草弯孢菌叶斑病、烟草棒孢菌叶斑病、烟草黏菌病、烟草霜霉病和茎枯病，共 37 种。

（四）线虫病害

主要是烟草根结线虫病害。目前报道的有孢囊线虫、花生根结线虫、北方根结线虫、南方根结线虫、爪哇根结线虫和根腐线虫病 6 种线虫引起的病害。

（五）寄生性种子植物病害

引致烟草病害的寄生性种子植物有菟丝子属和列当属的多个种。

（六）侵染性病害的特点

1. 发病中心

病害的发生发展有逐步传染扩散现象，最早发病的区域即为发病中心，病情会随时间的推移自发病中心向外扩展。

2. 出现病征

通常能在发病部位看到病征，如霉状物、粉状物、粒状物、脓状物等。但发病早期、病毒病等情况例外，尤其病毒、植原体等病不会有病征。

3. 分离病原

能在发病部位分离得到可再次接种发病的病原物。常见侵染性病害的主要识别特征如下。

（1）病毒病害

发病症状主要是系统的花叶、畸形、黄化、丛枝等病状为主，烟草上常见坏死症状，坏死斑点主要为环斑、条斑，具备系统病害发病特征。无病征。

（2）细菌病害

病斑有水渍状或油渍状的半透明边缘，高温、高湿条件下有脓状物。病状多为系统萎蔫（如烟草青枯病）、腐烂（如烟草空茎病）和不规则坏死斑点（如烟草野火病、角斑病）。

（3）真菌病害

病状主要是坏死斑点，根部、茎基部腐烂和叶片萎蔫等。大多数真菌病害在病部可见病征，如霉状物、粉状物、粒状物等，镜检可看到真菌菌丝体、分生孢子等，病原容易分离。

（4）线虫病害

烟草受线虫为害后，地上部分表现为生长停滞、部分烟叶萎蔫、枯死，烟根畸形、有鸡爪状的根结。

二、非侵染性病害

非侵染性病害主要有以下几种。

（一）营养病害

包括多种烟草必需元素的缺乏和过量造成的危害，常见的是烟草缺氮、钾、锌、镁、硼等缺素症和氮肥过量的“憨烟”。

（二）气候病害

包括烟草气候性斑点病、烟草雨斑病、烟草叶黄病、烟草冻害、烟草热害、烟草日灼病、烟草雹害、烟草旱斑病、烟草水渍病、雷击等。

（三）农事为害

烟草药害、烟草肥害以及各种农事活动损伤。

（四）遗传病害

烟草遗传白化症、黄化症、遗传畸形症等。

（五）非侵染性病害的特点

1. 无发病中心

发病突然、没有发病中心，发病面积较大、集中，发病区域普遍表现类似症状。

2. 受环境影响

发病之前往往出现气候突变、环境污染之类异常条件，田间病害分布往往受地形、地物等环境因素的影响大，发病区域和未发病区域界线明显。

3. 没有传染性

病害没有传染性，但往往能找到污染源等导致发病的原因。

4. 可以恢复性

在不良环境条件改善后，发病轻微的病株往往不需要施用任何农药就会慢慢恢复正常生长，甚至症状消失。

第三章
烟草害虫诊断及防控

2010～2014年云南省开展历时5年烟草有害生物调查，基本明确云南烟区有252种烟草害虫及相关动物，分属昆虫纲、腹足纲、贫毛纲、哺乳纲4个纲，13个目，56个科。害虫天敌有114种，分属于昆虫纲、蛛形纲、两栖纲的10个目，31个科。以下就云南烟区常见的15种主要害虫识别及防控，5种主要天敌识别及应用作简要介绍。

第一节 主要害虫

一、蓟马

形态特征：为害烟草的蓟马主要以西花蓟马（图3-1-1）和黄蓟马（图3-1-2）为主。成虫虫体长1.2～1.7mm，雄虫虫体小于雌虫。雌虫黄色或褐色，腹部较圆。雄虫大部分为浅黄色，腹部狭窄。有两对翅，在翅的前缘和后缘具有长的缨毛。

为害症状：蓟马以其锉吸式口器刮破烟株表皮，口针插入芽、心叶、花器等器官吸取汁液，被害叶片初呈白色斑点，后连成片，为害严重时叶片变小、皱缩，甚至造成烟株枯萎。蓟马是番茄斑萎病毒传毒昆虫，在烟草苗期、大田期传播番茄斑萎病毒（图3-1-3、图3-1-4）。

图3-1-1

图3-1-2

图 3-1-3

图 3-1-4

防控措施：

1）预防措施：清除苗床周边杂草，对苗棚周围其他作物，如蔬菜等种植区的蓟马进行防治；在苗棚周边设置蓝板，诱杀成虫，以减少虫源。

2）药剂控制：用 70% 吡虫啉可湿性粉剂 12 000 ～ 13 000 倍液、3% 啶虫脒乳油 1500 ～ 2500 倍液等杀虫剂喷雾对蓟马进行防控。

二、蛞蝓

形态特征：初孵幼体长 2 ～ 2.5mm，宽约 1mm，体淡褐色。一周后体长增至 3mm，二周后长至 4mm，一个月后可长达 8mm，5 ～ 6 个月可发育至成体（图 3-1-5）。

为害症状：烟苗被取食后叶片呈缺刻、孔洞（图 3-1-6），严重时仅剩叶脉，甚至整株吃光，造成缺苗，或将心叶、生长点吃尽形成多头苗。

防控措施：

1）预防措施：铲除育苗场地周边的杂草，撒施石灰粉。黄昏、清晨人工捕捉。

2）药剂控制：用 6% 的密达颗粒剂每亩 400 ～ 500g 撒施防治或用油茶饼液（粉碎的油茶饼 0.5kg 加水 5L，浸 10h 左右，揉搓过滤后取澄清液，再加水 20 ～ 45L）喷雾防治。

图 3-1-5

图 3-1-6

三、斑潜蝇

形态特征：成虫（图 3-1-7）体长 1.3 ～ 1.8mm，翅长 1.7 ～ 2.25mm。体淡灰黑色，额橙黄色，中胸背板黑色有光泽，背部有小橙黄点。幼虫蛆状半透明，随虫龄增大逐渐变为乳白色。

为害症状：成虫和幼虫都能为害烟叶，以幼虫的为害较重。雌成虫的产卵管刺破烟叶表皮，后用口器舔吸，在叶表面上形成许多取食刻点，并产卵于叶面组织内。成虫取食、产卵造成烟叶表面形成大量的圆形小斑点（图 3-1-8），使烟叶生长不良。幼虫蛀食叶肉，叶片正面可见白色线状隧道（图 3-1-9）。

图 3-1-7

防控措施：

1）预防措施：采用尼龙纱网隔离避虫，减轻斑潜蝇对烟苗的为害。

2）药剂控制：用 25g/L 溴氰菊酯乳油 2500 倍液等杀虫剂喷雾防治，每隔 7 ～ 10 天施用 2 ～ 3 次。

图 3-1-8

图 3-1-9

四、小地老虎

形态特征：成虫头部及胸部褐色或灰褐色，头顶有黑色斑，腹部灰褐色。初孵幼虫灰褐色，3 龄后逐渐变为灰褐色。老熟幼虫灰褐色至暗褐色，体表密布黑色圆形稍隆起的颗粒（图 3-1-10、图 3-1-11）。

为害症状：主要以幼虫为害苗床期和移栽还苗期烟苗。低龄幼虫在烟株上取食嫩叶，造成叶片小孔洞或缺刻；进入 3 龄以后，幼虫常咬断烟茎造成缺苗，或造成缺苗断垄（图 3-1-12）。

防控措施：

1）保健措施：清除杂草及早翻耕烟地，减少土壤中的幼虫和蛹。

2）预防措施：移栽后查苗情，田间发现受害株拨开被害株周围表土，寻找幼虫捕杀。在移栽前 30 天用性诱剂或用糖醋液诱杀成虫。

图 3-1-10

图 3-1-11

图 3-1-12

3）药剂控制：喷施 25g/L 高效氯氟氰菊酯乳油 1000 ～ 2000 倍液，25g/L 溴氰菊酯乳油 1500 ～ 2500 倍液等杀虫剂在移栽当天傍晚喷雾防治。用地膜的烟地，可在栽烟覆膜前施药防治。

五、金针虫

形态特征：初孵幼虫体乳白色，头及尾部略带黄色，老熟幼虫体金黄色，体表有同色细毛。体节宽大于长，前头及口器暗褐色，头部扁平，上唇呈三叉状突起（图 3-1-13、图 3-1-14）。

为害症状：以幼虫钻入烟株根部及茎的近地面部分为害，蛀食地下嫩茎及髓部，使烟苗地上部分叶片变黄、枯萎，为害严重时造成缺苗断垄（图 3-1-15、图 3-1-16）。

防控措施：

1）保健措施：清除田间杂草，做好翻耕暴晒，减少越冬虫源。

2）预防措施：移栽后查苗情，田间发现受害烟株拨开被害烟株周围表土，寻找幼虫捕杀。

3）药剂控制：用 25g/L 高效氯氟氰菊酯乳油 1000 ～ 2000 倍液、25g/L 溴氰菊酯乳油 1500 ～ 2500 倍液浇灌烟株周围土壤进行防治。

图 3-1-13

图 3-1-14

图 3-1-15

图 3-1-16

六、金龟子

形态特征：云南烟区主要有马绢金龟（图 3-1-17）、棕色鳃金龟（图 3-1-18）和铜绿丽金龟（图 3-1-19），马绢金龟体长 6.5 ～ 11mm，体宽 4 ～ 8mm，体椭圆形，体色暗褐色或棕褐色。棕色鳃金龟成虫中大型，体长 20mm 左右，体宽 10mm 左右，体棕褐色，具光泽。铜绿丽金龟成虫体长 19 ～ 21mm，触角黄褐色，鳃叶状。前胸背板铜绿色闪光，上面有细密刻点。

为害症状：金龟子主要咬食烟叶，烟叶被食成孔洞、缺刻，重的叶肉被吃光，仅剩下叶脉，烟株呈扫帚状。6 月下旬至 7 月上旬为全年为害高峰时期（图 3-1-20、图 3-1-21）。

图 3-1-17

图 3-1-18

图 3-1-19

图 3-1-20

图 3-1-21

防控措施：

1）保健措施：在烟田内插上喷施有杀虫剂的新鲜核桃、梨、石榴、桃等树枝叶，待害虫取食后，胃毒致死。

2）预防措施：在傍晚成虫活动时进行捕杀，在清晨刨开被害烟株根部周围的表土，捕捉成虫。还可利用灯光诱杀。

3）药剂控制：用 25g/L 高效氯氟氰菊酯乳油 1000 ～ 2000 倍液、25g/L 溴氰菊酯乳油 1500 ～ 2500 倍液傍晚时喷雾防治。

七、蚜虫

形态特征：烟蚜体小且软，近卵圆形，体长 1.8 ～ 2.0mm，体色有黄绿色、洋红色。体型有无翅蚜（图 3-1-22）与有翅蚜（图 3-1-23）。

为害症状：烟蚜喜聚集在烟株幼嫩叶片或嫩茎上刺吸取食，被严重为害的烟株，生长缓慢、植株矮小，叶片卷缩、变小、变薄，果实干瘪。烟蚜又是黄瓜花叶病毒（CMV）、烟草丛顶病毒（TBTV）、马铃薯 Y 病毒（PVY）和烟草蚀纹病毒（TEV）等多种烟草病毒病的传播媒介，对烟草的品质、产量等危害极大。

图 3-1-22

图 3-1-23

防控措施：

1）保健措施：苗期利用尼龙纱网覆盖，在移栽期采用银灰色或白色薄膜覆盖驱避蚜虫，早春结合油菜、蔬菜等的管理，清除杂草，减少迁入烟田的蚜量。避免与桃和茄科、十字花科作物等邻近种植。

2）预防措施：人工繁殖散放异色瓢虫、七星瓢虫、中华草岭、黑带食蚜蝇、烟蚜茧蜂等天敌。

3）药剂控制：喷施 70% 吡虫啉可湿性粉剂 12 000 ～ 13 000 倍液、3% 啶虫脒乳油 1500 ～ 2500 倍液等杀虫剂。

八、东方蝼蛄

形态特征：初孵若虫乳白色，体长约 4mm，腹部大。成虫体长 30 ～ 35mm，灰褐色，全身密布细毛。头圆锥形，触角丝状（图 3-1-24）。

为害症状：以成虫、若虫在土中取食烟苗幼根、幼茎，根茎部被害后呈乱麻状，使烟苗枯萎（图 3-1-25）。

防控措施：

1）保健措施：冬春季节，翻耕土壤，移栽时施用充分腐熟的有机肥。

2）预防措施：用黑光灯诱杀成虫。

3）药剂控制：用 25g/L 高效氯氟氰菊酯乳油 1000 ～ 2000 倍液、25g/L 溴氰菊酯乳油 1500 ～ 2500 倍液傍晚时喷雾防治。

图 3-1-24

图 3-1-25

九、蜗牛

形态特征：蜗牛头部发达，头上具有两对触角，眼在触角的顶端。口位于头部腹面，并具有触唇。足在体躯腹面，蹠面宽，适于爬行。体外具有一螺壳，呈扁圆球形，有 5.5 ～ 6 层螺层。壳质较硬，黄褐色或红褐色。螺旋部低矮，体螺层较宽大，周缘中部有一条褐色带。壳口椭圆形，脐孔呈缝状。蜗牛卵圆球形，乳白色有光泽，近孵化时变成土黄色（图 3-1-26）。

为害症状：初孵幼体仅食叶肉，留下表皮；稍大后用齿舌刮食叶、茎，造成孔洞或缺刻，严重者将苗咬断，造成缺苗（图 3-1-27）。

图 3-1-26

图 3-1-27

防治措施：

1）保健措施：铲除田边、地头、沟旁的杂草。秋季耕翻土地可使部分卵和越冬成贝、幼贝暴露于土表，也可减少其密度。

2）预防措施：人工捕杀成体和幼体，或者用树叶、杂草、菜叶等做成诱集堆，趁天亮前蜗牛潜伏在堆下时，集中捕捉，每亩用 5 ～ 7kg 石灰粉，在烟苗床周围撒施。

3）药剂控制：用 6% 的密达颗粒剂每亩 400 ～ 500g 撒施防治或用油茶饼液（粉碎的油茶饼 0.5kg 加水 5L，浸 10h 左右，揉搓过滤后取澄清液，再加水 20 ～ 45L）喷雾防治。

十、斑须蝽

形态特征：成虫体长 8 ～ 13.5mm，宽约 6mm，椭圆形，黄褐色或紫色，全身密布白细茸毛和黑色小刻点；触角黑白相间；喙细长，紧贴于头部腹面。小盾片末端钝而光滑，黄白色（图 3-1-28）。

为害症状：以成虫和若虫为害烟草，刺吸烟株上部嫩叶主脉、侧脉和嫩茎以及果实的汁液，导致烟株顶部叶片萎蔫、生长停滞，烟叶品质下降（图 3-1-29）。

图 3-1-28

图 3-1-29

防控措施：

1）保健措施：及时打顶，可减少虫口数量。保护利用天敌华姬猎蝽、中华广肩步行甲、斑须蝽卵蜂、稻蝽小黑利蜂等。

2）预防措施：人工捕捉，在 6 月中旬第 1 代成虫盛发期，进行人工捕捉和摘除卵块，集中杀灭初孵化尚未分散的若虫，减轻受害程度。

3）药剂控制：发病初期喷施 2.5% 溴氰菊酯乳油 1000 ～ 2500 倍液、25g/L 高效氯氟氰菊酯乳油 1000 ～ 2000 倍液。

十一、稻绿蝽

形态特征：成虫体长 11.5 ～ 19.0mm，宽 6 ～ 9mm。绿色，密布浅刻点。头部近三角形，复眼褐色，单眼暗红色。前胸背板两侧角钝圆，稍突出。小盾片长三角形，末端狭圆，其前缘横列 3 个小白点。腹部淡绿色，两侧有连接的小黑点在腹节的边缘上（图 3-1-30）。

为害症状：稻绿蝽主要为害团棵至旺长期烟株，以成虫和若虫刺吸烟草嫩叶、嫩茎、花蕾及嫩果实的汁液。烟株被害后，叶片变黄、凋萎，顶部嫩梢萎蔫、烟株生长迟缓，严重时影响烟株生长，生长点枯死（图 3-1-31）。

防控措施：

1）保健措施：清除田边杂草，搞好水稻、小麦、蔬菜等其他寄主植物上的防治，防止稻绿蝽向烟田迁移为害。保护利用稻蝽小黑卵蜂、沟卵蜂等天敌。

2）预防措施：成虫产卵盛期，摘除卵块、捕杀初孵化而尚未分散的若虫；人工捕杀成虫和若虫，减少田间虫口密度。

3）药剂控制：发病初期用 2.5% 溴氰菊酯乳油 1000 ～ 2500 倍液或 25g/L 高效氯氟氰菊酯乳油 1000 ～ 2000 倍液喷施。

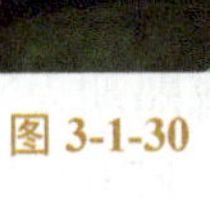

图 3-1-30

图 3-1-31

十二、烟草潜叶蛾

形态特征：成虫体长 5 ～ 6.5mm，头顶有毛簇，灰褐色。复眼黑褐色。触角黄褐色，丝状（图 3-1-32）。

图 3-1-32

幼虫体长 6 ～ 15mm，黄白色或淡绿色，老熟时体背粉红色或暗绿色（图 3-1-33）。

为害症状：幼虫潜入烟草叶片内为害，叶片上出现线形隧道或受害处现亮泡状。苗期为害顶芽，致全株枯死。也有的蛀入叶柄和烟株的茎内为害（图 3-1-34）。

防控措施：

1）保健措施：清除杂草，减少越冬虫源。避免烟草与马铃薯连作。

2）预防措施：结合中耕除草，摘除底层脚叶，集中处理（烧毁或深埋、沤肥等），以减少幼虫、蛹、卵等。

图 3-1-33

图 3-1-34

3）药剂控制：发病初期用 40% 灭多威可溶粉剂 1000 ～ 1500 倍液、25g/L 溴氰菊酯乳油 1000 ～ 2500 倍液、25g/L 高效氯氟氰菊酯乳油 1000 ～ 2000 倍液等杀虫剂喷雾防治。

十三、蛀茎蛾

形态特征：成虫体长 5.5 ～ 7.0mm，灰褐色或黄褐色；幼虫体长 10 ～ 12mm，白色或淡黄色，体表多褶皱，胸部较肥大，头部棕褐色。

为害症状：初孵幼虫蛀食叶肉，形成潜痕，叶脉受害，叶片肥厚，出现皱缩、扭曲、畸形；幼虫钻蛀烟茎，被害处肿大成虫瘿，即“大脖子”。受害烟株生长缓慢或停滞，烟株矮小，叶片厚小，新生芽簇生（图 3-1-35 ～图 3-1-37）。受害处肿大成为“大脖子”和顶芽簇生的症状，成熟期为害烟叶主脉，主脉上产生圆形薄膜羽化孔，幼虫钻蛀于主脉中造成叶片枯萎，这是蛀茎蛾新的一种田间为害症状（图 3-1-38 ～图 3-1-40）。

防控措施：

1）保健措施：采收结束后，及时彻底地处理烟秆并翻耕烟田。

2）预防措施：成虫盛发期及成虫产卵期，可用性诱剂诱杀成虫；采用防虫网育苗，阻止蛀茎蛾为害。

图 3-1-35

图 3-1-36

图 3-1-37

图 3-1-38

图 3-1-39

图 3-1-40

拔除苗床上的有虫苗。

3）药剂控制：发病初期用 25g/L 溴氰菊酯乳油 1000 ～ 2500 倍液、25g/L 高效氯氟氰菊酯乳油 1000 ～ 2000 倍液等杀虫剂叶面喷雾防治。

十四、烟青虫

形态特征：烟青虫成虫体长约 15mm，翅展 27 ～ 35mm，黄褐色，前翅上有几条黑褐色的细横线，肾状纹和环状纹较棉铃虫清晰；后翅黄褐色，外缘的黑色宽带稍窄。老熟幼虫一般体长 30 ～ 42mm，体色变化很大，有绿色、淡绿色、黄白色，以及淡红色、紫黑色等（图 3-1-41、图 3-1-42）。

为害症状：烟青虫在烟草现蕾以前以幼虫集中为害新芽与嫩叶，造成小孔洞或缺刻，严重时几乎可将全叶吃光，有时还能钻入嫩茎取食，造成上部幼芽、嫩叶枯死，排留大量粪便。留种地烟株现蕾后，蛀食花蕾及果实（图 3-1-43、图 3-1-44）。

图 3-1-41

图 3-1-42

图 3-1-43

图 3-1-44

防控措施：

1）保健措施：采收结束后，及时而彻底地处理烟秆并翻耕烟田，深耕晒垡，消灭越冬蛹。

2）预防措施：成虫盛发期在田间放置杀虫灯或性诱剂诱杀。烟株顶端嫩叶上发现有新鲜虫粪或被咬食时，人工寻找幼虫捕杀。

3）药剂控制：发病初期用 2.5% 增效氯氰菊酯乳油 1000 ～ 1200 倍液、0.57% 甲氨基阿维菌素苯甲酸盐微乳剂 1000 ～ 1500 倍液、40% 灭多威可溶粉剂 1000 ～ 1500 倍液、25g/L 溴氰菊酯乳油 1000 ～ 2500 倍液、25g/L 高效氯氟氰菊酯乳油 1000 ～ 2000 倍液等杀虫剂喷雾防治。

十五、斜纹夜蛾

形态特征：成虫前翅灰褐色，内横线和外横线灰白色，呈波浪形，有白色条纹，老熟幼虫体长近 50mm，头黑褐色，体色则多变，一般为暗褐色，也有土黄色、褐绿色和黑褐色的，背线橙黄色，在亚背线内侧各节有三角形的黑斑（图 3-1-45 ～图 3-1-47）。

为害症状：初孵幼虫有群集在卵块附近取食的习性；2 龄开始分散，吐丝下垂或随风飘荡转移到其他烟株为害；低龄幼虫啃食叶肉，剩下表皮和叶脉，使叶片呈纱网状，形成半透明的小"窗斑"。大龄幼虫取食烟叶后，叶片出现缺刻或孔洞，严重时叶肉被吃光仅留网状叶脉（图 3-1-48、图 3-1-49）。

防控措施：

1）保健措施：深耕晒垡，清除杂草。及时摘除底脚叶并带出烟田。适时早栽，合理施肥，保持氮、磷、钾养分平衡，适时采收，保持烟田通风透光良好，降低湿度，减少发病。

2）预防措施：发现中下部烟叶有卵块或咬食痕迹时，人工摘除或捕杀。采用性诱剂、杨树枝把或糖酒醋水溶液，在成虫发生的高峰期连片设置，诱捕杀灭成虫。

3）药剂控制：防治的关键时期是 1 龄幼虫（2 龄后幼虫开始分散为害）。1 龄幼虫只取食下表皮和叶肉，叶面出现半透明斑块。及时用 0.57% 甲氨基阿维菌素苯甲酸盐微乳剂 1500 倍液等杀虫剂叶面喷雾 1 ～ 2 次，每次间隔 10 ～ 15 天。

图 3-1-45

图 3-1-46

图 3-1-47

图 3-1-48

图 3-1-49

第二节　主要天敌种类及应用

一、烟蚜茧蜂

烟蚜茧蜂（*Aphidius gifuensis*）属膜翅目、蚜茧蜂科，是烟蚜的重要寄生性天敌。我国烟田烟蚜的初寄生蜂已发现有 5 个种，其中以烟蚜茧蜂最为常见，是烟蚜天敌的优势种，对烟蚜的抑制作用明显。

（一）形态特征

成蜂：雌蜂体长 2.8 ～ 3.0mm，触角 2.0 ～ 2.2mm。雄蜂体长 2.4 ～ 2.6mm，触角 2.0 ～ 2.1mm。头黑褐色，颊、唇基、口器黄色，触角黄褐色。胸部黄褐色，并胸腹节黄色。头横宽形，光滑有光泽，散生细毛。触角 17 ～ 18 节。并胸腹节的脊明显突起，具五边形小室；上侧室有 5 ～ 8 根毛，下侧室有 2 ～ 4 根毛。前翅的翅痣长为宽的 4 倍左右，痣后脉长与翅痣约相等。产卵器鞘直且短。前足胫节为第 1 跗节长的 3 倍，第 1 跗节为第 2 跗节长的 2 倍（图 3-2-1、图 3-2-2）。

图 3-2-1

图 3-2-2

卵：白色，长椭圆形。

幼虫：共4龄。初孵幼虫白色，蛆形，体有分节。老熟幼虫白色如蜡，体节11节，有白色颗粒，呈蛴螬形。

蛹：蜡黄色，复眼微红，有触角。后期体色逐渐加深，羽化前呈暗黑色。

（二）生物学及生态学特性

烟蚜茧蜂是专性单内寄生蜂，寄主范围较窄，主要寄生于烟蚜，也可寄生于萝卜蚜和麦长管蚜。成蜂将卵产于蚜虫体内，幼虫孵化后取食蚜虫体内组织和器官，幼虫老熟后在蚜虫体内结茧化蛹，并使蚜虫僵化形成僵蚜，成蜂羽化时从僵蚜背部咬一圆孔飞出（图3-2-3、图3-2-4）。

图 3-2-3

图 3-2-4

在云南省大多数烟区，烟蚜茧蜂一年发生约20代，无滞育越冬现象，可周年产卵寄生，世代重叠明显。烟蚜茧蜂的发生与烟蚜呈显著的跟随关系，其种群数量的消长与烟蚜种群数量的消长基本一致，但滞后7～10天。冬季至第二年初春，烟蚜茧蜂在冬春烟、萝卜、白菜、荠菜、皱叶酸模等植物上寻找烟蚜产卵寄生。3月中下旬烟蚜茧蜂寻找苗床上繁殖烟蚜寄生，5月中下旬寻找大田烟株上繁殖烟蚜寄生，至7月中下旬田间烟蚜茧蜂种群数量达到高峰。

烟蚜茧蜂多在早晨羽化，成蜂羽化后约半小时即可交配产卵，以上午8～10时和下午16～18时产卵最多，羽化第2天进入产卵高峰期，产卵高峰期可维持3～4天。雌蜂平均产卵量200粒左右，其总卵量的80%产在白天，夜间产卵量只占总卵量的20%左右。不同温度下发育形成的烟蚜茧蜂产卵量不同，以较低温度下的产卵量较高，高温则不利于成蜂产卵。成蜂羽化和存活的最适温度为20℃，30℃对其发育有明显的抑制作用，以25℃条件下发育最快。发育速率与温度的关系符合逻辑斯蒂曲线。成蜂的寿命随环境条件而变化，一般为7～10天。在温度为15～27℃、相对湿度75%～95%时，羽化率通常在90%以上，高温30℃和低温10℃对成蜂羽化有不良影响。温度对其性比有显著影响，30℃下发育形成的成蜂雌雄比为2.8∶1，25℃下的性比接近1∶1。烟蚜茧蜂的发育起点温度和有效积温分别为3.3℃、266.0日度。在25℃下，从卵至蛹（僵蚜）的发育历期为7.3天，蛹至羽化的历期为3.4天，卵至成蜂的历期为10.7天（李明福等，2006）。

成蜂有较强的趋光性，白天多在烟株的中下部活动，晚间多数在下部叶背面停歇。一头雌蜂一般可连续产卵寄生多头蚜虫，一次产卵一粒，一头蚜虫可被多次重复寄生产卵，存在明显的过寄生现象。在过寄生时，初孵幼虫经相互残杀而竞争淘汰多余的个体，最后只有一个个体能够正常发育羽化出一头成蜂。烟蚜茧蜂在雌雄两性存在的情况下营两性生殖，未交配过的雌蜂进行产雄孤雌生殖。

烟蚜茧蜂对各龄若蚜、有翅和无翅成蚜均能寄生，对 2 龄、3 龄若蚜有较强的嗜好性。成蜂在前 5 天产卵寄生烟蚜其后代的雌雄比大于 1，雌蜂比例达到 72.7%；第 5 天后产卵寄生烟蚜，其后代雄蜂比例较大。寄主烟蚜的龄期对烟蚜茧蜂后代的性别影响不大。

烟蚜茧蜂是烟蚜天敌优势种群，控制烟蚜作用良好，是目前在云南省人工助增较为成功的天敌昆虫。在大田生长期，一般放三批，第一批在移栽后 15 ～ 20 天，第二批在移栽后 30 天左右，第三批在移栽后 40 ～ 60 天，依据田间具体蚜量进行确定。每亩散放量 1000 头左右。由于杀虫剂、杀菌剂等农药对烟蚜茧蜂的成虫均有触杀负面作用，因此，在放蜂期间不要施用对烟蚜茧蜂有杀伤力的农药，以避免使烟蚜茧蜂失去应有的人工助增和自然控制效能（黄继梅等，2008）。

二、大草蛉

大草蛉属脉翅目、草蛉科，是烟田常见的捕食性天敌。我国已知的草蛉有 100 多种，烟田中常见的有大草蛉、中华草蛉、丽草蛉等，其中以大草蛉、中华草蛉的发生量较大。

（一）形态特征

成虫：体长 13 ～ 15mm，前翅长 17 ～ 18mm，后翅长 15 ～ 16mm。体型较大。体黄绿色，胸部背面有黄色中带。头部黄绿色，有黑斑 2 ～ 7 个，常见 4 斑或 5 斑。触角较前翅为短，黄褐色；下颚须及下唇须均为黄褐色。腹部绿色，密生黄毛。翅痣黄绿色，多横脉，翅脉大部分为黄绿色，但前翅前缘横脉列及翅后缘基半的脉多为黑色；两组阶脉各脉的中央黑色。后翅前缘横脉及径横脉的大半段为黑色，后缘各脉均为绿色，阶脉与前翅相同（图 3-2-5）。

卵：长椭圆形，借丝状物附于叶背（图 3-2-6）。

幼虫：共 3 龄。长约 12mm，紫褐色，头上有 3 个黑色斑，前胸两侧瘤后方有黑紫色斑，后胸两侧有黑紫色瘤，腹背紫色，腹面黄绿色（图 3-2-7、图 3-2-8）。

图 3-2-5

图 3-2-6

图 3-2-7

图 3-2-8

（二）生物学及生态学特性

大草蛉主要以其幼虫捕食烟蚜等多种蚜虫，也能捕食一些小型昆虫。在云南烟区大草蛉一年发生5～6代，以蛹在树皮下、枯叶中、土缝等处结茧越冬。越冬代成虫于3月下旬至4月上中旬羽化，4月中旬至5月上旬为产卵盛期；第1代发生期为5月上旬至6月中旬；第4代在8月下旬至9月上旬达到高峰；9月中旬至11月上旬以后迁出烟田。

大草蛉成虫多在傍晚羽化，刚羽化的成虫色泽较浅，取食后绿色逐渐加深。成虫需补充营养，交尾以午夜至凌晨为多。白天成虫多栖息在叶背，夜出活动，有趋光性。在35℃以上高温成虫寿命缩短，产卵量下降；而气温低于15℃，蛹即滞育越冬。成虫常在夜间产卵，产卵期为4～31天，平均13天，雌虫产卵量为108～1400粒，平均为297.5粒。田间卵常数粒至数十粒集聚成片产于叶背，初产卵粒呈翠绿色，次日呈灰绿色，第3日后转灰褐色，卵将孵化前可透视见红褐色胚胎眼点。

幼虫行动活泼，捕食能力强，有互相残杀的习性。1龄孵出卵壳后约经2h即频繁爬动寻找食物，若12h寻不到食物则饥饿死亡。各龄幼虫取食量差别较大，1龄取食量较少，2龄增多，3龄最大，3龄可占整个幼虫期取食量的80%左右。幼虫饥饿时个体相遇将互相残杀，食物充足时甚少互残，每头幼虫可食蚜虫近1000头。大草蛉幼虫老熟后，多在烟叶背面的叶脉附近或其他皱褶处结茧化蛹。

三、七星瓢虫

七星瓢虫属鞘翅目、瓢虫科，俗称花大姐，是烟蚜重要的捕食性天敌。

（一）形态特征

成虫：体长5.2～7.0mm，宽4～5.6mm。半球形，光滑无毛。头部黑色，额与复眼相连的边缘各具1圆形黄斑。前胸背板黑色，其前角具近四边形黄斑，伸至缘折上形成窄条。小盾片黑色，鞘翅红色或橙黄色。小盾斑被鞘缝分割为两半，其余每鞘翅各具3个黑斑，两翅共具7个黑斑（图3-2-9）。

卵：长1.2mm，宽0.6mm，橙黄色，枣核形，两端较尖。初产时淡黄色，后变为杏黄色，将孵化时为黑色。

幼虫：共4龄。1龄体长2mm，暗黑色。2龄体长4mm，灰黑色，头部和足黑色，前胸左右后侧角黄色，第 1 节背侧有 1 对橙黄色肉瘤。3 龄体长 7mm，灰黑色，头、足、胸部背板及腹末臀板黑色。4 龄体长 11mm，灰黑色，第 1 和第 4 腹节背侧各有 1 对橙黄色肉瘤，前胸背板中央有横行黑斑（图 3-2-10）。

蛹：长 7mm，宽 5mm。黄色至浅橙黄色，背部两侧具黑斑（图 3-2-11）。

图 3-2-9

图 3-2-10

图 3-2-11

（二）生物学及生态学特性

七星瓢虫是一种食性较杂的捕食性天敌，以成虫和幼虫捕食烟蚜、菜蚜等多种蚜虫，也能捕食粉虱等小型昆虫以及鳞翅目害虫的卵和初孵幼虫。在云南烟区七星瓢虫一年发生 6 ～ 8 代，以成虫在油菜、小麦、蔬菜等作物田的土缝、根际处越冬，无明显的滞育现象，世代重叠明显。越冬成虫 2 月中下旬在油菜、小麦等作物田中活动，取食和产卵繁殖，至 5 月上中旬进入盛期。随着油菜、小麦的成熟和收割，七星瓢虫陆续向烟田、蔬菜田和杂草等转移，至 7 月上中旬烟田中数量达到高峰。至 8 月上中旬以后，随烟蚜种群的消退而迁出烟田，在白菜、萝卜等蔬菜田繁殖越冬。

成虫初羽化时身体柔软、鲜黄色，2 ～ 3h 后体躯和鞘翅变硬，颜色由黄变红，同时鞘翅上出现 7 个黑色斑点。羽化后 2 ～ 7 天开始交尾，有多次交尾习性，交尾后 2 ～ 5 天开始产卵，产卵期为 3.1 ～ 65.3 天，每头雌虫平均产卵量为 500 多粒，常 20 ～ 30 粒成堆产于叶片背面。越冬成虫的寿命较长，产卵期可达 2 ～ 3 个月，平均每头产卵 1000 粒左右，多的可达 3000 ～ 4000 粒。成虫的迁飞和爬行能力较强，能够远距离迁移，有假死性和避光性。

初孵幼虫群集在卵壳附近，4 ～ 10h 后分散取食。幼虫爬行能力较强，有假死性。幼虫老熟后，喜在叶背面、枯枝落叶及土块下等隐蔽处化蛹。成虫和幼虫均有自相残杀的习性，食料不足时，成虫常吃掉已产下的卵块，幼虫则常互相捕食。对烟蚜的捕食能力很强，一生可取食蚜虫数百头至数千头。1 龄幼虫每天可取食 10 ～ 15 头蚜虫，2 龄取食 15 ～ 25 头，3 龄取食 30 ～ 70 头，4 龄取食 60 ～ 120 头，成虫取食 50 ～ 150 头。在 25℃条件下，卵期平均为 4 天，幼虫期为 12.8 天，预蛹期为 1.1 天，蛹期为 3.5 天，完成一个世代共需 17.4 天。

温湿度对七星瓢虫的生长发育影响很大，一般在春季天气干旱、气温稳定上升时有利于其生长发育，雨多、气温忽高忽低时对其不利。气温超过 25℃、相对湿度在 55% 左右时，种群数量显著下降。七星瓢虫耐寒能力较强，冬季的成活率一般较高。

四、食蚜蝇

双翅目食蚜蝇科昆虫，约 4000 种。常在花中悬飞。有黄色斑纹，形似黄蜂或蜜蜂，但不蜇人。与其他蝇的区别在于翅上有与第 4 纵脉平行的一条假脉。

（一）形态特征

成虫：体长 5.2 ～ 7.0mm，宽 4 ～ 5.6mm。成虫体小型至大型。体宽或纤细，体色单一暗色或常具黄、橙、灰白等鲜艳色彩的斑纹，某些种类则有蓝、绿、铜等金属色，外观似蜂。头部大。雄性眼合生，雌性眼离生，也有两性均离生。半球形，光滑无毛。头部黑色，额与复眼相连的边缘各具 1 圆形黄斑。前胸背板黑色，其前角具近四边形黄斑，伸至缘折上形成窄条。小盾片黑色，鞘翅红色或橙黄色。小盾斑被鞘缝分割为两半，其余每鞘翅各具 3 个黑斑，两翅共具 7 个黑斑（图 3-2-12）。

卵：长 1.2mm，宽 0.6mm，橙黄色，枣核形，两端较尖。初产时淡黄色，后变为杏黄色，将孵化时为黑色。

图 3-2-12

幼虫：共 4 龄。1 龄体长 2mm，暗黑色。2 龄体长 4mm，灰黑色，头部和足黑色，前胸左右后侧角黄色，第 1 节背侧有 1 对橙黄色肉瘤。3 龄体长 7mm，灰黑色，头、足、胸部背板及腹末臀板黑色。4 龄体长 11mm，灰黑色，第 1 和第 4 腹节背侧各有 1 对橙黄色肉瘤，前胸背板中央有横行黑斑（图 3-2-13）。

蛹：长 7mm，宽 5mm。黄色至浅橙黄色，背部两侧具黑斑（图 3-2-14）。

图 3-2-13

图 3-2-14

（二）生物学及生态学特性

成虫羽化后必须取食花粉才能发育繁殖，否则卵巢不能发育。成虫在露天或树林中飞翔交配。雌虫产卵于蚜群中或附近，以便幼虫孵化后即能得到充足的食料。有时也产卵于叶上或茎部。幼虫孵出后立即能捕食周围的蚜虫。食蚜蝇成虫早春出现，春夏季盛发，性喜阳光，常飞舞花间草丛或芳香植物上，取食花粉、花蜜，并传播花粉，或吸取树汁。

五、棉铃虫齿唇姬蜂

（一）形态特征

雌蜂：体长 5.30mm 左右，黑色，密生白色细毛。头部黑色，颜面中央圆形膨起。唇基横椭圆形，无唇基沟。颜面和唇基具细密刻纹。上颚黄色，末端 2 齿赤褐色，两颚交合，呈横长方形，上边与唇基紧靠，很像上唇，故称齿唇姬蜂。触角 28 ～ 29 节，黑褐色。胸部黑色，盾纵沟仅前半部明显，中胸背板圆形，隆起，上面有细密刻纹，后半部中央具同状皱纹。小盾片亦具细密刻纹，与中胸背板间有 1 条较宽的横沟相隔。腹具网状皱纹，基区梯形，中区六边形。翅痣淡黄褐色，痣后脉颜色稍深，具小翅室。足赤褐色，前足、中足转节、后足第二转节黄色，后足基节和第一转节黑色，后足胫节基部和端部以及各足跗节深褐色。腹部赤褐色，有光泽，第一、第二背板前端大半部黑色，第三背板基半部有 1 三角形黑斑，第五、第六背板基半部中央各有 1 梯形或圆形黑斑，一半露出，一半在前一节背板内，从外面隐约可见。产卵管鞘黑褐色，长与后足第一跗节约相等（图 3-2-15）。

雄蜂：体色同雌蜂基本相似，但腹部第五、第六节背板基部中央黑斑较大，上下连接形成 1 条黑纹。触角 29 ～ 30 节。卵白色，长约 0.29mm，宽 0.07mm，稍弯，似长茄形。

幼虫：老熟幼虫体肥大，淡黄绿色，口器淡黄褐色，长 5.57mm，宽 1.90mm，从寄主幼虫体内钻出，在花蕾内或叶片上吐丝固定，然后结成褐色长椭圆形茧，寄主幼虫附于茧上。有的茧为白色，上为少数黑斑点，褐茧一般质地较软，中部膨大；白茧中部圆筒形，质地较硬。茧长 5.90mm 左右。蛹长约 5.33mm，宽 1.64mm，化蛹初期为白色，近羽化时，身体各部颜色斑纹基本与成虫相似（图 3-2-16）。

图 3-2-15

图 3-2-16

（二）生物学及生态学特性

在 16 ～ 28.2℃的情况下，齿唇姬蜂其历期随着温度的增高而逐渐缩短。棉铃虫齿唇姬蜂一年可发生 6 ～ 8 个世代。一般于 4 月下旬在田间可见成蜂产卵寄生，到 11 月上旬羽化出成蜂。棉铃虫齿唇姬蜂在每代棉铃虫为害期间，可发生 2 个世代。齿唇姬蜂茧的抗逆能力较强，正常温度下，羽化率一般较高，但在 15℃以下羽化率显著降低，0 ～ 10℃大部分死亡。羽化的时间以清晨 6 ～ 9 时为最多，以后逐渐减少，夜间最少，雄性比雌性羽化要早，蜂的各代都以前期、中期的羽化率高，强壮，繁殖力较强。雌蜂羽化后一般在 3h 左右即可进行交尾，最短的为 1h。雌蜂一生共交尾一次，而雄蜂可进行多次交尾，一般 10 次，最多可达 30 多次。交尾次数与蜂的寿命、个体及健壮程度有关；交尾时间的长短与温度有关，如在 11.50℃时历时 8min，20℃时只有 5min。两次交尾之间所间隔的时间一般情况下为 30min 左右。齿唇姬蜂产卵需要一定的光线，产卵集中在白天。有孤雌生殖现象，但后代均为雄蜂。雌蜂的产卵前期在 13.4 ～ 23℃时，平均约 1 天。孤雌生殖的雌蜂产卵前期显著延长，每头雌蜂的产卵量为 12 ～ 370 粒。寿命长，产卵量多，寿命短，则产卵量少。产卵高峰期一般在羽化后第三至第六天，临死前还能产出少量的卵。蜂的产卵高峰与寿命有关，雌蜂寿命为 4 ～ 7 天的羽化后第二天产卵数急剧增加，第三天达到高峰；寿命分别为 8 ～ 11 天、12 ～ 15 天和 16 ～ 19 天的雌蜂，产卵高峰分别为羽化后第四、第五、第六天；寿命 20 天以上的雌蜂，产卵高峰期也出现在第六天。产卵高峰期持续 3 ～ 5 天。

寄主范围很广。陈家骅（1990）已报道有近 30 种鳞翅目幼虫可被寄生。在田间可寄生于棉铃虫、烟青虫、斜纹夜蛾、苜蓿夜蛾、地老虎等幼虫。当雌蜂发现寄主时，立即猛扑过去，蜇刺一下很快飞离。蜇刺历时 1 ～ 2s。棉铃虫齿唇姬蜂对 1 ～ 3 龄棉铃虫的幼虫均能寄生，而 4 龄的棉铃虫虽能寄生，但棉铃虫幼虫可与蜂咬斗，而使蜂致死；对 5 ～ 6 龄幼虫和嫩蛹不能产卵寄生。一般棉铃虫齿唇姬蜂每刺一下就产卵 1 粒，而产卵的部位除坚硬的头壳之外，身体的其他部位均可被产卵，但以第 7 ～ 10 腹节为最多。由于寄主的防卫能力和蜂的快速繁殖，就导致了蜂对寄主是否着卵识别能力较差，造成了严重的复寄生现象。在田间棉铃虫被寄生率仅 37.6% 的条件下，每头被寄生棉铃虫平均就有蜂卵和幼虫 2.70 头，最多 5 头，不过最后只有 1 头能完成发育。根据戴小枫在田间的调查，棉铃虫 1 ～ 4 龄幼虫都可被寄生，但以 2 ～ 3 龄幼虫被寄生为主。被寄生的棉铃虫幼虫体色逐渐转黄发光，活体日益减少，临死前 1 ～ 2 天体背中部变为黄褐色，停止活动。蜂的幼虫从棉铃虫幼虫体壁爬出，并在其附近结茧化蛹。

第四章 烟草病虫害调查及预测预报

病虫害调查是为了了解病虫害发生种类、程度、危害损失情况等相关信息，在病虫害的发生地进行选点、选样、选择调查对象，然后根据调查目标来获取相关信息的过程。烟草病虫害的分布和危害，发生期症状的变化，栽培和环境条件对病虫害发生的影响，品种在生产中的表现，不同防治措施的效果，危害造成的损失等，都要通过病虫害调查才能掌握。对烟草病虫害等信息的收集是了解和掌握烟草健康状况的基础，是保障烟草健康稳定持续发展的基本技术过程。病虫害调查的时期选择，与调查的目的和对象紧密相关。如果以植物为核心，则主要是根据病虫害的发生期和危害期来确定。烟草病虫害的调查时期一般可分为：苗期、移栽期、团棵期、旺长期、打顶期、采收前期、采收中期、采收后期、采收后等不同时期。如果以病虫害为核心，则要调查病虫害的越冬时间、初始发现时间、侵染烟草时间、危害高峰时间等，其调查时间根据需要来确定。开展调查工作前要做的一些准备工作，一是要明确调查的目标，做好调查方案；二是要确定调查的方法和需要收集的材料；三是要选择好调查的时间、地点和路线；四是准备好调查表格和需要配套的材料与资料等。目的在于了解当地烟草病虫害发生的种类、分布情况以及严重度和造成的损失等。同时，系统调查还能够及时有效地掌握病虫害发生的动态情况，做好有害生物发生趋势分析，并及时采取相应的防治措施，把对烟草造成的损失降到最低。由此，可将烟草病虫害的调查分为田间病害和虫害发生种类和分布情况的调查，有害生物发生量的调查，有害生物为害程度的调查，烟草损失率的调查，防治或者控制效果的调查等。

对烟草病虫害进行有效监控，就需要对病虫害进行有效预测预报。本章还就病虫为害程度的评估和认定做了论述。

第一节　烟草病虫害调查与预测预报

烟草病虫害的预测预报是指根据烟草病虫害发生、发展的基本规律和必然趋势，结合当前病虫情况、烟草生育期、气象预报等相关资料进行全面的分析，对未来病虫害的发生时期、发生数量和为害程度等进行估计，预测病虫害未来的发生动态，并以某种形式提前向有关部门和领导、烟草植保工作人员、植保专业化服务组织等提供烟草病情、虫情报告的工作。烟草病虫害的预测预报是病虫害综合防治和绿色防控的重要技术保障，能使烟草病虫害的防治工作有目的、有计划、有重点、安全高效地有序进行，是烟草病虫害防治工作科学性、及时性、有效性和安全性的有力保证。

烟草病虫害调查是指在烟草病虫害发生的现场进行样本选择、目标确定和信息收集的全过程，是一种工作思路和方法。要想把一个烟草病虫害了解清楚，必须进行系统的调查，在调查的基础上才能进行分析判断、信息提升和相关研究。烟草病虫害调查是一项正式措施，指在某一特定时期内明确某一烟草病虫害种群的特征，或者明确在某一地区内出现烟草病虫害的种类。

一、调查方法

（一）抽样

抽样是从全部调查研究对象中抽选一部分单位进行调查，并据此对全部调查研究对象作出估计和推断，其目的在于取得反映总体情况的信息资料。

（二）监测调查

监测调查是在某个区域开展调查，以确定该区域是否出现了烟草病虫害，如采用试剂盒调查土壤青枯病的菌量等。调查是基础，监测是目的。对于常年发生病虫害的区域，调查是主要的，对于需要掌握是否发生的区域来说，监测是主要的。

监测调查是持续地调查以查证某种烟草病虫害种群动态的特点。或者系统调查，以明确该烟草病虫害可能的发生信息。监测是在确定某种烟草病虫害已经在该区域发生的基础上，进行系统规范和持续的调查活动。

（三）特定调查

特定调查是在某一个特定时间内，在某个地区的特定地点开展有针对性的调查。例如，经常会对一个区域一定时间内一种病虫害的发生量和发生程度进行针对性的调查，其目的是获取特有的信息。

（四）在线调查

在线调查是指通过互联网及其调查系统把传统的调查、分析方法在线化、智能化，具有高效便捷、质量可控、便于分析与交流等特点。在线调查可以克服传统调研样本难以采集、调研费用昂贵、调研周期过长、调研环节监控的滞后性等一系列问题，随着人工智能技术的进一步发展，该类调查方法势必成为未来调查的主导方法。

（五）全面调查

全面调查是在一个划定区城内对所有涉及对象进行全面信息采集的一种调查方法，适合于面积和规模比较小、调查对象分布比较分散、总体样本数不多、可以在规定时间内完成的调查任务。

（六）抽样调查

根据抽取样本的方法，抽样调查可以分为随机抽样和非随机抽样两类。随机抽样是按照概率论和数理统计的原理，从调查研究的总体中，根据随机原则来抽选样本，并从数量上对总体的某些特征进行估计推断，对推断出可能出现的误差可以从概率意义上加以控制。常用的随机抽样方法主要有纯随机抽样、分层抽样、系统抽样、整群抽样、多阶段抽样等。随机抽样是抽样调查的主要方法。非随机抽样是指抽样时不是遵循随机原则，而是按照研究人员的主观经验或其他条件来抽取样本的抽样方法。对于随机抽样和非随机抽样，样本容量确定的思路有显著差异。样本容量又称“样本数”，是指在调查过程中选定一个样本的必要抽样单位数目。在组织抽样调查时，抽样误差的大小与样本指标代表性的大小有直接关系，必要的样本单位数目是保证抽样误差不超过某一给定范围的重要因素之一。因此，在抽样设计时必须决定样本单位数目，适当的样本单位数目是保证样本指标具有充分代表性的基本前提。

（七）普查调查

普查调查是为了达到某种特定的目的而专门组织的全面调查。普查调查涉及面广，指标多，工作量大，时间性强。为了取得准确的调查信息和统计资料，普查对集中领导和统一行动的要求最高。了解某烟区是不是有某种病虫害发生或者了解具体的发生种类时，普查比较常用，它是一种较粗放的调查方法。对大面积生产情况做一般了解时也采用普查的方法。普查的面积较广，但调查记载的项目不必很细致。例如，记载烟草发病程度和发病严重程度时，都以无、轻、中、重或0、1、3、5、7、9六个级别来表示，不做具体数值的记载，这类调查应该选在某种特定的病虫害的防治适期或发生盛期，或烟草形成产量的关键生育期：对于烟草有害生物的普查一般分为苗期、移栽期、团棵期、旺长期、采收期等几个时期。通常以病虫害种类、病（虫）田率、病（虫）点率、病株率（有虫株率）为代表值。

（八）系统调查

系统调查是在一般调查的基础上，选择比较重要的有害生物发生地或者有代表性的田块，结合作物生育期和有害生物发生特点系统地调查。调查的面积不广，但记载的内容比较全面、系统和深入。系统调查是为了掌握某种特定病虫害的发生动态和规律，最终服务于预测预报和防治策略的制定，因此需要连续地进行定时、定点、定量的系统调查。在调查由寄主、病原、病害和介体、环境各因子引起的状况时，对于病害，既要调查发病率，还要记载各株的严重程度和受害状况等；对于虫害，须同时记载各虫期数量、天敌情况、寄主受害程度等。系统调查的调查次数相对较多，进行定期调查记载直至定株枯死或成熟。对调查所得的数值，要及时进行详细的分析研究。所以系统调查既要针对整个病虫害系统，同时还要全面地观测有关的气象因素、栽培条件和作物生长状况，以便建立可靠的预测模型。

（九）研究调查

研究调查是为了研究需要而进行深入细致的调查，目的是发现、摸清和解决一个或若干个具体问题。对于某些调查对象在新情况下的发生规律、为害来源尚未明确，以及对一些防治措施进行效果评价等，都需要进行研究调查。

通常，在生产实际的一线调查中我们所采用的是普查与系统调查相结合的调查方法。普查为系统调查提供依据，系统调查为预测预报和综合防控服务。研究调查常常是为一些特定目的而做的相关调查。

二、调查类型

病害流行是作物群体中病害大量严重发生，并对农业生产造成极大损失的状态。

（一）病害流行预测

预测是指在掌握一定信息的基础上，对研究或者关注对象的未来状态进行预计和推测。烟草病虫害预测是以生物学、生态学、流行学等理论为依据，对烟草与测报烟草病虫害在未来发生或者流行的可能性及严重度作出估计。烟草病虫害的预测是指对病虫害可能的发生数量、种群动态、为害程度等在调查的基础上进行相应的分析、估算和推断。同时也包括通过研究掌握病虫害发生发展的基本规律、明确影响其发生流行的主要因素，采用相关的技术和方法，对调查和预测结果进行分析整理后以一种合适的形式发送出来，供有关方面或相关人员参考的一种活动。预报通常是由特定机构或者权威机构发布的预测结果。烟草病虫害预报是指通过广播、电视电话、互联网、电子邮件、手机短信、文件、资料等多种信息传递方式，将病虫发生和危害情况的分析预测结果提供给有关部门和领导、烟草植保工作人员等，或向广大烟农进行通告，使其能够掌握或了解未来病虫害发生和危害情况的过程。调查和预测是基础，预报是调查和预测的直接反映。没有准确的调查就不会作出好的预测，没有科学的预测，预报出的结果就没有科学价值，在指导生产上就不能发挥好的作用，甚至会产生负面效果。

（二）病害流行预报

病害流行预报就是在对监测对象系统调查和分析的基础上，对可能出现的发生状态进行的预测预报。

（三）病害流行预警

预警是在预报的基础上，对于可能造成损失的一些病虫害进行分级处理，发布一定的警报，用于指导生产，便于病虫防治与管理的决策者根据情况作出恰当的处理意见。根据烟草病虫害发生的程度，将烟草病虫害的发生程度分为 6 级（表 4-1-1），并根据预报情况，分成一定的颜色，显示在预警图上。这样就可以达到一目了然的目的，同时和一些重大自然灾害的预警情况相衔接。具体发生程度确定和分级，可根据实际情况以及发生量和发生程度可能造成的损失情况等因素同相关测报部门进行确定。

表 4-1-1　烟草病虫害预警程度分级

级别	发生情况	预警颜色
0	无发生	绿色
1	轻度发生	浅蓝色
2	中等偏轻	蓝色
3	中等发生	黄色
4	中等偏重	橙色
5	严重发生	红色

三、预测预报类型

（一）按照预测预报的内容分类

预测预报的类型按照其内容可以分为发生期预测预报、发生量预测预报、发生范围预测预报、发生或流行程度预测预报、危害损失程度预测预报、防治效果预测预报等。

发生期预测预报是对某种病虫出现或为害的时间进行预测和预报，主要包括病虫发生的始见期、始盛期、高峰期和盛末期，病虫发生时烟草所处的生育期，病虫的传播、迁入、迁出的时期等内容。

发生量预测预报常对单种病虫而言，是对某一种病虫在某个时间发生的数量进行预测和预报，主要是对病虫在各个时期的发生数是否会达到防治指标以及是否会大暴发流行等进行预测和预报。

发生范围预测预报是对某一种病虫在一定时间内的范围（常指地理上的分区和面积规模等）进行预测和预报。

发生或流行程度预测预报是对发生量进一步预测，通过比较分级与评判，给出一定的程度分析。主要是通过调查所得数据，经分析、估测病原或害虫的未来数量是否有大发生或流行的趋势及其发生的程度，并估测能否达到防治指标。预测结果可用具体的虫口或发病数量做定量的表达，也可以用发生、流行级别做定性的表达。发生流行的级别大致可分为严重发生、中等发生、轻等发生和不发生，具体分级标准根据病虫害发生特点、发生量以及作物损失率来确定，因病虫害种类而异。

危害损失程度预测预报是对烟草遭受病虫为害轻重和损失程度情况进行预测预报，包括烟叶产量的损失、品质的影响及产值收益的估计等。

防治效果预测预报主要是对采取一定措施控制病虫害可能产生的效果进行评估与分析。这里包括对单项措施的评估分析，也包括对合理处理措施的效果的评估分析。其中，农业措施效果周期较长，但影响因素较多；化学效果快，影响因素少，但容易产生一些副作用。

（二）按照预测预报时间期限的长短分类

预测预报按时间长短包括短期、中期、长期和超长期预测预报。

短期预测其期限，对病害一般为 1 周以内，对虫害则在 20 天以内。短期预测是对近期内病虫的发生为害情况进行预测，并用于指导近期病害具体防治工作。通常做法是：根据过去发生的病情或 1 个、2 个虫态的虫情，推算以后的发生期和数量，以确定未来的防治时期、次数和防治方法。适用的病虫害种类主要是受气候条件影响较大的流行病害，如烟草的赤星病、野火病、气候斑点病等的预测；在虫害方面，则根据前一虫期的发生情况推测后一虫期的发生期和发生量。

中期预测是对病虫发生危害等情况在 10 ～ 90 天的预测，视病虫种类的不同而有一定的区分。主要根据当时的病虫数量、作物生育期的变化以及实测的或预测的天气要素，对下阶段病虫的发生危害情况进行预测，预测结果较为准确，用于指导防治某种病虫害工作的开展和防治方案的制定。

长期预测是对病虫发生为害等情况在 3 个月以上的预测，通常根据病虫在年初或者越冬的菌源或者虫源数量及气象预测资料等进行，展望全年或较长时期内病虫发生的动态和灾害程度。预测结果所指出的是病虫害发生的大致趋势，需要用中期、短期预测加以矫正，准确性一般较差。在病害方面，主要用于种传或土传病害的预测预报，如烟草花叶病、黑胫病、青枯病等；在虫害方面主要用于常发性、多发性的重要虫种，如烟蚜、小地老虎等的预测。

超长期预测是对一些病虫害的发生发展趋势结合整个产业发展进行的超前预测，一般是指借助科学手段和大量基础数据的系统分析，作出的一年以上可能的发生趋势的预测，对于行业的长远发展具有指导意义。

（三）按照预测预报的区域分类

预测预报按照区域可以分为以烟草种植单元、基地单元、县、省等为预测范围的预测预报和以烟草全国区域的大区范围进行的预测预报等。从当前情况看，云南省烟草病害预测预报与防治网络进行的预测，都是由州（市）测报站进行预测的，如大理州烟草公司、玉溪市烟草公司等进行的病虫害预测预报比较切合实际，有操作和指导生产的实际意义。

四、预测方法

预测的方法有很多种，在生产上主要是采用生物学预测法、数理统计预测法和系统预测法等几种，在实际预测过程中有时候需要综合运用这几种方法。

综合分析法是指直接观察病虫害的发生和危害情况、烟草的生育期、烟株的生长状况、气候环境条件及其他因素，通过一定的经验积累，明确病虫的发生种类、数量和为害生长状况，应用这些积累预测病虫的发生期和危害损失程度等与烟草的生育期或生长状况等的定性关系，对病虫害的发生时期、发生量和灾害程度等进行估计的方法。

（一）生物学法

生物学法是以调查有害生物的生长发育、生存、繁殖、侵染循环、生活史等生物学特性为基础，结合环境因素的影响或相互关系，分析出一定的生物学参数或关系式等进行预测。这种预测方法是从预测对象出发，同时兼顾环境因素，相对来说比较成功。

（二）条件类推法

条件类推法是通过对某地区进行调查和研究，明确烟草营养状况、气候条件、自然天敌、土壤环境条件等因素的特殊性和普遍性，并对病虫害的生存、传播或迁移、生长繁殖等自然规律进行准确地把握，可利用当地相关的病虫、气候、土壤等资料对病虫发生和危害情况进行估计。条件类推法是病虫预测的基础方法，常用于中短期病虫发生情况的定量预测。条件类推法利用一些影响病虫害发生发展的关键因子和必然规律进行病虫预测，其预测的准确性较高，指导病虫近期防治的实践性强，具有较强的应用性。常用的条件类推法有有效积温预测法、物候预测法、发育进度预测法、有效基数预测法等。

（三）数理统计法

数理统计法是在大量调查数据的基础上，以概率论为基础，借助现代统计分析技术，构建相应的模型，以动力学预测和统计预测为基本手段来预测主要对象的发生和发展情况，这类预测方法具有一定的局限性，效果不够明显，前提是要有大量的基础调查数据和资料做支撑。系统预测法需要对客观事物做具体的分析，寻找其内在的各种普遍规律，收集各方面的有关信息，包括各种病虫资料、农业措施、经济情报和多种外界的相关因子等，进行综合归类分析，形成一定程度的预测。

第二节　烟草病害预报

烟草病害的症状是指烟草受到病原生物的侵染或者非生物因子影响后，经过系列的病理变化，在组织内部或者外表显露出来的异常状态。症状最开始是细胞水平的转变，包含各类代谢活动和酶活性，然后是组织水平和器官水平的变化，最后会导致整个生物体的变化。烟草生病后的症状可分为外部症状和内部症状。症状是植物与病因互相作用的结果，是一种表现型，它是人们识别病害、描述病害和命名病害的主要依据，因此在病害诊断中有着非常重要的作用。掌握烟草病害的症状是调查研究烟草病害的基本依据。

外部症状是肉眼或者放大镜下可见的烟草植株外部病态特征，通常可分为病状和病征。病状是烟草自身所表现出的异常状态，如变色、坏死、腐烂、萎蔫、畸形、枯萎、肿大等。病征是病原物在植物病部表面所形成的特有构造或者形态，病征一般分为霉状物、粉状物、粒状物、棉毛状物、脓状物五种类型。一般病毒性病害和非侵染性病害有症状而无病征，真菌性病害一般会有前四种类型的病征，细菌性病害主要表现出有脓状物的出现。症状是病害调查非常重要的内容，在记载过程中一定要考虑到病状和病征这两个方面。内部症状是指植物受病原物侵染后，细胞形态或者组织结构的变化，一般要在光学或者电子显微镜下才能观察到。

一般细胞的生理活动的改变需用专门的仪器检测或者分析方法进行确定，但是当病变出现在组织或器官表面时，肉眼就可以识别；有些症状也可用嗅觉、味觉或触摸进行观察；有的症状是单个细胞表现的症状，在这类症状中，最常见的是受某种病毒侵染的植株中所见到的细胞质内含体。

在对烟草病害调查的过程中，首先是看到了症状，然后要尽量找到病征，通过综合分析后才能恰当地进行病害的诊断。在病害预测预报过程中，还需要根据病状发生，预测病害发展的趋势，给防控该病害提出合理的时机和建议。

一、病害流行基础

植物病害流行是在一定的时间和空间内，病害在某种植物群体上普遍而严重的发生，并导致植物产量和质量显著损失的现象。病害流行的基本特点是发生面积大，发病迅速，造成损失严重。对于烟草来说，生长过程中会有很多病害发生，单一的单株的病害造成的损失小，不是我们关注的重点。在生产上我们真正关注的是群体，是在病害流行情况下会造成较大经济损失的病害，植物病害流行的时间和空间动态及其影响因素是植物病害流行调查和研究的核心，病原物群体在环境条件、人为因素以及植物体相互作用下导致病害的流行。因此，预测预报必须以明确病害流行规律为基础。

（一）侵染

侵染意为袭击，含有经常侵扰之意。病原菌对植物的侵染是指病原物寄生到寄主植物的组织内或者器官上，持续地侵扰植物的现象。病原菌侵染寄主分为初侵染和再浸染。

1. 初侵染

初侵染即由经越冬或越夏的病原物，在植物生长季节中在寄主植物群体中引起的侵染，指植物在生长季节里受到病原菌的第一次侵染。这次侵染不一定就能导致病害的流行，但这是病原在寄主植物上开始活动的起始。

2. 再侵染

再侵染即在初侵染的植株上，以及以后各次发病的植株上，产生繁殖体，通过传播引起的侵染，是指在同一个生长季节里再一次侵染寄主，使其发病的现象。再侵染是病害流行的一个重要基础。

3. 侵染过程

侵染过程是病原物与寄主植物可侵染部位接触，并侵入寄主植物，在植物体内繁殖和扩展，然后发生致病作用，显示病害症状的过程，也是植物个体遭受病原物侵染后的发病过程。关注这个发病过程，理解其动态变化，在我们调查和预测病害时可以充分考虑不同阶段的不同特点，以便准确获取信息。病原物的侵染过程包括接触、侵入、潜育、发病四个时期，调查过程中要注意区分。

4. 潜育期

从病原物侵入寄主后建立寄生关系开始，到出现明显的症状为止的这一时期称为潜育期。这是病害侵染过程中的一个重要时期，也是病原物和寄主植物相互竞争和斗争最激烈的时期，病原物要从植物体内取得营养和水分，而植物则要阻止病原物侵入体内以及对其营养和水分的掠夺。植物病害潜育期的长短不一，一般 7 ～ 10 天，短的 2 ～ 3 天，长的则整个季节都可能不发病，如一些病毒病。潜育期的长短受环境和植物自身健康状况的影响，外因中温度的影响最大，而内因则与植物的生长状况、营养水平和抵抗力等有关。

5. 发病中心

植物病害发生过程中，在一定区域内最早出现发病症状的地方就称为发病中心。植物病害流行时，若侵染源来自当地就有发病中心。距离发病中心越远，病害密度越小；反之，外地（气流）传入的病原物一般没有明显的发病中心，即使有也是偶然因素造成的，病害群体呈弥散式分布。烟草病害中，黑胫病、青枯病通常有明显的发病中心，而赤星病、野火病等发病中心不明显，但会有发病重要的区域。烟草病害调查时要特别注意关注发病中心，发病中心出现的时间和范围在测报信息中也需要体现。

6. 侵染循环

侵染循环是指病原菌在植物从前一个生长季节开始发病，到下一个生长季节再度发病的过程。只有病害具有了侵染循环的特点，才能导致植物在生长季节中发病和造成病害流行。在侵染循环过程中，病原菌存在方式及传播途径是关键的环节。病原菌种类不同，其越冬越夏场所和方式也不同，有的病原菌在植株活体内越冬，有的则在烟秆、烟根残体内越冬，有的又以孢子或菌核的方式越冬。病原菌传播的途径主要有空气、水、土壤、种子、昆虫及风雨等。有些病原物在寄主同一生长时期，只有初侵染而无再侵染，对此类病害只要消灭初侵染病原物的来源即可达到防治的目的。能再侵染的病害，则需重复进行防治，发生在烟草上的病害绝大多数属于后者。

7. 单年流行病害

单年流行病害是指在作物一个生长季节中，只要条件适宜，菌量能不断积累、流行成灾的病害。这类病害在一个季节中可以再侵染而引起新一轮的病害发生，因此又称为多循环病害。其特点是：①病害潜育期短，再侵染频率高，一个季节内可繁殖多代，多由气流、风雨或虫媒传播；②病害流行程度除部分取决于越冬菌量外，主要取决于当年的环境条件，特别是温度、湿度。烟草上发生的赤星病、野火病、白粉病等大多数叶斑类病害都属于单年流行病害。对于这类病害，调查的重点是要系统调查，并且要把握流行的关键时期；预报的重点是短期预报，还需特别关注气候变化；防治的重点要考虑品种抗性、栽培措施以及降低病原菌的初侵染量和程度。

8. 积年流行病害

积年流行病害是指病原物经连续几年菌量积累引起的不同程度的流行病害。度量病害流行时间尺度一般以“年”为单位。在一个季节如果发生这类病害，一般不会再引起新的侵染和发病，因此又称为单循环病害。其特点为：①潜育期长，一般无再侵染或者再侵染次数少，多由土壤、种子传播；②病害流行程度主要取决于越冬基数，受环境条件的影响较小。烟草上发生的根结线虫病、青枯病、黑胫病等根茎类病害都属于这类病害。对于这类病害，调查上要注意普查分析，测报上要关注长期测报，防治上要注意土壤保育，借助综合措施，降低病原基数。

流行过程是指病害在栽培作物区发生、传播和终止的过程，称为流行性病害的流行过程。可以用流行曲线表示，该曲线呈现“S”形。流行过程一般可划分为始发期、盛发期和衰退期。这三个时期相当于“S”形曲线的指数增长期、逻辑斯蒂增长期和衰退期。指数增长期从开始发病到发病数量达到5%（0.05）为止；逻辑斯谛增长期为由发病数量5%（0.05）上升到95%（0.95）这段时期；衰退期为发病数量达到95%（0.95）以后。由此可以看出，指数增长期是调查、预测和预防的关键时期，逻辑斯谛增长期是治疗和控制的关键时期。

（二）烟草病害预测预报依据

烟草病害预测预报因子应根据病害的流行规律，从寄主、病原物和环境因素中选取。一般来说，菌量、气象条件、栽培条件和寄主植物的生育情况等，都是重要的预测依据。

1. 根据病原菌进行预测

单循环病害侵染概率较为稳定，受环境条件影响较小，可根据越冬菌量预测发病状况；多循环病害预测（如烟草野火病的预测）有时也利用越冬菌量作为预测因子。对于一些常发性的病害，必须关注病原致病力变化。在精准预报过程中，还要考虑病害对药剂的抗性情况。

2. 根据气象条件预测

多循环病害的流行受气象条件影响很大，而初侵染菌源不是限制因素，对当年发病的影响较小，通常根据气象因素预测。有些单循环病害的发生和流行也取决于初侵染时期的气候条件，因此气候因素是烟草病害预测的重要依据。

3. 根据病原菌与气候条件结合进行预测

结合菌量和气候因素两者之间的效应实现病害发生流行的预测，是当前多种病害预测的重要依据。例如，烟草野火病侵染期需要高湿和低温阶段，大面积流行暴发需要连续降雨后的骤晴天气；赤星病的侵染与流行需要后期高温、高湿的条件等。

4. 根据寄主植物的生育期和生育状况预测

除了要考虑菌量和气候因素外，烟田有些病害的预测还要考虑栽培条件和寄主的生育期、发育状况。例如，对于烟草野火病的发生和流行，菌源的存在是必要条件但不是充分条件，烟草的生育期、种植密度以及施肥状况等都是烟草野火病发生的重要影响因素。一般而言，在菌种存在的情况下，处于烟草移栽后两周左右或烟草打顶以后，烟田氮肥施用过多、磷钾肥施用过少，种植密度过大，气候多雨高温的情况下易导致烟草野火病的暴发。

5. 根据寄主植物的健康栽培条件进行预测

寄主植物的健康栽培条件包括土壤基础、耕作状况、施肥条件、营养平衡情况、田间管理状况，以及农药施用，特别是生长调节物质、抗性诱导物质、抗生素等的施用时期和施用量等。根据这些情况，结合病原菌基础数量以及天气状况，在预测上将更为准确可靠。

在以上预测的依据中，要有科学数据支撑，基础调查十分重要。但同时要结合往年的发病情况以及专家的意见建议，才能恰当地作出判断。

二、烟草黑胫病监控及预报方法

（一）系统调查

烟苗移栽后 10 天开始调查，直至采收结束。调查在晴天中午以后进行，每 5 天调查一次。大田调查采用对角线 5 点取样方法，定点定株，每点顺行连续调查 50 株，共调查 250 株，每次调查时均采取以株为单位的方法进行分级调查，记录每株受为害严重程度，计算发病率和病情指数。结果记入烟草黑胫病病情系统调查记载表（表 4-2-1）。

表 4-2-1　烟草黑胫病系统调查记载表（　　年）

单位：　　　　　　调查地点：　　　　　　调查日期：　　　　　　调查人：

调查点序号	各病级发病株数						发病率 /%	病情指数	备注
	0	1	3	5	7	9			
1									
2									
3									
4									
5									
平均									

调查田块以当地主栽品种为主，每块田面积应大于 1 亩。若当地普遍种植抗病品种，难以选定系统观测田，则应预先在发病条件较好、观察方便的地块种植感病品种，建立观测圃，用于系统调查。调查田块应相对固定，调查期间不施用杀菌剂。

（二）大田普查

大田普查是为了解一个地区烟草黑胫病整体发生情况，在较大范围内进行的多点调查。选择不同区域、不同品种、不同田块类型烟田，田块数量应不少于 10 块，每块烟田面积不少于 1 亩。在烟草团棵期、旺长期、采收期分别进行3次普查，同一地区每年调查时间应大致相同；每块田采用对角线5点取样方法，每点50株，共查250株，计算发病率和病情指数（表4-2-2）。

表 4-2-2　烟草黑胫病普查调查记载表（　　年）

单位：　　　　调查地点：　　　　调查日期：　　　　调查人：

田块编号	田块类型	生育期	实查株数	各病级株数						病株率 /%	严重度 /%	病情指数
				0	1	3	5	7	9			
1												
2												
3												
4												
…												
9												
10												
平均												

1. 烟草黑胫病病情分级标准（以株为单位）

0级：全株无病。

1级：茎部病斑不超过茎围的三分之一，或三分之一以下叶片凋萎。

3级：茎部病斑环绕茎围的三分之一至二分之一，或三分之一至二分之一叶片轻度凋萎，或下部少数叶片出现病斑。

5级：茎部病斑超过茎围的二分之一，但未全部环绕茎围，或二分之一至三分之二叶片凋萎。

7级：茎部病斑全部环绕茎围，或三分之二以上叶片凋萎。

9级：病株基本枯死。

2. 发生程度分级标准

烟草黑胫病发生程度分为6级，主要以发生盛期的平均病情指数确定。各级指标见表4-2-3。

表 4-2-3　烟草黑胫病发生程度分级指标

级别	0（无发生）	1（轻度发生）	2（中等偏轻发生）	3（中等发生）	4（中等偏重发生）	5（严重发生）
病情指数	0	＞0～≤5	＞5～≤20	＞20～≤35	＞35～≤50	＞50

3. 测报资料收集、调查数据汇报和汇总

收集烟草移栽期、移栽面积、主要品种栽培面积、生育期和抗病性等资料。当地气象台（站）主要气象要素的预测值和实测值资料；区域性测报站每5天将相关汇总报表（表4-2-4、表4-2-5）报上级测报部门。对烟草黑胫病发生期和发生量进行统计。记载烟草种植和黑胫病发生、防治情况，总结发生特点，并进行原因分析（表4-2-6），将原始记录与汇总材料装订成册，并作为正式档案保存。

表 4-2-4　烟草黑胫病系统调查汇总表

单位：　　调查地点：　　类型田：　　调查人：

日期		调查地点	地块类型	品种	生育期	调查株数	病株数	病株率 /%	病情指数	备注
月	日									

表 4-2-5　烟草黑胫病普查调查汇总表

单位：　　调查地点：　　类型田：　　调查人：

调查日期	调查地点	田块编号	品种名称	移栽期	生育期	田块面积 / 亩	全田发病情况	实查面积	调查株数	病株数	发病率 /%	病情指数	施肥量	防治情况

表 4-2-6　烟草黑胫病发生、防治基本情况记载表

烟草面积 / 亩：	耕地面积 / 亩：	烟草面积占耕地面积比例 /%：
主栽品种：		
发生面积 / 亩：	占烟草面积比例 /%：	
防治面积 / 亩：	占烟草面积比例 /%：	
发生程度：	实际损失 / 万元：	挽回损失 / 万元：
发生和防治概况与原因简述：		

三、烟草青枯病监控及预报方法

（一）系统调查

系统调查是为了解一个地区烟草青枯病发生消长动态，进行定点、定时、定方法的调查，移栽10天后开始，每5天调查一次，直至病株死亡或采收结束。调查在晴天中午以后进行。以当地主栽品种为主，烟田面积不少于1亩，调查期间不施用杀细菌药剂，其他管理同常规大田。调查田块应相对固定。

具体调查方法为移栽后采用对角线5点取样，定点定株，每点顺行连续调查不少于50株。记载发病率和病情指数，记载于表格（表4-2-7）。

（二）大田普查

选择不同区域、不同品种、不同田块类型烟田，田块数量应不少于10块，每块烟田面积不少于1亩。

在烟草团棵期、旺长期、打顶期、采收期和采收完毕后5天各调查一次，同一地区每年调查时间应大致相同。

表4-2-7 烟草青枯病系统调查原始记载表（ 年）

日期： 地点： 品种： 调查人：

调查田块序号	病情		各病级株数						病株率/%	病情指数	备注
	调查点序号	调查株数	0	1	3	5	7	9			
第一块田	1										
	2										
	3										
	4										
	5										
	平均										
第二块田	1										
	2										
	3										
	4										
	5										
	平均										
…		…	…	…	…	…	…	…	…	…	…
第五块田	1										
	2										
	3										
	4										
	5										
	平均										

具体调查方法：每块田采用对角线5点法取样，每点顺行调查不少于50株，调查其总株数、病株数及严重度，计算病株率和病情指数。记载表格见表4-2-8。

表4-2-8 烟草青枯病普查调查记载表（ 年）

调查日期： 调查地点： 品种： 调查人：

田块编号	田块类型	生育期	实查株数	各病级株数						病株率/%	严重度/%	病情指数
				0	1	3	5	7	9			
1												
2												
3												
…	…	…	…	…	…	…	…	…	…	…	…	…
9												
10												
平均												

1. 青枯病调查分级标准（以株为单位）

0 级：全株无病。
1 级：茎部偶有褪绿斑，或病侧二分之一以下叶片凋萎。
3 级：茎部有黑色条斑，但不超过茎高二分之一，或病侧二分之一至三分之二叶片凋萎。
5 级：茎部黑色条斑超过茎高二分之一，但未到达茎顶部，或病侧三分之二以上叶片凋萎。
7 级：茎部黑色条斑到达茎顶部，或病株叶片全部凋萎。
9 级：病株基本枯死。

2. 发生程度划分标准

烟草青枯病发生程度分为 6 级，主要以发生盛期的平均病情指数来进行评价。各级指标见表 4-2-9。

表 4-2-9　烟草青枯病发生程度分级指标

级别	0（无发生）	1（轻度发生）	2（中等偏轻发生）	3（中等发生）	4（中等偏重发生）	5（严重发生）
病情指数	0	＞0～≤5	＞5～≤20	＞20～≤35	＞35～≤50	＞50

3. 测报资料收集、调查数据汇报和汇总

收集当地种植的主要烟草品种、播种期、移栽期以及种植面积；当地气象台（站）主要气象要素的预测值和实测值资料，区域性测报站每 5 天将相关汇总报表（表 4-2-10、表 4-2-11）报上级测报部门。对烟草青枯病发生期和发生量进行统计。记载烟草种植和青枯病发生、防治情况，总结发生特点，并进行原因分析（表 4-2-12），将原始记录与汇总材料装订成册，并作为正式档案保存。

表 4-2-10　烟草青枯病系统调查汇总表（　　年）

日期		地点	地块类型	品种	生育期	调查株数	病株数	发病率 /%	病情指数	备注
月	日									

表 4-2-11　烟草青枯病大田普查汇总表（　　年）

日期		地点	地块类型	面积 / 亩	品种	生育期	调查株数	病株数	病株率 /%	病情指数	备注
月	日										

四、根结线虫病监控及预报方法

（一）烟草根结线虫越冬基数调查

在当年 10 月中旬及来年 3 月中旬，共调查 2 次。两次调查在同一地块进行。随机取 10 个点，每点用取土器取深度 0 ～ 20cm 土 200g，混匀后用四分法取 200g 进行检测。每个样品检测 3 次，取平均值，记载卵及幼虫数量。记载表格见表 4-2-13。

表 4-2-12 烟草青枯病发生、防治基本情况记载表

烟草面积 / 亩：	耕地面积 / 亩：	烟草面积占耕地面积比例 /%：
主栽品种：	播种期 / 月 - 日：	移栽期 / 月 - 日：
发生面积 / 亩：	占烟草面积比例 /%：	
防治面积 / 亩：	占烟草面积比例 /%：	
发生程度：	实际损失 / 万元：	挽回损失 / 万元：
烟草青枯病发生与防治概况及简要原因分析：		

表 4-2-13 烟草根结线虫越冬基数调查记载表

调查日期： 调查地点： 调查人：

重复	卵数量 /（个 /200g 土）	幼虫数量 /（个 /200g 土）	备注
1			
2			
3			
平均			

（二）系统调查

移栽后开始每 5 天调查一次，完全采收后结束。以当地主栽品种为主，选择有代表性的烟田，烟田面积不少于 1 亩，调查期间不施用杀线虫剂。调查田块应相对固定。移栽后大田调查可以采用地上部分和地下部分相结合的调查方法来判断根结线虫病的发病情况，在生长期对烟株地上部分采用对角线 5 点取样方法，定点定株，每点顺行连续调查 50 株。成熟期采用“定点不定株”挖根方法 5 点取样，每点调查 3 ～ 5 株。记载发病率和病情指数。记载表格见表 4-2-14。

表 4-2-14 烟草根结线虫病系统调查记载表

调查日期： 调查地点： 调查人：

调查点序号	各病级株数						病株率 /%	病情指数	备注
	0	1	3	5	7	9			
1									
2									
3									
4									
5									
…									
平均									

（三）大田普查

在烟草团棵期、旺长期、采收期、采收完毕后10天分别进行4次普查，同一地区每年调查时间应大致相同。选择不同区域、不同品种、不同田块类型烟田，田块数量应不少于10块，每块烟田面积不少于1亩。每块田采用对角线5点取样方法，每点顺行调查不少于50株，前3次按照地上部症状分级方法调查，第4次采用地下根部症状分级方法调查，调查发病率和病情指数。记载表格见表4-2-15。

表4-2-15　烟草根结线虫病普查调查记载表

调查日期：　　　　　　　　调查地点：　　　　　　　　调查人：

调查田块序号	各病级株数						病株率/%	病情指数	备注
	0	1	3	5	7	9			
1									
2									
3									
4									
5									
…									
平均									

1. 烟草根结线虫病分级调查标准（以株为单位）

根结线虫病的调查分为地上部分和地下部分，在地上部分发病症状不明显时，以收获期地下部分拔根检查的结果为准。

地上部标准。田间生长期观察烟株的地上部分，在拔根检查确诊为根结线虫为害后再进行调查。以株为单位分级调查。

0级：植株生长正常。

1级：植株生长基本正常，叶缘、叶尖部分变黄，但不干尖。

3级：病株比健株矮四分之一至三分之一，或叶片轻度干尖、干边。

5级：病株比健株矮三分之一至二分之一，或大部分叶片干尖、干边或有枯黄斑。

7级：病株比健株矮二分之一以上，全部叶片干尖、干边或有枯黄斑。

9级：植株严重矮化，全株叶片基本干枯。

收获期检查分级标准如下。

0级：根部正常。

1级：四分之一以下根上有少量根结。

3级：四分之一至三分之一根上有少量根结。

5级：三分之一至二分之一根上有根结。

7级：二分之一以上根上有根结，少量次生根上发生根结。

9级：植株严重矮化，全株叶片基本干枯。

2. 发生程度划分标准

烟草根结线虫病发生程度分为6级，主要以发生盛期的平均病情指数为分级指标。各级指标见表4-2-16。

表4-2-16 烟草根结线虫病发生程度分级指标

级别	0（无发生）	1（轻度发生）	2（中等偏轻发生）	3（中等发生）	4（中等偏重发生）	5（严重发生）
病情指数	0	＞0～≤5	＞5～≤20	＞20～≤35	＞35～≤50	＞50

3. 测报资料收集、调查数据汇报和汇总

收集当地种植的主要烟草品种、播种期、移栽期以及种植面积；当地气象台（站）主要气象要素的预测值和实测值资料，区域性测报站每5天将相关汇总报表（表4-2-17、表4-2-18）报上级测报部门。对烟草根结线虫病发生期和发生量进行统计。记载烟草种植和烟草根结线虫病发生、防治情况，总结发生特点，并进行原因分析（表4-2-19、表4-2-20），将原始记录与汇总材料装订成册，并作为正式档案保存。

表4-2-17 烟草根结线虫越冬基数汇总表

调查日期	调查地点	地块类型	卵数量/（个/200g土）	幼虫数量/（个/200g土）	备注

表4-2-18 烟草根结线虫病系统调查汇总表

调查日期	调查地点	地块类型	品种	生育期	调查株数	病株数	病株率/%	病情指数	备注
…									

表4-2-19 烟草根结线虫病普查调查汇总表

调查日期	调查地点	田块编号	品种名称	移栽期	生育期	田块面积/亩	全田发病情况	实查面积	调查株数	发病株数	发病率/%	病情指数	施肥量	防治情况

表4-2-20 烟草根结线虫病发生、防治基本情况记载表

烟草面积/亩：	耕地面积/亩：	烟草面积占耕地面积比例/%：
主栽品种：	播种期/月-日：	移栽期/月-日：
发生面积/亩：	占烟草面积比例/%：	
防治面积/亩：	占烟草面积比例/%：	
发生程度：	实际损失/万元：	挽回损失/万元：
发生和防治概况与原因简述：		

五、烟草赤星病监控及预报方法

（一）病原孢子数量观察

烟草移栽后 30 天，在系统观测田每隔 10 行设置 1 个观测点，共设置 3 个观测点。每个观测点按 150cm 高度设置孢子捕捉器，按照不同方向装置 3 枚涂有凡士林油的载玻片。每隔 3 天将载玻片取回，并换载玻片一次。光学显微镜下检查载玻片捕捉到的赤星病菌孢子，每个载玻片检查 5 个视野（20×10 倍），3 个载玻片的平均孢子捕捉量为连续 3 天的孢子捕捉量，记入烟草赤星病孢子数量观测记载表（表 4-2-21）。

表 4-2-21　烟草赤星病孢子观测记载表

单位：　　　　　　　　调查地点：　　　　　　　　调查时间：　　　　　　　　调查人：

镜检序号	孢子数量			平均	备注
	观测点 1	观测点 2	观测点 3		
1					
2					
3					
4					
5					
平均					

（二）系统调查

田间出现赤星病病斑后，每 5 天调查一次，完全采收后结束。以当地主栽品种为主，每块田面积应大于 1 亩。若当地普遍种植抗病品种，难以选定系统观测田，则应预先在发病条件较好、观察方便的地块种植感病品种，建立观测圃，用于系统调查。调查田块应相对固定，调查期间不施用杀菌剂。采用对角线 5 点取样方法，每点 10 株，5 天调查一次，若遇降雨天气，改为每 3 天调查一次，以叶片为单位分级调查，计算发病率和病情指数。结果记入烟草赤星病病情系统调查记载表（表 4-2-22）。

表 4-2-22　烟草赤星病病情系统调查记载表（　　年）

单位：　　　　　　　　调查地点：　　　　　　　　调查时间：　　　　　　　　调查人：

调查点序号	各病级发病株数						病株率 /%	病情指数	备注
	0	1	3	5	7	9			
1									
2									
……									
5									
平均									

（三）大田普查

烟草打顶期、下部叶采收期、中部叶采收期、上部叶采收期各调查一次。根据不同区域、不同品种、不同田块类型选择调查田，每种类型田调查数量不少于 5 块。采用按行踏查方法，田块面积不足 1 亩则全田实查，田块面积在 1 亩以上，则 10 点取样，每点查 10 株，调查病株数，计算病田率和病株率。结果记入烟草赤星病发病情况普查表（表 4-2-23）。

表 4-2-23　烟草赤星病发病情况普查表（　　年）

单位：　　　　　　　　调查地点：　　　　　　　　类型田：　　　　　　　　调查人：

田块编号	田块类型	生育期	实查株数	各病级株数						病株率 / %	严重度 / %	病情指数
				0	1	3	5	7	9			
1												
2												
…												
10												
平均												

1. 赤星病调查分级标准（以叶片为单位）

0 级：全叶无病。

1 级：病斑面积占叶片面积的 1% 以下。

3 级：病斑面积占叶片面积的 2% ～ 5%。

5 级：病斑面积占叶片面积的 6% ～ 10%。

7 级：病斑面积占叶片面积的 11% ～ 20%。

9 级：病斑面积占叶片面积的 21% 以上。

2. 发生程度分级标准

烟草赤星病发生程度分为 6 级，主要以发生盛期的平均病情指数为评价标准。各级指标见表 4-2-24。

表 4-2-24　烟草赤星病发生程度分级指标

级别	0（无发生）	1（轻度发生）	2（中等偏轻发生）	3（中等发生）	4（中等偏重发生）	5（严重发生）
病情指数	0	＞0～≤5	＞5～≤15	＞15～≤30	＞30～≤40	＞40

3. 测报资料收集、调查数据汇报和汇总

收集当地种植的主要烟草品种、播种期、移栽期以及种植面积；当地气象台（站）主要气象要素的预测值和实测值资料，区域性测报站每 5 天将相关汇总报表（表 4-2-25、表 4-2-26）报上级测报部门。对烟草赤星病发生期和发生量进行统计。记载烟草种植和烟草赤星病发生、防治情况，总结发生特点，并进行原因分析（表 4-2-27），将原始记录与汇总材料装订成册，并作为正式档案保存。

表 4-2-25　烟草赤星病系统调查汇总表（　　年）

单位：　　　　　　　　调查地点：　　　　　　　　类型田：　　　　　　　　调查人：

日期		地点	地块类型	品种	生育期	调查株数	病株数	发病率 /%	病情指数	备注
月	日									

表 4-2-26　烟草赤星病大田普查汇总表（　　年）

日期		地点	地块类型	面积 / 亩	品种	生育期	调查株数	病株数	发病率 /%	病情指数	备注
月	日										

表 4-2-27　烟草赤星病发生、防治基本情况记载表

烟草面积 / 亩：	耕地面积 / 亩：	烟草面积占耕地面积比例 /%：
主栽品种：	播种期 / 月 - 日：	移栽期 / 月 - 日：
发生面积 / 亩：	占烟草面积比例 /%：	
防治面积 / 亩：	占烟草面积比例 /%：	
发生程度：	实际损失 / 万元：	挽回损失 / 万元：
烟草赤星病发生与防治概况及简要原因分析：		

六、烟草野火病或角斑病监测预报方法

（一）系统调查

大田期为移栽后 10 天开始每 5 天调查一次，直到采收结束。以当地主栽品种为主，选择有代表性的烟田，烟田面积不少于 1 亩，调查期间不施用杀细菌药剂，调查田块应相对固定。大田期调查应先以普查为主，当田间发现病斑开始后定株调查，5 点取样法，每点 5 株，每 5 天调查一次，若遇降雨天气，每 3 天调查一次，以叶片为单位分级调查，计算发病率和病情指数。并将调查结果汇入表 4-2-28、表 4-2-29。

（二）大田普查

在烟草团棵期、旺长期、打顶期、采收期各调查一次，同一地区每年调查时间应大致相同。以当地主栽品种为主，选择有代表性的田块，调查田块数量不少于 10 块，每块烟田面积不少于 1 亩。每块田采用对角线 5 点法定点取样，每点 50 株，计算病株率和病情指数。记载表格见表 4-2-30。

表 4-2-28 烟草角斑病、野火病苗床期系统调查原始记载表（ 年）

地点： 品种： 日期：

调查苗床编号	调查点序号	调查株数	发病株数	病株率 /%	备注
1	1				
	2				
	3				
	平均				
2	1				
	2				
	3				
	平均				
10	1				
	2				
	3				
	平均				

表 4-2-29 烟草角斑病、野火病大田期系统调查原始记载表（ 年）

地点： 品种： 日期：

田块定点编号	病情		各病级叶数						病叶率 /%	病情指数	备注
	调查点序号	调查叶数	0	1	3	5	7	9			
1	1										
	2										
	3										
	4										
	5										
	平均										
…											

表 4-2-30 烟草角斑病、野火病普查调查记载表（ 年）

地点： 品种： 日期：

田块编号	田块类型	生育期	调查点序号	实查株数	各病级叶数						发病率 /%	病情指数	备注
					0	1	3	5	7	9			
1			1										
			2										
			3										
			4										
			5										
…			1										
			2										
			3										
			4										
			5										
平均													

1. 烟草野火病或角斑病调查分级标准（以叶片为单位）

0 级：全叶无病。
1 级：病斑面积占叶片面积的 1% 以下。
3 级：病斑面积占叶片面积的 2% ～ 5%。
5 级：病斑面积占叶片面积的 6% ～ 10%。
7 级：病斑面积占叶片面积的 11% ～ 20%。
9 级：病斑面积占叶片面积的 21% 以上。

2. 发生程度分级标准

烟草野火病、角斑病发生程度分为 6 级，主要以发生盛期的平均病情指数为评价标准。各级指标见表 4-2-31。

表 4-2-31　烟草角斑病、野火病发生程度分级指标

级别	0（无发生）	1（轻度发生）	2（中等偏轻发生）	3（中等发生）	4（中等偏重发生）	5（严重发生）
病情指数	0	＞0～≤5	＞5～≤15	＞15～≤30	＞30～≤40	＞40

3. 测报资料收集、调查数据汇报和汇总

收集当地种植的主要烟草品种、播种期、移栽期以及种植面积；当地气象台（站）主要气象要素的预测值和实测值资料，区域性测报站每 5 天将相关汇总报表（表 4-2-32、表 4-2-33）报上级测报部门。对烟草野火病、角斑病发生期和发生量进行统计。记载烟草种植和烟草野火病、角斑病发生、防治情况，总结发生特点，并进行原因分析（表 4-2-34），将原始记录与汇总材料装订成册，并作为正式档案保存。

表 4-2-32　烟草角斑病、野火病系统调查汇总表（　　年）

日期		地点	地块类型	品种	生育期	调查株数	病株数	发病率 /%	病情指数	备注
月	日									

表 4-2-33 烟草角斑病、野火病大田普查汇总表（ 年）

日期		地点	地块类型	面积 / 亩	品种	生育期	调查株数	病株数	发病率 /%	病情指数	备注
月	日										

表 4-2-34 烟草角斑病、野火病发生、防治基本情况记载表

烟草面积 / 亩:	耕地面积 / 亩:	烟草面积占耕地面积比例 /%:
主栽品种:	播种期 / 月 - 日:	移栽期 / 月 - 日:
发生面积 / 亩:	占烟草面积比例 /%:	
防治面积 / 亩:	占烟草面积比例 /%:	
发生程度:	实际损失 / 万元:	挽回损失 / 万元:
烟草角斑病、野火病发生与防治概况及简要原因分析:		

第三节　烟草害虫的预测预报

害虫种群是指一定区域内生活着的同种个体的集合，同种群内的个体能随机交配。种群数量受食物、天敌、自身繁殖能力等因素的影响而处于不断的变动之中。害虫大发生实质是害虫种群在特定的时间内迅速增长、种群密度剧增的结果。

一、害虫预测预报基础

我们进行虫害的预测预报是对种群数量动态的关注和分析。种群特征是指种群个体相应特征的统计量。出生率、死亡率、年龄组配、性比、基因型比例和滞育率等都是反映种群特征的指标。此外，数量动态、种群的空间分布和种群的集聚与扩散、种群分化等都是种群的特征。种群结构又称种群组成，是指种群内生物特征不同的各类个体在种群中所占的比例状况，或在总体中的分布。最主要的是性比和年龄结构，其中因昆虫多型现象而产生的生物型，如烟蚜种群内的有翅型和无翅型的比例状况。性比是种群中雌性个体数和雄性个体数的比值。年龄结构是种群内各年龄组（虫态、龄期）个体占总体的百分率。生命表是按照种群的年龄（虫龄和虫态）顺序编制，系统记录种群死亡率及死亡原因和不同年龄段的生殖力，并按照一定的格式详细列成的表格。昆虫生命表为种群数量动态分析和害虫发生量预测提供了重

要的工具。生命表记载系统和详尽，能清晰地反映整体种群在生活周期中的数量变化过程，具体化、数量化地描述出了各因子对种群动态的作用，因此可以明确分辨出影响种群的重要因素及关键因素，内容可有两大类型，即特定年龄生命表、特定时间生命表（包括自然种群、实验种群生命表）等。

（一）害虫发生时期预测

根据某害虫防治策略的需要，预测某个类型虫期出现的时期，以确定防治的有效时期。各虫态的发生分为始见期、始盛期、高峰期、盛末期和终见期。始盛期、高峰期、盛末期划分标准分别为出现某虫态总量的 16%、50%、84%。烟田害虫发生期预测常用的方法有以下几种。

1. 形态结构预测法

害虫在生长发育过程中，会发生外部形态和内部结构的变化，这些变化会经历一定的时期，根据这个变化的历期就可以预测下一虫态的发生期。另外，还可以通过系统解剖雌虫，按卵巢发育分级标准分级统计，以群体卵巢发育进度预测产卵期。

2. 发育进度法

根据田间害虫发生进度，参考当时气温预测与相应的虫态历期，推算以后虫期的发生期，这种方法主要用于短期测报，准确性较高，是常用的一种方法。

3. 历期法

通过对前一虫期田间发生进度，如化蛹率、羽化率、卵孵化率等的系统调查，当调查到其百分率达到始盛期、高峰期和盛末期时，分别加上当时气温下各虫期的历期，即可推算出后面某一虫期的发生时期。

对虫态历期较长的害虫，可以选择某虫态发生的关键时期（如常年的始盛期、高峰期等），作 2 ～ 3 次发育进度检查，仔细进行幼虫分龄、蛹分级，并计算各龄、各级占总虫数的百分率。然后自蛹级向前累加，当达到始盛期、高峰期、盛末期的标准时，即可由该龄级幼虫和蛹到羽化的历期，推算出成虫羽化始盛期、高峰期和盛末期，其中累计至当龄所占百分率超过标准时，历期折半。并进一步加产卵前期和当季的卵期，推算出产卵和孵化始盛期和盛末期。

4. 期距法

与前述历期预测相类似，主要根据当地多年累积的历史资料，总结出当地各种害虫前后两个世代或若干虫期之间，甚至不同发生率之间“期距”的经验值（平均值与标准值）作为发生期预测的依据。但其准确性要视历史资料积累的情况而定，越久越系统，统计分析得出的期距经验值就越可靠。

5. 物候法

物候是指自然界各种生物活动随季节变化而出现的现象。自然界生物，或由于适应生活环境，或由于对气候条件有着相同的要求，形成了彼此之间的物候联系。因此可通过多年的观察和记录，找出害虫发生与寄主或某些生物发育阶段或活动之间的联系，并以此作为生物指标来推测害虫的发生和为害时间。害虫与寄主的物候联系是在自然界长期演化过程中，经适应生活环境遗留下来的一种生物学特性，这种特性在一些害虫中表现尤为突出。物候法适用于主要受温度影响的害虫的发生期。烟草害虫中的小地老虎、烟青虫等可采用物候法进行发生期预测。

6. 数理统计预测法

运用统计学方法，利用多年来的历史资料，建立发生期与环境因子的数学模型以预测发生期的方法。例如，根据历年害虫发生规律、气象资料等，采用多元回归、逐步回归等方法建立害虫发生期与气象等因子间的关系回归式，经验证后可用于实际预测。数学模型的建立要有多年资料的积累，资料越丰富，模型建立就越可靠，预测的效果就越准确。

（二）害虫发生量的预测

发生量预测就是预测害虫在一定阶段的发生程度或发生数量，用以确定是否有防治的必要。害虫的发生程度或为害程度一般分为轻、中偏轻、中、中偏重、大发生和特大发生 6 级，具体的标准可以根据不同种类害虫的实际情况来确定。常用的预测方法有以下几种。

1. 气候图及气候指标预测法

昆虫属于变温动物，其种群数量变动受气候影响很大，有不少种群数量的变动受气候支配。因此，可以用昆虫与气候条件变化的关系对昆虫的发生情况进行预测。气候图通常以某一时间尺度（日、旬、月、年）的降水量或湿度为一个轴向，同一时间尺度的气温为另一轴向，两者组成平面直角坐标系。然后将所研究时间范围的温湿度组合点按顺序在坐标系内绘出来并连成线。根据此图形可以分析虫害发生与气候变化间的关系，对害虫发生进行预测。将当年气候预报和实际资料绘制成气候图，并与历史上的各种模式图比较，就可以估计当年害虫可能发生的趋势。

2. 形态指标预测法

对于那些具有多型现象的害虫，可根据其型的变化来预测发生量，如无翅若蚜多于有翅若蚜时，则预示着烟田蚜虫数量即将增加，应做好防范工作。对于一些鳞翅目害虫的幼虫来说，低龄幼虫的数量对于高龄幼虫数来说是一个重要的基数，预测 3 龄以前幼虫的出现时期，可有效提升防治效果；如果进入 5 龄之后，则可以判断化蛹的量，对于下一代虫口数量也可以做初步判断。

3. 数理统计预测法

数理统计预测是将测报对象多年发生资料运用数理统计方法加以分析研究，明确其发生与环境因素的关系，并把影响害虫数量变动的关键因子用数学方程式加以表达，建立预测经验公式。公式建立后，只需要将影响变量代入公式即可预测害虫的发生情况，指导防控。

4. 回归分析预测法

害虫数量的变动与周围条件的关键因子具有密切关系，在测报中用数理统计方法分析害虫发生与关键因子的关系，并制定相关的数学表达方式，用以预测害虫的发生，这种方法称为相关回归分析。该方法步骤具体如下：第一，根据大量的调研数据和历史资料进行分析，明确影响虫害流行的关键因子；第二，对已经确定的关键因子，通过调查分析，建立预测经验公式；第三，对预测经验公式的可靠性及误差进行检验；第四，分析影响害虫发生流行的关键因子和次要因子之间的关系。

5. 判别分析预测法

用来判别研究对象所属类型的一种多元分析方法。它用已知类型的样本数据构成判别系数，继而用此判别函数预测新的样本数据属于何类。在害虫测报中，害虫发生情况可用“严重发生”“大发生”“一般发生”“轻微发生”等类型来划分，因此可用判别分析进行预测。判别分析包括两类判别、多类判别以及逐步判别预测法。两类和多类判别预测分析应用是人为地确定判别因子，从而建立判别方程。在害虫预测中，要考虑的因子很多，应从诸多因子中挑选出最佳因子研究。逐步判别法可以自动地从大量可能因子中挑选出对虫情预测最重要的因子，并建立预测方程。在回归分析和判别分析中，时间顺序预测法对虫害进行预测要利用其影响因素作为预测因子，属于他因分析。时间序列预测对害虫进行预测只考虑害虫种群本身的变化，是原因分析，但并不是说不考虑外部因素，而是将害虫自身变化视为各种内外因子综合作用的结果。马尔可夫链方法描述了一种状态序列，其每个状态值取决于前面的有限状态，在害虫测报中的应用和推广就是该方法最成功的一个例子。

6. 模糊数学预测法

模糊数学并非让数学变成模糊的东西，而是用数学来解决一些具有模糊性质的问题。这里的模糊是指客观事物差异的中间过渡不分明性。在害虫预测中，虫情的严重程度也是模糊的，于是可以用模糊数学来加以预测。种群系统模型预测法主要根据多年生命表资料，并结合试验生态方法，研究不同温度和湿度、寄主及天敌对害虫种群参数（如发育速率、出生率、死亡率）的影响，从而组建害虫种群数量预测模型。只要输入种群起始数量及有关生态因素的值，就可在计算机上运行该预测模型，给出未来时间害虫种群密度的预测值。同时，还可通过田间的调查数据不断校正预测结果。这对害虫的中长期预报及综合治理决策具有十分重要的意义，但是要建立这样的模型需要长期系统的基础研究。

二、烟草蚜传病毒病监测预报方法

（一）系统调查

烟草 5 ～ 6 叶期调查一次，烟草移栽后开始每 5 天调查一次，打顶后结束。以当地主栽品种为主，选择有代表性的苗床和烟田，苗床不少于 10 个，烟田面积不少于 1 亩，调查期间不施用抗病毒剂，其他管理同常规大田。系统调查田块应相对固定。每个苗床随机调查 100 株烟苗。移栽后大田调查采用对角线 5 点取样方法，定点定株，每点顺行连续调查至少 50 株。记载发病率和病情指数。记载表格见表 4-3-1。

表 4-3-1 烟草蚜传病毒病系统调查原始记载表

调查日期： 调查地点： 调查人：

调查点序号	各病级株数						病株率 /%	病情指数	备注
	0	1	3	5	7	9			
1									
2									
…									
10									
平均									

（二）大田普查

在烟草成苗期、团棵期、旺长期、打顶期分别进行 4 次普查，同一地区每年调查时间应大致相同。以当地主栽品种为主，选择有代表性的田块，调查田块数量应不少于 10 块，每块烟田面积不少于 1 亩。

采用对角线 5 点取样方法，每点不少于 50 株，调查发病率和病情指数。记载表格见表 4-3-2。

表 4-3-2 烟草蚜传病毒病普查调查记载表

调查日期： 调查地点： 调查人：

调查田块序号	各病级株数						病株率 /%	病情指数	备注
	0	1	3	5	7	9			
1									
2									
3									
4									
…									
平均									

1. 发生程度划分标准

烟草蚜传病毒病发生程度分为 5 级，主要以发生盛期的平均病情指数为评价标准。各级指标见表 4-3-3。

表 4-3-3 烟草蚜传病毒病发生程度分级指标

级别	0（无发生）	1（轻度发生）	2（中等偏轻发生）	3（中等发生）	4（中等偏重发生）	5（严重发生）
病情指数	0	＞0～≤5	＞5～≤20	＞20～≤35	＞35～≤50	＞50

2. 测报资料收集、调查数据汇报汇总

需要收集的测报资料包括：当地种植的主要烟草品种、播种期、移栽期、种植面积、种植制度等；当地气象台（站）主要气象要素的实测值和预测值。

测报资料汇报：区域性测报站每 5 天将相关报表（表 4-3-4、表 4-3-5）报上级测报部门。

测报资料汇总：对蚜传病毒病发生期和发生程度进行统计。记载烟草种植和蚜传病毒病发生、防治情况，总结发生特点，并进行原因分析（表 4-3-6），将原始记录与汇总材料分别装订成册，并作为正式档案保存。

表 4-3-4 烟草蚜传病毒病系统调查汇总表

调查日期	调查地点	地块类型	品种	生育期	调查株数	病株数	病株率 /%	病情指数	备注
…									

表 4-3-5　烟草蚜传病毒病普查调查汇总表

调查日期	调查地点	田块编号	品种名称	移栽期	生育期	田块面积 / 亩	全田发病情况	实查面积	调查株数	发病株数	发病率	病情指数	施肥量	防治情况
…														

表 4-3-6　烟草蚜传病毒病发生、防治基本情况记载表

烟草面积 / 亩:	耕地面积 / 亩:	烟草面积占耕地面积比例 /%:
主栽品种:		
发生面积 / 亩:	占烟草面积比例 /%:	
防治面积 / 亩:	占烟草面积比例 /%:	
烟草面积 / 亩:	耕地面积 / 亩:	烟草面积占耕地面积比例 /%:
发生程度:	实际损失 / 万元:	挽回损失 / 万元:
发生和防治概况与原因简述:		

三、烟草小地老虎监测预报方法

（一）成虫消长调查

1. 调查时间

自当地越冬代成虫常年始见期开始（一般为日平均温度稳定在 5℃时开始），至烟田小地老虎为害末期结束。

2. 性诱剂诱捕方法

1）调查地点与环境条件。在当地主产烟区选择长势较好的种植主栽品种的烟田，区域生产面积不少于 15 亩。

2）性诱剂诱捕器设置方法。田间诱集成虫采用笼罩式诱捕器。诱捕器分为上、下两部分，上部为贮虫笼，下部为诱导罩。贮虫笼为圆筒形，高 40cm，上下底面圆直径为 20cm。诱导罩为圆台形，高 80cm，上、下底面圆直径分别为 4cm、50cm，上、下底面全开口。用 10 号铁丝制作诱导罩、贮虫笼框架，外面包裹纱网。安装时将诱导罩上部插入贮虫笼内中心，贮虫笼顶部做成活动盖子以便取出诱集到的成虫。用细铁丝将 1 个诱芯悬挂于诱导罩底面圆心，诱芯距离地平面垂直距离为 1m。共设 2 个诱捕器，两个诱捕器之间的距离为 50m。根据诱芯有效期定期更换诱芯。

3）调查方法。每天上午定时统计诱捕器内小地老虎成虫数量，并取出成虫带出田外处理，记载表格见表 4-3-7。

3. 测报灯诱捕方法

1）调查地点与环境条件。在当地主产烟区选择长势较好的种植主栽品种的烟田，区域生产面积不少于 15 亩。要求远离路灯和其他光源，四周无高大建筑物及树木遮挡，测报灯应安装在便于调查进出的田边，距离性诱剂诱捕器至少 200m。

表 4-3-7 小地老虎成虫消长调查表（ 年）

地点： 调查人：

日期		测报灯诱蛾量 / 头			诱捕器诱蛾量 / 头				天气	备注
月	日	雌	雄	合计	1	2	合计	平均		

2）测报灯设置方法。设置以 20W 黑光灯为光源的测报灯 1 台，灯管下端与地面垂直距离为 1.5m，每天 18：00 至第 2 天 5：00 开灯。根据灯管寿命定期更换灯管。

3）调查方法。每天上午定时统计小地老虎雌、雄成虫数量，并取出成虫带出田外处理，记载表格见表 4-3-7。

4）诱卵调查。

调查时间：当地常年越冬代成虫始见期开始，至烟田小地老虎为害末期结束。

调查田块：选择有代表性的烟田（应包括种植绿肥的烟田）3 块，每块田面积不少于 1 亩。

调查方法：采用麻袋片诱集法。每块类型田内放置 50 片面积为 100cm^2 的正方形麻袋片，固定于地表面，每两片之间至少相距 5m，每 3 天调查一次麻袋片上的卵量。记载表格见表 4-3-8。

表 4-3-8 小地老虎诱卵量调查表（ 年）

地点： 调查人：

日期		类型田 1			类型田 2			类型田 3			平均单片卵粒数	累计		备注
月	日	麻袋片数	有卵片数	卵粒数	麻袋片数	有卵片数	卵粒数	麻袋片数	有卵片数	卵粒数		总卵粒数	平均单片卵粒数	

在麻袋片诱卵的类型田内，将麻袋片放在便于观察又与田间小气候相近的田边，但不可放在向阳面或阳光直射的地方。采集诱到的卵，标记好采集日期，每天早上观察卵粒的孵化进度。记载表格见表 4-3-9。

表 4-3-9　小地老虎卵孵化进度调查表（　　年）

地点：　　　　　　　　　　调查人：

调查日期		当天观察卵粒数	累计观察卵粒数	当天孵化卵粒数	累计孵化卵粒数	孵化率 /%	当天孵化的卵粒历期 /d	
月	日						产卵日期	卵历期

5）移栽前幼虫密度调查。

调查时间：烟田起垄后、移栽前 10 天进行 1 次调查。

调查田块：选择有代表性的烟田（应包括种植绿肥的烟田）3 块，每块田面积不少于 1 亩。

调查方法：每块类型田内采用平行线取样方法，共调查 10 垄，每垄调查 5m，记载每样点内杂草上及土壤中小地老虎幼虫数量及幼虫发育进度。记载表格见表 4-3-10。

表 4-3-10　移栽前小地老虎幼虫密度调查表（　　年）

地点：　　　　　　　　　　调查人：

日期		调查垄长 /m	类型田	幼虫发育进度				幼虫总数	平均每米垄内幼虫数	备注
月	日			1 龄	2 龄	3 龄	4 龄后			

（二）系统调查

1. 调查时间

烟草移栽后开始，至地老虎为害期基本结束。

2. 调查田块

以当地主栽品种为主，选择有代表性的烟田 2 ～ 3 块作为观测圃，每块田面积不少于 2 亩，调查期间不施用杀虫剂，其他管理同常规大田。系统调查田块应相对固定。

3. 调查方法

采用平行线取样方法，定点定株，调查 10 行，每行连续调查 10 株。每隔 3 天调查一次，直至地老虎为害期基本结束。记载烟株上、根际和地面松土内的幼虫数量，同时根据地老虎的为害症状记载被害株数，并计算被害株率，计算方法见 GB/T 23222—2008。调查表格见表 4-3-11。

表 4-3-11　小地老虎系统调查表（　　年）

地点：　　　　　　　　　　品种：　　　　　　　　　　调查人：

日期		生育期	调查株数	断苗率 /%	被害株率 /%	有虫株率 /%	幼虫数量 / 头	百株虫量 / 头	备注
月	日								

（三）普查

1. 普查时间

在小地老虎发生为害盛期进行大面积普查，同一地区每年调查时间应大致相同。

2. 普查田块

以当地主栽品种为主，选择有代表性的田块（应包括种植绿肥的烟田），调查田块数量应不少于 10 块，每块烟田面积不少于 1 亩。

3. 普查方法

采用平行线取样方法，调查 10 行，每行连续调查 10 株。根据地老虎的为害症状记载被害株数和幼虫数量，并计算被害株率及百株虫量。记载表格见表 4-3-12。

（1）发生程度划分标准

小地老虎发生程度分为 6 级，主要以当地小地老虎幼虫发生盛期的被害株率（断苗率）来确定，分级指标如下。

0 级（无发生）：0；

1 级（轻发生）：0 < 断苗率 ≤ 2%；

2 级（中等偏轻发生）：2% < 断苗率 ≤ 5%；

3 级（中等发生）：5% < 断苗率 ≤ 8%；

4 级（中等偏重发生）：8% < 断苗率 ≤ 11%；

5 级（大发生）：> 11%。

表 4-3-12　小地老虎大田普查表（　　年）

地点：　　　　　　　　调查人：

日期		地点	地块	面积 / 亩	品种	生育期	调查株数	断苗率 /%	被害株率 /%	有虫株率 /%	幼虫数量 / 头	百株虫量 / 头	备注
月	日												

（2）测报资料收集、汇报和汇总

1）测报资料收集。需要收集的测报资料包括：①当地种植的主要烟草品种、播种期、移栽期、种植面积、种植制度等；②当地气象台（站）主要气象要素的实测值和预测值。

2）测报资料汇报。区域性测报站每 5 天将相关报表报上级测报部门。

3）测报资料汇总。对小地老虎发生期和发生量进行统计。记载烟草种植和小地老虎发生、防治情况，总结发生特点，并进行原因分析（表 4-3-13），将原始记录与汇总材料装订成册，并作为正式档案保存。

表 4-3-13　小地老虎发生、防治基本情况记载表（　　年）

植烟面积 / 亩：	耕地面积 / 亩：	植烟面积占耕地面积比例 /%：
主栽品种：	播种期 / 月 - 日：	移栽期 / 月 - 日：
发生面积 / 亩：	占植烟面积比例 /%：	
防治面积 / 亩：	占植烟面积比例 /%：	
发生程度：	实际损失 / 万元：	挽回损失 / 万元：
小地老虎发生与防治概况及简要分析：		

四、烟青虫监测预报方法

（一）越冬虫源基数调查

于烟青虫越冬蛹常年羽化始期前 20 天调查。选取当地最末一代烟青虫主要寄主作物田（烟草、辣椒等），每块地随机 5 点取样，兼顾地边及中间，每点调查 1m^2，调查 15cm 深度土壤中越冬蛹的数量。计算单位面积越冬蛹量，并统计各类作物种植面积。调查各类作物不少于 5 块田。记载表格见表 4-3-14。

表 4-3-14　烟青虫越冬基数调查表（　　年）

地点：　　　　　　　　　　　调查人：

日期		地点	作物	调查面积 /m²	越冬蛹数量 / 头	平均蛹量 /（头 /m²）	作物面积 / 亩	备注
月	日							

（二）田间成虫消长调查

1. 调查时间

烟草移栽后设置测报灯及性诱剂诱捕器，直至烟叶采收结束。

2. 性诱剂诱捕方法

1）调查地点与环境条件。在当地主产烟区选择长势较好的种植主栽品种的烟田，区域生产面积不少于 15 亩。

2）性诱剂诱捕器设置方法。田间诱集成虫采用笼罩式诱捕器。诱捕器分为上、下两部分，上部为贮虫笼，下部为诱导罩。贮虫笼为圆筒形，高 40cm，上、下底面圆直径为 20cm。诱导罩为圆台形，高 80cm，上、下底面圆直径分别为 4cm、50cm，上、下底面全开口。用 10 号铁丝制作诱导罩、贮虫笼框架，外面包裹纱网。安装时将诱导罩上部插入贮虫笼内中心，贮虫笼顶部做成活动盖子以便取出诱集到的成虫。用细铁丝将 1 个诱芯悬挂于诱导罩底面圆心，诱捕器底面高出烟株 20cm 左右，设置于烟株行间。共设 2 个诱捕器，两个诱捕器之间的距离为 50m。根据诱芯有效期定期更换诱芯。性诱捕器距离系统调查田至少 100m。

3）调查方法。每天上午定时统计诱捕器内烟青虫成虫数量，并取出成虫带出田外处理，记载表格见表 4-3-15。

表 4-3-15　烟青虫田间成虫消长调查表（　　年）

地点：　　　　　　　　　　　调查人：

日期		测报灯诱蛾量 / 头			诱捕器诱蛾量 / 头				天气	备注
月	日	雌虫	雄虫	合计	1 号	2 号	合计	平均		

3. 测报灯诱捕方法

1）调查地点与环境条件。在当地主产烟区选择长势较好的种植主栽品种的烟田，区域生产面积不少于 15 亩。要求远离路灯和其他光源，四周无高大建筑物及树木遮挡，测报灯应安装在便于调查进出的田边，且距离系统调查田块至少 200m，距离性诱剂诱捕器至少 200m。

2）测报灯设置方法。设置以 20W 黑光灯（波长 333nm 最佳）为光源的测报灯 1 台，灯管下端与地面垂直距离为 1.5m，每天 18：00 至第 2 天 5：00 开灯。根据灯管寿命定期更换灯管。

3）调查方法。每天上午定时统计烟青虫雌、雄成虫数量并取出诱到的成虫，记载表格见表 4-3-15。

（三）系统调查

1. 调查时间

当性诱剂诱捕器或测报灯累计诱集到 5 ～ 10 头成虫时开始调查，直至烟叶采收结束。

2. 调查田块

以当地主栽品种为主，选择有代表性的烟田 2 ～ 3 块作为观测圃，每块田面积不少于 2 亩，调查期间不施用杀虫剂，其他管理同常规大田。系统调查田块应相对固定。

3. 调查方法

采用平行线 10 点取样方法，定点定株，共调查 10 行，每行连续调查 10 株。每 5 天调查 1 次，记载每株烟上的幼虫、卵数量，并计算百株虫量、有虫株率。计算方法见 GB/T 23222—2008，调查表格见表 4-3-16、表 4-3-17。

表 4-3-16　烟青虫及其天敌系统调查原始记载表（　　年）

地点：　　　　品种：　　　　日期：　　　　调查人：

样点	株序	烟青虫卵及幼虫数量 / 头							天敌种类及数量 / 头					备注
		卵	1 龄	2 龄	3 龄	4 龄	5 龄	幼虫合计	瓢虫类	草蛉类	蜘蛛类	寄生蜂		
1	1													
	2													
	3													
	4													
	…													
	8													
	9													
	10													
2	1													
	2													
	3													
	…													
	7													
	8													
	9													
	10													
…	…	…	…	…	…	…	…	…	…	…	…	…	…	…
合计														
平均														

表 4-3-17　烟青虫系统调查汇总表（　　年）

地点：　　　　　　　　　　品种：　　　　　　　　　　调查人：

日期		生育期	调查株数	被害株率 /%	有卵株率 /%	百株卵量 / 个	有虫株率 /%	百株虫量 / 头	各龄幼虫数量 / 头					备注
月	日								1 龄	2 龄	3 龄	4 龄	5 龄	

另设 1 田块调查卵的发生情况（可种植易感烟青虫的黄花烟品种），取样方法同上，每 3 天调查 1 次，记载每株烟上着卵量，调查后将卵抹去，计算有卵株率及百株卵量。计算方法见 GB/T 23222—2008，调查表格见表 4-3-18。

表 4-3-18　烟青虫大田普查表（　　年）

地点：　　　　　　　　　　调查人：

日期		地点	世代	面积 / 亩	品种	生育期	调查株数	被害株率 /%	有虫株率 /%	百株虫量 / 头	备注
月	日										

（四）普查

1. 普查时间

在每代烟青虫发生为害盛期进行大面积普查（均应在大面积防治前进行），同一地区每年调查时间应大致相同。

2. 普查田块

以当地主栽品种为主，选择有代表性的田块，调查田块数量应不少于 10 块，每块烟田面积不少于 1 亩。

3. 普查方法

采用平行线 10 点取样方法，共调查 10 行，每行连续调查 10 株，调查每株烟上的幼虫数量，计算有虫株率、被害株率、百株虫量，记载表格见表 4-3-15。

（五）天敌调查方法

在每次进行烟青虫系统调查的同时，采用平行线 10 点取样方法，定点定株，共调查 10 行，每行连续调查 10 株。每 5 天调查 1 次，记载烟青虫天敌的种类、虫态和数量（包括株间和地面）。记载表格见表 4-3-19。

表 4-3-19　烟青虫天敌调查汇总表（　　年）

日期		地点	调查株数	天敌种类及数量 / 头								备注
月	日			瓢虫类	草蛉类	蜘蛛类	寄生蜂	真菌类	细菌类	病毒类		

在烟青虫卵高峰期和幼虫的盛发期，分别从田间采集 50 ～ 100 粒卵和 3 ～ 5 龄幼虫 50 ～ 100 头，带回室内饲养，观察被寄生情况，鉴定寄生性天敌种类并计数。记载表格见表 4-3-20、表 4-3-21。

表 4-3-20　烟青虫卵寄生调查表（　　年）

地点：　　　　　　　　　　调查人：

日期		地点	世代	观察卵量 / 个	寄生卵量 / 个	卵寄生率 /%	天敌种类及数量 / 头				备注
月	日						赤眼蜂				

（1）发生程度划分标准

烟青虫发生程度分为 5 级，主要以当地烟青虫幼虫发生盛期的百株虫量来确定，分级指标如下。

0 级（无发生）：0；

1 级（轻发生）：0 ＜百株虫量≤ 10 头 / 株；

2 级（中等偏轻发生）：10 头 / 株＜百株虫量≤ 35 头 / 株；

3 级（中等发生）：35 头 / 株＜百株虫量≤ 60 头 / 株；

4 级（中等偏重发生）：60 头 / 株＜百株虫量≤ 85 头 / 株；

5 级（大发生）：＞ 85 头 / 株。

表 4-3-21　烟青虫幼虫寄生性天敌调查表（　　年）

地点：　　　　　　　　　　调查人：

日期		地点	世代	观察幼虫 / 个	寄生幼虫 / 个	幼虫寄生率 /%	天敌种类及数量 / 头					备注
月	日						齿唇姬蜂	真菌类	细菌类	病毒类		

（2）测报资料收集、汇报和汇总

1）测报资料收集。需要收集的测报资料包括：①当地种植的主要烟草品种、播种期、移栽期、种植面积、种植制度等；②当地气象台（站）主要气象要素的实测值和预测值。

2）测报资料汇报。区域性测报站每 5 天将相关报表报上级测报部门。

3）测报资料汇总。对烟青虫发生期和发生量进行统计。记载烟草种植和烟青虫发生、防治情况，总结发生特点，并进行原因分析（表 4-3-22），将原始记录与汇总材料装订成册，并作为正式档案保存。

表 4-3-22　烟青虫发生、防治基本情况记载表（　　年）

植烟面积 / 亩：	耕地面积 / 亩：	植烟面积占耕地面积比例 /%：
主栽品种：	播种期 / 月 - 日：	移栽期 / 月 - 日：
发生面积 / 亩：	占植烟面积比例 /%：	
防治面积 / 亩：	占植烟面积比例 /%：	
发生程度：	实际损失 / 万元：	挽回损失 / 万元：
烟青虫发生与防治概况及简要分析：		

五、烟草蚜虫监测预报方法

（一）早春虫源基数调查

1. 调查时间

在烟草育苗期和有翅蚜大量出现以前调查。

2. 调查寄主

在蚜虫以木本植物为主要越冬寄主的地区，选择桃树等主要寄主植物进行调查；在以草本植物为主要越冬寄主的地区，选择油菜、菠菜、苔菜等进行调查；两种越冬方式兼有的地区，同时进行以上两种调查。

3. 调查取样方法

1）木本寄主植物。在烟蚜越冬卵孵化之前调查一次越冬卵数量，5 点取样，每点 5 株，共选择桃树（或其他主要寄主植物）25 株，每株在东、西、南、北、中 5 个方向各选择 15cm 长枝条 2 个，记载有卵枝数和每枝卵量，并计算有卵枝率，共调查 1 次。

在越冬卵孵化后、蚜虫迁飞之前调查虫源基数，取样方法同上，记载有蚜枝数和有翅蚜、无翅蚜数量，共调查 2 次。记载表格见表 4-3-23、表 4-3-24。

表 4-3-23　春季木本寄主虫源基数调查原始记载表（　　年）

地点：　　　　　　　　寄主：　　　　　　　　日期：　　　　　　　　调查人：

株序	枝数	东部枝			西部枝			南部枝			北部枝			中部枝			合计			备注
		有翅蚜 / 头	无翅蚜 / 头	卵 / 个	有翅蚜 / 头	无翅蚜 / 头	卵 / 个	有翅蚜 / 头	无翅蚜 / 头	卵 / 个	有翅蚜 / 头	无翅蚜 / 头	卵 / 个	有翅蚜 / 头	无翅蚜 / 头	卵 / 个	有翅蚜 / 头	无翅蚜 / 头	卵 / 个	
1	1																			
	2																			
2	1																			
	2																			
3	1																			
	2																			
…	…	…	…	…	…	…	…	…	…	…	…	…	…	…	…	…	…	…	…	…
合计																				
平均																				
	有蚜枝数										有蚜枝率 /%									
	有卵枝数										有卵枝率 /%									

表 4-3-24　春季木本寄主虫源基数调查汇总表（　　年）

日期		地点	寄主	枝数	卵 / 个	无翅蚜 / 头	有翅蚜 / 头	平均单枝蚜量 / 头	平均单枝卵量 / 个	有蚜枝率 /%	有卵枝率 /%	备注
月	日											

2）草本寄主植物。在有翅蚜迁飞前，采用5点取样法，每点调查10株，调查有翅蚜、无翅蚜数量，计算有蚜株率，共调查2次。记载表格见表4-3-25、表4-3-26。

表4-3-25　春季草本寄主虫源基数调查原始记载表（　　年）

地点：　　　　寄主：　　　　日期：　　　　调查人：

样点	株序	有翅蚜/头	无翅蚜/头	总蚜量/头	备注
1	1				
	2				
	3				
	4				
	5				
	6				
	7				
	8				
	9				
	10				
2	1				
	2				
	3				
	4				
	5				
	6				
	7				
	8				
	9				
	10				
…		…	…	…	…
合计					
平均					
有蚜株数			有蚜株率/%		

表4-3-26　春季草本寄主虫源基数调查汇总表（　　年）

日期		地点	寄主	调查株数	有翅蚜/头	无翅蚜/头	总蚜量/头	平均单株蚜量/头	有蚜株率/%	备注
月	日									

（二）有翅蚜迁飞调查方法

1. 黄皿制作与设置

用铁皮制作黄皿，直径 35cm，高 5cm，皿内底部及内壁涂金黄色油漆，外壁涂黑色油漆。在皿高 2/3 处穿若干溢水孔，并用纱网封住，防止蚜虫随雨水流出。当皿内黄颜色减弱时，重新涂漆或更换黄皿。每测报点设置 2 个黄皿，皿距地面高度为 1m（烟株生长至与黄皿底部等高时，调整黄皿高度使之高于烟株 10 ～ 15cm），两皿相距 50m。

黄皿设在便于进出的田间，调查区大田生产面积不少于 15 亩，调查地点周边应避免有干扰蚜虫活动的色谱源。

2. 调查方法

在育苗中期于苗床周围设置黄皿诱蚜，每天上午 8 ～ 9 点收集皿内全部蚜虫，保存于盛有 75% 乙醇的小瓶内带回室内，区分有翅烟蚜与其他种类的有翅蚜，计数并注明日期，同时记录每天天气情况。移栽后，将黄皿移入大田，继续进行调查，直至烟株打顶。每次调查时检查皿内水量，保持皿内水深接近溢水孔。记载表格见表 4-3-27。

表 4-3-27　黄皿诱蚜记载表（　　年）

地点：　　　　　　　　调查人：

日期		1 号黄皿		2 号黄皿		平均		天气	备注
月	日	烟蚜 / 头	其他蚜虫 / 头	烟蚜 / 头	其他蚜虫 / 头	烟蚜 / 头	其他蚜虫 / 头		

（三）系统调查

1. 调查时间

烟草移栽后开始调查，打顶后结束。

2. 调查田块

以当地主栽品种为主，选择有代表性的烟田 2 ～ 3 块作为观测圃，每块田面积不少于 2 亩，调查期间不施用杀虫剂，其他管理同常规大田。系统调查田块应相对固定。

3. 调查方法

采用对角线 5 点取样方法，定点定株，每点顺行连续调查 10 株。每 5 天调查一次，当蚜虫数量剧增时改为每 3 天调查 1 次，记载有蚜株数及每株烟上的有翅蚜、无翅蚜数量，计算有蚜株率及平均单株蚜量，有蚜株率及平均单株蚜量计算方法参见 GB/T 23222—2008。记载表格见表 4-3-28、表 4-3-29。

表 4-3-28　烟蚜及其天敌系统调查原始记载表（　　年）

地点：　　品种：　　日期：　　调查人：

样点	株序	烟蚜 / 头			天敌 / 头							备注
		有翅蚜	无翅蚜	总蚜量	七星瓢虫	异色瓢虫	食蚜蝇幼虫	草蛉幼虫	僵蚜			
1	1											
	2											
	3											
	4											
	5											
	6											
	7											
	8											
	9											
	10											
2	1											
	2											
	3											
	4											
	5											
	6											
	7											
	8											
	9											
	10											
…	…	…	…	…	…	…	…	…	…	…	…	…
合计												
平均												

表 4-3-29 烟蚜系统调查汇总表（ 年）

日期		地点	品种	生育期	调查株数	有翅蚜 / 头	无翅蚜 / 头	总蚜量 / 头	平均单株蚜量 / 头	有蚜株率 /%	备注
月	日										

（四）大田普查

1. 普查时间

在烟草移栽后 10 天、团棵期、旺长期分别进行 3 次较大面积普查（均应在大面积防治前进行），同一地区每年调查时间应大致相同。

2. 普查田块

以当地主栽品种为主，选择有代表性的田块，调查田块数量应不少于 10 块，每块烟田面积不少于 1 亩。

3. 普查方法

采用对角线 5 点取样方法，每点不少于 10 株，调查整株烟蚜数量，计载有蚜株数及有翅蚜和无翅蚜数量。若在烟草团棵期或旺长期进行普查，也可采用蚜量指数来表明烟蚜的为害程度，选取 10 块以上有代表性的烟田，采用对角线 5 点取样方法，每点不少于 20 株，参照 GB/T 23222—2008 的蚜量分级标准，调查烟株顶部已展开的 5 片叶，记载每片叶的蚜量级别，计算蚜量指数。记载表格见表 4-3-30。

表 4-3-30 烟蚜大田普查表（ 年）

日期		地点	地块	面积 / 亩	品种	生育期	调查株数	有蚜株数	有蚜株率 /%	蚜量指数	备注
月	日										

（五）天敌调查方法

在每次进行烟蚜系统调查的同时，采用对角线5点取样方法，定点定株，每点顺行连续调查10株。每5天调查一次，调查烟蚜天敌的种类和数量（包括株间和地面），将天敌的数量按GB/T 23222—2008分别折算成百株天敌单位。记载表格见表4-3-31。

表4-3-31 烟蚜天敌调查汇总表（ 年）

日期		地点	调查株数	天敌种类及数量/头					折算百株天敌单位/个	备注
月	日			七星瓢虫	异色瓢虫	食蚜蝇幼虫	草蛉幼虫	僵蚜		

（1）发生程度划分标准

烟蚜发生程度分为5级，主要以当地烟蚜发生盛期的平均单株蚜量来确定，分级指标如下。

0级（无发生）：0；

1级（轻发生）：0＜平均单株蚜量≤10头/株；

2级（中等偏轻发生）：10头/株≤平均单株蚜量≤50头/株；

3级（中等发生）：50头/株＜平均单株蚜量≤100头/株；

4级（中等偏重发生）：100头/株＜平均单株蚜量≤200头/株；

5级（大发生）：＞200头/株。

（2）测报资料收集、汇报和汇总

1）测报资料收集。需要收集的测报资料包括：①当地种植的主要烟草品种、播种期、移栽期、种植面积、种植制度等；②当地气象台（站）主要气象要素的实测值和预测值。

2）测报资料汇报。区域性测报站每5天将相关报表报上级测报部门。

3）测报资料汇总。对烟蚜发生期和发生量进行统计。记载烟草种植和烟蚜发生、防治情况，总结发生特点，并进行原因分析（表4-3-32），将原始记录与汇总材料装订成册，并作为正式档案保存。

表 4-3-32　烟蚜发生、防治基本情况记载表（　　年）

植烟面积 / 亩：	耕地面积 / 亩：	植烟面积占耕地面积比例 /%：
主栽品种：	播种期 / 月 - 日：	移栽期 / 月 - 日：
发生面积 / 亩：	占植烟面积比例 /%：	
防治面积 / 亩：	占植烟面积比例 /%：	
发生程度：	实际损失 / 万元：	挽回损失 / 万元：
烟蚜发生与防治概况及简要分析：		

第四节　烟草病虫害监测预报结果发布及应用案例

一、云南省烟草病虫害监测预报体系

烟草病虫害监测主要是通过设立监测点进行病虫害的普查和系统调查，严密监测病虫害发生、发展动态，将数据汇总。各二级系统相互联系、相互依赖、相互作用。烟草病虫害预测预报系统将采集到的数据进行人工综合分析，并辅以数理统计分析，依据生物学、生态学、生物数学原理，分析病虫历年来各种相关因素，判断病虫的未来变化和发展趋势，作出科学结论。然后决策者和生产者将病虫预测预报信息输入烟草病虫治理系统进行病虫害的综合治理。要使病虫害监测网络系统、病虫害预测预报系统和病虫害治理系统发挥最大的功能，必须注意对系统进行维护和管理，对系统功能进行整合优化，这是烟草病虫害测报咨询系统的功能。根据目标和功能组成烟草病虫害监测网络系统的每个二级系统向下又分为若干层次，如烟草病虫害监测网络系统可分四个层次：中国烟草病虫害预测预报及综合防治中心为第一个层次，各省级烟草病虫害预测预报及综合防治站为第二个层次，省站下面又分地市级（或者县级）测报站，为第三个层次，各测报站下又可设若干测报点，为第四个层次。这四个层次都可看作为系统进行病虫害的监测、预报和综合防治的功能单元，各个层次之间又同时进行病虫信息的传递、工作的交流，体现着上一级系统的功能。预测预报系统也可分为数据库系统、测报数据查询系统、人工综合分析系统、病虫测报专家系统和综合评判系统等子系统。数据库系统又可分为病虫害档案系统、气象档案系统、旬预报系统、数据库管理系统等子系统。

二、云南烤烟病虫情报发布及应用案例

云南烤烟病虫情报每半个月发布一期，病虫情报主要由五个方面的内容构成，一是实时监测，汇总各测报点监测调查病虫数据；二是对下半个月病虫发生情况预测，提请产区注意病虫防控；三是防控措施，提出病虫防控的具体措施；四是近期重点防控的主要病害及防控要点；五是经验交流，产区典型的病虫防治经验介绍。以 2014 年云南烤烟病虫情报第 3 期为应用实例。

2014年云南烤烟病虫情报

目前，云南膜下小苗移栽结束，正进入常规苗移栽高峰期。这一阶段是烟叶病虫害防治关键期，要认真做好查塘补苗工作，重防“三虫四病”，确保大田全苗。

一、实时监测

对昆明、玉溪、曲靖、楚雄、大理、红河、昭通、保山、文山、丽江、普洱、临沧烟区截至4月20日烟苗病虫害发生监测结果表明，苗期常见的病毒病基本无发生，滇南局部烟区零星发生炭疽病，病株率为0.62%；滇中局部烟区零星发生根黑腐病、黑脚病；局部烟区零星发生烟蚜、蓟马、潜叶蝇等害虫为害，其中，滇中蚜株率为0.08%；滇南局部烟区蓟马为害有上升趋势，虫株率由4月10日的0.73%上升为0.95%；滇中烟区潜叶蝇为害株率由0.01%上升为0.03%；已移栽的大田有小地老虎为害，滇东烟区小地老虎为害株率为0.04%，滇中烟区也有零星为害。

二、预测预报

预计5月上旬以高温晴天为主，平均气温正常至略偏高。对4月下旬病虫害发生情况综合分析，5月上旬烤烟病虫害发生趋势预测如下。

虫害发生预测：随着移栽大田烟苗增多，蓟马、蚜虫等迁飞性害虫将迁移到烟株上为害，应加强防治。

病害发生预测：随温度回升，烟苗易受烟草黑胫病和立枯病的感染；随着传毒媒介蓟马、蚜虫迁移到大田，将引发番茄斑萎病和丛顶病。

烟草番茄斑萎病移栽后初期症状（应拔除替换）

三、防控措施

烟苗带药移栽，及时查塘补苗，加强预防黑胫病，重防“三虫四病”，强化烟苗水肥管理，确保大田烟苗齐壮。

1）烟苗移栽前“三防”。一是选无病壮苗移栽，严防带病、虫烟苗移栽入大田；二是药防，烟

烟草丛顶病移栽后初期症状（应拔除替换）

金针虫危害症状

小地老虎危害症状

苗在栽前 2 ～ 3 天喷施硫酸锌及病毒抑制剂或预防黑胫病药剂，带药移栽，减少病害发生；三是严格对运苗工具消毒，运输过程中要避免损伤烟苗，移栽时应注意不要伤及幼茎、根系，以防病菌感染为害。

2）用清洁无菌虫肥水移栽。移栽农肥要用无烟株病残体、茄科作物残体等干净肥料，且要经堆捂腐熟，严禁用浸泡过烟株残体的水及厕所粪水浇烟，以防肥水带病菌感染烟苗。

3）田间操作无交叉感染。田间操作要坚持先健株后病株的原则。若发现部分烟株感染病毒病，要及时更换烟苗，以免病毒交叉感染。

4）重点防治“三虫四病”。烟苗栽后要及时排查番茄斑萎病株、丛顶病病株、虫害株，并用健苗替换病株。要重点加强地老虎、蓟马、蚜虫“三虫”及黑胫病、普通花叶病、番茄斑萎病和丛顶病“四病”防治。

四、烟草黑胫病防控技术

黑胫病的发生特点是：移栽还苗期为易感病阶段；温度在 22 ～ 26℃时最容易发病；雨后相对湿度达 80% 以上持续 3 ～ 5 天，即可出现发病高峰。重点从以下三个方面防控烟草黑胫病。

1）高质量移栽。精整地，高起垄，排沟畅。带药移栽，移栽时将防病虫药与干细土、肥料拌匀做底肥塘施。

2）用药预防。对‘红大’等感病品种要重点防控，移栽后7～10天内，一定要用药剂灌根一次预防。

3）发病及时施药。还苗后，当黑胫病病株率达1%时，用药灌根1次。选择中国烟叶公司当年推荐用药品种交替施用。

烟草黑胫病初期症状

五、经验交流

烟苗移栽后要注意防控“三虫四病”

烤烟移栽后，烟苗多处于空气湿度小、气温较高的环境下，生长缓慢，田间除加强正常肥水保障管理外，要及时加强“三虫”即地老虎、蓟马、蚜虫，以及“四病”即黑胫病、普通花叶病、番茄斑萎病和丛顶病防控。

小地老虎防治：采取捕捉、诱杀、施药等措施，早治换苗。

蚜虫防治：蚜虫是病毒病的传播媒介，移栽后要及早采用黄板诱杀，散放蚜茧蜂或选用药剂交替防治。

蓟马防治：蓟马是番茄斑萎病毒病的传播媒介，移栽后要及早采用蓝板诱杀，或选用有效药剂交替防治。

黑胫病防治：常年发病田块或抗性较弱品种，除在移栽当天用药外，每隔7～8天，用有效药剂防治2～3次。

病毒病防治：重点防控普通花叶病、番茄斑萎病和丛顶病。除移栽后喷用病毒抑制剂保护外，还应注意烟蚜和蓟马的防治及田间农事操作消毒，若见感病烟株及时拔除销毁，并对周围烟株喷药保护。

烟草普通花叶病症状

蚜虫为害

小地老虎为害症状

第五章

烟草病虫害绿色防控技术

云南省是全国优质烟草种植最适宜区，常年种植烟草600万亩，产量1800万担（1担=50kg）左右，约占全国烟草总产量的1/2，是全国烟草生产第一大省。云南气候属温带、亚热带，地处中国西南边陲，位于北纬21°9″～29°15″，东经97°39″～106°12″，是一个低纬度、高海拔、多山的省份，是世界海拔最高的烟区。由于云南特殊的地理气候环境，生物资源丰富多彩，烟草种类丰富，包括烤烟、晾晒烟、香料烟等，一年四季都有烟草种植。烟草病虫害种类多、为害频繁，在烟草生产过程中常造成不同程度的损失。根据2014年的有害生物调查结果，云南烟草侵染性病害有40余种，害虫及相关动物共252种，分属昆虫纲、腹足纲、贫毛纲、哺乳纲4个纲，13个目，56个科。害虫天敌有114种，分属于昆虫纲、蛛形纲、两栖纲的10个目，31个科。依据发生频率和危害程度等，云南烟区烟田常见的重要病害20余种，其中对烟叶产质量造成较大危害的常见主要病害种类有烟草花叶病毒病、马铃薯Y病毒病、赤星病、根结线虫病、青枯病、黑胫病、靶斑病及烟草丛顶病等。主要害虫有15种，包括烟蚜、烟青虫、地老虎、斜纹夜蛾、金龟子及软体动物蛞蝓等。这些病虫害严重影响烟叶的产量与质量，每年对烟叶生产造成巨大的损失，成为烟叶生产的严重障碍。云南省每年因赤星病、野火病、黑胫病、根结线虫病、花叶病（TMV、CMV）、丛顶病及烟蚜、烟青虫的为害造成烟叶损失2亿多万元。

通过广大科技人员的不断努力，采取了多种多样的防控手段，有效地控制了赤星病、黑胫病、青枯病、靶斑病、烟蚜、烟青虫、地老虎等烟草主要病虫害对烟草的危害。总结采用了培育无病虫壮苗、烟田轮作与深耕、摘除底脚叶、适封顶早打杈等保健栽培措施。设立病虫观测点，用测报指导防控，建立病虫害综合防控样板、以点带面促进绿色防控技术的推广应用，保护和利用病虫害天敌生物资源及应用生物制剂防控主要病虫害。认真做好淘汰病苗、拔除重病株、摘除重病叶、人工捕杀害虫等一系列的防控技术与措施，取得非常显著的成绩。围绕减少环境污染、降低烟叶生产成本及农药在烟叶中的残留量为核心，建立起烟草病虫害防控技术的绿色防控体系，以适应当前发展的需要。遵循“农业防治、生物防治和物理防治为主，化学防治为辅”的原则，加强对主要烟草病虫害的基础研究，开创病虫害监测与预测方面的新技术和新方法，强化生物防控技术的应用，将烟草病虫害防控工作推向一个新高度，打造“绿色烟叶”的品牌，适应烟草高质量发展需求。

第一节　绿色防控技术理论与概念

一、绿色防控概述

烟草行业高度重视烟草病虫害绿色防控工作，采取示范区综合技术示范与适用技术大面积推广相结合的发展思路，制定主要烟草病虫害绿色防控发展规划和推进意见，发布烟草病虫害绿色防控主要技术行动方案。实施绿色防控是贯彻“公共植保、绿色植保”理念的具体行动，是确保烟草增效、烟草增产、烟农增收和烟叶质量安全的有效途径，是推进现代烟草科技进步与生态文明建设的重大举措，是促进人与自然和谐发展的重要手段。

（一）绿色防控的定义

烟草病虫害绿色防控，是指以确保烟草生产、烟叶质量和烟草生态环境安全为目标，以减少化学农药施用为目的，优先采取生态控制、生物防控和物理防控等环境友好型技术措施控制烟草病虫为害的行为。是针对目前烟草病虫害主要依赖化学防控措施带来的病虫抗药性上升和病虫暴发概率增加、烟叶质量安全隐患和烟草生态环境污染等问题提出来的，是现代烟草对病虫防控更高要求的体现，是世界烟草科学技术发展的必然结果。进入21世纪以来，随着人们生活水平的提高，烟叶消费更加注重安全和健康。因此，烟草行业相关部门更加重视确保烟叶安全源头治理措施之一的烟草病虫害绿色防控，着力采取措施认真推进。2011年云南烟草下发了《关于推进烟草病虫害绿色防控的意见》，要求各地创建示范区，加大绿色防控技术示范与推广力度。由于病虫绿色防控起步较晚，发展速度较慢，存在一些问题和制约发展的因素。调查与分析制约云南省烟草病虫害绿色防控发展的因素，并提出相关的解决对策或建议，对促进病虫绿色防控快速发展具有重要意义。各烟叶产区积极推进病虫绿色防控，取得了一定成效（方敦煌等，2017）。

“绿色防控”是在“公共植保，绿色植保”理念指导下，按照“守法、经济、安全”原则，组织实施各种病虫害绿色防控应用的各项技术、措施、方法等。所谓绿色防控，是指烟草病虫害等有害生物防控行为，遵守执行植物保护方面的政策、法规、标准等，获得病虫害防控较好的经济效益，保障烟草生产、病虫害防控过程和产出品的安全，即“法规性、经济性和安全性”。如果烟草病虫害等有害生物防控行为满足了这“三性”，就是绿色防控。

绿色防控的法规性、经济性和安全性之间，存在着相互联系和相互支持的关系，三者缺一不可（图5-1-1）。

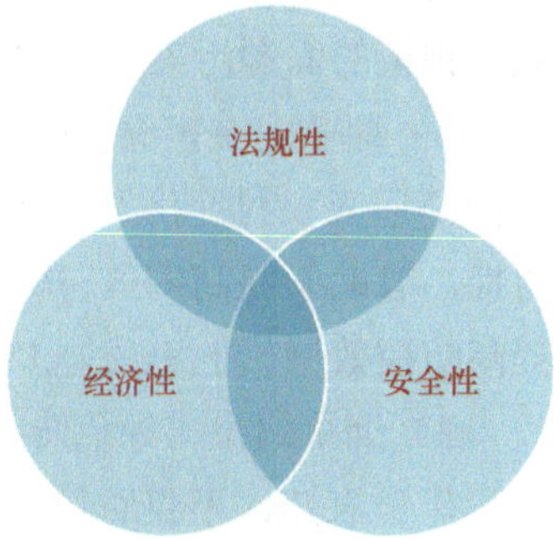

图 5-1-1

云南地域辽阔，各地政策法规、经济、社会、生态、病虫等情况存在一定差异，防控一种烟草病害或一种虫害，只能应用适合当地政策法规、经济、社会、生态、病虫特点的绿色防控技术、措施或方法。因此，不可能简单使用一种标准化的方法判断其是否为绿色防控。

（二）绿色防控的策略

烟草病虫害的绿色防控主要是通过防控技术的选择和组装配套，从而最大限度地确保烟草生产安全、烟草生态环境安全和烟叶质量安全。从策略上突出强调以下四个方面。

一是强调健康栽培。从土、肥、水、品种和栽培措施等方面入手，培育健康烟草。培育健康的土壤生态，良好的土壤生态是烟草健康生长的基础；采用抗性或耐性品种，抵抗病虫害侵染；采用适当的肥、水以及间作等科学栽培措施，促进烟株生长，提高烟株抗性，创造不利于病虫害发生和发育的条件，从而抑制病虫害的发生与为害。

二是强调病虫害的预防。从生态学入手，改造害虫虫源地和病菌的滋生地，破坏病虫害的生态循环，减少虫源或菌源量，从而减轻病虫害的发生或流行。了解害虫的生活史以及病害的循环周期，采取物理、生态或化学调控措施，破坏病虫的关键繁殖环节，从而抑制病虫害的发生。

三是强调发挥农田生态系统的服务功能。发挥农田生态系统服务功能的核心是充分保护和利用生物多样性，降低病虫害的发生程度。既要重视土壤和田间的生物多样性保护和利用，也要注重田边地头的生物多样性保护和利用。生物多样性的保护与利用不仅可抑制田间病虫暴发成灾，还可以在一定程度上抵御外来病虫害的入侵。

四是强调生物防控的作用。绿色防控注重生物防控技术的采用并发挥其作用。通过农业生态系统设计（生态工程）和农艺措施的调整来保护与利用自然天敌，从而将病虫害控制在经济损失允许的水平以内；也可以通过人工增殖和释放天敌，使用生物制剂来防控病虫害。

（三）绿色防控的功能

病虫害防控技术的应用成本包含直接成本和间接成本。直接成本主要反映烟农采用该技术的现金投入，是烟草病虫害防控决策关注的焦点。简单地说，如果病虫害防控技术的直接成本大于挽回的损失，烟农将不会使用这种技术。实际上，现代病虫害防控技术的应用成本还包含了巨大的间接成本，间接成本主要是病虫害防控技术使用的外部效应产生的，主要是指环境和社会成本。例如，化学农药的大量施用造成了使用者中毒事故、烟叶中过量的农药残留、天敌种群和农田自然生态的破坏、生物多样性的降低、土壤和地下水污染等一些环境与社会问题，这些问题均是大量农药使用的环境和社会成本的集中体现。烟草病虫害绿色防控通过环境友好型技术措施控制烟草病虫害的行为，能够最大限度地降低现代病虫害防控技术的间接成本，体现最佳生态和社会效益。

具体来说，绿色防控主要有以下三个方面的功能。

1）烟草病虫害绿色防控是避免农药残留超标，保障烟叶质量安全的重要途径。通过推广烟草的物理、生态等生物防控技术，特别是集成应用抗病虫良种和趋利避害栽培技术，以及物理阻断、理化诱杀等非化学防控的烟草病虫害绿色防控技术，有助于减少化学农药的使用，降低烟叶农药残留超标风险，控制烟草种植的面源污染，保护烟草生态环境安全。

2）烟草病虫害绿色防控主要是控制重大病虫为害，保障主要烟叶供给的迫切需要。烟草病虫害绿色防控是适应农村经济发展新形势、新变化和发展现代烟草创新要求而产生的，大力推进烟草病虫害绿色防控，有助于提高病虫害防控工作的装备水平和科技含量，有助于进一步明确主攻对象和关键防控技术，提高防控效果，把病虫为害损失控制在较低水平。

3）烟草病虫害绿色防控是降低烟叶生产成本，提升种植效益的迫切需要。烟草病虫害防控如果单纯依赖化学农药，不仅防控次数多，成本高，还会造成病虫害抗药性增加，进一步加大农药使用量。大规模推广烟草病虫害绿色防控技术，可显著减少化学农药用量，提高种植效益，促进烟农增收。

二、绿色防控指导原则

以“农业防治、生物防治和物理防治为主，化学防治为辅”为原则进行烟草病虫害防控工作。在烟草病虫害等有害生物防控工作中（包括制定技术方案、指导培训烟农开展防控行动、组织实施防控行为等），必须充分考虑植保方面的法律法规，防控病虫害的经济效益，烟草生产、病虫害防控过程和产品的安全，在此基础上，选择和组装集成相应的植保科学技术、措施和方法，在生产上大面积推广应用，才能实现“绿色防控”。

（一）栽培健康烟草

绿色防控就是要把病虫害防控工作作为人与自然和谐系统的重要组成部分，突出其对高效、生态、安全烟草的保障作用。实现绿色防控首先应遵循栽培健康烟草的原则，从培育健康和良好的烟草生态环境入手，使烟株生长健壮，并创造有利于天敌生存繁衍、而不利于病虫发生的生态环境。在病虫害防控中，栽培健康的烟草可以通过以下途径来实现。

一是通过合理的轮作培育健康的土壤生态环境。良好的土壤管理措施可以改良土壤的墒情、提高烟草养分的供给和促进烟草根系的发育，从而增强烟草抵御病虫害的能力，抑制有害生物的发生。反之，不利于烟草生长的土壤环境会降低烟草对有害生物的抵抗能力，还可能会使作物产生吸引有害生物为害的信号。

二是选用抗性或耐性品种。选用抗性或耐性品种是栽培健康烟草的基础。通过种植抗性品种，可以减轻病虫为害，降低化学农药的使用，同时有利于绿色防控技术的组装配套。

三是培育健壮烟株。包括培育健壮烟苗、调控烟苗或大田烟株的生长，特别是合理地使用植物免疫诱抗剂，可以提高植株对病虫的抵抗能力，促进烟草健壮生长。

四是种子包衣处理。包括晒种、浸拌种子消毒、种子包衣等，防止种子传毒。

五是平衡施肥。通过测土配方施肥，培育健康的烟草，即采集土壤样品，分析化验土壤养分含量。按照烟草需要营养元素的规律施肥，为烟草健壮生长创造良好的营养条件。特别要注意有机肥，氮、磷、钾复合肥料及微量元素肥料的均衡施用。

六是合理的田间管理。包括适当密植、适期育苗、中耕除草、合理灌溉、适时封顶打杈等。

七是生态环境调控，如合理轮作、前作绿肥种植、田埂种花、烟草与抗病作物间套种植、设施栽培等。

（二）保护利用生物多样性

实施绿色防控，必须遵循充分保护和利用农田生态系统生物多样性的原则。利用生物多样性，可以调整农田生态中病虫种群结构，设置病虫害传播障碍，调整烟草受光条件和田间小气候，从而减轻烟草病虫害压力和提高产量，是实现绿色防控的一个重要方向。利用生物多样性，从功能上来说，可以增加农业生态系统的稳定性，创造有利于有益生物种群稳定和增长的环境，既可有效抑制有害生物的暴发成灾，又可抵御外来有害生物的入侵。保护利用生物多样性，可以通过以下的途径来实现。

一是提高农田生态系统的多样性。如在烟叶主产区实施的烟 - 稻、稻 - 油菜（绿肥、蚕豆、小麦）- 烟轮作等生产方式，就是利用烟田生态系统多样性的例子。

二是提高烟草种植的多样性，包括使用烟草 - 万寿菊共育及立体栽培等措施。

三是提高烟草品种的多样性。例如，在烟区推广不同遗传背景的烟草品种间作（自育品种、美引品种和津引品种等），利用病害生态学原理，可以有效地减轻病害的发生与流行（图 5-1-2、图 5-1-3）。

图 5-1-2

图 5-1-3

（三）保护应用有益生物

保护和应用有益生物来控制病虫害，是绿色防控必须遵循的一个重要原则。通过保护有益生物的栖息场所，为有益生物提供替代的充足食物，可有效地维持和增加农田生态系统中有益生物的种群数量，达到自然控制病虫为害的效果。田间常见的有益生物，如捕食性、寄生性天敌和昆虫微生物等，在一定的条件下均可有效地将害虫抑制在经济损失允许水平以下。保护和应用有益生物来控制病虫害可以通过以下途径来实现。

一是采用对有益生物种群影响最小的防控技术来控制病虫害。例如，采用性诱、食诱、色诱和光诱等选择性诱杀害虫技术；采用局部和保护性施药技术可以避免大面积地破坏有益生物的种群。

二是采用保护性耕作措施。例如，在冬闲田种植苜蓿、紫云英等覆盖烟田可以为天敌昆虫提供越冬场所。

三是为有益生物建立繁衍走廊或避难所。例如，在烟区生长季节前期，田边种植向日葵、万寿菊条带，可以为食蚜蝇、瓢虫等蚜虫的天敌提供种群繁衍场所，在烟田埂上种植大豆，可以为寄生性天敌提供补充营养的食源。

四是人工繁殖和释放天敌。例如，利用蚜茧蜂防控蚜虫，赤眼蜂防控烟青虫，丽蚜小蜂防控白粉虱等。

（四）精准使用农药

实施绿色防控，必须遵循科学使用农药原则。农药作为防控病虫害的重要手段，具有不可替代的作用。但农药带来的负面效应也不可忽视，一方面是因为农药残留引起的食物中毒和农药管理不当造成的人畜中毒；另一方面是使用农药造成的环境污染等。科学使用农药，充分发挥其正面、积极的作用，避免和减轻其负面效应是实现绿色防控的最终目标。可以通过以下途径来实现科学使用农药。

1）优先使用生物农药或高效、低毒、低残留农药。绿色防控强调尽量使用农业措施、物理以及生态措施来减少农药的使用，但是在大多数情况下，必须使用农药才能有效地控制病虫为害，在选择农药品种时，一定要优先使用生物农药或高效、低毒、低残留农药。

2）对症施药。农药的种类不同，防控的范围和对象也不同，因此，要做到对症用药。在决定使用一种农药时，必须了解这种农药的性能和防控对象的特点，才能收到预期的效果。即便同种药剂，由于制剂规格不同，使用方法也不一样。

3）采用高效、低毒、无污染农药。农药的使用不是越多越好。随意增加农药的用量、使用次数，不仅增加成本而且容易造成药害，加重污染，在高浓度、高剂量的作用下，害虫和病原菌的抗药性增强，给以后的防控带来潜在的危险。配药时，药剂的浓度要准确，不可随意增加浓度。还要严格掌握施药时间、次数和方法，根据病虫害发生规律，在适当时间内用药，喷药次数主要根据药剂残效期和气候条件确定。施药方法应根据病虫害发生规律、为害部位、药剂说明来选择。废弃的农药包装必须统一集中处理，切忌乱扔在田间地头，以免造成污染（图 5-1-4、图 5-1-5）。

图 5-1-4

图 5-1-5

4）交替轮换用药。要交替使用不同作用机制、不同类型的农药，避免长时间地单一使用同一类的农药从而产生抗药性。

5）严格按安全间隔期用药。绿色防控的主要目标就是要避免农药残留超标，保障烟叶质量安全。在烟草上使用农药一定要严格遵守安全间隔期，杜绝农药残留超标现象。

三、绿色防控进展

（一）绿色防控技术的开发

自提出“公共植保、绿色植保”理念以来，我国植保工作者积极开拓创新，大力开发烟草病虫害绿色防控技术，取得了显著进展。

一是开发植物免疫诱抗技术。开发了以氨基寡糖、超敏蛋白为主的植物免疫诱抗技术及系列产品。

二是开发理化诱控“四诱”技术及系列产品。利用特定蛋白质对昆虫的引诱作用，开发了地老虎、烟青虫等“食诱”技术产品；利用昆虫趋光性，开发和进一步完善了频振式诱虫灯、LED 太阳能诱虫灯等“光诱”技术和产品；利用昆虫趋化性，开发了性诱剂测报、性诱剂诱捕和昆虫信息素迷向等“性诱”技术和产品；利用昆虫趋色和趋化性，开发了黄板、蓝板，以及色板与性诱剂组合的“色诱”技术和产品。

三是开发驱害避害技术及系列产品。利用昆虫的生物趋避性，开发了植物驱避害虫应用技术，如在烟草上常用的驱避植物万寿菊、除虫菊、向日葵、芝麻等。利用昆虫的物理隔离、颜色负趋性等原理，开发了适用不同害虫的系列防虫网产品和银灰色地膜等驱害避害技术及产品。

四是开发一系列新的生物防控技术及产品。开发了天然除虫菊素、苦参碱、小栗碱等植物源农药防控病虫害技术，以及宁南霉素、春雷霉素、申嗪霉素、多抗霉素等抗生素防控烟草病虫害技术；进一步完善了蚜茧蜂、赤眼蜂、丽蚜小蜂等天敌繁育和释放技术；开发了捕食螨防控蓟马为害技术及产品；进一步推进了真菌、细菌、昆虫病毒等微生物制剂防控烟草病虫害技术的开发与应用。

五是开发利用生物多样性控害技术。进一步完善了烟田合理规划，增加烟田生物多样性，为烟田天敌昆虫提供繁育场所；利用了烟草不同抗性基因背景，通过品种混播增加遗传多样性，研发了黑胫病遗传多样性控制技术；进一步完善了烟 - 稻、烟 - 玉米等轮作技术，开发了烟草 - 万寿菊共育等生物多样性应用技术。

六是开发生态工程技术。利用生态工程原理，进一步完善了以改造害虫滋生地环境为主，配套种植万寿菊、除虫菊、灯盏花、苜蓿等植物生态控制技术；烟田深耕灭蛹技术；赤星菌越冬菌源区治理技术等。

（二）绿色防控技术的应用

2016 年以来，各地积极开展绿色防控技术推广与应用，绿色防控技术推广应用范围不断扩大，面积不断增加，从 2016 年的 10 个省启动示范到 2019 年 17 个省（自治区、直辖市）都有了一定规模的绿色防控技术推广应用。据统计，2019 年绿色防控技术推广应用已经涉及烟草的病毒病、黑胫病、青枯病、赤星病、根结线虫病及蚜虫、烟青虫等重大病虫。调查表明，物理诱控、昆虫信息素诱控、天敌昆虫、生物农药、农用抗生素、驱避剂、生态控制等绿色防控技术应用面积较以前有了大幅度增加，如 2019 年年底云南省绿色防控技术应用面积累计达 700 万 hm^2，占烟草病虫害发生面积的 80%、防控总面积的 70% 左右。推广应用绿色防控技术，农药使用量减少，农药残留降低，产品质量提高，有利于保护自然天敌和烟田生态环境。据 2019 年对绿色防控示范区调查，减少化学农药使用量 25% 以上，辐射带动区减少化学农药使用 10% 以上，示范区自然天敌数量呈明显上升趋势。采用绿色防控技术，有效减少了化学品投入，减少了用工量，减轻了劳动强度，经济、社会效益良好。

第二节　绿色防控关键技术

一、农业防控技术

农业防控是为防控烟草病害、虫害、草害发生或蔓延所采取的农业技术综合措施。通过农业技术综合措施来调整和改善烟草的生长环境，以增强烟草对病害、虫害、草害的抵抗力，创造不利于病原物、害虫和杂草生长发育或传播的条件，以控制、减轻或避免病、虫为害；这是烟草绿色防控的重要基础。

农业防控技术的核心是优化抗性品种配置、合理轮作、土壤保育、保健栽培等。主要措施有轮作、深耕灭茬、选用抗病虫品种、调整品种布局、调节播种期、培育健苗、合理施肥、及时灌溉或排水、适时封顶打杈、搞好田间卫生和安全运输储藏等。

图 5-2-1

通过耕作栽培措施，以及利用选用抗病和抗虫品种防控有害生物的方法，具有悠久的历史且应用普遍。其特点是无须为防控有害生物而增加额外成本，无杀伤自然天敌、造成有害生物产生抗药性以及污染环境等副作用，可随田间管理的不断进行而持续保持对有害生物的抑制，其效果是累积的，具有预防作用（图 5-2-1）。

（一）烟草抗病性利用及抗病品种选择

利用抗病品种是防控植物病害最经济最有效的途径。利用抗病品种可控制大范围流行的毁灭性病害。对许多难以运用农业措施和农药防控的病害，特别是土壤病害、病毒病害，利用抗病品种是最有效的防控途径。抗病性利用可以与常规性农业防控措施结合进行，一般不需要额外的投入。抗病品种的防病效能很高，一旦推广使用了抗病品种，就可以代替或减少杀菌剂的使用，大量节省田间防控费用。因此，使用抗病品种不仅有较高的经济效益，而且可以避免或减轻因使用农药而造成的残毒和环境污染问题。

1. 抗病性利用的意义与作用

烟草生长期间常受到多种病害的侵染，其中一些病害还难以用药剂进行有效防控。利用烟草抗病虫性状选育抗病虫品种，是防控作物病虫害的主要方法，比其他防控病虫害的方法更有效，且简便易行、效果稳定，也没有化学物品的污染和残留，选择相应的抗病虫品种是最为经济有效的病害防控途径。

任何一个烟叶品质好、产量适宜的烟草品种，如不能抗御当地烟草生产的主要病害，特别是毁灭性病害，便难于在生产上推广应用。烟叶生产中，针对当地生态条件和烟叶生产的特点，选择适宜抗性品种是一项非常重要的工作，它是烟叶生产中病虫害防控最有效、成本最低的基本控制方法。

2. 病原物的致病性

（1）病原物的致病性

致病性一般是指病原物为害寄主引起病变的能力。在抗病育种中，致病性指的是病原物（小种或株系）侵染某一特定品种，并在其上生长、繁殖的能力。致病性表现在毒性和侵染力两个方面。

（2）毒性

毒性是指病原物能克服某一专化抗病基因，侵染该品种的特殊能力，是一种质量性状。因某种毒性只能克服其相应的抗病性，所以又称为专化性致病性。

（3）侵染力

侵染力是指在能够侵染寄主的前提下，病原物的生长繁殖速度和强度（如潜育期、产孢能力、度过不良环境条件的能力等），是一种数量性状。它没有专化性，不因品种而变化，又称为非专化性致病性。

（4）生理小种

生理小种简称小种。小种是病原菌的种下分类单元，它是由病菌对寄主种或一个种的不同品种基因型的专化致病性决定的。

小种划分的主要依据是毒性，故认为称毒性小种更为确切。一般来说，病原菌的寄生性水平越高，寄主的抗病特异性越强，病原菌的生理分化也越强，生理小种也越多。

（5）生理小种的鉴别

各小种在形态上一般难以区分，只能用抗病力不同的鉴别寄主来区分。鉴别寄主一般以鉴别力强、病症反应稳定、含有不同抗病基因、在当地生产或育种工作中有代表性的品种为好。

选用一套各含一个不同主效基因（或垂直抗病基因）的近等基因系作为鉴别寄主最理想。可根据病原菌在鉴别寄主上的病害反应来推断生理小种的异同或致病基因；同样，也可根据病原菌的致病基因来推断某一特定材料所含的抗病基因。

烟草黑胫病有 4 个生理小种被鉴定出来，0 号和 1 号发现于美国，2 号发现于南非，3 号最近也在美国发现。我国已经分离出很多菌系，大致分为强、中、弱三类，以0号小种为主，其次是1号小种。随着寄主专化性的发展，生理小种分化同步形成一系列鉴别寄主，烟草黑胫病生理小种鉴别寄主已被广泛采用（表5-2-1）。

表5-2-1　烟草黑胫病生理小种鉴别寄主

品种	生理小种			
	0号	1号	2号	3号
L8	R	S	R	N
NC1071	R	S	—	R
N. neophilia	S	R	—	R
N. syndicalists	R	S	—	—
Delcrest202	S	S	R	S
WS117	S	S	—	S

注：—表示无此项。后同。

小种分化明显的病原菌群体，由若干个毒性有所不同的小种组成；其中所占比例较大的小种称为优势小种，其余的称为次要小种。小种组成比例常随寄主品种的类型和自然栽培条件的变化而消长。当某一地区大面积推广某个品种时，能寄生于该品种的小种会逐渐繁殖、积累而成为优势小种，因而该品种成为该小种的哺育品种，而原来的优势小种由于失去寄主便降为次要小种。也就是说，当地烟草的主栽品种改变后，本地主要病害的优势小种可能有所变化。

抗病育种的任务是艰巨的，因为每种病原菌又包括大量的生理小种或致病型，对一个作物单个种内不同类型的品种的致病力又有差异，新的小种不断由突变、重组、遗传改变等产生，一些病原物具有惊人的繁殖能力和传播能力，因此，即使很好的抗病品种也会受到逐渐由某一地区产生或从其他地区通过风、昆虫、人类和其他载体传播的新的小种或致病型的侵入而失去抗病性。

3. 抗病性的抗性机制

在自然生态系统中，作物与病原物长期共存，相互适应，相互选择，通过长期共同进化，作物逐渐形成了类型多种多样、程度强弱不同的抗病性，而得以生存和繁衍。作物病害是由真菌、细菌、病毒、类病毒、类菌质体或线虫等病原物引起的，这些病原物都可造成毁灭性的作物病害，作物对这些病原物的抗性根据其抗性机制主要表现为以下几种类型。

（1）抗侵入

病原物侵染作物的第一阶段是接触寄主和侵入。在同一条件下等量接种病原物时，如果某品种的发病点数显著少于其他品种则为抗侵入。病原物多数是从表皮直接侵入的，也有从气孔、水孔等自然孔口侵入或由昆虫作为媒体导入的。在侵入阶段，寄主、病原、共生微生物（非病原体栖居者）与环境形成一个生态系统。病原物能否侵染寄主，主要看这种生态系统的平衡情况，如某种原因破坏了这种平衡，那么病原物就侵入寄主。例如，从炭疽病中可以看到，从表皮侵入的菌丝并不表现症状，呈所谓潜状侵染状态，当寄主组织开始老化时，就转为显性感染。叶基和根际拮抗微生物的存在，也显著影响病原物侵入，拮抗微生物所产生的抗菌物质有的可直接阻止病原物侵入，并往往能诱导寄主的抵抗反应，以有效地防止病原物的侵染。有些植物能产生酚类等化合物来阻止病原物的侵入。

抗侵入抗病表现的一个特点是非特异性，其抗性通常不会因病原菌生理小种的变异而丧失。抗侵入现象相当普遍，而且利用价值很大。抗病侵入反应，由于降低了最初病原物的繁殖系数，降低了病害流行的速度，从而减少病害造成的损失。

（2）抗扩展

抗扩展是指病原物侵入寄主后，植物限制了它进一步扩展的性能。抗扩展有多种机制与表现，如产生保卫素（保卫素是一些特殊的化学物质，通常具有多酚和类萜性质）杀死或抑制病原物，钝化病原物外酶，中和致病毒素，木栓化反应封锁病原物，限制病原物所需营养物质供应等，以及其他尚未明了的机制。抗扩展表现在多方面，如潜育期长、传染期短（一个病斑能持续产生孢子的时期）、反应型低（发生坏死或褪绿反应的结果）、病斑小、病斑扩展慢、病斑数少等。其中最典型的是过敏坏死反应，这也是抗病性利用中利用和研究最多的一种抗性，由于过敏坏死反应的强度和速度不同，因而形成了不同的抗病等级：免疫、高抗、中抗、中感至高感。

过敏坏死反应抗病性普遍存在于许多主要作物中，如烟草对黑胫病菌和烟草普通花叶病毒，马铃薯对晚疫病菌的抗性等。这种抗病性在许多作物中曾被广泛利用。但由于这种抗病性是小种特异性抗性，容易被病菌的变异所克服，因而不持久，常有丧失的危险。

（3）耐病

耐病是指某品种植株与其他品种植株受等量的病原物感染，虽然病原菌能顺利感染和发育而引起感病症状，但该品种植株受害较轻，产量和质量损失较少。耐病性可以认为是一种遗传的或获得的植物忍受病害的能力。例如，玉米耐病植株受病原菌感染、扩散和移植病原物，耐病的机制并不清楚，它可能是以玉米根系被根结线虫病感染对生长产生补偿作用，或虽然严重感病但却以产出正常的产量的形式表现出来。耐病性可能成为潜在的危险的菌种源，尽管它本身是安全的，但可能对其他品种造成严重危害。

（4）诱导抗性

诱导抗性是指各种因子诱发植物的抗病害防卫，表现为病害减轻的现象，对这一现象定义的术语先后有获得免疫、获得抗性、交叉保护、干扰、诱导抗性等。诱导因子可以是化学物质、非病原细菌、病毒等。在一些病毒病害中，早已发现类似获得免疫的现象，后来又在几种真菌病害中发现获得免疫，即保护性接种（相当于疫苗接种）后能够诱发出植株对病害的抵抗性。例如，在黄瓜第一真叶上接种黄瓜炭疽病菌，待该叶发病后，再接种第二、第三真叶，则其上病斑比对照少且较小，呈现系统获得免疫，这种作用可维持四周之久。又如，在植物上接种非致病性或弱致病小种，经一定时期再接种强致病性小种，则后接种的病原菌感染显著下降，这又被称为交叉保护现象。具有这种诱导抗性的病菌有稻瘟病、马铃薯晚疫病、小麦锈病、烟草赤星病、烟草黑胫病等。关于诱导抗性的机制可能是通过植物病原物互作识别，诱导防卫功能因子表达，产生抗性。采用化学物质、非病原细菌、病毒、赤星病弱毒株进行赤星病抗性诱导，成功地诱发了赤星病抗性，并建立诱发因子谱。目前，关于诱导抗性和抗病性利用之间还没有直接的联系，但是从综合防控的需求出发，研究其抗性机制与遗传十分必要。

（5）避病

从严格的意义上讲避病不是真正的抗病，它是由于作物生育阶段与病原物的发生发展不遇，而使作物免受病害侵害造成损失。因为只有寄主发育的关键时期与其病原菌大量发生的时间相吻合，才能造成病害。若作物在病原菌大量侵染之前完成其生活周期，如早熟的烟草品种可以在赤星病发生较晚的地区避免造成严重损失。但是避病中所包括的形态学和生理学特点，有其利用价值，如大麦的闭花品种通常可避开大麦散黑穗病厚垣孢子的侵染。 表现避病的品种在实验室接种条件下，可能完全感病，因此，这种表现的田间抗性与避病机制是相联系的。

4. 作物的抗病性类型

作物的抗病性可按抗性表现的时期、抗性程度、抗性机能、抗性遗传方式以及寄主和病原菌之间的关系划分成类型。在实践中常按寄主和病原物小种的关系分为垂直抗病性和水平抗病性。

（1）垂直抗病性

垂直抗病性又称为小种特异性抗病性或专化性抗病性。其特点是：寄主对某些病原菌生理小种是免疫的或高抗的，而对另一些生理小种则高度感染。同一寄主品种对同一病原菌的不同小种具有“特异性”反应或“专化”反应。它通常受单基因或几个主效基因控制，其杂种后代一般表现为孟德尔分类。

这类抗性的遗传行为简单，抗、感差异明显。如果将具有这类抗病性的品种对某病原菌不同生理小种的抗性反应绘制成柱形图，可以看到各柱顶端的高低相差悬殊，所以称为垂直抗病性。一般情况下，抗病对感病为显性且易于识别。

这种抗病性的不足是抗性常常会随病原菌小种的变化而丧失。当大面积种植单一具有该抗性的品种时，容易成为某些次要小种的“哺育品种”，进而上升为优势小种，造成大面积的损失。

（2）水平抗病性

水平抗病性又称非小种特异性抗病性或非专化性抗病性。其特点是寄主品种对各个小种的抗病反应大体上接近于同一水平，它对病原菌的不同小种没有“特异”反应或“专化”反应，其病原菌致病性的差异是侵染力的不同。若把具有这类抗病性的品种对某病原菌的不同小种的抗性反应绘制成柱形图时，各柱顶端几乎在同一水平线上，所以称水平抗病性。

水平抗病性是一种多基因、病原型非专化抗性（如非专化主效基因抗性那样能抗多种病原物群体）。其抗性水平一般以抗病表现分级，多属中度抗病或相对抗病，仅在例外情况下才接近免疫，是用限制病原物侵染和繁殖的各种组合来表示的。在多数情况下，作物的水平抗病性对一些病害是行之有效的。过去相当一个时期，水平抗病性没有得到应有的重视，因为水平抗病性的抗病、感病表现不是十分明显，鉴别也比较困难。但是，利用垂直抗病性在生产实践中有时会因生理小种的变化造成抗性丧失，严重时会出现大面积的大幅度减产。因此，育种学家和植保学家开始重视和利用水平抗病性。

5. 烟草抗病性鉴定

抗病性鉴定是抗病研究与抗病性利用工作中最重要的一环。鉴定的目的是透过外部抗病或感病现象，查清寄主抗病性与病原物致病性。

（1）一般原则和基本方法

为保证抗病性鉴定的正常进行，必须控制发病条件。例如，把试验材料种于病地或病圃，或者调节植物生长期使它遇上适合的发病条件。把试验材料送到多个病害常发重病区进行多点多地异地鉴定，是一种很有价值的鉴定方法。它既能对品种的抗病性进行最全面、最实际的考察，又能为群体遗传学研究提供可靠的资料。

由于自然发病有时不能保证所需的流行强度，或者需要对小种分别进行鉴定，或者为了其他分析研究，常常采用人工接种。人工接种方法和诱发强度必须适合于鉴定目的或目标。如果为了筛选一般抗病品种，接种方法应力求接近自然情况，诱发强度也以生产中大流行的发病强度为准。

为了不受季节气候限制，加快抗病性利用工作进程，温室鉴定常被普遍采用。但由于温室条件一般与田间自然条件相差较大，鉴定结果与田间鉴定结果不会完全一致，故必须以田间鉴定结果为准。

无论田间或温室鉴定都可以在成株鉴定，也可进行苗期鉴定。如果成株和烟苗的抗性表现一致（如黑胫病），则苗期鉴定省时省力。但有些病害，幼苗期和成株期抗病性表现不一致，则不能仅进行苗期鉴定。

如果鉴定的抗病性是以组织或细胞的机制为主，而不是整株功能的抗病性，则可采取植株部分枝、叶片等离体培养，再行人工接种。烟草黑胫病、赤星病离体鉴定已采用。

接种技术随病害不同而不同，采取多种病原菌同时接种或顺序接种同一植株，可以节省时间、空间和材料。但鉴于微生物之间的拮抗作用，不应在同一植株上用混合后的病原菌接种。

不用接种方法而用致病毒素、植保素、某些生理生化指标和抗血清的方法间接鉴定抗病性，是一种正在发展中的方法。烟草黑胫病、野火病、赤星病等曾采用过致病毒素鉴定方法。采用同工酶酶谱分析推测植物抗病性，也已进行过成功的试验。现代分子生物学中 RFLP 技术对抗病性鉴定更具准确性。

从抗病育种的角度看，抗病性鉴定应以田间自然发病或病圃鉴定为基础，这是其他任何鉴定方法都不能完全取代的，因为其他方法鉴定出的抗病性，都要以田间真正表达出的抗性为准，田间鉴定结果才有实用价值，因此，抗病性的最后定论都必须以田间鉴定结果为准。

（2）黑胫病抗性鉴定

烟草行业标准规定，可以进行病圃鉴定和室内接种鉴定。病圃鉴定通常以革新 3 号（高抗）、金星 6007（中抗）、小黄金 1025（感病）为对照。于病发初期、盛期、末期各调查一次，计算病情指数。室内接种鉴定，于 40 天苗龄烟草盆栽成活后，每株按 0.25 ～ 0.5g 菌量接种，置 28℃左右条件下诱发病害发生，接种后第 3、第 5、第 7、第 10 天调查病情。烟草黑胫病生理小种致病性分化鉴定以 L8、NC1071、WS117、*N. necrophilia*、*N. syndicalists*、Delcrest202 或 A23、小黄金 1025 为鉴别寄主，苗龄 40 天左右，将制备好的黑胫病菌谷每株 0.5g 土壤接种，或用孢子悬浮液（1000 孢子 /ml）进行茎注射接种，观察品种发病情况，评价不同生理小种在鉴别寄主上的反应。

（3）青枯病抗性鉴定

青枯病抗性鉴定亦分田间鉴定与室内苗期鉴定两种。一般在病区连作的田块自然发病，设抗病品种 DB101，感病品种长脖黄为对照，于田间发病初期、盛期、末期进行田间调查；室内苗期鉴定，是将 40 天苗龄的烟草盆栽成活后，用伤根灌菌液方法，每株灌 20ml 的细菌悬浮液（浓度 3×10^8 细菌 /ml），接种后置 28 ～ 30℃ 恒温室中，并将瓦盆放在盛水的瓷盘中保湿，于接种后第 7、第 10、第 15、第 21、第 30 天调查病情。接种体的制备，是将 20℃保存于无菌水中的青枯菌，在肉汁培养平板上划线，培养于 28 ～ 30℃下，24h 后挑取典型菌落移置于肉汁斜面，28℃下培养 24h，再移至肉汁斜面，28℃培养 24h 后用无菌水稀释至所需接菌浓度。

青枯病菌小种鉴定，使用鉴别寄主为‘白沙’（花生品种）、‘Tobacco Bottom’（烟草品种）、‘黑街’（茄子品种），‘京丰’（马铃薯品种）、‘Noblest’（香茄品种），于寄主 40 天苗龄时，用伤根灌菌液（浓度 3×10^8 细菌 /ml），每株 20ml 按上述时间接种调查。

6. 主栽烤烟品种抗病性及选择

在一定的区域内，如环境条件适宜而出现某种病害流行时，烟草某品种对这种病害不感染或感染程度较轻，生长发育和农艺性状受害较小，都可称该品种具有此病害的抗病性或耐病性，即该品种对此病害的流行和传播有一定的抑制作用，可避免或减轻其危害。从生态学和经济学的观点出发，作物品种的抗病性，只要求在病害流行时能把病原菌的数量压低到经济允许的阈值以下，并不一定要求烟草品种绝对抗病（完全免疫），只要求它相对抗病，也就是说，它虽然感病，但对烟叶产量和品质造成的损失很小。这样，在病害防控中，就更易于达到有效、经济、安全、稳定的总体效果。

烤烟抗病性是品种抗性的重要指标。不同的品种有不同的抗病性，抗病性按不同病害的种类来分，目前烟叶生产的主要病害都有相对应的抗性品种育成，烟叶生产中为害较大的有病毒病、黑胫病、青枯病、赤星病、根结线虫病等，常被列为病害控制的基础病害。

目前国际上没有统一的烟草品种抗病性鉴定方法，在制定标准的过程中，主要参考烟草主产国使用的方法，综合分析我国和一些先进国家使用的烟草品种抗性鉴定的方法，选择先进的方法和病情分级标准，也借鉴其他作物品种抗病性的研究方法，依其抗病性的强弱，烟草品种的抗病可分为高抗、抗病、中抗、中感、感病、高感等类型。

不同烟草品种抗病的类型和抗性水平不同。例如，有的只抗黑胫病，有的可抗黑胫病和青枯病，有的可抗黑胫病、青枯病和根结线虫病。有的品种可表现有耐病性，对入侵的病原微生物有较强忍受力的特性；耐病性强的品种，虽然也会染病，但病情发展较慢，对生长、发育及其产量不会造成太大影响；又如，某些品种，对某种病毒病有较强忍受力。品种抗病性有抗病害侵入与抗病害扩展之区别，其中有抗病害侵入同时又抗病害扩展的，也有不抗病害侵入而抗病害扩展的。

至 2017 年 6 月，全国已通过审定的烤烟品种有 120 个，2017 年种植面积超过 1 万亩的品种有 34 个，每个品种都有各自的抗病性特点，都有不同的生态适应性、不同的经济性状及不同的烟叶品质。

抗性选择要考虑的因素较多，有一定的困难。由于品种的品质与抗性往往有一定矛盾，对于品质好的品种，抗性可以适当放宽，具有中度抗病力即可。卷烟企业对不同地点的烟叶原料也有不同的品种偏好。因此，各地在选择适栽的烟草品种时，除了考虑当地主要的病害种类，还要兼顾卷烟企业对烟叶原料的需求和当地烟农的种植习惯、生产水平和种烟收益。

烤烟品种抗病性选择基本原则小结如下。

（1）选择通过审定的品种

购种子时要看是否通过品种审定，要有品种审定号。最好选择在当地进行了 3 年以上试验示范的品种。

（2）选择与本地生态条件相符的品种

必须选择在本地区能够正常成熟的品种。选择选用积温比当地积温少 100℃、生育期比当地无霜期少 10 ～ 15 天的品种。生育期过短，影响产量提高，生育期过长，本地生育时期不够，达不到正常成熟，不能充分发挥品种的提质增产潜力。

（3）选择抗病或耐病品种

病害是烟叶生产中的重要灾害，选择品种时一定要优先选择针对当地的主要病害的抗病品种。部分烤烟品种的抗病性见表 5-2-2。

表 5-2-2 部分烤烟品种的抗病性

部分烤烟品种的抗病性	叶斑病			根茎病		根结线虫病	病毒病		
	赤星病	野火病	气候性斑点病	黑胫病	青枯病		TMV	CMV	PVY
红花大金元	感	感	中感	中感	中感	中感	中感	感	中感
云烟 85	感	—	感	中抗	—	中抗	感	—	感
云烟 87	中感	—	—	中感	—	中抗	感	—	—
云烟 317	—	中感	—	中抗	—	感	中感	—	—
K326	感	感	感	中抗	中感	中抗	中感	中感	感
K346	中抗	感	感	抗	中抗	抗	感	感	感
NC82	感	感	感	抗	中感	感	中感	中感	感
NC89	感	感	中感	中抗	中感	抗	中感	感	中感
NC297	中感	—	—	中抗	—	—	抗	—	—
KRK26	中抗	—	—	感	—	中抗	感	—	—
中烟 100	高抗	—	中抗	高抗	中感	中抗	感	中感	—
云烟 97	—	—	—	抗	中抗	中抗	—	—	—
云烟 98	感	—	—	抗	中抗	感	感	—	感
云烟 201	感	—	感	中抗	耐病	中抗	感	耐病	感
云烟 202	中抗	—	—	抗	中抗	—	抗	中感	中感
云烟 203	感	—	—	抗	耐病	中抗	抗	感	感

总之，减少病害损失的最佳方法是选用抗病品种，但是，主要病原菌多包括大量可迁移的病原物小种群体，因而育成的抗病品种要能够在一定时期阻断一定地域不同分布的那些小种的传播，降低由病害造成的损失，也即抗病品种必须在一定时期或一定地域具有抗性，所以抗病性利用是与生产发展同步的，是长期而艰巨的任务。

（二）种植制度

种植制度是指在一个生产单位或区域内，以用较少的投入获取持久最佳效益为目的的作物配置方式。种植制度的主要内容是一定区域内作物种植的合理安排，包括作物布局、轮作、连作及复种等。

晋艳等（2002）轮作与连作定位试验表明，连作烟株的茬口产量指数呈负值，可从第一年的 –5.9 降至第四年的 –45.9；这表明烟草是忌连作作物；在一定时段内，随连作时间延长，连作障碍增大。生产实践表明，连作给农业生产带来了许多危害，如病虫草害加剧、土壤营养物质的偏耗、有毒物质的积累、产量及品质下降等。长期连作对烟叶产量和质量的影响已成为制约烤烟质量提高的主要生产问题之一。由于烟区的土地、水源、肥料和气象资源有限，连作现象在许多地方存在。烟草连作的危害是多方面的，最为突出的表现就是降低烟叶产量和品质，增加肥料和农药的投入。

近年来，对连作对作物产量、品质，以及对土壤理化生物学性质的影响进行了比较深入系统的研究，结果表明，减轻连作障碍最有效的方法是进行轮作。通过轮作，能充分利用土壤中的营养元素，提高肥效，保持、恢复和提高土壤肥力。烤烟与其他作物轮作既可以创造良好的土壤环境，又可以减少烟田病虫害，提高烟叶产量和质量，是一项用地与养地相结合、粮烟优质稳产的有效措施。轮作是烟草种植制度中的一项重要内容，是烟草优质适产栽培的基础，对烤烟生产的可持续发展具有十分重要的现实意义。

1. 连作障碍

烟草连作是指在同一地块上连续多年（两年以上）种植烟草。烤烟连作带来的主要问题表现在病虫害发生严重、施肥效益降低、烟叶产量和质量下降等方面。随着烟草种植延续，连作种植现象严重，加之烟区长期大量施用化肥而导致烟田土壤“贫瘠化”，表现为地力衰退、土壤酸化板结、烟株营养供应不均衡、病虫危害加重的趋势。

（1）连作为病原菌的寄生与传播提供了有利环境

长期连作某种作物，就等同于向土壤微生物提供特定的微生物培养物，有益或不益于某些微生物的生长繁殖，必然改变土壤微生物数量、种群和多样性。在连作过程中，土壤病原微生物的数量不断增加，病原微生物的代谢产物一方面影响作物根系的生理生化过程，另一方面可能对作物有强烈的致毒作用。

20 世纪 90 年代，人们发现烤烟当年的青枯病发生率与翌年的发病率密切相关。若当年青枯病发病率达到 5%，翌年烤烟大规模发生青枯病（＞ 10%）的可能性极大，必须停止继续种植烤烟，轮作其他作物，但需要进一步明确轮作的最佳作物、时间、防病效果等。在作物连作过程中，寄主作物不断地向病原微生物提供生长繁殖的各种条件，使之逐渐增加；另外，病原微生物的拮抗微生物则逐渐减少，改变了病原微生物和拮抗微生物的平衡关系，病原微生物数量增加最终导致作物严重发病。

烟草连作后，烟田的土壤等环境较为稳定，有利于烟草病原物的长期存活。烟草的很多病原物都可以在土壤或烟株残体中存活 2 ～ 3 年甚至更长时间，如烟草黑胫病的病原菌可以在土壤中存活 3 年以上。

据调查，种烟的时间间隔越长，发病率越低，如连作烟田黑胫病的发病率为 28% ～ 99%，三年两作的发病率为 10% ～ 41%，四年两作的发病率为 8%，五年两作的发病率仅为 5%。其他病害，如烟草花叶病、根结线虫病、根黑腐病、青枯病、赤星病、角斑病和炭疽病等的发病率都与连作呈不同程度的正相关。

为防止病害严重发生，除选用抗病品种和采用药剂防控外，合理轮作是农业防控中最有效的措施。

（2）连作对土壤微生物特征及变化趋势的影响

土壤微生物是土壤的重要组成，参与土壤主要的化学和生物化学过程，如有机质分解矿化，氮肥的氨化、硝化和反硝化，土壤养分的有效化等。

云南玉溪烟草连作长期定位点的微生物种群动态监测（晋艳等，2002）结果表明，轮作土壤中的微生物优势种群的种类明显多于连作土壤。连作使土壤中真菌的优势种群数量趋于单调，以青霉菌属和盾壳霉属为主要种群。表明是连作降低了土壤微生物的多样性，使土壤微生物真菌化。土壤和根际的真菌数量显著增加，优势度指数增大；细菌和放线菌数量显著减少，种群单一化。

烤烟根际微生物的数量为细菌＞放线菌＞真菌，随连作年限的增加，细菌数量，尤其是硝化细菌、铵化细菌显著减少，土壤硝化强度显著降低，真菌数量增加。研究认为，细菌型土壤向真菌型土壤转变可能是烟草连作障碍的主要特征，在连作时间小于 5 年和大于 10 年的植烟土壤中，细菌数量差异极显著；与大于 10 年的植烟土壤相比，连作 5 ～ 10 年的真菌数量显著地高。

（3）连作造成土壤中有毒物质积累

早在 1972 年，日本学者就从根系分泌物及前茬作物残留物中鉴定出有害的“化感物质”，包括丙酸、丁酸、苹果酸和肉桂酸等有机酸，一元酚、二元酚和多酚等酚类，多胺、联苯胺、腐胺等胺类。此外，人们还发现，在根系分泌物中存在抑制自身生长发育的未知物质。

化感是植物或微生物向环境释放某些化学物质而影响自身及其他有机体的生长和发育的一种化学生态学现象。自然界很多植物的根系分泌物都能对自身及周围其他物种产生化感作用，其中对自身的毒害影响（自毒作用）是许多植物产生连作障碍的一个重要原因。近年来，国内外已对黄瓜、油茶、西瓜、草莓、杉木、籽粒苋、芋头、金钱草、番茄、水稻、莴苣等根系分泌物进行了相关的研究报道，相继证明了根系分泌物对自身或其他作物的生长具有抑制作用，并已鉴定出部分化感物质。烤烟是我国烟区重要的经济作物，连作障碍是烟草栽培中的普遍现象。

“化感物质”的种类繁多，结构复杂，难于有效地分类鉴定。有研究表明：连作多年后作物的根系、叶片、植物残体会造成土壤有毒物质，如有机酸、酚类、萜烯类等根系分泌物的累积，从而抑制作物的生长和发育。有研究用酸性、中性和碱性溶液提取烤烟根系分泌物，将它们分为酸溶性、碱溶性和中性三种组分，然后加入营养液培养烤烟幼苗。结果表明，三种组分的根系分泌物中均存在“化感物质”，它们可在相当宽的 pH 范围发挥作用，且不被有机溶剂沉淀，故这些物质可能是一些分子量较低的有机物质。

黄建国（2009）收集提取烤烟根系分泌物，并将其分组为酸溶性、碱溶性、中性组分，分别研究它们对烤烟种子发芽率、幼苗生长和根系养分（NO_3^-、NH_4^+、$H_2PO_4^-/HPO_4^{2-}$、K^+）吸收的影响等。结果有如下几个。①根系分泌物对烤烟幼苗生长有极显著的抑制作用，推测可能是根系分泌物中的某些成分影响了幼苗的生长发育，同时在一定程度上说明烤烟根系分泌物具有自毒作用。②酸溶性、碱溶性、中性组三种组分的根系分泌物对幼苗根系养分吸收、根系活力均有抑制作用有关。但是，不同组分的根系分泌物对烤烟根系养分吸收、根系活力的抑制作用各不相同。其中，酸溶性组分对K^+的吸收抑制作用较强；中性组分对NO_3^-的吸收和根系活力的抑制作用强。说明不同组分的根系分泌物中产生抑制作用的物质可作用在相当宽的pH范围，推测在烤烟根系分泌物中，可能存在多种抑制烤烟生长和养分吸收的化学物质。③在溶液培养试验中，随烤烟根系分泌物和不同组分的根系分泌物浓度的增加，抑制作用增强。在土壤环境中，第一季烤烟生长无明显自毒现象出现，这可能是因为第一季烤烟根系分泌物中的化感物质累积量较低，或者土壤中的某些微生物分解了部分化感物质，从而减弱了它们对烤烟生长的抑制作用。但在连作植烟土壤中，这些物质（可能存在残根、残体、根系分泌物之中）不断累积，不仅对烤烟生长，可能对微生物也产生影响。

综合现有研究结果，“化感物质”的危害作用主要表现如下。

1）抑制土壤硝化等养分的有效化过程，影响氮素等的转化和有效性。

2）降低根系活力，抑制作物根系对土壤养分（NO_3^-、SO_4^{2-}、K^+等）的吸收。

3）抑制新陈代谢，降低过氧化氢酶、过氧化物酶的活性，破坏细胞的完整性。

4）降低作物光合强度，减少光合产物积累，抑制作物生长。

可见，在连作过程中，作物残体和根系分泌物在土壤中的积累是造成连作危害的重要原因之一。

（4）连作对植烟土壤酶活性的影响

土壤酶来源于土壤微生物、根系分泌物和植株残体等。作物连作显著影响土壤酶的活性。研究发现，随着花生连作年限的增加，多数土壤酶活性呈现逐年递减的趋势。在连作 3 年的大棚黄瓜根际土壤中，转化酶活性显著高于连作 18 年的土壤；随着连作年限的增加，土壤碱性磷酸酶、蔗糖酶和脲酶活性也逐年降低。但是，大豆连作使土壤过氧化氢酶活性增加。土壤酶活性明显受根系分泌物和根际微生物活动的影响。在花生连作土壤中，真菌能显著抑制土壤碱性磷酸酶、蔗糖酶和脲酶活性；土壤细菌和放线菌对碱性磷酸酶、蔗糖酶和脲酶活性有显著的促进作用。土壤是矿物、有机物、微生物和酶等构成的复合体，土壤酶的活动直接影响着土壤有机质矿化和养分形态及有效性，调节着土壤养分对植物的供给状况。连作影响土壤供应养分的能力。

在云南玉溪的植烟土壤中，分布于＜0.25mm 土粒中的脲酶、磷酸酶、蔗糖酶、脱氢酶、过氧化氢酶活性最强，1～0.25mm 土壤颗粒次之，0.2～1mm 的土壤颗粒最小。随着烤烟连作时间的延长，在＜0.25mm 粒径的土壤颗粒中，土壤酶的活性均降低。在烤烟连作的土壤中，脲酶活性降低，不利于烟株吸收氮素，影响烤烟产量和质量；蔗糖酶活性较低，表明土壤有机碳分解与合成等可能也发生了障碍。

（5）连作对土壤理化性状和肥料利用率的影响

长期连作某种作物，类似于定期向土壤添加特定的一些物质，将改变微生物种群结构，进而改变土壤有机质的分解 / 积累平衡。研究表明，连作豆科植物和牧草，土壤有机质积累，改善土壤物理性质；连作禾本科植物，如小麦、玉米、高粱等，需要大量施用化学肥料，土壤有机质分解加速，含量降低，恶化土壤物理性质。

连作对土壤养分含量有十分显著的影响。由于云南种烟历史悠久，加之连作现象普遍，以及烤烟对土壤养分的选择和非均衡吸收，不仅改变了植烟土壤耕层中的有效养分含量，而且使耕层土壤养分比例失调。在正常施肥条件下，烤烟长期连作使土壤有效养分出现不同程度的积累，其增加的顺序为磷、钾大于氮，土壤中的磷、钾出现明显的富集现象。以云南玉溪长期定位试验的红壤为例，连作 10 年后，土壤有效氮、磷、钾分别提高了 6.71%、14.35%、18.21%，有机质含量降低了 7.35%。

土壤有机质对于土壤肥力形成十分重要。有机质的转化与土壤养分供应密切相关。在土壤有机质的分解 / 积累过程中，如有机质矿化、氮的硝化与反硝化、腐殖质的合成与分解等，微生物起到重要的作用。影响土壤养分尤其是氮、磷、硫的有效性。

晋艳等（2002）报道连作后土壤中全氮、全磷、速效氮、速效磷、有机质、有效锌、有效铁、有效铜、阳离子交换量（CEC）和 pH 呈下降趋势，其他营养元素的变化不规律。有研究认为在正常施肥条件下，连作烟田土壤全氮、全磷和缓效钾含量变化不大，而有效养分则出现不同程度的积累，其中有效磷和有效硫明显富集，并随着连作年限的延长而增加；交换性钾和交换性镁呈现一定程度富集，而有效氮和交换性钙积累不明显；各种有效养分含量的变化顺序为磷＞硫＞钾＞氮＞镁＞钙。贵州盆栽试验结果显示，连作 6 年后黄泥土有效磷、有效硫、交换性钾、交换性镁、交换性钙平均含量比连作前分别增加 204.7%、163. 4%、89.6%、78.8% 和 23.1%，而碱解氮的含量则下降 8.8%；黄沙土养分含量有类似的变化趋势。

某些作物连作或复种连作，会导致土壤理化性状显著恶化，不利于同种作物的继续生长。连作可使土壤有效养分的比例发生变化，特别是氮 / 磷、钾 / 磷、钾 / 硫、钙 / 镁值明显下降，引起土壤养分失调，从而影响烟株生长，造成烟叶明显减产。烤烟多年连作后，肥料利用率明显降低，烤烟连作田块的氮肥利用率平均每年下降 4.8%，磷肥利用率下降 0.7%，钾肥利用率下降 3.2%。

有研究认为，在正常施肥条件下，烤烟连作使土壤有效养分出现不同程度的积累，其增加的顺序为 P、S ＞ K、Mg ＞ Ca、N；长期连作后，土壤 P、S 明显富积；并且土壤养分的比例也发生变化，N/P、K/P、K/S、Ca/Mg 值明显下降，引起养分比例失调。

（6）连作对烤烟生长、烟叶质量和产量的影响

烤烟长期连作总体上抑制烟株生长发育，降低烟叶质量和产量。在连作初期，连作对烤烟生长发育、产量和质量的影响较小；随着连作时间的延长，抑制烤烟生长发育，降低烟叶产量和质量的作用越明显。连作对烤烟生长产量和质量的不良作用因土壤类型不同而异；在连作不敏感的植烟土壤上，烤烟的生长、产量、质量在较长时间内无显著变化；在连作敏感的土壤上，烟株生长、烟叶产量和质量在很短的时间内显著降低。以贵州省连作不敏感的灰岩黄壤为例，连作三年烤烟，烟叶产量无显著变化，连作至第四年，烟叶产量仅比第一年减产 8.71%；连作至第六年，仍然能生产出合格的烟叶。但是，在连作敏感的第四纪黄壤上，烟叶产量持续降低，连作至第三年的烟叶产量比第一年减产近 40%；连作至第四年，烟苗几乎不能正常生长，也不能生产出合格的烟叶。

云南省长期田间定位试验表明，连作烟株的田间长相长势均受到较大影响，烟株生长矮小，产量、产值降低。连作 1 年烟株的株高平均降低 13.1%，叶面积系数平均降低 14.7%，烟叶产量平均降低 6.7%，产值平均降低 14.3%，中上等烟比例平均降低 11.5%，均价平均降低 9.2%；连作两年烟株的株高、叶面积系数、产量、产值、中上等烟比例、均价分别平均降低 21. 8%、19.4%、22. 8%、41.4%、19.0%、24.3%。但连作 5 年后，连作田烟株的产量、产值、中上等烟比例及均价并不表现出随连作年限的增长而下降的趋势，烟株田间长相长势和产量、质量基本稳定在一定范围内，变幅不大，受当年气候影响较大；而烟叶内在化学成分受连作的影响首先表为总糖、还原糖含量下降，同样到一定的连作年限就稳定在一定的范围内；随连作年限的增长，烟叶中的烟碱含量继而开始增加，导致烟叶内在化学成分的协调性变差。主要表现在糖碱比和氮碱比低；连作还导致烟叶中钙、镁、锰、硼含量增加，钾含量下降，烟碱含量上升，糖碱比失调，使烟叶的评吸质量变差。

大量的研究和调查结果表明，长期连作会造成病虫害严重发生、烟叶产量偏低、质量不佳、化学成分不协调，以及肥料利用率降低，养分失调，物理结构破坏，有害物质积累，微生物数量、种群和结构改变，土地生产力下降等一系列问题。烟草生产的连作障碍导致大量的财力、物力的损失及烟叶质量的降低。

2. 烤烟合理轮作的作用

轮作是指在同一块田地上有顺序地更换种植不同作物的种植方式。在二年四熟或三年六熟的轮作周期中，一些作物是在同一年内的上下茬作物，另一些作物是年间的上下茬作物。一般用“—”表示年内上下茬作物衔接；用“→”表示年间上下茬作物的衔接。例如，在一年一熟条件下的大豆→烟草→玉米 3 年轮作，这是在年间进行的 3 年作物轮作；在一年多熟的情况下，则既有年间轮作又有年内轮作，如应用于南方的绿肥→烤烟—绿肥→水稻、小麦→水稻—油菜→水稻等方式，这种由不同复种方式组成的轮作方式，又称复种轮作。烤烟轮作是作物轮作体系的一部分。不同的种植方式和作物搭配方式构成了不同的烤烟轮作类型（图 5-2-2）。轮作是一种可以有效避免连作障碍的种植模式，具有以下优点。

（1）合理轮作可以改善土壤环境

土壤是矿物、有机物、微生物和酶等构成的复合体，土壤酶的活动直接影响土壤有机质矿化和养分

形态及有效性，进而调节土壤养分对植物的供给状况。大量研究资料表明，轮作对植烟土壤结构的改良、土壤肥力的提高和烟株生长小环境的改善有很大的作用。合理轮作可维持耕作土壤生态环境平衡。

图 5-2-2

陈丹梅（2015）的研究表明，烤烟—油菜→玉米、烤烟—油菜→水稻、烤烟—苕子→水稻均能提高土壤有机质含量，增幅为 16.26% ～ 45.14%，其中烤烟—苕子→水稻轮作模式增幅最为显著。与原始土壤比较，烤烟—油菜→玉米、烤烟—油菜→水稻轮作模式的有效氮分别提高了 10.0% 和 32.5%；在轮作处理的土壤中，有效磷含量均得到了增加，相比原始土壤提高了 1.13 ～ 3.67 倍。

黄建国于 2009 年采用烤烟连作、玉米→烤烟→烤烟→玉米和烤烟→玉米轮作这三种种植模式，研究中过氧化氢酶和脲酶活性都出现栽烟前至旺长期增强，旺长期至收获后减弱的趋势。烤烟收获后，玉米→烤烟→烤烟→玉米轮作和烤烟→玉米轮作的土壤过氧化氢酶活性分别比连作植烟土壤高 9.08%、17.42%；土壤脲酶活性连作处理最低，显著低于两种轮作种植，分别比玉米→烤烟→烤烟→玉米轮作和烤烟→玉米轮作下降 36.81%、29.04%。蔗糖酶活性在各处理中都表现出从栽烟前到收获后不断增强的情况，收获后连作土壤蔗糖酶活性最低，分别比两种轮作处理降低了 17.89% 和 8.94%。

晋艳等（2002）报道连作使土壤中真菌的优势种群数量趋于单调，以青霉菌属和盾壳霉属为主要种群。轮作土壤中的优势种群的种类明显多于连作土壤。

林福群和张云鹤（1996）的研究证明实行稻烟轮作，水旱交替，能显著提高土壤肥力，减轻病虫害的危害。几年的土壤肥力定位监测表明：稻烟轮作结合配施有机肥，可以显著提高土壤肥力，为烟草的生长提供良好的环境。

合理轮作可使土壤有机质含量增加，改善物理结构、提高土壤的酶活性、增加土壤微生物的生物多样性、减少有害物质积累，对提高土壤可持续利用能力有重要的作用。

（2）轮作能减少烟草病害

周兴华（1993）报道烟草的一些病害，如根、茎病害（黑胫病等）的病原可在土壤中的病株残体上存活 3 年以上，如果将烟草与禾谷类作物轮作，隔 2 ～ 3 年再种植烟草，可恶化其病原菌的营养条件和生存环境，或切断其生命活动过程的某一环节，使这些病原菌因得不到适当寄主而死亡，从而大大减轻其危害。

对一些土传病害和专性寄主或腐生性不强的病原物，轮作也是有效的防控方法，水旱轮作可使许多病原菌在土壤中的存活年限大大缩短，减少为害。对不耐旱或不耐水的杂草等有害生物尤其具有良好的防控效果。大量研究表明，轮作可以减轻或避免烟草的部分病虫为害，对烤烟生长过程中的很多病虫害都有明显的抑制效果。

（3）合理轮作可促进烟株生长，提高烟叶产质量

通过合理轮作可以改善烟株生长环境，促进烟株生长，提高烟叶产质量。

晋艳等（2002）报道长期轮作的烟株田间长相长势、产量、产值、外观质量均高于连作。轮作能有效缓解连作对烟株生长的抑制作用，轮作烟株的株高、单株叶面积、田间叶面积系数、根系的干鲜重都明显高于连作；且对烟株生长前期的影响大于生长后期。

合理轮作可改善烤烟生长环境，促进烟株生长，提高土壤肥力。轮作对提高烟叶产量和质量的作用主要在于有利于烟株对土壤与肥料养分的均衡利用，减少病虫害。不同作物对各种营养元素的吸收能力

不同，若安排恰当，则可相互补充。例如，烟草对钾素要求较高，而小麦是需氮较多，在土壤有效氮较高的土壤上，将小麦作为烟草的前作，可提高烟株抗性、稳定产量和提高烟叶品质。在水旱交替的耕作措施下，烟稻轮作能促进土壤中好气性微生物的活动，提高土壤中养分的有效性，减少土传病害的发生，有利于烟草和水稻产量、质量提高。

3. 烟草轮作及主要轮作类型

按照烟草的种植季节，烟草轮作的类型可以大致分为春烟轮作和夏烟轮作两种。目前，云南烤烟生产上的轮作类型主要为夏烟轮作制，多数移栽时间主要集中在 4 月 10 日至 5 月 20 日。

（1）轮作原则

烟草轮作必须从全局出发，着眼长远，重点突出，统筹兼顾。首先，应明确以烟草为重点，在作物布局和养分配置上优先考虑保证烟叶的良好品质和产量的相对稳定，确定以烟草为主体的种植制度。其次，轮作制度既要考虑眼前利益，又要考虑长远的发展，力求充分地发挥当地的自然和社会经济条件的生产潜力。再次，在决定烟草轮作周期及其与烟草轮作的作物时，必须根据当地的实际情况，因地制宜地进行灵活安排。

（2）轮作周期

就一个轮作田区而言，每轮换一次完整的顺序所需要的时间称为轮作周期。轮作周期的长短主要是由组成轮作的作物种类多少、烟草等主要作物的种植面积以及轮作中各类作物耐连作的程度决定的。烟草为忌连作作物，轮作周期较长为好；轮作周期过短，难以充分发挥轮作的作用。但烟草轮作周期过长，又受宜烟面积的限制。从防病角度考虑，烟草轮作周期一般为二年，即三年两头种烟，年种烟面积占宜烟面积的 1/3 ～ 1/2 为好。

（3）烟草对前作的选择

选择烟草的前作要注意三个问题。首先，茬口的时间要适宜，即前作的正常收获不影响烟草及时移栽；其次，施用氮肥过多的作物（如蔬菜等）不宜为烟草前作；最后茄科作物（如马铃薯、番茄、茄子等）和葫芦科作物（如南瓜等）不宜为烟草前作，因为它们与烟草具有相同的病害。禾谷类作物适合作为烟草的前作，因为禾谷类作物和烟草的共同病害较少，与其轮作可以减轻病害；禾谷类作物从土壤中吸收的氮素较多，这对提高烟叶品质有利。在南方一年多熟制烟区，水稻是烟草良好的前作。

（4）烟草与后作的关系

烟草的后作主要是禾谷类作物或油菜，在少数地区为豆类、甘薯等。烟草为上述作物良好的前作。因为烟草与这些作物少有相同的病害；同时烟草是中耕作物，耕作管理细致，磷钾肥施用比较多，对土壤肥力具有好的影响，有利于后作产质量的提高。

（5）轮作的类型

云南烟区立体气候特点明显，气候复杂，土壤类型多，社会经济发展不平衡，农作物种类繁多。因此造成了云南烟草轮作方式的多样性。各地的旱地和水田耕地面积的多少直接决定轮作的类型和方式。旱地较多，则以旱地轮作为主；水田较多，则实行水旱轮作。此外，作物种类多，其轮作的方式也相对复杂，进行烟草与多种其他作物合理轮作，可利用生物多样性来保护烟田环境，从而提高烟叶产质量。

烟草轮作给当地的作物布局带来了一系列的变化，逐渐形成了具有当地特色的作物种植结构。例如，云南玉溪等地的稻烟轮作布局，曲靖等地的烟草—玉米轮作体系，不但有利于增产增收，而且还有利于保持和提高土壤肥力。轮作类型大致可分为水旱轮作和旱地轮作两大类。

A. 水旱轮作

水旱轮作：是指在同一地块上有顺序地轮换种植水稻和旱地作物的种植方式。水旱轮作主要在各烟区可种植水稻的田块上进行。这种轮作方式对改善土壤理化性状、提高地力和肥效、防控病虫害，尤其是土传病害的防控有着特殊的意义。在病虫害发生严重的烟区，提倡稻烟轮作的种植方式，这是稳定增产、保证烟叶质量的有效措施。

云南烟区进行水旱轮作的作物主要有水稻、油菜、小麦、蚕豆等，少数地区还种植洋葱、大蒜等作物。这类烟区的水利条件较好，排灌方便，土壤肥力多为中等或偏高，土壤质地多为壤土，能生产出质量较好的烟叶，年度间烟叶产量和质量较为稳定，在生产中要注意控制肥料用量，做好田间水分调控。水旱轮作主要有两种方式：一是水旱三年六熟轮作制，即第一年种植烟草—油菜、小麦等，第二年种植水稻—小麦、蚕豆或油菜等，第三年种植水稻—小麦或油菜等，至此完成一个轮作周期；第四年又进入下一个轮作周期（图 5-2-3）。二是水旱二年四熟轮作制：第一年种植烟草—油菜或小麦等，第二年种植水稻—蚕豆、小麦或油菜等，至此完成一个轮作周期；第三年又开始另一个轮作周期（图 5-2-4）。

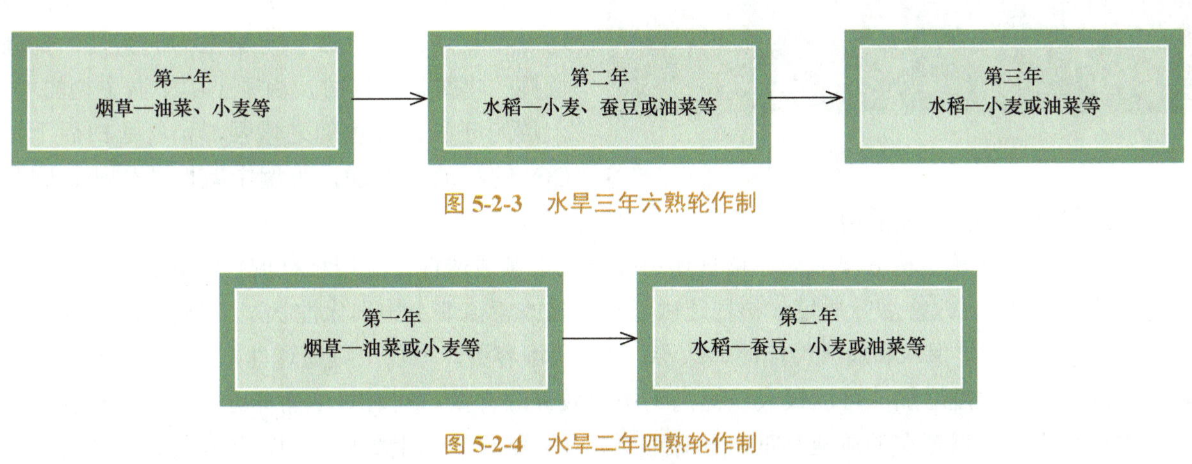

图 5-2-3　水旱三年六熟轮作制

图 5-2-4　水旱二年四熟轮作制

—表示年内上下茬作物衔接；→表示年间上下茬作物衔接。下同

B. 旱地轮作

旱地轮作烟区因旱地作物种类多，轮作方式较为复杂。与烟草轮作的作物主要有小麦、玉米、豆类、红薯、大麦等，这类烟区的水利条件多较差，灌溉条件不方便，土壤肥力中等或偏低，土壤的质地多为壤土或偏沙，年度间产量和质量不稳定，受年景的影响较大，需要改善生产条件，增强抵御自然灾害的能力。根据参与轮作作物的不同，主要分为两种轮作制度。一是旱地三年六熟轮作制，即第一年种植烟草—小麦、油菜或绿肥等，第二年种植玉米或薯类等—麦类或洋芋等，第三年种植玉米或豆类等—麦类或休闲等，至此完成一个轮作周期；第四年又进入下一个轮作周期（图 5-2-5）。二是旱地二年四熟轮作制：第一年种植烟草—油菜或绿肥等，第二年种植玉米或豆类等—麦类或休闲等，至此完成一个轮作周期；第三年又开始另一个轮作周期（图 5-2-6）。

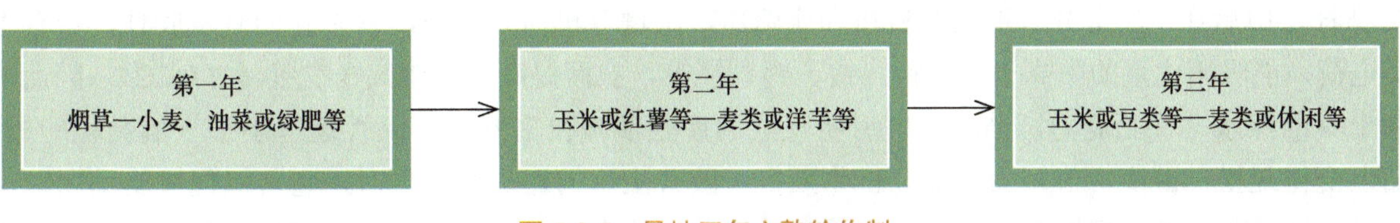

图 5-2-5　旱地三年六熟轮作制

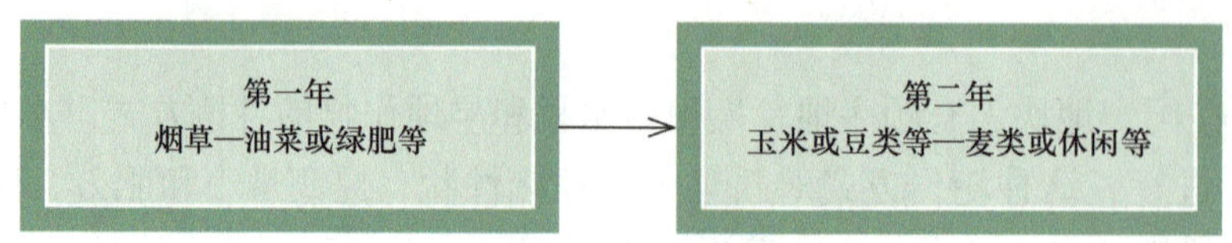

图 5-2-6　旱地二年四熟轮作制

图 5-2-7　种植模式示范

建立以烟叶生产为重点的合理的耕作制度，合理配置一个轮作周期内各种作物的种类及养分投入，形成合理的土壤养分循环，能促进烟株良好生长，增强烟株抗性，改善田间环境，是有害生物绿色防控的重要基础工作（图 5-2-7）。

4. 秸秆还田技术

秸秆还田在烟叶生产上是一种环保的技术，通过秸秆还田可以改善土壤生物的活性，提高土壤微生物数量。同时，由于土壤中微生物的增加，土壤的呼吸强度也随之增强，秸秆还田后土壤中 CO_2 的释放量增加，土壤中碱性磷酸酶、脲酶和过氧化氢酶等都有不同程度的增加。

施用秸秆改良土壤结构效果显著，秸秆还田改善了土壤通透性，施用秸秆调控烤烟氮素营养，使烤烟硝态氮前高后低；可改善烟叶质量。秸秆还田能够明显改善植烟土壤理化性状，主要表现为：土壤水稳性团粒明显增加，土壤保水和通气性能明显改善；降低土壤容重，增加土壤通透性，土壤有机质提高，土壤容重下降，总孔隙度增加。可以极大地提高土壤速效钾的含量。同时对平衡养分供应有积极作用，特别是改善植烟土壤普遍存在的质地黏重问题有重要意义。秸秆施入土壤后，为微生物提供了碳源，微生物活动增强，土壤酶活性也明显提高；土壤中致病菌数量减少，烟田根茎性病害，如黑胫病、根腐病等明显减轻。

直接施用秸秆等有机物还田，主要作用是保持土壤有足够的有机质和改良土壤结构，为植物提供碳源，为土壤微生物提供养料。

烟草秸秆的直接施用，能使土壤中大量元素和微量元素增加。首先，烟草秸秆不仅含有 N、P、K、Ca、Mg 等大量营养元素，还含有 Fe、Cu、Zn、Mn 和 B 等微量元素，是一种全面的、综合的植物养分供应源。其次，秸秆分解产生的有机酸等中间产物，有助于土壤中一些养分的有效性增加。秸秆直接还田还可避免氮损失，增加烟草对氮的吸收，而且还能增加土壤中微生物有效性碳的数量，刺激土壤微生物的活动，从而影响土壤微生物种类、数量及其生命活动状况，而土壤微生物种类、数量的变化以及它们在土壤中的某些生物化学过程强度，在一定程度上反映了土壤有机质矿化的速度以及各种养分存在的状态，直接影响土壤的供肥状况。

秸秆还田后在土壤里分解形成有机质和腐殖质，土壤有机质是一种疏松多孔的有机胶体，带有大量的负电荷，能吸附大量的阳离子，如钾、铵、钙、镁等，从而提高土壤阳离子交换量（CEC），因而可以提高土壤的保水、保肥能力，秸秆分解后所形成的腐殖质疏松多孔，其黏性远远小于土壤黏粒的黏性，使黏土变得疏松，减少耕作阻力，提高耕作质量，改善土壤的通透性。同时，它可以促进土壤团粒结构的形成，提高砂土的团聚性和黏结性，改善其过松散的状态。还有利于改善土壤温度状况，因为秸秆直接还田后土壤有机质增多，土壤颜色变暗，增加对热量的吸收。

秸秆是重要的有机肥源，将其还田是解决当前农村有机肥料资源短缺的一个途径，也是改善中低产田，改良土壤、培植地力、保水抗旱的一项重要措施。以前普遍认为，有机肥存在肥效缓慢的缺点，烤烟施用有机肥或有机物易造成土壤氮供应前轻后重，使烤烟前期生长缓慢而后期贪青晚熟，影响产量和品质。近年来研究表明，只要有机物料选择及施用量、施用方法得当，辅以适量化肥，施用有机物，烤烟生长前期有机物分解缓慢，尤其在土壤水分低的情况下很少分解，不与烤烟争氮，烤烟进入旺长期后，土壤水分充足，有机物分解加快，控制了过多的氮供应，减少了氮流失，在后期有利于烤烟成熟落黄。因此，直接施用有机物既保护和改良了土壤结构，又可以实现烤烟优质适产。云南烟区长期大量单一施用化肥的现象比较普遍；提倡有机物与化肥配合施用，无疑对土壤可持续利用和烟草产业可持续发展有利。

（1）秸秆还田方法

秸秆还田方法主要可分秸秆的翻压还田和覆盖还田。其中秸秆的翻压还田又可分秸秆全量粉碎翻压还田和秸秆高茬翻压还田。

秸秆全量粉碎翻压还田：翻压还田的秸秆可采用联合收获机加装秸秆切碎装置，一次完成作物的收获与秸秆的切碎作业；或用小型机，或人工收获后再用秸秆切碎的机具进行切碎秸秆作业。玉米秸秆切碎长度应小于 10cm；麦类秸秆切碎长度应小于 15cm；切碎长度合格率大于 90%。秸秆残茬平均高度宜小于 8cm。使切碎后秸秆尽可能均匀抛撒在地表，并翻压入土。机械翻压时，土壤含水量应 ≥ 15%。翻压深度应 ≥ 25cm。土壤肥力较差的田块，可按每 100kg 秸秆配施 0.5 ～ 1kg 纯氮的比例，翻压前撒施部分基肥。田间秸秆量可按谷草比 1 ∶ 1 估算。可施秸秆腐熟剂，用量按具体产品要求，均匀施到抛撒好的秸秆上。秸秆腐熟剂应符合 GB 20287—2006 的规定。秸秆粉碎翻压还田要及时将粉碎的秸秆均匀抛撒覆盖地面后尽快翻压，或用作物收获粉碎一体化的机械一次性将秸秆粉碎并翻埋入土（图 5-2-8）。

秸秆高茬翻压还田：采用机械或人工收割，收割时控制秸秆留茬高度在 20cm 左右（图 5-2-9），将籽粒和割下的秸秆带走。收割后，要尽快用旋耕机或用其他小型机，或人工进行旋耕操作，将高茬秸秆翻压入土。

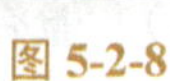
图 5-2-8

图 5-2-9

秸秆覆盖还田：主要用麦类或水稻秸秆；秸秆长度 20cm 左右（一般机器收割出料秸秆长度），如秸秆长度超过 25cm，需要人工处理；收割后集中堆放于烟田周边备用。秸秆还田量约为 200kg/ 亩，秸秆量可按谷草比 1 ∶ 1 估算。

在烤烟移栽后 0 ～ 7 天，地膜覆盖后，及时将准备好的秸秆覆盖烟田。将准备好的秸秆均匀铺撒在

图 5-2-10

烟沟中（图 5-2-10），还田秸秆覆盖的厚度为 20 ～ 25cm（烟沟深度的 1/2 ～ 2/3）。在烟苗移栽后 30 天左右，进行揭膜培土操作时，揭去地膜，将烟沟内的秸秆覆盖到墒面上，再进行提沟培土。

秸秆还田注意事项：

前茬作物病虫害严重的秸秆不宜直接还田。

秸秆翻压还田时，土壤含水量应≥ 15%，以利于秸秆的腐解。土壤含水量过低时，建议适量灌水，促进秸秆的腐解。

新鲜秸秆在土壤中腐解时会产生各种有机酸，对根系生长和养分吸收有不良影响。因此，在酸性和透水性差的土壤上进行秸秆直接还田时，应施入适量石灰或白云石粉（30 ～ 40kg/ 亩），中和秸秆在分解过程中产生的有机酸，以预防中毒和促进秸秆的腐解。

（2）防效调查方法

采用同田对比的方法，进行秸秆还田处理，处理组和对照组各 1 亩的烟田，再按当地的烟草栽培方法，在烟株的病虫进入发生期以后开始，用 5 点取样法调查（根据病虫发生特点选用合适的调查取样方法），将病虫发生始见期、发生高峰期、株发病率（有虫株率）、病情指数（株平均虫田密度）等指标对比，并计算校正防控效果。有条件的还可选取一定小区面积进行测产对比，可进一步评价技术应用的经济效益。

1）常用指标的对比计算。

株发病率（有虫株率）= 发病株数（有虫株数）÷（调查总株数）×100%

病情指数 =［∑（严重度级值 × 各级病株数）÷（调查总株数 × 最高级代表值）］×100

株均虫口密度 = 调查取样总虫口数 ÷ 调查总株数

病害发生的减退率 =［（处理区病情指数 – 对照区病情指数）÷ 对照区病情指数］×100%

虫害发生的减退率 =［（处理区株均虫口密度 – 对照区株均虫口密度）÷ 对照区株均虫口密度］×100%

2）效益计算。

挽回产量损失率 = 对照区产量损失率 – 防控区产量损失率

经济效益 = 增加产出经济值（挽回损失值）– 投入经济值（实际投入值）

生态效益：减少投入农药量、天敌昆虫的增减等。

社会效益：产品的农药残留量对比、产品质量、降低栽培管理劳动强度或增加烟农收入等。

5. 水旱轮作栽培

各种病虫均有一定的适生生态条件，在适宜病虫发生的状态下，病虫数量要经过一定时间的累积，才会越积越多，危及烟草的生产。当病虫赖以生存的环境条件发生很大变化后，可消除原有的病虫积累及土壤积累的有毒和盐渍化物质，减少或消除它们对烟草生长的不利影响。通常可通过水旱轮作栽培，在生产不休耕（或休耕）的状态下完成减少病虫害、有毒物质和盐渍化的累积，修复土壤环境。如在连续种植烟草的土地，每间隔 1 ～ 2 年种植一次水稻或水生蔬菜（茭白、慈姑、莲藕），能有效减轻土传病害的发生、杀灭旱地杂草种子、减轻盐渍化危害等。可节省较多的防病治虫的人工和农药成本，控制农药残留。

（1）应用技术

在长期种植烟草田块，由于多年病菌（线虫）累积，害虫发生状况较重，旱地杂草多，土壤富营养化现象较重，影响烟株根系正常生长。通过水生作物栽培，恶化土壤中病原菌的生存环境，中断寄主关系，灭杀有害生物。

（2）效果评价

1）防效调查方法。采用同田对比方法，进行水田和旱地各处理 1 亩和对照 1 亩，再按当地的烟草栽培方法，病虫进入发生期以后开始，用 5 点取样法调查（根据病虫发生特点选用合适的调查取样方法），将病虫发生始见期、发生高峰期、株发病率（有虫株率）、病情指数（株平均虫田密度）等指标对比，并计算校正防控效果。有条件的还可选取一定小区面积进行测产对比，可进一步评价技术应用的经济效益。

2）常用指标的对比计算。

株发病率（有虫株率）= 发病株数（有虫株数）÷ 调查总株数 ×100%

病情指数 = [∑（严重度级值 × 各级病株数）÷（调查总株数 × 最高级代表值）] ×100

株均虫口密度 = 调查取样总虫口数 ÷ 调查总株数

病害发生的减退率 =[（处理区病情指数 – 对照区病情指数）÷ 对照区病情指数]×100%

（3）效益计算

挽回产量损失率 = 对照区产量损失率 – 防控区产量损失率

经济效益 = 增加产出经济值（挽回损失值）– 投入经济值（实际投入值）

生态效益：减少投入农药量、天敌昆虫的增减等。

社会效益：产品的农药残留量对比、产品质量、降低栽培管理劳动强度或增加烟农收入等。

（三）保健栽培

绿色烟草“保健栽培”，就是在烟草生产过程中通过改良土壤，培育健壮植株，抵抗外界不良环境及有害生物的危害，提高烟草的品质和产量，确保烟叶的安全，不施用或尽可能少施化肥、农药等有害农资投入品，改用与土壤、环境友好型的微生物菌肥、菌剂及植物源类化合物，生产安全烟叶，保护环境安全的过程。

由于气候、土壤、施肥等种种因素的影响，烟株个体和群体生长都需要通过不断的田间管理加以调控，才有可能实现保健栽培。烟草的保健栽培包括培育健康烟苗、植烟土壤保育、合理施肥、高质量的移栽、栽后保苗、中耕、除草、培土、灌溉排水、打顶抹杈以及病虫害防治等，适时而恰当地运用这些措施，就能实施对烟草生长的正确调控，可弥补因前期措施不当或自然灾害所造成的损失，提高烟株抗性，降低病虫害发生的概率，减少农药的使用，实现烤烟生产的安全、优质、适产。

1. 培育健康烟苗

漂浮育苗等集约化育苗的病虫害防控是保健栽培的基础。与传统的育苗相比，由于烟苗的培育环境相对封闭，群体密度大、温度高、湿度大，利于病虫害的传播流行；若苗棚管理和消毒措施不严，有可能导致病毒病等病害的发生流行，而病毒病等病害一旦在苗棚内发生流行，将不能为烟叶生产提供健壮、无病烟苗，并有可能造成移栽后大田烟株病毒病等病害的严重发生，给烟草生产带来巨大的损失。因此做好集约化育苗的病虫害防控是烟草有害生物绿色防控的重要一环。

健康烟苗的培育要以烟草病虫害预防为主，消除病源，控制发病条件。首先必须严格做好育苗前的各项消毒工作。在育苗过程中，一旦发现病原要及时清除，同时对其他未感病的烟苗喷施防控药剂。

集约化漂浮（湿润）育苗主要是采用育苗盘的空穴中装上基质（人造土壤），种子播种在基质内，然后将育苗盘移到育苗池培育烟苗。集约化育苗多采用无土育苗方法，其基本原理就是用基质代替土壤固着烟苗根系，并提供少量养分，主要由营养液代替土壤全面提供养分供烟苗生长需要，从而使整个育苗过程脱离了土壤，摆脱了因土壤传带的病、虫、杂草的为害。集约化育苗一般在温室、塑料棚内进行，由人工控制室内温度和湿度，满足烟苗生长需要，从而减轻了外界自然条件的不良因素，如寒流、大雨、冰雹等的影响，培育出更为健壮的烟苗。

集约化育苗是批量生产，采用标准化生产技术、苗期病虫害综合防控技术。形成了一整套的集约化育苗操作管理技术规程，有效降低了育苗技术风险，大幅度提高了烟草的育苗效益。烟苗的素质和烟苗的整齐度得到较大程度的提高；由于是工厂化生产，可以在较短时间内大批量供苗，移栽速度得到较大提高，保证了连片区烟株生长的一致性和均匀性，为提高连片区域内烟叶质量的均衡性打下良好的基础。根据育苗棚的不同，集约化育苗常分为大棚育苗和小棚育苗（图 5-2-11、图 5-2-12）。

图 5-2-11

图 5-2-12

（1）健康烟苗的要求

烤烟育苗的目的是为大田生产提供适时、充足、健壮、整齐的烟苗。按移栽方式不同有不同的要求。由于移栽的方式不同，适栽烟苗分为膜下移栽小苗和常规移栽苗。其中：膜下移栽小苗的自然株高 5 ～ 8cm，为四叶一心至五叶一心的小苗，清秀无病虫，苗色正绿色，群体均匀、整齐一致；常规移栽苗苗龄在 60 ～ 75 天；茎秆高 8 ～ 12cm，茎秆含水量低，韧性强，苗色淡绿色至绿色，根系发达，须根较多而白，清秀无病虫，群体均匀、整齐一致。

A. 育苗场地选择

选择适宜的育苗场地，可以减少育苗的风险，便于育苗操作。育苗场地的选择主要考虑以下几方面。

1）选避风向阳、日照充足、周围无高大树木或建筑物遮挡阳光、小气候有利于保温及土温回升的场地。

2）选地势较高不易积水，排水顺畅的场地。

3）附近有充足的洁净水源（井水、自来水等）供应，有电源保障，无有害气体污染源及大量飞扬的尘土。

4）交通方便，便于管理和运苗移栽。

5）建造苗棚选址；应选择三年内种过茄科和蔬菜作物的地块，有条件的苗床地应一年一换。

6）远离烟草生产场所。

B. 周边设施

育苗区域应有以下设施。

1）隔离带。

2）禁止吸烟警示牌；吸烟可传播花叶病，因此在育苗棚杜绝吸烟。

3）棚群入口处设鞋底消毒池和洗手池。人为活动是病害的传播媒介之一，特别是烟草花叶病毒和土壤传播的病害，可随泥土带入。

4）每个棚群设一个垃圾集中处理设施，在每天操作结束后，将垃圾处理池中的垃圾运走。

5）育苗大棚的通风口和进门口用 40 ～ 60 目的尼龙网遮挡，在进门口设置鞋底消毒池。

6）育苗小棚覆盖 40 ～ 60 目的防虫纱网。

7）每个棚群内设一个观察棚或参观棚。

8）育苗棚四周排水良好，地势干燥，没有杂草，育苗棚走道最好为水泥地。

（2）育苗场所消毒

A. 装盘播种操作场地消毒

装盘播种操作场地应设在育苗场地内。先将地面清扫干净，然后用 40% 的六氢 -1,3,5- 三（2- 羟乙基）均三嗪 150 倍液或二氧化氯（按使用说明施用）喷洒消毒；若育苗场是水泥地面，可直接进行基质的水分调节和装盘播种；若不是水泥地面，铺上洁净的塑料布，再进行基质的水分调节和装盘播种。

B. 育苗大棚消毒

育苗大棚在使用前应进行反复多次的严格消毒。建议在播种前 60 天先将育苗大棚内外的杂草和其他杂物清理干净，在育苗场地及四周施用除草剂除草，喷洒广谱型杀菌剂和杀虫剂。播种前 30 天用甲基二硫化氨基甲酸钠 60 倍液喷洒到池埂、池底土和棚内四周，密闭熏蒸消毒 7 天后开棚通风；通风 3 天后，再用广谱型的杀虫剂喷洒棚内四周进行棚内杀虫，密闭 3 天再开棚通风。育苗前 7 天，用 40% 六氢 -1,3,5- 三（2- 羟乙基）均三嗪 150 倍液喷洒到池埂、池底土和棚内四周，再次喷洒广谱型的杀菌剂和杀虫剂，密闭 3 天后开棚通风，通风 3 天后方可开始育苗。

C. 育苗小棚消毒

育苗小棚在使用前应严格消毒。在育苗场地及四周施用除草剂除草，喷洒广谱型杀虫剂消毒；首次使用的育苗小棚干净材料不需要消毒；再次使用的防虫网、盖膜、池膜、遮阳网和棚架等要用 40% 六氢 -1,3,5- 三（2- 羟乙基）均三嗪 150 倍液消毒。

（3）育苗准备与消毒

A. 种子的选择

选用质量符合 GB/T 25240—2010“烟草包衣丸化种子”要求的烟草包衣种子。

B. 基质

符合 YC/T 310—2009“烟草漂浮育苗基质要求”的基质可在调节水分后直接装盘使用。包装有破损的基质应用甲基二硫化氨基甲酸钠 60 倍液密闭熏蒸消毒 7 天后才能使用。

C. 育苗用水的水源和水质

育苗用水应采用清洁、无污染的自来水、井水，禁止用坑塘水或污染的河水。育苗水质要求：pH 为 6.0 ～ 7.0，其他指标按 GB 5084—2021“农田灌溉水质标准”执行。

育苗用水清洁度较差时，每立方米水中加入 10 ～ 20g 的次氯酸钙或纯度为 98% 的高锰酸钾进行消毒，搅拌均匀并静置 1 ～ 2 天后，多次搅拌使氯气溢出，无刺激性气味后再用于育苗。

D. 育苗池

育苗池为长方形，面积根据各地育苗盘的规格而定，深度为 10 ～ 20cm。育苗池底部平整拍实，宜用除草剂和杀虫剂喷洒池底。用 0.10 ～ 0.12mm 的黑色薄膜铺底（池膜）。

E. 防虫网

应采用 0.425 ～ 0.600mm（40 ～ 60 目）白色尼龙网防止害虫为害烟苗。

F. 育苗盘和池膜

首次使用的育苗盘和池膜可不消毒。再次使用的育苗盘、池膜提前 3 ～ 7 天进行消毒，消毒剂可使用

40% 的六氢 -1,3,5- 三（2- 羟乙基）均三嗪 150 倍液或二氧化氯（按使用说明施用）或 30% 漂白粉 10 倍液等。消毒处理方法如下。

1）喷洒和浸湿，然后用塑料膜覆盖保湿 2 ～ 6 天，延长时间效果更好。

2）直接浸泡 20min 以上，延长时间效果更好。

3）处理后用清水清洗，防止影响出苗率，晾干后方可铺垫或装盘播种。

（4）育苗管理与消毒

A. 操作人员

操作人员每次接触烟苗前应用肥皂洗手。

B. 育苗工具和器械消毒

育苗期间育苗区域内使用的育苗工具（如剪刀、水壶等）、器械（如播种器械、剪叶机等）应限定在本区域使用。在跨区域使用前应使用 30% 有效氯漂白粉 10 倍液，或 98% 磷酸三钠 10 倍液，或 7% 有效氯的次氯酸钠 150 倍液，或 75% 乙醇，接触剪叶工具 3min 以上；也可用 10% 二氧化氯 200 倍液，接触剪叶工具 3 ～ 30min；或者用 40% 六氢 -1,3,5- 三（2- 羟乙基）均三嗪 150 倍液，接触时间 30min 以上。育苗期间育苗区域内使用的工具只在此区域使用；器械（如剪叶机等）在跨区域使用前应进行更严格的消毒。

C. 间苗定苗及消毒

间苗定苗在小十字期进行，每穴留一苗，每个空穴补一苗。间苗定苗过程要求是间去过大、过小、生长不正常或有病的烟苗。完成每盘苗的间苗定苗后，操作人员都应用肥皂洗手，所用器械需按“育苗工具和器械消毒”的方法进行消毒。间苗定苗后，烟苗应喷施预防病害药剂。

D. 剪叶及消毒

手工剪叶或采用弹力剪叶器剪叶时，每剪完一盘苗均应进行消毒。采用电动剪叶器剪叶时，每剪完 10 盘或一池烟苗应进行消毒。剪叶工具按“育苗工具和器械消毒”的方法进行消毒。在剪叶前后，烟苗应喷施病毒抑制剂预防病毒病。剪叶后应及时清除残叶，保持育苗盘盘面及育苗场地的清洁。

剪叶过程中发现可疑病苗时，应将该盘烟苗清出苗棚，用肥皂洗净手并对剪叶器械进行消毒后才能继续操作。同时跟踪调查该盘烟苗所在育苗池和育苗棚病害的发生情况。

E. 炼苗

炼苗又称锻苗。在烟苗长到成苗时，需要进行一周左右的炼苗，以增强烟苗抗性，使烟苗能更好地适应大田环境。大棚育苗一般用打开全部门窗通风的方法炼苗，炼苗过程中门窗应保持覆盖防虫网。小棚育苗锻苗的主要方式一是揭去棚膜通风，但在炼苗过程中应覆盖防虫网。锻苗可促进烟苗角质程度增加，增强抗性，有利于提高移栽成活率（图 5-2-13、图 5-2-14）。

图 5-2-13

图 5-2-14

F. 起苗运苗中的病虫害防控

成苗后就要将烟苗取出、装运苗到烟田，供大田移栽。在取苗前，烟苗应喷施病毒抑制剂预防病毒病。取苗的操作人员要用肥皂洗手。在取苗时要选择大小一致的壮苗，以保证烟株在大田能整齐生长，淘汰带病虫的苗和弱苗。取好的苗放在运输工具内，轻装轻放，尽量不损伤烟苗，降低病害从伤口侵入为害烟株的可能性。装苗的容器和运苗的工具都要用消毒剂消毒，以防将病虫害带入大田。烟苗运输过程要有覆盖物覆盖烟苗，防止烈日暴晒，以免造成烟苗过分失水，造成移栽后难于成活。建议当天取苗当天移栽。

G. 育苗物资的回收和储藏及消毒

移栽结束后，要先进行育苗盘消毒和清洗后，再保存。首先冲刷掉黏附在育苗盘上的基质和烟苗残体，将消毒剂（同前）均匀洒在苗盘上，或将育苗盘在消毒液中浸湿后堆码，用塑料布覆盖，在太阳下密闭7～10天。利用高温、高湿和消毒药剂，加快格盘上病原菌的死亡，消毒后用清水洗干净后储藏。育苗盘、薄膜等育苗材料清洗和消毒后储藏在清洁、干燥、无鼠害的地方。

（5）育苗过程常见问题及控制技术

A. 藻害

病原：漂浮育苗过程中滋生的藻类主要是蓝藻门中的颤藻和硅藻门中的舟形藻。蓝藻门也称蓝绿藻门，喜欢生活在氮、磷、有机物丰富的水体中，会产生难闻气体，造成水体污染。蓝藻广泛存在于各种水体中，常常出现在潮湿的岩石表面。

症状：育苗过程中滋生的藻类出现在基质表面，滋生在盘面的藻死亡后，形成鼻涕状浓稠液封住盘面，覆盖苗穴表面影响烟苗生长或造成死苗。产生藻害的原因主要有五个方面。一是旧盘清洗不干净、消毒不彻底；二是磷肥用量过大；三是苗池长宽与苗盘尺寸不配套，导致苗盘间有空隙，容易产生绿藻；四是棚内长期处于弱光、高湿状态，有利滋生绿藻；五是基质播种过厚，遮住了穴与穴之间的分隔，造成盘面长绿藻（图5-2-15）。

防控：

1）保健措施：选择粒径适宜、呈颗粒状的基质，宁粗忌细。选择洁净的水源。使用黑色池膜，减少藻类滋生。控制磷肥用量，氮磷肥比例以1 ∶ 0.5为宜。

2）预防措施：对旧盘、池水严格消毒。基质装填松紧适度，盖种后清除育苗盘上多余的基质，减少藻类滋生。苗盘入池后不留空隙，若有空隙，用遮光材料覆盖水面。揭膜通风，降低棚内湿度。

3）防控措施：发生藻害，喷施0.015%～0.02%的硫酸铜，但浓度不宜超过0.03%，以免对烟苗产生伤害。

B. 药害

原因：在烟苗生长过程中，由于用药不当引起。

症状：烟苗受药害，叶片出现灼伤、畸形等症状（图5-2-16）。

防控：要避免烟苗出现药害，一是正确使用药剂，掌握好施药浓度、施药时间；二是在施药前将喷雾器清洗干净，特别是施用过除草剂、消毒剂的喷雾器一定要认真清洗。

C. 霉菌

原因：基质湿度大，棚内高温、高湿，会引起霉菌滋生，霉菌有时与藻类一起生长。

症状：盘面滋生大量的霉菌和藻类，烟苗生长缓慢、黄化，甚至死亡（图5-2-17）。

防控：盘面湿度偏大时，增加苗棚的通风次数，延长通风时间，降低湿度。滋生霉菌，用50%多菌灵600倍液于下午喷施。

D. 盐害

原因：营养液浓度偏高，棚内温度过高、湿度过低、通风量过大等，都会促使基质表面水分蒸发过快，导致盐分在基质表面结晶，盐结晶析出即产生为害，也称盐渍。盐渍对十字期前的烟苗危害较大。

症状：盐渍通常在播种后 10 天左右开始产生，盘面出现粉状白色盐类物质，基质表面发白，之后盐渍加重，呈现白色晶体状盐。盐分积累过多时出现盐渍化，造成烟苗在出苗至十字期发黄死亡（图 5-2-18）。

图 5-2-15

图 5-2-16

图 5-2-17

图 5-2-18

防控：严控营养液浓度；减少通风量，提高棚内湿度，减缓基质水分蒸发速度。盐渍化较轻时可直接在苗盘上喷淋清水洗盐；盐渍化较重时，需将苗盘抬出，用清水喷淋盘面 2 ～ 3 次，降低基质盐浓度。

E. 螺旋根

原因：产生螺旋根的主要原因是基质装填过于紧实或播种过浅。

症状：漂浮育苗中螺旋根常有发生，尤其在大十字期时最为严重。产生螺旋根的烟苗，根系出现不正常加粗、僵化、呈螺旋状或扭曲不规则形状，无侧根，幼苗生长发育不良，难以长大（图 5-2-19）。

防控：装填基质做到松紧适宜，以用手指轻压不再下落为度。播种后要用基质覆盖，覆盖后隐约可见种子为宜。

（6）苗期病虫害绿色防控要点

烟草漂浮育苗病虫害绿色防控，除严格遵守漂浮育苗操作规程外，应在“消毒防病、盖网防虫、对症防治”上下功夫。

1）消毒防病。对育苗用水、工具等进行严格消毒，可以减少病害发生，利于培育健康烟苗。

①育苗水消毒。若使用水窖水、坝塘水育苗，必须先用漂白粉、生石灰等消毒后，方可用于育苗和移栽。

图 5-2-19

②剪叶工具消毒。人工剪叶，用消毒溶液浸泡剪刀 2min 以上，清水冲洗干净后剪叶。剪叶时，每剪完一盘烟苗换一次剪刀，将用过的剪刀浸泡消毒。机械剪叶时，每剪 1 池烟苗，用消毒溶液擦洗一次剪叶刀片。

2）盖网防虫。蚜虫等是病毒传播媒介，通过覆盖尼龙网，防止害虫进入苗棚，可以杜绝毒源，有效减少病毒病发生概率。关键要注意以下几点。

①育苗期全程覆盖。在整个育苗期间覆盖尼龙网，尼龙网四周要覆盖严密，防止害虫进入棚内。

②盖网操作。在装盘、定苗、剪叶、施药、施肥等农事操作过程中，要保持尼龙网覆盖，尽量采取隔离措施，避免棚、盘、苗裸露在外。出入大棚要注意随手关门。

③及时检修。经常检查各处门、窗和通风口尼龙网覆盖是否严实，及时检查修补破损处。

④喷药防治。如果由于管理不当产生蚜虫和潜叶蝇危害，用 200g/L 吡虫啉可溶液剂 5000 倍液、70% 啶虫脒水分散粒剂 6000 倍液进行防治。

3）对症防治。出苗后重防猝倒病，小十字期重防烂根病，猫耳期后重防“五病”。

①出苗预防猝倒病。用 58% 甲霜灵 • 锰锌可湿性粉剂 500 倍液等杀菌剂，从烟苗叶面向根茎部喷淋 1 次，喷淋量以 0.5cm 厚的基质潮湿为度。

②小十字期预防烂根病和藻类。可在漂浮液中均匀加入硫酸铜，浓度以 0.2% 为宜。

③猫耳期防“五病”。主要预防烟草花叶病、野火病、炭疽病、黑胫病、根黑腐病。分别在第一次和第二次剪叶前 3 天，叶面喷施 80% 波尔多液可湿性粉剂 600 倍液等杀菌剂 1 ～ 2 次，每次间隔 7 ～ 10 天。若发生黑胫病或根黑腐病，用 58% 甲霜 • 锰锌可湿性粉剂 500 倍液等杀菌剂叶面喷淋。

（7）烟苗花叶病毒筛查方法

漂浮育苗过程中剪叶等农事操作可增加烟草花叶病感染的机会，很容易引起烟草花叶病的传播危害。防止带病毒烟苗移栽入大田是烟草花叶病毒病的防控关键。建议在大田移栽前用烟草花叶病毒检测试纸或酶联免疫吸附检测法对烟苗进行抽样检测，防止带病毒烟苗移入大田（图 5-2-20 ～图 5-2-23）。

A. 烟草花叶病毒检测试纸条检测方法

1）取样方法。按照每 40 盘烟苗随机取 4 个样（成人拇指大小），进行抽样检测。每 2 个样混合后应用一条试纸进行检测，为避免样品交叉污染，取样时要戴一次性塑料薄膜手套。

2）检测方法。在磨样袋中将样品磨碎，将试纸条插入提取液，提取液没过纸条的位置不能超过试纸下端带有“样品”字样的绿色色块上缘。5min 后，根据图示对检测结果进行判读。部分烟叶样品会造成试纸出现绿色条带，当出现此情况时，请减少烟叶样品量并重新检测。

图 5-2-20

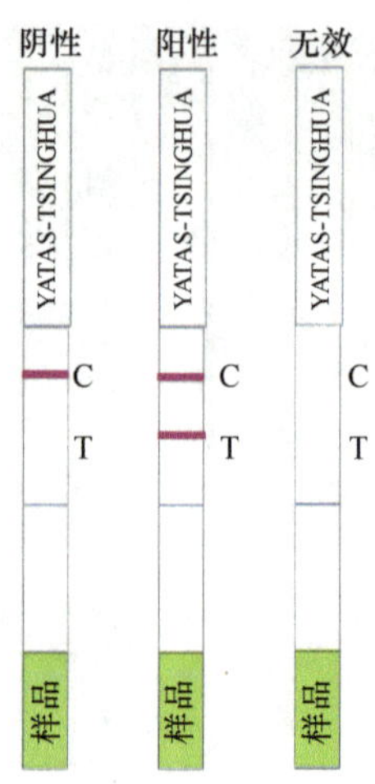

图 5-2-21

图 5-2-22

图 5-2-23

B. 烟苗带毒风险评估

按上述方法检测出现阳性的苗棚，按照每 40 盘烟苗随机取 40 个样，每 2 个样混合后应用一条试纸进行复查检测。如果复查结果样品检测阳性率超过 10%，则建议丢弃该棚烟苗，禁止移栽到大田。

2. 有机肥施用

有机肥料与无机肥料各有优缺点。长期的农业生产实践证明，两者配合施用，能充分发挥各自的优点，互相补充，缓急相济，充分发挥肥料的增产潜力，达到高产优质和培肥改良土壤的双重效果。

（1）有机肥的主要种类

有机肥料多是农村中利用各种有机物质就地取材、就地积制的各种自然肥料。有机肥料种类很多，主要有人畜尿、厩肥、堆肥、绿肥、饼肥、泥土肥、糟渣肥、腐肥、生活垃圾、污泥等；由各种动物、植物残体或代谢物组成，如人畜粪便，另外还包括饼肥（菜籽饼、棉籽饼、豆饼、芝麻饼、蓖麻饼、茶籽饼）。

有机肥可改善土壤理化性状，提高土壤可持续利用能力，具有肥源广、成本低、营养全面、肥效长、养分含量低等特点，含有丰富的腐殖酸、多种有益土壤微生物和大量营养元素，能有效促进土壤团粒结构形成，使土壤松软，改善土壤水分和空气条件，增加土壤保肥保水性能。

烟草生产中最常用的是厩肥＋秸秆堆捂发酵的农家肥。厩肥＋秸秆堆捂发酵是指通过提供适宜的发酵腐熟条件，把从畜舍内取出的厩肥与其他植物秸秆混合堆积，促使其发酵腐熟的过程，其目的是提高肥效，消灭肥料中的病菌、虫卵和杂草，预防、遏制土壤中的病虫害。

（2）农家肥施用技术

A. 农家肥施用方法

农家肥施用常用的方法有撒施、条施（图 5-2-24）、塘施（图 5-2-25）等。

图 5-2-24

图 5-2-25

农家肥的撒施是在翻地前将农家肥撒在地表，随着翻地将肥料全面翻入土壤中。这种施肥方法简单、省力。肥料施用均匀，但肥料利用率低。目前，这种方法适用于用量大、养分含量低的农家肥的施用。

农家肥的条施是农家肥集中施肥的一种方式。腐熟程度高的农家肥及商品有机肥等，可采用在条施后理墒或挖沟施用的方法，将农家肥相对集中施在烟株根系附近，可充分发挥其肥效。

农家肥的塘施也是集中施肥的一种。腐熟程度高的农家肥及商品有机肥等，可采用在定植穴内施用的方法，将其集中施在烟株的根系周围，可更好地发挥肥效。

从肥效上看，集中施用对发挥肥料中磷素养分的作用较为有效。如果直接把磷肥，如过磷酸钙或钙镁磷等施入土壤，肥料中速效态磷成分易被土壤固定，降低肥效。条施、塘施的关键是把养分施在根系能够伸展的范围内。

不同质地土壤中有机肥料养分释放转化性能和土壤保肥性能不同，应采用不同的施肥方案。砂土应增施有机肥料，提高土壤有机质含量，减少养分流失，改善土壤理化性状，增强保肥保水性能。对于养分含量高的优质有机肥料，施用量不宜太多，施用过量容易烧苗。

许多微生物肥料（菌肥）中的微生物不易在土壤中定植，其肥效也难以表现出来。但是，如果先将菌肥加到适宜的农家肥料里发酵，发酵的农家肥本身作为扩繁的培养基，则可使微生物大量增殖，这时将已发酵的农家肥施入土壤中，将很快在土壤中形成优势种群，促进烟株生长。

B. 注意事项

农家肥堆捂严禁混入烟株、废弃烟叶等病残体。施用的农家肥必须充分腐熟。

C. 效果评价

环境因素可引起作物的抗性变化。其中植物营养与施肥是重要的，而且较易控制的因素。植物营养通过影响作物生长方式、形态、结构，特别是化学组成来改变其抗病能力。合理施肥，创造作物生长的适宜的营养条件，可减轻甚至消除很多植物病害。云南许多烟区由于长期大量施用化学肥料，而有机肥施用量较少，导致土壤结构板结，土壤养分失衡，烟株生长发育不良，病虫害发生较为严重。而长期适量施用有机肥可改善植烟土壤质量，有利于烟株健康生长。植烟土壤质量改善可使烟株的生长，特别是化学成分发生变化，能增加烟株对病虫的抵抗力。

D. 防效调查方法

采用同田对比方法，进行长期施用农家肥处理的 1 亩和长期未施用农家肥处理的 1 亩比较，按当地的烟草栽培方法，在烟株的病虫进入发生期以后开始，用 5 点取样法调查（根据病虫发生特点选用合适的调查取样方法），将病虫发生始见期、发生高峰期、株发病率（有虫株率）、病情指数（株平均虫田密度）等指标对比，并计算校正防控效果。有条件的还可选取一定小区面积进行测产对比，可进一步评价技术应用的经济效益。

1）常用指标的对比计算。

株发病率（有虫株率）= 发病株数（有虫株数）÷ 调查总株数 ×100%

病情指数 =［∑（严重度级值 × 各级病株数）÷（调查总株数 × 最高级代表值）］×100

株均虫口密度 = 调查取样总虫口数 ÷ 调查总株数

病害发生的减退率 =［（处理区病情指数 – 对照区病情指数）÷ 对照区病情指数］×100%

虫害发生的减退率 =［（处理区株均虫口密度 – 对照区株均虫口密度）÷ 对照区株均虫口密度］×100%

2）效益计算。

挽回产量损失率 = 对照区产量损失率 – 防控区产量损失率

经济效益 = 增加产出经济值（挽回损失值）– 投入经济值（实际投入值）

生态效益：减少投入农药量、天敌昆虫的增减等。

社会效益：产品的农药残留量对比、产品质量、降低栽培管理劳动强度或增加烟农收入等。

3. 绿肥还田

烟田冬季种植绿肥可恢复地力，改良土壤。一是富集和活化土壤养分，特别是绿肥能吸收深层土壤中烟株不易吸收到的养分，待绿肥翻压分解后，这些养分均能有效地富集在耕层内；能打破土壤各形态钾之间的平衡，使土壤中矿物钾不断地有效化，从而提高土壤中的有效钾含量，可促进烟株钾的吸收，增强烟株的抗病性。绿肥在土壤中腐解还可以提高土壤酶活性、微生物数量及活性，促进土壤中养分的转化，从而提高养分的有效性。二是增加土壤有机质，充足的有机质能促进土壤有益微生物繁殖，促进土壤微生态调节作用，对病原菌起到直接或间接的抑制作用。另外，翻压绿肥增加了土壤肥力，促进了植物的生长，同时也增强了烟草的营养抗性。

图 5-2-26

（1）绿肥的适应性及选择

主要根据种植绿肥的目的确定绿肥的种类。例如，种植绿肥的目的主要是改善土壤物理性质，可选择生物量较大、根系发达的绿肥，如肥田萝卜等；如果种植绿肥的目的主要是培肥土壤，可以选择豆科绿肥或养分含量较多的绿肥。绿肥以豆科和禾本科烟草居多，其主要特点是速生快长，生物量大，根系穿透能力强，使土壤疏松和加深土层厚度。光叶紫花苕（图 5-2-26）、毛叶紫花苕、紫云英、印度麻、黎豆、薇菜、蔓箐、苜蓿、野燕麦、掩青大麦、掩青黑麦等都是较好的绿肥品种，其中，以禾本科的绿肥最好。主要绿肥的抗性和适应性见表 5-2-3。美国、巴西等国以在前作栽种高碳氮比的掩青黑麦等禾本科绿肥居多。一般不做特别处理，直接翻耕还田或粉碎后直接翻耕还田。

表 5-2-3　主要绿肥的抗性和适应性

绿肥烟草	耐涝性	耐旱性	耐瘠性	耐荫性	适宜的 pH	耐盐性 /%	适宜的土壤
紫云英	强	低	中	中	5.5 ～ 8	不耐盐	砂壤至轻黏土
蓝花苕子	中	中	中	低	5.0 ～ 8.0	＜ 0.15	砂土至轻黏土
箭舌豌豆	低	强	中	中	5.0 ～ 8.5	＜ 0.1	砂壤至轻黏土，石灰性土
蚕豆	中	中	中	中	5.5 ～ 8.6	＜ 0.15	壤土至轻黏土
豌豆	中	强	中	中	5.0 ～ 8.0	＜ 0.15	砂壤至轻黏土，红壤湖土
肥田萝卜	中	中	强	—	4.8 ～ 7.5	—	壤土至黏土，红壤
田菁	强	中	强	中	5.5 ～ 9.0	＜ 0.4	壤土至黏土，盐碱土
柽麻	中	强	强	中	5.0 ～ 8.5	＜ 0.3	砂壤至黏壤土，红壤，石灰性土
大叶猪屎豆	低	强	强	低	4.5 ～ 7.5	＜ 0.1	砂土至黏壤土，红黄壤
草木樨	低	强	强	中	5.0 ～ 9.0	＜ 0.3	沙壤至黏壤
油菜	中	中	中	低	6.5 ～ 8.5	＜ 0.2	砂壤至黏壤，红壤，石灰性土
紫花苜蓿	低	强	强	低	6.5 ～ 8.5	＜ 0.3	砂壤至黏土，石灰性土
葛藤	中	强	强	强	4.9 ～ 8.0		砂壤至黏土，红壤，黄壤

注：—表示肥田萝卜的耐荫性和耐盐性未作评价。

绿肥的种植要注意如下方面。

1）适时收青。收青过早，易于腐烂，但鲜物质产量低；收青过迟，虽然产量高，但对后作整地不利，同时不易腐烂，供肥较慢。

2）合理翻压。将绿肥茎叶切成 20cm 左右，每亩翻压量以 1000 ～ 1500kg 鲜草为宜，翻耕入土 10 ～ 20cm。

在有效的改良土壤微生物环境方面，绿肥生长过程中能通过养分吸收、根系分泌物和残体脱落、翻压入土等方式影响土壤的养分平衡，活化和富集土壤养分，增加土壤微生物活性，可抑制土传病害和消除土壤中不良成分。在植烟土壤中种植绿肥和把绿肥翻压入土，能增加土壤中细菌、放线菌和真菌等微生物的种群数，并且其数量与烟叶的产量、质量有一定的关系。在改良烟田土壤的理化性状方面，绿肥在翻压后，土壤容重均有不同程度的降低，且降低程度与绿肥翻压量呈正相关关系；在土壤 pH 方面，也有所降低，降低程度与绿肥翻压量呈正相关关系。绿肥翻压后土壤有机质含量比翻压前有所增加，其含量随着绿肥翻压量的增加而增加。

（2）绿肥应用技术

绿肥速生快长，生物量大，根系穿透能力强，能使土壤疏松和加深土层厚度。对绿肥种植实行统一供种、统一种植节令、统一技术操作规程，及时翻压，不仅能有效改良土壤，培肥地力，提高植烟土壤的持续生产力，而且可确保烤烟能在最佳节令移栽。目前，云南烟区大力推广烤烟前作种植绿肥，取得了良好效果。

（3）施用方法得当

绿肥施用一般有直接耕翻、堆沤后施用两种方法。

1）直接耕翻。先将绿肥茎叶切成 20cm 长左右，或者用旋耕机将绿肥打碎（图 5-2-27）。稍加晾晒，

图 5-2-27

让其萎蔫，这样既有利于翻耕，亦能促进分解。然后均匀撒施在田表面，随后翻耕入土壤中，一般压入土中的深度为 10 ～ 20cm，防止压后茎叶裸露在土面，降低肥效。翻耕时可采取先翻耕后灌水，再施入适量石灰（1 亩放 4 ～ 5kg），中和绿肥腐烂所产生的有机酸，随后采取保持浅水灌溉、勤晒田等措施，加速绿肥腐烂分解。旱地翻耕要注意保墒、深埋、埋严，使绿肥全部被土覆盖，让土、草紧密结合，以利绿肥腐解。

2）堆沤后施用。为了加速绿肥分解，提高肥效，或因储存的需要，可把绿肥作堆沤原料，在田头制作堆沤肥。方法是先把绿肥切成长 10 ～ 15cm，再与适量腐熟的人畜粪尿、石灰拌和后进行堆沤。腐烂后作基肥施用。经堆沤后绿肥的肥效提高，可防止绿肥在腐解中产生的有害物的危害，使烟田前期生长良好，后期又不会养分供应过多，从而有利于烟叶的适产优质。

种植绿肥的烟田，由于没有经过冬季翻土晒墒，地下害虫滋生。因此翻压时，一是要注意加用杀虫农药，以减少地老虎等害虫对烟苗的为害；二是关注土壤墒情，翻压时土壤含水量要大于 15%，含水量太低时翻压后需要灌水，促进绿肥腐解。

（4）效果评价

1）防效调查方法。采用同田对比的方法，进行绿肥种植处理，处理组和对照组各 1 亩，再按当地的烟草栽培方法，在烟株病虫进入发生期以后开始，用 5 点取样法调查（根据病虫发生特点选用合适的调查取样方法），将病虫发生始见期、发生高峰期、株发病率（有虫株率）、病情指数（株平均虫田密度）等指标对比，计算校正防控效果。有条件的还可选取一定小区面积进行测产对比，可进一步评价技术应用的经济效益。

2）常用指标的对比计算。

株发病率（有虫株率）= 发病株数（有虫株数）÷ 调查总株数 ×100%

病情指数 =［∑（严重度级值 × 各级病株数）÷（调查总株数 × 最高级代表值）］×100

株均虫口密度 = 调查取样总虫口数 ÷ 调查总株数

病害发生的减退率 =［（处理区病情指数 – 对照区病情指数）÷ 对照区病情指数］×100%

虫害发生的减退率 =［（处理区株均虫口密度 – 对照区株均虫口密度）÷ 对照区株均虫口密度］×100%

3）效益计算。

挽回产量损失率 = 对照区产量损失率 – 防控区产量损失率

经济效益 = 增加产出经济值（挽回损失值）– 投入经济值（实际投入值）

生态效益：减少投入化肥和农药量、天敌昆虫的增减等。

社会效益：产品的农药残留量对比、产品质量、降低栽培管理劳动强度或增加烟农收入等。

4. 植烟土壤保育及移栽前的大田准备

植烟土壤保育的策略，首先是土壤保护，其次才是土壤改良。植烟土壤的保护，主要是通过建立合理的土地轮休制度或轮作制度，让土壤有时间进行自我修复；其次是通过深耕改善土壤结构；同时把表土的部分病菌、害虫、虫卵和杂草及其种子等深埋到较深的土壤里，将土壤深处的虫卵、虫螨和一部分杂草的根翻犁到地表让太阳晒死，从而减轻烟地的病虫草危害。

植烟土壤的保育，应坚持“分区治理、分类施策”的总体原则，针对植烟土壤面临的土壤黏重、耕作层浅、养分不均衡、酸碱失衡、氯离子偏高、连作障碍趋显等，不同的地区面临的突出问题有差异，各烟区应因地制宜合理制订植烟土壤保育措施，如增施农家肥、深耕扩容、生石灰改良酸性土、合理轮作等。

移栽前大田准备包括：通过耕地、耙地等措施平整土地，改良土壤结构。平整土地后，理墒、打塘为烟苗移栽做好准备。

（1）烟田深耕扩容

烟地因栽种前作会发生不同程度的板结，产生较多的杂草，使烟田的供水、供肥性能减退，适宜烟株生长的耕性变劣。深耕的直接作用是深翻土、松土，可以改良土壤结构。对土壤耕层较薄的植烟土壤，采用机械化深耕深松的方式，逐年深耕 4 ～ 5cm，逐渐加厚土壤耕层，对提高烟叶产量品质有明显作用。红壤的耕层浅薄，土质黏重，通气透水性能不良。采用深耕深松技术，可以加厚耕层，改善土壤的理化性状。深耕深松要在土壤的适耕期内进行。深耕深松的周期一般是每隔 2 ～ 3 年一次。

机械化深翻耕：使用大型拖拉机重犁重耙，翻耕深度在 20cm 以上。3 ～ 5 年没有进行深耕的烤烟烟田应在起墒前进行 20 ～ 30cm 的深耕。往年常用的畜力步犁耕地，犁底不平，耕作深度一般只能达 12cm 左右，而且不能很好地翻土。小型拖拉机带单铧或双铧犁耕地，耕作质量虽然比畜力步犁好，但耕深一般也只有 14 ～ 16cm（图 5-2-28）。

无论是深耕还是深松，均切忌将心土层的生土翻入耕层。田烟深耕要根据犁底层厚度来开展，深耕不可打破犁底层，如犁底层被打破，会导致来年种植水稻时漏水漏肥。

在一般条件下，适当深耕比浅耕烟地的烟株根系更庞大，烟叶产量高、质量更好。耕地应在小春作物收获后及时耕翻；冬闲田应在 10 月上中旬进行。

烟田土壤耕作注意事项：土壤含水量在 15% ～ 22% 时适宜进行土壤耕作；实际耕幅与犁耕幅一致，避免重、漏耕，要求立垡、回垡率小于 3%。深耕深松的深度应视耕作层的厚度而定。一般中耕深松深度为 20 ～ 30cm，深松整地为 30 ～ 40cm，深耕后应进行细耙碎垡后再起墒。

耕深：一般应大于 20cm，且深度一致；一般中耕深松深度为 20 ～ 30cm，深松整地为 30 ～ 40cm，起墒高度为 25 ～ 30cm，培土后达 35 ～ 40cm。深耕适宜深度应根据耕层、土壤特性等条件而定，耕深一致，耕层越厚，土壤越疏松，越有利于雨季贮水蓄墒。但切忌过多将心土层的生土翻入耕层，降低耕作层的肥力。

（2）平整土地

在深耕后，进行耙地。耙地的直接作用是碎土、平整地面，使土壤落实（碎墒）。耕地与耙地相结合，可以改良土壤结构，使土壤孔隙度及孔隙组成处于良好状态。良好的土壤结构，不仅扩大了土壤水分及气体容量，而且还改变了土壤中水分与气体的组成比例，能较为持久地处于适宜状态，既减少根系生长的机械阻力，又能提高根系活力，促进烟株根系的生长（图 5-2-29）。

（3）理墒

平整土地后，开始理墒。理墒应根据地形、地势和田块大小，拉好边沟，大而平坦田地还需在田块的中间挖腰沟，然后理墒。所有的边沟或腰沟应比墒沟深 5cm 左右，便于排水。烟墒的高度要求：地烟为 25cm 以上，田烟 30cm 以上。一般的田烟、地烟的行距为 120cm。理墒时，沟面与墒面的宽度几乎各占一半。应在栽烟前完成理墒。如遇下雨，要在下雨前理墒，以保证土壤的通透性。雨后理墒，必须在土不沾锄头时进行，否则容易压实土壤，降低土壤的通透性。要用绳子和尺子按规格开沟理墒，做到烟墒的宽窄一致、土细、墒面呈板瓦形，烟沟深浅一致、沟直、沟底平，为烟苗的成活和生长创造一个良好的土壤环境条件（图 5-2-30、图 5-2-31）。

图 5-2-28

图 5-2-29

图 5-2-30

图 5-2-31

（4）打塘

打塘要根据栽烟密度确定的株距进行，一般株距为 50cm。打塘时要用有标记号的绳子或尺子，做到塘与塘之间的距离一致，使烟株生长均匀整齐。打塘要打得深些，以有利于烟苗深栽；若用肥料做底塘肥，塘还要更深更大一些，以使肥料与根系有一定的距离，避免烧苗，以利于烟苗成活。

5. 烤烟移栽

烤烟移栽工序多，技术性强，移栽前要做好打塘、施肥、栽烟用具的准备等工作；栽烟时要保证移栽质量，以利烟苗的成活、生长，提高成活率，使烟株生长整齐一致。常规漂浮苗和膜下小苗的移栽方法有一定的差异。

（1）移栽前准备

移栽前必须依据各地发病情况准备病虫防控药剂。在取苗时要选择大小一致的适栽壮苗集中移栽（图 5-2-32），注意淘汰带病虫苗和弱苗。

烟苗的运输工具在每次运苗前要严格消毒，防止病虫害的传染。漂浮苗移栽时取苗和运苗比较方便，只要把育苗盘从漂浮池取出，放在运输工具中，运到栽烟地块，从苗盘中取出烟苗就可以移栽。烟苗运输过程要用塑料膜遮盖烟苗后，上面再盖上遮阳物，防止烈日暴晒造成烟苗水分蒸发失水过多，移栽后难于成活（图 5-2-33）。

图 5-2-32

图 5-2-33

移栽前需保证有充足的移栽用水，保证烟苗移栽的顺利进行（图 5-2-34）。

图 5-2-34

（2）常规漂浮育苗移栽

影响移栽期的主要因素包括气候条件、栽培制度、品种特性等。在云南省烤烟生产的最适宜区和适宜区，移栽期一般应安排在 4 ～ 5 月。在最佳移栽期选大小一致、无病虫的适栽烟苗移栽（图 5-2-35、图 5-2-36）。

用漂浮苗的烟田，基肥建议采用定位环施或条施，少施塘肥，避免由于烟苗根系附近肥量浓度过大或根系直接接触肥料造成烧苗或抑制烟苗生长。

图 5-2-35

图 5-2-36

A. 移栽要点

漂浮苗要深塘浅栽：移栽深度以生长点高于土表 3 ～ 5cm 为宜；这样可抗旱又可促进不定根生长，有利于烟株生长。移栽要求根正苗直、覆土适度、烟苗横竖成行。栽后的烟苗周围需形成一个深 3 ～ 5cm、直径 20cm 左右的浅塘，以便抗旱保苗。

移栽可细分为三个动作：第一步浇足定根水，浇水量 1 ～ 2kg/ 株，缓慢浇下；第二步深塘浅栽苗，塘内水渗未完立即放入烟苗，用小铲子插入土中撬出一穴将烟草根茎放入后，轻压栽好烟苗；第三步再覆干土，待水完全下渗后，在湿土上覆盖 2 ～ 3cm 的干土，阻断土壤毛细管，以此减少水分蒸发。在烟塘内栽好的烟苗要保证生长点高于土表 3 ～ 5cm。

B. 移栽时的病虫害防控

移栽时要加强对地下害虫、根茎病害的防控。移栽后当天，根据当地病虫害的特点，选适当的药剂对地下害虫和根茎病害进行防控，因为地下害虫和根茎病害常造成烟草大田生长前期的缺塘、死苗，严重影响烟株的田间生长整齐度，从而影响烟叶的产量和质量（图 5-2-37）。

（3）膜下小苗移栽技术

A. 膜下小苗移栽要求

膜下移栽的小苗指：苗龄（出苗至成苗）30 ～ 35 天，苗高 5 ～ 8cm，烟苗生长至 4 叶 1 心至 5 叶 1 心（生根期）、茎高控制在 2.0cm 以内，根系发达、清秀无病（图 5-2-38）。

图 5-2-37

图 5-2-38

膜下小苗移栽要起高墒，深打塘，有利于小苗生成大量的次生根，特别是二次发育的不定根系。由于小苗膜下移栽较常规烟田根系深度和根系量明显增加，烟株地下部分的吸收能力和地上部分的光合作用也随之增强，从而提高烟田的肥料利用率。

B. 膜下小苗移栽优势

1）育苗期短，病虫侵染的风险小。

2）育苗管理的成本较低。

3）烟苗小，还苗期短，根系生长较快，移栽成活率提高。

4）烟株田间长势好，抗病性强。

5）膜下移栽技术有利于培土促根、提高养分利用率。

6）育苗方式灵活，移栽时可以错开农忙时节。

C. 膜下移栽方法

膜下移栽的烟墒土垡要细，烟塘要大，一般以直径 35 ～ 40cm、塘深 15 ～ 18cm 为宜（图 5-2-39）。烟苗移栽后要确保地膜与烟苗顶部有 7 ～ 10cm（至少 5cm）的距离，以防地膜高温时接触灼伤烟苗。

先浇水后栽烟。每亩用 10kg 的复合肥溶解在定根水中，栽前根据墒情，每塘浇 1 ～ 3kg 定根水（图 5-2-40），用小锄头或小木棍等挖一小穴（深 4 ～ 6 ㎝），放入小苗（图 5-2-41），可用细干土覆盖保水。移栽后要及时盖膜（图 5-2-42），盖膜后要使烟苗顶部与地膜有 7 ～ 10cm 的距离，保证移栽当天盖好地膜。

图 5-2-39

图 5-2-40

图 5-2-41

图 5-2-42

因小苗膜下移栽的烟苗较小，要注意天气的变化，当午后田间膜外温度超过 35℃时，要及时破口，降温排湿。当烟苗生长至顶端与地膜基本接触后，须将薄膜破口直径扩大到 10cm 以上，露苗 1 ～ 2 天后，再进行掏苗。掏苗前将剩余基肥环施或兑水浇施；晴天掏苗要在早晚进行；阴天全天都可进行掏苗（图 5-2-43）。烟苗掏出后，立刻用细土埋住烟苗的基部，把薄膜口封严，使烟塘呈凹形盘状以便存留雨水（图 5-2-44）。掏苗封穴时根据墒情酌情补水 1 ～ 2kg。用细干土覆盖保水封穴（图 5-2-45）。

由于小苗膜下移栽是大塘浅栽，因此，烟株团棵时要注意及时揭膜培土，促进烟株生长。

（4）移栽后的查苗补缺

移栽后，地下害虫和根茎病害常造成烟草大田生长前期的缺塘、死苗，严重影响烟株的田间生长整齐度，从而影响烟叶的质量。常规苗在移栽后 2 ～ 7 天要进行查苗补缺（图 5-2-46）。膜下移栽的在小苗移栽和掏苗后都要及时查苗补缺。进行田间查苗时，发现缺苗的要及时补栽同一品种的稍大的预备苗，

图 5-2-43

图 5-2-44

图 5-2-45

图 5-2-46

发现弱苗、小苗应作出标志，做到弱苗、小苗偏重管理，需要对成活后的补苗、弱苗和小苗施偏心肥、浇偏心水，促使其尽快生长，赶上其他烟苗，确保全田烟株生长整齐，为提高烟叶质量打好基础。烟苗移栽成活后主要的病害是青枯病和黑胫病，因此要及时对青枯病和黑胫病进行防治。

图 5-2-47

6. 中期管理

（1）中耕除草

烟株移栽成活后，摆小盘前进行首次中耕除草（图 5-2-47），以锄破土表，消除杂草为目的。深度 5 ～ 7cm。在摆大盘前后进行第二次中耕，以疏松根区土壤，促进根系生长为目的，这次中耕，株间要深锄，根周围浅锄；同时用细土雍根，称为小培土。中耕除草主要是消除杂草，疏松根区土壤，改善田间小环境，控制病虫草害的发生发展，同时促进烟株根系生长，提高烟株抗性。

（2）提沟培土

提沟培土应在烟株团棵时进行。提沟培土就是用行间、挖深墒沟的土壤培于烟株基部及墒面，墒面增高，同时将烟株茎基部埋入土中（图 5-2-48）。培土高度根据田地的水分状况来决定，一般为 25 ～ 45cm。在旱地或干旱年份培土的高度可适当降低；在雨水多的年份，地下水位高的田块，培土高度应适当提高一些。培土时要求细土与茎基部紧密结合，墒体充实饱满，不留空隙，促进不定根的生长。中耕培土时，尽量减少对根的伤害，减少病原物从伤口侵入（图 5-2-49）。

图 5-2-48

图 5-2-49

烤烟是生根能力很高的作物。培土能使烟茎基部发生大量的不定根。根系生长多，吸收能力强，扩大营养面积，有利于烟叶产量、质量的提高，同时根系发达有利于烟碱含量的提高。

培土要与清理排灌沟渠相结合，培土后要求达到墒高、沟深、底平、排灌通畅。烤烟大田生长期时逢雨季，应注意疏通排灌沟渠，保持烟田边沟、腰沟比子沟（畦沟）深 3 ～ 7cm，使雨水能及时排出，大雨过后应做好清沟排水工作，防止田间积水，减少肥料流失及墒体板结和病害发生。培土后土温升高，土壤湿度下降，通风透光条件改善，创造了良好的烟田生态环境。

7. 成熟期烟田管理

成熟期烟田管理主要是促进叶片进一步增大和叶内干物质积累，使烟株既不恋青，又不早衰。管理上应做好封顶打杈工作，并适当控制水分，及时打去无用的病脚叶（图 5-2-50），改善田间通风透光条件，使整个烟田，上无烟花，中无杈芽，下无黄叶，沟无积水。

图 5-2-50

从现蕾到烟叶采收完毕称为成熟期，需 50 ～ 70 天。烟株现蕾以后，首先底脚叶开始变黄，然后，自下而上分层落黄成熟。在烟草栽培中，除繁殖种子外，必须采取打顶措施，即在适当时期摘去顶部花蕾和花序，即为封顶（图 5-2-51）；封顶后，因打破了顶端优势，烟株的腋芽大量生长，应及时抹除，即为打杈（图 5-2-52）。做好封顶打杈可控制和减少叶片贮存的营养物质的送输，减少烟株体内营养物质的消耗，改善叶片营养条件；使烟叶的重量、化学成分也产生有利的变化，提高烟叶的产量和品质。封顶打杈能促进根系生长，调整烟株长势，

图 5-2-51

图 5-2-52

提高烟碱含量。因此封顶打杈是烟草生长后期调节烟株营养和烟叶质量性状的一项有效措施，通过改变打顶时间、高度和留叶数，可以在一定程度上调控叶片的厚度、重量和烟碱含量等，生产优质烟叶。

在烟株打顶前，应看烟株长势、土壤肥力、品种确定打顶时期，打顶后才能保证上部烟叶充分发育。一般提倡见花封顶，在 50% 的中心花开放时将花枝连同花枝下的小叶一起摘除。

（1）合理留叶

合理留叶数是一种调控技术。‘红大’每株留叶 16 ～ 18 片；‘云烟 87’每株留叶 18 ～ 20 片；‘K326’每株留叶 20 ～ 22 片；‘KRK26’每株留叶 22 ～ 23 片。施肥多、长势旺的烟株多留 1 ～ 2 片叶；脱肥早衰、生长势差的烟株少留 1 ～ 2 片叶。

（2）人工抹杈

封顶后长出的腋芽，在烟杈长 3cm 以内时抹去。人工抹杈选择晴天进行，每隔 5 ～ 7 天抹 1 次，为避免接触传播病害，应先抹健株，后抹病株，打下的烟杈不应随手丢在田间，应集中处理，保持田间清洁。

（3）化学抑芽

封顶抹杈后及时用仲丁灵 100 倍液或氟节胺 500 倍液杯淋或涂抹芽口，抑制腋芽生长（图 5-2-53）。

图 5-2-53

8. 做好田间卫生，抑制病害流行

保持烟田卫生，做到“四无”田间管理，改善烟株通风透光条件，降低株间湿度，抑制病虫滋生，是减少病虫危害的有效措施。

1）田间管理各项农事操作应遵循先健株后病株的原则，避免病害的人为传播。

2）在第二次、第三次中耕培土时拔出杂草和重病烟株，摘除底脚叶、病叶，降低病害的传播风险。

3）摘除的烟花、烟杈应及时集中清理出烟田，避免传播病害。

4）及时清除黄、烂脚叶及沟中杂草，改善烟株的通风透光条件，防止底烘及根茎病的暴发流行。烟田杂草不仅与烟株争夺养分和水分，而且常常是害虫的中间寄主和传播病菌的媒介，中耕可以清除杂草，降低表层土壤湿度，减少烟田病虫草害的发生。

二、生物防控技术

采用以虫治虫、以螨治螨、以菌治虫、以菌治菌等生物措施进行病虫害防控，推广植物源农药、农用抗生素、植物诱抗剂等生物生化制剂应用技术。培育良好烟草生长生态环境，做到生态多样性、物种多样性、基因多样性、系统多样性，实现“一片森林一片烟，片片都是生态烟”的良好烟株生长环境。

（一）捕食螨防控蓟马

蓟马是烟草苗期主要害虫之一，由于个体小，目前烟草育苗的防虫网技术难以达到控制的作用。近年来，云南烟草上新发生一种重要病害——烟草番茄斑萎病毒病，蓟马是烟草番茄斑萎病毒的传播媒介。目前，烟草番茄斑萎病毒在滇中地区危害严重，局部烟区发病导致烟草损失 30% ~ 50%，严重时达到 70%，个别烟区数千亩发病导致绝收而改种其他作物。捕食螨防控蓟马技术是利用捕食螨对蓟马的捕食作用，特别是针对蓟马不同的生活阶段，以叶片上的蓟马初孵若虫以及对落入土壤中的老熟幼虫、预蛹及蛹的捕食作用，达到抑害和控害目的。是一种安全可持续的蓟马防控措施。

国外利用捕食螨防控烟草上的蓟马有近 30 年的历史。到目前为止，利用捕食螨防控蓟马仍然是发达国家生物防控中的主要内容之一。新的捕食螨被不断开发出来，发挥了重要作用。国内本土捕食螨巴氏钝绥螨、剑毛帕厉螨、国外引进的胡瓜钝绥螨都是防控西花蓟马和烟蓟马很好的种类。

烟草上的蓟马种类主要有烟蓟马和棕榈蓟马等。2003 年首次在云南发现西花蓟马以后，目前在我国不少省份也有发现，如山东、浙江，江苏等。在国内多种作物，如辣椒、烟草、茄子等上都有发生。蓟马的天敌捕食螨，国内主要种类有巴氏钝绥螨、剑毛帕厉螨等，分布范围广，北京、广东、江西、安徽、云南、海南、甘肃等地都有发生；国外引进种胡瓜钝绥螨对蓟马亦有很强的控制能力。它们均可用于温室大棚烟草蓟马的防控（图 5-2-54、图 5-2-55）。

图 5-2-54

图 5-2-55

1. 巴氏钝绥螨、剑毛帕厉螨应用技术

适合条件，巴氏钝绥螨 15 ～ 32℃，相对湿度＞ 60%；剑毛帕厉螨 20 ～ 30℃，潮湿的土壤中。

在烟株上刚发现有蓟马或定植后不久释放效果最佳。蓟马为害严重时 2 ～ 3 周后再释放 1 次。对于剑毛帕厉螨来说，应在烟草移栽后的 1 ～ 2 周释放捕食螨，经 2 ～ 3 周后再次释放以稳定捕食螨种群数量。对已种植区或预使用的种植介质中可以随时释放捕食螨，至少每 2 ～ 3 周再释放 1 次。释放量：用于预防性释放时 50 ～ 150 头 /m^2，防控性释放时 250 ～ 500 头 /m^2。每 1 ～ 2 周释放 1 次。巴氏钝绥螨可挂放在植株的中部或均匀撒到植物叶片上。释放前混匀包装介质内的剑毛帕厉螨，然后将培养物撒于植物根部的土壤表面。

2. 胡瓜钝绥螨应用技术

胡瓜钝绥螨生存的适宜温度范围为 21 ～ 28℃，相对湿度 60% ～ 80%，潮湿的土壤中，释放时间为烟草上刚发现有蓟马或烟草定植后不久。严重时 2 ～ 3 周后再释放 1 次。释放量：用于预防性释放时 50 ～ 150 头 /m^2；防控性释放时 250 ～ 500 头 /m^2。释放方法：胡瓜钝绥螨可挂放在植株的中部或均匀撒到植物叶片上。

3. 效果评价

（1）防效调查方法

植株上的调查：各处理温室大棚（释放捕食螨与未释放捕食螨对照）分别定点选择植株 5 株，每株选择上、中、下各 1 片叶，调查叶片上的蓟马数与捕食螨数。释放前调查为基数，以后每 7 天调查 1 次。

用黄板或蓝板监控蓟马成虫；黄板或蓝板挂在稍高于植物的上部。每 7 天更换 1 次，用自封袋封口，带回室内镜检诱集到的蓟马成虫数量。

数据收集：包括害虫数量、捕食螨数量、温湿度数据。

对照田：与生防田管理措施相用，只是不释放捕食螨。

（2）防效计算

$$\text{虫口减退率}=\frac{\text{防治前虫口数}-\text{防治后虫口数}}{\text{防治前虫口数}}\times 100\%$$

$$\text{防控效果}=\frac{\text{处理区虫口减退率}-\text{对照区虫口减退率}}{1-\text{对照区虫口减退率}}\times 100\%$$

（3）效益计算

挽回产量损失率 = 对照区产量损失率 – 防控区产量损失率

生态效益：减少投入农药量，天敌昆虫增加量，长期效应（生态的累加效应）。

经济效益 = 挽回损失 – 实际投入（挽回损失含减少用工量、用药量、用水量等）

产投比 = 产出经济值 ÷ 投入经济值

社会效益评价：降低劳动强度、群众对环境的满意度、烟农收入增加值。

（二）赤眼蜂防控烟青虫

赤眼蜂防控烟青虫技术是利用赤眼蜂产卵于寄主害虫卵内完成其发育而消灭害虫卵，从而控制害

虫数量，达到防控目的，是大面积防控烟青虫较为理想的措施。可寄生于烟青虫的赤眼蜂、螟黄赤眼蜂和烟青虫赤眼蜂，在所有烟草产区均适用。受烟青虫发育程度影响，在云南烟区防控一代烟青虫效果最佳。

1. 赤眼蜂应用技术

1）释放时间：烟株移栽后 15 天，在烟青虫产卵初期至卵盛期，后推 10 天为第一次放蜂时期。一代区 5 月 10 日左右，间隔 7 ～ 10 天放第二次，共放 2 ～ 3 次。

2）释放蜂量：每亩挂 8 ～ 10 个蜂卡，约 1 万头，分 2 ～ 3 次释放。可根据田间烟青虫发生情况调整每次放蜂量。

3）释放点数：每亩设置 2 个放蜂点。每个放蜂员每次放蜂面积 150 亩，放蜂时自上风口开始，从边墒计算第九墒为第一放蜂墒，此后每隔 18 墒为 1 条放蜂墒。在放蜂墒上，从地头向里走 14m 为第一放蜂点，以后每隔 28m 为一个放蜂点。

图 5-2-56

4）释放方法：放蜂员在放蜂点上，选一生长健壮的烟草植株的中上部叶片，将蜂卡放在叶片背面，卵粒朝下然后用线或铁丝等固定（图 5-2-56）。

2. 注意事项

1）农户领到蜂卡后要在当日上午放出，不可久储。万一遇大雨不能放蜂，可暂时储存，选择阴凉通风的仓库，把蜂卡分散放置，切勿与农药放在一起。

2）撕蜂卡时掉下的卵粒，要收集起来，用胶水粘到白纸上再次释放到田间。

3）挂卡时，叶片不可卷得过紧，以免影响出蜂。更不可随意夹在叶腋处，以免蜂卡失效。

4）蜂卡挂到田间后，经 2 ～ 3 天陆续出蜂，在出过蜂的卵壳可见圆形的羽化孔。

3. 效果评价

（1）防效调查方法

末次放蜂 10 ～ 15 天后，在放蜂区随机选取 3 个地块样点，在对照区随机选取 2 个地块样点，每个样点调查烟青虫卵块 80 块左右。采回卵块分别放入发育室内，待卵块上卵粒全部变黑或出蜂、烟青虫幼虫孵化后，计算卵校正寄生率。

（2）防效计算

卵块寄生率 = 被寄生卵块数 ÷（被寄生卵块数 + 未被寄生卵块数）×100%

校正寄生率 =（放蜂区卵块寄生率 – 对照区卵块寄生率）÷（1– 对照区卵块寄生率）×100%

在烟草收获前，选择当地主栽品种各防控措施的防控区与对照地块，剖秆调查烟草植株被害情况，计算被害率及被害部位，百秆虫量，按测产调查方案取回烟叶，进行室内测产。

防控区与对照区各调查 2 个点，每个点调查 2 块地，按照棋盘式样点取样法每块地取 5 点，每点调查 20 株，共调查 100 株。调查结果记入烟青虫防控效果调查表（表 5-2-4）。

表 5-2-4 烟青虫防控效果调查表

地点： 调查人：

	调查地点	调查时间（月 - 日）	防控措施	调查株数 / 株	被害株数 / 株	活虫数 / 头	百秆活虫量 / 个	虫孔数 / 个	虫孔率 /%	防控效果 /%			平均防效 /%
										被害株减退率	百秆活虫减退率	虫孔减退率	
防控区													
对照区													

（3）效益计算

挽回产量损失率 = 对照区产量损失率 – 防控区产量损失率

经济效益 = 挽回损失 – 实际投入

产投比 = 产出经济值 / 投入经济值

生态效益：释放赤眼蜂防控烟青虫技术是利用天敌控制手段进行防控，不使用化学药剂，减少化学药剂对田间生态环境的破坏，维护生态稳定。

社会效益：避免了化学农药在烟草叶中残留，避免了人畜中毒事件发生。

（三）丽蚜小蜂防控烟粉虱

烟粉虱的寄生性天敌资源丰富，应用储藏小蜂防控烟粉虱是“以虫治虫”的实用技术。经国内外评价丽蚜小蜂对烟粉虱的控制效果，最高时其寄生率可达 83% 左右（丽蚜小蜂成虫能将卵产在寄主体内），可成功地防控温室粉虱类害虫。发生烟粉虱为害的烟草，田间管理的温度调控范围最低温度在 15℃以上，最高温度 35℃以下，相对湿度控制在 25% ～ 55%，光照充足，放蜂控害期间不施用杀虫剂，并在烟粉虱初始发生期使用。

1. 应用技术

（1）田间放蜂时间

烟草移栽后，即对烟株上烟粉虱的发生动态进行监测，每株烟粉虱密度越低，防控效果越明显。当田间烟粉虱虫口密度平均每株高于 4 头时，最好先压低烟粉虱虫口基数后再进行放蜂。

（2）定期放（补充）蜂源的间隔期

每隔 7 ～ 10 天补充放蜂 1 次。连续放蜂 3 ～ 5 次。

（3）调查虫情

要根据田间烟粉虱的实际发生量，确定经济、合适的放蜂量。一定要选择在烟粉虱发生基数较低时开始使用，才能有效地起到控害的作用；田间株均烟粉虱量不高于 2 头时，每亩设施释放丽蚜小蜂数量 15 000 ～ 25 000 头，田间株均烟粉虱 2 ～ 4 头时，每亩释放丽蚜小蜂 25 000 ～ 35 000 头。同时还需要配合温度情况加以调节，当 20 ～ 28℃时，正处于烟粉虱发生的最适温区，以释放上限的蜂量或略超过上限的蜂量为宜，原则上丽蚜小蜂与烟粉虱的益害比为 3 ～ 4 ： 1。

（4）放蜂位置

将蜂卡产品均匀挂放于植株上中部即可，丽蚜小蜂虫体较小，且飞行能力有限，一定要均匀挂放。

2. 注意事项

本项技术不适宜在高温、高湿的地区或高温、高湿设施内应用。技术应用以后限制条件较多，各项技术的兼容性较差。

3. 效果评价

（1）防效调查方法

在第三次放蜂以后的每次补充放蜂前，在放蜂区和对照区（空白）5 点取样，各点选取 10 株，调查烟粉虱成虫、幼虫与蛹的虫口密度，并将幼虫和蛹采回室内饲养，观察变黑或出蜂数，最终确定残存虫口密度，计算虫口减退率。连续调查 2 ～ 3 次，比较评定不放蜂的虫口控制效果。

（2）防效计算

虫口减退率 =［（对照区株均虫口密度 – 放蜂区产量损失率寄生株均发黑虫数 – 株均出蜂数）÷ 对照区株均虫口密度］×100%

（3）效益计算

挽回产量损失率 = 对照区产量损失率 – 防控区产量避损失率

经济效益 = 挽回损失 – 实际投入

产投比 = 产出经济值 ÷ 投入经济值

生态效益：减少投入农药量、天敌昆虫增加量等。

社会效益：减少用工量、降低劳动强度或增加烟农收入等。

（四）*Bt* 防控鳞翅目害虫

Bt 即苏云金杆菌，是用杀虫细菌苏云金杆菌制成的农药制剂。用生物农药 *Bt* 防控鳞翅目害虫称为生物防控，又称以菌治虫或微生物治虫。该药剂杀虫有效成分是由产晶体芽孢杆菌产生的 3 种毒素，对害虫仅有胃毒作用。害虫食入药剂后，肠道在几分钟内麻痹，停止取食，并破坏肠道内膜，进入曲淋巴，使害虫饥饿和出现败血症而死亡。食叶害虫吃了带 *Bt* 乳剂的叶片后，引起瘫痪，停食、反应迟钝，腹泻，尔后腹部出现黑环，逐渐扩大到全身，中毒致死。最后变为黑色软体，腐烂、倒挂或死在树叶和枝条上。以菌治虫具有繁殖快、用量少，对人、畜低毒，对烟草无药害，无残留，无公害，与少量化学农药混合使用有增效作用等优点。由于细菌杀虫，从害虫感染、发病到死亡需要经过一定时间，故药效发挥速度较化学农药慢。*Bt* 农药剂型主要有可湿性粉剂、乳剂及水分散粒剂 3 种。主要对鳞翅目幼虫有较强的杀灭作用，具有很强的胃毒作用。可广泛用于防控烟青虫、斜纹夜蛾、棉铃虫、柱茎蛾、潜叶蛾、小地老虎等鳞翅目害虫。国内生产厂家多，各地农药经销商均有销售，是目前应用量最多的微生物农药，具有广泛的应用空间。各厂生产的苏云金杆菌制剂因配方、剂型及杆菌数量、效价等不同，防控效果有一定的差异，具体使用时应仔细阅读使用说明书。

1. 应用技术

Bt 是在我国应用早、使用普遍的新型生物农药，已成为我国生物防控工作中的重要药剂，在烟草害虫防控中广泛使用，是我国乃至世界各国广为应用的主要生物杀虫剂。

1）使用适期：产卵盛期至二龄幼虫期前。

2）用法用量：约 100 亿活芽孢 /ml（g）苏云金杆菌，每亩施 500 ～ 750ml（g）。兑水喷雾防控棉铃虫、小菜蛾、甜菜夜蛾等害虫；兑水稀释灌心叶防控烟青虫，或稀释 100 ～ 200 倍与 3.5 ～ 5kg 细沙充分拌匀，制成颗粒剂，施入烟草塘内。

2. 注意事项

1）掌握好防控始期。错过时机，害虫抗药力增强，防效减弱。一般要比化学农药的经验防控期提前

2～3天。

2）避开使其光解减效的强光环境。该类农药施用时应避开阳光直射时段，最好选在清晨、傍晚或阴天时施用。

3）施足每亩施用药剂量（药液量），以稳定该类农药的杀虫效果，避免降低防效。

4）对准害虫均匀喷药。该类药多无内吸性，喷药时要了解害虫为害栖息场所，看准靶标进行有效喷防。

5）注重间隔期的连续喷药。害虫一世代发生期内要连续喷药2～3次。

6）由于该类农药的杀虫作用较慢，而要耐心等待治虫效果，要严格按使用方法使用，最大限度地发挥好生物农药药效。

7）该类产品为胃毒剂，没有内吸杀虫作用，只能对食叶性鳞翅目害虫有较强的毒杀作用，喷雾时每个叶片的正反两面都要均匀喷洒。该药剂可与杀虫剂或杀螨剂混合使用，并有增效作用，但严禁与杀菌剂混用。严禁太阳下暴晒，不怕冻，乳剂保存期为1年半。喷药后遇小雨无妨碍，如降中至大雨应补喷。

3. 效果评价

（1）防效调查方法

喷药前调查活虫数，喷药后2天、4天、6天、8天，分别调查各处理区内活虫头数，并计算虫口减退率和防效。

（2）药效计算

虫口减退率 =（药前活虫数 – 药后活虫数）÷ 药前活虫数 ×100%

防控效果 =（处理区虫口减退率 – 对照区虫口减退率）÷ 对照区虫口减退率 ×100%

（五）昆虫病毒类生物杀虫剂防控烟草害虫

目前研究应用较多的昆虫病毒主要是核型多角体病毒和颗粒体病毒等杆状病毒，利用生态系统食物链中寄生与被寄生种群关系原理，通过人工释放病毒原体，增加病毒病原体种群数量达到有效控制宿主的数量，减少其对烟草的为害损失。主要用于防控鳞翅目、鞘翅目害虫为主的农林害虫。目前国内生产的昆虫病毒制剂主要用于防控烟青虫、斜纹夜蛾、棉铃虫、柱茎蛾、潜叶蛾、小地老虎等。

1. 应用技术

在害虫产卵盛期施用，50亿PIB/ml棉铃虫核型多角体病毒悬浮剂，30亿PIB/ml甜菜夜蛾核型多角体病毒悬浮剂，300亿PIB/ml小菜蛾颗粒体病毒悬浮剂均以500～750倍液喷雾，水分散粒剂以5000倍液喷雾。施药时先以少量水将所需药剂调成母液，再按相应浓度稀释，均匀喷洒。

2. 注意事项

1）在害虫产卵高峰期施药最佳。

2）选择傍晚或阴天施药，尽量避免阳光直射。

3）烟草的新生叶片等害虫喜欢咬食的部位应重点喷洒，便于害虫大量取食病毒粒子。

4）喷药时须二次稀释。

5）忌与碱性物质混用，密封储存于阴凉干燥处，保存期两年。

3. 效果评价

1）药效评价。调查方法采用普查、小区试验相结合的方法。

2）效益评价。计算防控效益。

（六）昆虫信息素应用技术

1. 化学信息素

化学信息素是生物体之间起化学通信作用的化合物的统称，是昆虫交流的化学分子语言。这些信息素调控着生物的各种行为，如引起同种异性个体冲动及为了达到有效交配与生殖以繁衍后代的性信息素；帮助同类寻找食物、迁居异地和指引道路的标记信息素；通知同种个体共同采取防御和攻击措施的报警信息素；为了群聚生活而分泌的聚集信息素；其他像调控产卵、取食、寄生蜂寻找寄主等行为的各种化学信息素。化学信息素技术就是利用它对行为的调控作用，破坏和切断害虫正常的生活史，从而抑制害虫种群。其中，调控昆虫雌雄性吸引行为的性信息素化合物，既敏感，又专一，引诱力强，在整个化学信息素技术中占 80%。200 多年前，奥古斯特·福尔注意到夏天关在房屋内的雌性家蚕吸引大量雄蛾的现象，后来法国昆虫学家法布尔观察到雌孔雀蛾能够引诱 150 头几千米至十千米外的雄蛾。后来美国昆虫学家约瑟夫·林格尔建议可以利用这种气味防控害虫。但由于化学分析鉴定技术的限制，直到 1959 年德国科学家阿道夫·德布坦特从 40 万家蚕雌蛾中鉴定出第一种昆虫性信息素。从此开始利用气相色谱、质谱和核磁共振结合触角电位技术鉴定昆虫信息素，一大批害虫的信息素得以鉴定，推动了化学生态学科的建立和发展，昆虫信息素被逐步应用于害虫测报和防控，成为四大生物防控技术之一。

（1）技术应用

化学信息素可以按其起源和所调控的行为功能分类。性信息素，就是我们最早了解和使用的性诱剂，由昆虫的成熟个体释放，引诱同类成虫完成交配的一种化学信息素；聚集信息素是调控一些昆虫聚集行为的信息化合物，常见于鞘翅目的小蠹、天牛、蟑螂、蝗虫等昆虫中；报警信息素是在昆虫遭遇到攻击时释放的，用以提醒同种个体的遁逃行为，常见于蜜蜂、蚜虫等；标记信息素是为同巢的其他成员指明资源的化合物，在蚂蚁、白蚁等昆虫中常见；空间分布信息素调控昆虫产卵离食物源和产卵场所的距离，达到个体间分散均匀的目的，有利于虫群的生存；产卵信息素是调控昆虫产卵行为的化学信息素，如蚊虫、菜粉蝶的产卵；社会性昆虫的信息素，如蚂蚁、白蚁、蜜蜂等调控各种社会性昆虫行为的信息化合物；协同信息素，如害虫取食寄主植物所诱导的化合物对天敌的引诱作用；利他信息素是指昆虫自己释放的信息素是有利于其他个体的化学信息素，典型的例子是寄生蜂寻找寄主所利用的化学物质为寄主所释放，蚊子的吸血行为，所利用的则是人和动物呼出的二氧化碳和其他气味，也是利他信息素的一类；取食信息素是调控昆虫取食或阻止昆虫取食行为的化学信息素，范围比较广，最常见的是糖类化合物，还包括一些调控蝇类的水果、花或蛋白气味中的化合物等。在低蛋白含量的寄主植物上生长发育的实蝇类昆虫需要补充蛋白质，因此，利用蛋白水解物的气味寻找食源，而在高蛋白含量的寄主植物上生长发育的实蝇类昆虫则对这些气味反应较差（图 5-2-57、图 5-2-58）。

目前主要采用以下三种方法进行测报或防控。

1）群集诱捕法：利用信息素大量诱杀成虫，降低虫口密度，是理想的诱捕雄成虫的方法。例如，许多鳞翅目雌蛾在性成熟后释放出性信息素化合物，专一性地吸引同种雄蛾与之交配，我们可通过人工合成化学信息素引诱雄蛾，并用物理的方法捕杀雄蛾，从而降低雌雄交配，降低后代种群数量，达到防控

图 5-2-57

图 5-2-58

或测报的目的。整套诱捕装置由诱芯和诱捕器组成。

2）迷向法：通过在田间大量、持续地释放信息素化合物，在田间到处弥漫高浓度的化学信息素，迷惑了雄虫寻找雌虫，失去交配机会，从而干扰和阻碍了雌雄正常的交配行为，最终影响害虫的生殖，并抑制其种群增长。由于化学信息素用量大，一般是每亩需要几克的剂量，所以成本较高。迷向技术还必须在虫口密度非常低的时候使用。所以目前应用相对较少。

3）引诱毒杀法：是以引诱物引诱目标害虫，然后通过农药毒杀的方法。

（2）防控应用技术要点

目前的化学信息素技术主要以性诱为核心，该技术应用注意要点如下。

1）明确靶标害虫的学名。因为性诱的专一性，如果靶标害虫的种类不清，诱捕就会失败。例如，棉铃虫和烟青虫，烟青虫和小地老虎等都是容易混淆的种类。如果我们在使用时不清楚害虫的种类，我们可以借助性诱剂的专一诱捕帮助我们鉴定当地的靶标害虫种类。

2）选择正确的诱芯产品。由于害虫性诱剂的地理区系差异和性信息素化合物在自然环境条件下的不稳定性，不同厂家的诱芯质量差异较大。诱芯引诱力越强，测报就越准确，防控效果也越好。因此，在大面积使用前，应该先开展小范围的试验示范，以免造成浪费和损失。

3）选择正确的诱捕器。因为昆虫对气味化合物的敏感性有差异，不同昆虫的诱捕器设计有所不同。化学信息素群集诱捕装置由诱捕器、诱芯和接收袋组成。诱芯和诱捕器须配套使用。诱捕器可以重复使用，注意定时更换诱芯。诱捕效果直观，防控成本低，操作简单，烟农容易接受。

4）设置时间。性诱剂诱杀的是雄成虫，诱捕器的设置要依靶标害虫的发生期而定，必须在成虫羽化之前。因此，性诱剂使用要结合测报，根据靶标生活史规划诱捕器的设置时间。由于性信息素害虫防控的作用机制是改变害虫正常的行为，而不像传统杀虫剂直接对害虫产生毒杀效果，应该采取预防策略，需要在害虫发生早期，虫口密度比较低（如越冬代）时就开始使用，可持续压制害虫种群增长，长期维持在经济阈值之下。防控面积应该大于害虫的移动范围，以减少成熟雌虫再侵入。根据我们的比较试验，斜纹夜蛾的防控区域至少需要 50 亩以上才能显示明显的防控效果。那些世代较长、单或寡食性、迁移性小、有抗药性的害虫使用化学信息素容易得以控制。不同昆虫种类在使用季节上有差异。

5）诱捕器使用。诱捕器所放的位置、高度会影响诱捕效果。设置高度依昆虫飞行高度而定。诱捕器放置时，一般是外围放置密度高，内圈，尤其是中心位置可以减少诱捕器的放置数量。诱芯设置密度与靶标害虫的飞行范围有关，参见产品说明书。

诱芯释放气味需要气流来扩散、传播，所以诱捕器应设置在比较空旷的田野，以提高诱捕效率，扩大防控面积。

6）诱芯保存方法。信息素产品易挥发，需要存放在较低温度（5 ～ 15℃）的冰箱中；保存处应远离高温环境，诱芯应避免暴晒。使用前才能打开密封包装袋。

7）田间诱捕器的维护。诱捕虫数超过一定量时要及时更换接收袋。每个诱捕器一枚诱芯，根据诱芯寿命及时更换诱芯。适时清理诱捕器中的死虫，收集到的死虫不要随便倒在田间。使用水盆诱捕器时，要加少许洗衣粉并及时加水，以维持诱芯和水面的一定距离。由于性信息素的敏感性，安装不同种害虫的诱芯，需要洗手，以免污染。一旦打开包装袋，最好尽快使用包装袋中的所有诱芯，或放回冰箱中低温保存。

2. 食诱剂应用技术

昆虫取食行为受很多因素的影响，如寄主化学成分和形态特征、环境因子和其他生物等，在此过程中，化学识别占中心地位。食诱剂技术是通过系统研究昆虫的取食习性，深入了解化学识别过程，人为提供取食引诱剂和取食刺激剂以诱捕害虫的一项实用的绿色防控技术。其中取食引诱剂主要来自于寄主挥发性物质，昆虫以这种物质作为远距离识别寄主的定向搜索；刺激剂一般是近距离、通过位于足部的感化器与位于口部的味觉器作用于昆虫，它可以是植物的营养物质，如糖、脂肪、蛋白质，也可以是植物次生化合物，如黑芥子苷、葫芦素等。

取食引诱剂的应用主要是诱杀法，在实际应用中对取食引诱剂并未作精确的化合物鉴定。例如，常见的糖醋液就是利用某些鳞翅目、双翅目昆虫对甜酸气味的强烈趋性诱杀成虫；利用某些实蝇对烟草、大豆、酵母经发酵后产生的挥发性化合物具有明显的趋性，在蛋白水解饵料中混入杀虫剂，也早已运用于防控斑潜蝇。通过研究寄主植物的挥发性物质，目前开发的取食引诱剂产品分别针对斑潜蝇、蓟马、粉虱等。

取食刺激剂主要与引诱剂和杀虫剂联用，通过害虫大量取食消灭害虫。例如，美国从 20 世纪 80 年代中期开始，利用葫芦素可以刺激多种叶甲昆虫不由自主地取食的特性，研究将杀虫剂与葫芦素和引诱剂混合制成毒饵，目前已经有效控制了多种食根叶甲的种群，如金针虫等。在取食引诱剂的基础上，利用取食刺激剂，大大提高了对实蝇类害虫、果蝇类害虫的引诱能力和防控效果。

（1）应用技术要点

1）使用时期：食诱剂针对成虫，通常在成虫发生初期使用能取得最佳防效。

2）用法用量：以柱茎蛾诱杀剂为例，每亩用药 1 袋（180g）；1 份原药，加 2 份水，充分搅拌均匀后倒入喷壶备用，在柱茎蛾活动较活跃的早晨或者傍晚，选择烟田背阴面中层、下层叶片点状喷洒；每亩喷 10 个点，每点用药液 30 ～ 50ml，以叶片上挂有滴状诱剂但不流淌为宜。

以糖醋液为例，针对不同害虫，最佳配方不同，使用量一般每亩 6 ～ 10 盆，每周换 1 次（表 5-2-5）。

表 5-2-5　不同害虫的诱虫诱剂最佳配比

靶标害虫	糖醋液比（糖：醋：酒：水）
斜纹夜蛾	3 ：3 ：1 ：9
柱茎蛾	4 ：2 ：4 ：10
潜叶蛾	5 ：20 ：2 ：70
小地老虎	1 ：4 ：1 ：1

（2）注意事项

以柱茎蛾诱杀剂为例。

1）不可与碱性农药等物质混用。

2）对蜜蜂、家蚕有毒，施药期间应避免对周围蜂群的影响，蜜源烟草花期、蚕室和桑园附近禁用。远离水产养殖区施药，禁止在河、塘等水体中清洗施药器具。

3）使用时应穿戴防护服和手套，避免吸入药液。施药时不可吃东西和饮水。施药后应及时洗手和洗脸。

4）用过的包装物应妥善处理，不可做他用，不可随意丢弃。

5）避免孕妇及哺乳期妇女接触。

（七）芽孢杆菌防控病害技术

1. 多黏类芽孢杆菌防控青枯病

多黏类芽孢杆菌产生的广谱抗菌物质和位点竞争，杀灭和抑制病原菌，能诱导植物产生抗病性，从而达到防控病害的目的。多黏类芽孢杆菌适用于防控烟草青枯病，在发生区域均可使用。

（1）应用技术

1）稀释 300 倍液浸苗。

2）苗床按照每平方米 0.3g 的用量泼浇。

3）大田每亩用 1 ～ 1.5kg 灌根。

在整个生育期，用药 3 ～ 4 次，分别在播种（泼浇）、定苗、移栽定植和初发病时泼浇或灌根，累计用药量一般为每亩 2 ～ 3kg。

（2）注意事项

微毒，严防潮湿和日晒，不得与食物、种子、饲料、农药及化学药品混放。

（3）效果评价

1）防效调查方法。灌根后 2 ～ 3 周田间调查，采用 5 点取样法，每点 30 ～ 50 株，计算发病率和病情指数。烟草青枯病的田间调查分级标准（以株为单位）如下。

0 级：全株无病。

1 级：基部偶有褪绿斑，或病侧二分之一以下叶片凋萎。

3 级：基部有黑色条斑，但不超过基围的二分之一，或病侧二分之一至三分之一叶片凋萎。

5 级：基部黑色条斑超过基围二分之一，但未达到顶部，或病侧三分之二以上叶片凋萎。

7 级：基部黑色条斑到达顶部，或病株叶片全部凋萎。

9 级：病株基本枯死。

病情指数 =100×∑（各级病株数 × 相对级数）÷（调查总株数 ×5）

发病率 = 发病数 / 调查总数 ×100%

防控效果 =［对照区发病率（病情指数）– 处理区发病率（病情指数）］÷ 对照区发病率（病情指数）×100%

2）效益计算。

挽回产量损失率 = 对照区产量损失率 – 防控区产量损失率

经济效益 = 挽回损失 – 实际投入

产投比 = 产出经济值 ÷ 投入经济值

生态效益：多黏类芽孢杆菌对环境友好，无污染。

社会效益：减少用工量、降低劳动强度或增加烟农收入等。

2. 枯草芽孢杆菌防控根腐病

芽孢杆菌主要通过竞争、诱导植物抗性及促生作用达到有效控制病害的目的，减少病害对烟草的为害及损失。枯草芽孢杆菌对根腐病有一定控制作用，在温室和田间都可使用。

（1）应用技术

移栽后每隔 30 天用可湿性粉剂 150 ～ 200g（制剂）/ 亩，灌根 2 ～ 3 次以追加菌量。

注意事项：低毒，严防潮湿和日晒，不得与食物、种子、饲料、农药及化学药品混放。

（2）效果评价

1）防效调查方法。灌根后 2 ～ 3 周田间调查，采用 5 点取样法，每点 30 ～ 50 株，计算发病率和病情指数。烟草根腐病病情分级标准（以株为单位）如下。

0 级：全株无病。

1 级：茎部病斑不超过茎围的三分之一，或三分之一以下叶片凋萎。

3 级：茎部病斑环绕茎围的三分之一至二分之一，或三分之一至二分之一叶片轻度凋萎，或下部少数叶片出现病斑。

5 级：茎部病斑超过茎围的二分之一，但未全部环绕茎围，或二分之一至三分之二叶片凋萎。

7 级：茎部病斑全部环绕茎围，或三分之二以上叶片凋萎。

9 级：病株基本枯死。

病情指数 =100×∑（各级病株数 × 相对级数）÷（调查总株数 ×5）

防控效果 =（对照区发病率 – 处理区发病率）÷ 对照区发病率 ×100%

发病率 = 发病数 ÷ 调查总数 ×100%

2）效益计算。

挽回产量损失率 = 对照区产量损失率 – 防控区产量损失率

经济效益 = 挽回损失 – 实际投入

产投比 = 产出经济值 ÷ 投入经济值

生态效益：减少投入农药量、天敌昆虫增加量等。

社会效益：减少用工量、降低劳动强度或增加烟农收入等。

3. 枯草芽孢杆菌防控烟草黑胫病

枯草芽孢杆菌对烟草黑胫病有防控效果。

（1）应用技术

移栽后每隔 10 天用可湿性粉剂 150 ～ 200g（制剂）/ 亩，灌根 2 ～ 3 次以追加菌量。

注意事项：低毒，严防潮湿和日晒，不得与食物、种子、饲料、农药及化学药品混放。

（2）效果评价

1）防效调查方法。灌根后 2 ～ 3 周田间调查，采用 5 点取样法，每点 30 ～ 50 株，计算发病率和病情指数。烟草黑胫病病情分级标准（以株为单位）如下。

0 级：全株无病。

1 级：茎部病斑不超过茎围的三分之一，或三分之一以下叶片凋萎。

3 级：茎部病斑环绕茎围的三分之一至二分之一，或三分之一至二分之一叶片轻度凋萎，或下部少数叶片出现病斑。

5 级：茎部病斑超过茎围的二分之一，但未全部环绕茎围，或二分之一至三分之二叶片凋萎。

7 级：茎部病斑全部环绕茎围，或三分之二以上叶片凋萎。

9 级：病株基本枯死。

病情指数 =100×∑（各级病株数 × 相对级数）÷（调查总株数 ×5）

发病率 = 发病斑数 ÷ 调查总数 ×100%

防控效果 =（对照区发病率 – 处理区发病率）÷ 对照区发病率 ×100%

2）效益计算。

挽回产量损失率 = 对照区产量损失率 – 防控区产量损失率

经济效益 = 挽回损失 – 实际投入

产投比 = 产出经济值 ÷ 投入经济值

生态效益：减少投入农药量、天敌昆虫增加量等。

社会效益：减少用工量、降低劳动强度或增加烟农收入等。

4. 蜡质芽孢杆菌防治烟草青枯病

蜡质芽孢杆菌通过产生广谱抗菌物质、位点竞争、诱导抗性和微生态选择性制约作用等机制达到“以菌治菌”的作用，抑制致病菌的生长，达到防控青枯病的目的。蜡质芽孢杆菌对于烟草青枯病有一定防控效果。

（1）应用技术

烟草定植后全田用 500 倍液灌根，每株灌 0.3L，每 10 天 1 次，连灌 2 ～ 3 次。烟草定植后用 500 倍液浇灌足定根水；定植 10 天后，用 100 ～ 300 倍液浇灌或根茎喷施；旺长再用 100 ～ 300 倍液浇灌 1 次。严防潮湿和日晒，不得与食物、种子、饲料混放。

（2）效果评价

1）防效调查方法。灌根后 2 ～ 3 周田间调查，采用 5 点取样法，每个点调查 30 ～ 50 株，计算发病率和病情指数。烟草青枯病调查分级标准（以株为单位）如下。

0 级：全株无病。

1 级：基部偶有褪绿斑，或病侧二分之一以下叶片凋萎。

3 级：基部有黑色条斑，但不超过基围的二分之一，或病侧二分之一至三分之一叶片凋萎。

5 级：基部黑色条斑超过基围二分之一，但未达到顶部，或病侧三分之二以上叶片凋萎。

7 级：基部黑色条斑到达顶部，或病株叶片全部凋萎。

9 级：病株基本枯死。

病情指数 =100×∑（各级病株数 × 相对级数）÷（调查总株数 ×5）

发病率 = 发病数 ÷ 调查总数 ×100%

防控效果 =（对照区发病率 – 处理区发病率）÷ 对照区发病率 ×100%

2）效益计算。

挽回产量损失率 = 对照区产量损失率 – 防控区产量损失率

经济效益 = 挽回损失 – 实际投入

产投比 = 产出经济值 ÷ 投入经济值

生态效益：减少投入农药量、天敌昆虫增加量等。

社会效益：减少用工量、降低劳动强度或增加烟农收入等。

（八）木霉菌防控病害技术

1. 木霉菌防控烟草靶斑病

利用木霉菌直接作用于病原物以减少接种体繁殖量或其有效性，可间接作用于病原物获得抗病性和系统抗病性，从而达到防控烟草靶斑病的目的，是控制这一病害较为理想的一种绿色防控技术。木霉菌的广谱性和多机制性，使烟草靶斑病等病菌难以形成抗性，防病效果较好。

（1）应用技术

木霉可湿性粉剂（1 亿活孢子 /g）兑水稀释 500 倍液叶面喷雾 1 ～ 2 次。每次间隔 7 ～ 10 天。防止阳光直射降低菌体活力。不能与碱性、酸性农药混用，更不能与杀菌剂混用；应在防病初期用药。药剂要保存在阴凉、干燥处，防止受潮或强光直射；木霉菌剂可与大多数杀虫剂混用。

（2）效果评价

1）防效调查方法。木霉菌液喷施 1 ～ 2 周，在防控区和对照区各随机选取 5 个采样点。每个采样点调查植株 50 棵，计算病情指数及相对防病效果。烟草靶斑病分级标准（以叶为单位）如下。

0 级：全叶无病。

1 级：病斑面积占叶片面积的 5% 以下。

3 级：病斑面积占叶片面积的 6% ～ 10%。

5 级：病斑面积占叶片面积的 11% ～ 20%。

7 级：病斑面积占叶片面积的 21% ～ 40%。

9 级：病斑面积占叶片面积的 41% 以上。

病情指数 =100×∑（各级病苗数 × 相应级数）÷ 调查总苗数

发病率 = 发病数 ÷ 调查总数 ×100%

相对防效 =（对照区发病指数 – 处理区病情指数）÷ 对照区病情指数 ×100%

2）效益计算。

挽回产量损失率 = 对照区产量损失率 – 防控区产量损失率

经济效益 = 挽回损失 – 实际投入

产投比 = 产出经济值 ÷ 投入经济值

生态效益：减少化学农药的使用量，保护生态平衡。

社会效益：绿色产品，增加烟农收入。

2. 木霉菌防控烟草灰霉病

利用木霉菌对灰霉病菌繁殖体的直接抑制作用或间接对烟草诱导抗性，从而达到防控灰霉病的目的。木霉菌对人畜无害，对环境安全，是防控烟草灰霉病的一种防控措施。对烟草灰霉病等叶部病害具有良好的预防和治疗作用，对由灰霉病菌引起的其他烟草灰霉病也有较好防效。由于灰霉病菌对多机制的生防菌木霉难以形成有效抗性，因此，防控效果较佳。

（1）应用技术

利用生防菌木霉防控烟草灰霉病等叶部及茎部病害，使用喷雾效果较好。把木霉可湿性粉剂稀释 400 ～ 600 倍液喷施，每亩用药量 150 ～ 200g 菌剂。在发病初期用药，每隔 7 ～ 10 天喷 1 次药，连续喷施 2 ～ 3 次，如遇降雨应补喷。不能与碱性、酸性农药混用，更不能与杀菌剂混用；应在发病初期用药，做到均匀喷药；喷药后8h如遇降雨，应在晴天后补施；药剂要保存在阴凉、干燥处，防止受潮或强光直射。

（2）效果评价

1）防效调查方法。木霉菌连续喷施2周后，在防控区和对照区随机选取3个采样点，每个采样点调查植株50棵，计算病情指数及相对防病效果。烟草灰霉病分级标准（以叶为单位）如下。

0级：全叶无病。

1级：病斑面积占叶片面积的5%以下。

3级：病斑面积占叶片面积的6%～10%。

5级：病斑面积占叶片面积的11%～20%。

7级：病斑面积占叶片面积的21%～40%。

9级：病斑面积占叶片面积的41%以上。

病情指数=100×∑（各级病苗数×相应级数）÷调查总苗数

发病率=发病数÷调查总数×100%

相对防效=（对照区病情指数–处理区病情指数）÷对照区病情指数×100%

2）效益计算。

挽回产量损失率=对照区产量损失率–防控区产量损失率

经济效益=挽回损失–实际投入

产投比=产出经济值÷投入经济值

生态效益：减少化学农药的使用量，保护生态平衡。

社会效益：绿色产品，增加烟农收入。

3. 哈茨木霉防控烟草黑胫病和根腐病

利用生防菌哈茨木霉对引起烟草黑胫病和根腐病病原菌镰刀菌的直接抑制作用，可达到防控黑胫病和根腐病的目的。

（1）防控措施

主要用于防控由镰刀菌引起的烟草黑胫病和根腐病等土传真菌病害。应用范围广，适应性强，对由真菌引起的其他烟草病害也有良好的防控效果。

（2）应用技术

用哈茨木霉可湿性粉剂60～70g（制剂）/L菌液浇灌到烟株根部，每棵烟株灌药液250ml。药液渗下后及时覆土掩盖，防止阳光直射。不能与碱性、酸性农药混用，更不能与杀菌剂混用；药剂要保存在阴凉、干燥处，防止受潮或强光直射。

（3）评价效果

1）防效调查方法。灌根后2～3周，在防控区和对照区随机选取3个采样点，每个采样点调查植株50株，计算病情指数及相对防病效果。以株为单位分级调查标准如下。

0级：全株无病。

1级：茎部病斑不超过茎围的三分之一，或三分之一以下叶片凋萎。

3级：茎部病斑环绕茎围的三分之一至二分之一，或三分之一至二分之一叶片轻度凋萎，或下部少数叶片出现病斑。

5级：茎部病斑超过茎围的二分之一，但未全部环绕茎围，或二分之一至三分之二叶片凋萎。

7级：茎部病斑全部环绕茎围，或三分之二以上叶片凋萎。

9 级：病株基本枯死。

病情指数 =100×∑（各级病株数 × 相应级数）÷ 调查总株数

相对防效 =（对照区病情指数 – 处理区病情指数）÷ 对照区病情指数 ×100%

2）效益计算。

挽回产量损失率 = 对照区产量损失率 – 防控区产量损失率

经济效益 = 挽回损失 – 实际投入

产投比 = 产出经济值 ÷ 投入经济值

生态效益：可减少化学农药的使用量，保护生态平衡。

社会效益：绿色产品，增加烟农收入。

（九）天然植物源农药防控烟草病害技术

1. 0.15% 苦参碱 +13.5% 硫黄防控烟草靶斑病

苦参碱杀菌剂对许多病原真菌的菌丝生长和孢子萌发有抑制作用。抑制病原真菌菌丝扩展，达到防控病害的目的，可用于防控烟草靶斑病。苦参碱可快速溶解病原菌细胞壁，并且能够干扰病原菌蛋白质的合成。大面积试验示范结果显示，苦参碱对烟草靶斑病具有良好的防控效果。对烟草无任何毒副作用，在大部分烟草产区均适用。

（1）应用技术

使用时期要突出一个“早”字，应比化学农药提前 1 ～ 2 周。每亩用药量 20 ～ 30g，喷雾。严禁与碱性农药混用。防控区内或周围有养蜂、鱼、虾、蟹等水产养殖、畜禽养殖的，不宜飞机防控及大型机械作业，以防止药液直接喷入养殖区或由于药液飘移引起中毒事故；注意施药质量，喷雾要均匀，用水量要足，不重喷，不漏喷。

（2）效果评价

1）防效调查方法。喷施 2 周后，在防控区和对照区随机选取 3 个采样点，每个采样点调查植株 50 棵，计算病情指数及相对防病效果。以叶片为单位分级调查标准如下。

0 级：全株无病。

1 级：病斑面积占叶片面积的 1% 以下。

3 级：病斑面积占叶片面积的 2% ～ 5%。

5 级：病斑面积占叶片面积的 6% ～ 10%。

7 级：病斑面积占叶片面积的 11% ～ 20%。

9 级：病斑面积占叶片面积的 21% 以上。

病情指数 =100×∑（各级病苗数 × 相应级数）÷（调查总苗数 × 最高株数）

发病率 = 病苗（株、叶、秆）数 ÷ 检查苗（株、叶、秆）数 ×100%

病害防控效果 =［对照区病情指数（或发病率）– 防控区病情指数（或发病率）］÷ 对照区病情指数（或发病率）×100%

2）效益计算。

挽回产量损失率 = 对照区产量损失率 – 防控区产量损失率

经济效益 = 挽回损失 – 实际投入

产投比 = 产出经济值 ÷ 投入经济值

生态效益：减少投入农药量、安全高效、低毒、无残留。

社会效益：减少农药使用量，降低劳动强度，增加烟农收入。

2. 0.15% 苦参碱 +13.5% 硫黄防控烟草病毒病

苦参碱能够促进植物生长，提高植物对病毒的抵抗能力。从而有效地防治病毒病害。我国大部分地区均适用。对烟草黄瓜花叶病毒（CMV）、烟草普通花叶病毒（TMV）、马铃薯 Y 病毒（PVY）、烟草蚀纹病毒（TEV）、马铃薯 X 病毒（PVX）引起的烟草病害均有良好防效。

（1）应用技术

烟草苗期是病毒病防控的关键时期。烟草病害发生初期用药。烟草每公顷用药 205 ～ 308 克，喷雾法施药。严禁与碱性农药混用；防控区内或周围有养蜂、鱼、虾、蟹等水产养殖、畜禽养殖的，不宜用飞机防控及大型机械作业，以防止药液直接喷入养殖区或由于药液飘移引起中毒事故；注意用药质量，喷雾要均匀，用水量要足，不重喷、不漏喷。

（2）效果评价

1）防效调查方法。连续喷施 2 周后，在防控区和对照区随机选取 3 个采样点，每个采样点调查植株 50 棵，计算病情指数及相对防病效果。以株为单位分级调查标准如下。

0 级：无病，或发病植株长出正常的新生叶。

1 级：心叶基部沿叶脉出现少量褪绿黄斑，不卷曲。

3 级：心叶出现与叶脉平行的黄绿相间条纹，轻微卷曲。

5 级：心叶出现大量与叶脉平行的失绿条纹，叶片卷曲、细弱。

7 级：植株矮化，叶片出现黄白色条纹卷起，心叶扭曲下垂，不能正常开张。

9 级：植株严重矮化、失绿或死亡。

病情指数 =100×∑（各级病株数 × 相对级数）÷（调查总株数 × 最高级数）

发病率 = 病苗（株、叶）数 ÷ 检查苗（株、叶）数 ×100%

病害防控效果 =［对照区病情指数（或发病率）– 防控区病情指数（或发病率）］÷ 对照区病情指数（或发病率）×100%

2）效益计算。

挽回产量损失率 = 对照区产量损失率 – 防控区产量损失率

经济效益 = 挽回损失 – 实际投入

产投比 = 产出经济值 ÷ 投入经济值

生态效益：减少投入农药量、安全高效、低毒、无残留。

社会效益：减少农药使用量，降低劳动强度，增加烟农收入。

3. 0.3% 苦参碱防控烟草赤星病

苦参碱杀菌剂对许多病原真菌的菌丝生长和孢子萌发具有抑制作用。苦参碱抑制病原真菌菌丝扩展，可用于防控烟草赤星病。其主要抑菌机制是可快速溶解病原菌细胞壁，并且能够干扰病原菌蛋白质的合成。经大面积试验、示范，对烟草赤星病具有清除和预防作用。

（1）应用技术

烟草赤星病重点以预防为主，在发病初期用药，连续使用。采用 600 ～ 800 倍液全株喷施，可预防病害的发生。病情严重时用 200 ～ 300 倍液全株喷施，24h 内可控制病情。施药要均匀细致，雾化要好，以叶片均匀着液，不滴为宜。严禁与碱性农药混用；防控区内或周围有养蜂、鱼、虾、蟹等水产养殖、畜禽养殖的，不宜用飞机防控及大型机械作业，以防止药液直接喷入养殖区或由于药液飘移引起中毒事故；注意用药质量，喷雾要均匀，用水要足，不重不漏。

（2）效果评价

1）防效调查方法。连续喷施 2 周后，在防控区和对照区随机选取 3 个采样点，每个采样点调查植株 50 棵，计算病情指数及相对防病效果。以叶片为单位分级调查标准如下。

0 级：全株无病。

1 级：病斑面积占叶片面积的 1% 以下。

3 级：病斑面积占叶片面积的 2% ～ 5%。

5 级：病斑面积占叶片面积的 6% ～ 10%。

7 级：病斑面积占叶片面积的 11% ～ 20%。

9 级：病斑面积占叶片面积的 21% 以上。

病情指数 =100×∑（各级病叶数 × 相对级数）÷（调查总叶数 × 最高级数）

发病率 = 病苗（株、叶、秆）数 ÷ 检查苗（株、叶、秆）数 ×100%

病害防控效果 =［对照区病情指数（或发病率）– 防控区病情指数（或发病率）］÷ 对照区病情指数（或发病率）×100%

2）效益计算。

挽回产量损失率 = 对照区产量损失率 – 防控区产量损失率

经济效益 = 挽回损失 – 实际投入

产投比 = 产出经济值 ÷ 投入经济值

生态效益：减少投入农药量、安全高效、低毒、无残留。

社会效益；减少农药使用量，降低劳动强度，增加烟农收入。

4. 0.3% 苦参碱防控烟草白粉病

苦参碱对烟草白粉病具有清除和预防作用。

（1）应用技术

病害发生初期施用。每亩用药 0.5 ～ 1.0g，喷雾。严禁与碱性农药混用；防控区内或周围有养蜂、鱼、虾、蟹等水产养殖、畜禽养殖的，不宜用飞机防控及大型机械作业，以防止药液直接喷入养殖区或由于药液飘移引起中毒事故；注意用药质量，喷雾要均匀，用水量要足，不重喷、不漏喷。

（2）效果评价

1）防效调查方法。连续喷施 2 周后，在防控区和对照区随机选取 3 个采样点，每个采样点调查植株 50 棵，计算病情指数及相对防病效果。以叶片为单位分级调查标准如下。

0 级：健康无病斑。

1 级：病斑面积占叶面积的 5% 以下。

3 级：病斑面积占叶面积的 6% ～ 10%。

5 级：病斑面积占叶面积的 11% ～ 25%。

7 级：病斑面积占叶面积的 26% ～ 50%。

9 级：病斑面积占叶面积的 50% 以上。

病情指数 =100×∑（各级病叶数 × 相对级数）÷（调查总叶数 × 最高级数）

发病率 = 病苗（株、叶）数 ÷ 检查苗（株、叶）数 ×100%

病害防控效果 = [对照区病情指数（或发病率）– 防控区病情指数（或发病率）] ÷ 对照区病情指数（或发病率）×100%

2）效益计算。

挽回产量损失率 = 对照区产量损失率 – 防控区产量损失率

经济效益 = 挽回损失 – 实际投入

产投比 = 产出经济值 ÷ 投入经济值

生态效益：减少投入农药量、安全高效、低毒、无残留。

社会效益；减少农药使用量，增加烟农收入。

（十）农用抗生素防控烟草病害

1. 井冈霉素防控烟草靶斑病

井冈霉素是一种放线菌产生的抗生素，具有较强的内吸性，施用后易被菌体吸收，并在其内迅速传导，干扰抑制菌体在烟株体细胞中的生长和发育，可用于防控烟草靶斑病等病害。井冈霉素有水剂、可溶性粉剂等剂型。

（1）应用技术

田间病株率达到 3% ～ 5% 时（发病初期），每亩用 5% 井冈霉素水剂 400 ～ 500ml，兑水 50 ～ 70kg 喷雾，隔 7 ～ 10 天再防控 1 次。可与除碱性以外的多种农药混用；属抗生素类农药，应存放在阴凉干燥处，并注意防腐、防霉、防热。

（2）效果评价

1）防效调查方法。连续喷施 2 周后，在防控区和对照区随机选取 3 个采样点，每个采样点调查植株 50 棵，计算病情指数及相对防病效果。以叶片为单位分级调查标准如下。

0 级：全株无病。

1 级：病斑面积占叶片面积的 1% 以下。

3 级：病斑面积占叶片面积的 2% ～ 5%。

5 级：病斑面积占叶片面积的 6% ～ 10%。

7 级：病斑面积占叶片面积的 11% ～ 20%。

9 级：病斑面积占叶片面积的 21% 以上。

病情指数 =100×∑（各级病株数 × 相对级数）÷（调查总株数 ×5）

发病率 = 病苗（株、叶、秆）数 ÷ 检查苗（株、叶、秆）数 ×100%

病害防控效果 = [对照区病情指数（或发病率）– 防控区病情指数（或发病率）] ÷ 对照区病情指数（或发病率）×100%

2）效益计算。

挽回产量损失率 = 对照区产量损失率 – 防控区产量损失率

经济效益 = 挽回损失 – 实际投入

产投比 = 产出经济值 ÷ 投入经济值

生态效益：减少投入农药量、安全高效、低毒、无残留。

社会效益：降低劳动强度，增加烟农收入等。

2. 申嗪霉素防控烟草病害

（1）申嗪霉素防控烟草靶斑病

申嗪霉素是甜瓜根际假单胞菌产生的一种次生代谢物质，学名为吩嗪 -1- 羧酸，简称 PCA。PCA 能有效抑制植物病原真菌的生长，具有安全、高效、低毒和与环境相融性好等特点。针对烟草纹枯病的致病机制，通过添加生物增效剂，申嗪霉素对烟草靶斑病的防效显著，具有治病和增产的双重功效。申嗪霉素适用于烟草靶斑病的防控，而且对赤星病和白粉病也有较好的防控效果，在所有发生区域均可使用。

A. 应用技术

烟草靶斑病发病初期是最佳防控时期，若发生较为严重间隔 7 天后再施药 1 次。每亩用 40g，兑水 30kg，喷雾。本药有低毒，施药时请戴手套并穿防护服。

B. 效果评价

1）防效调查方法。连续喷施 2 周后，在防控区和对照区随机选取 3 个采样点，每个采样点调查植株 50 棵，计算病情指数及相对防病效果。以叶片为单位分级调查标准如下。

0 级：全株无病。

1 级：病斑面积占叶片面积的 1% 以下。

3 级：病斑面积占叶片面积的 2% ～ 5%。

5 级：病斑面积占叶片面积的 6% ～ 10%。

7 级：病斑面积占叶片面积的 11% ～ 20%。

9 级：病斑面积占叶片面积的 21% 以上。

病情指数 =100×∑（各级病株数 × 相对级数）÷（调查总株数 ×5）

发病率 = 病苗（株、叶、秆）数 ÷ 检查苗（株、叶、秆）数 ×100%

病害防控效果 =［对照区病情指数（或发病率）– 防控区病情指数（或发病率）］÷ 对照区病情指数（或发病率）×100%

2）效益计算。

挽回产量损失率 = 对照区产量损失率 – 防控区产量损失率

经济效益 = 挽回损失 – 实际投入

产投比 = 产出经济值 ÷ 投入经济值

生态效益：减少投入农药量、安全高效、低毒、无残留。

社会效益：降低劳动强度，增加烟农收入等。

（2）申嗪霉素防控烟草黑胫病和根腐病

申嗪霉素是防控烟草黑胫病和根腐病等土传病害的特效药。同时具有预防和治疗的双重功效，在防控病害的同时，能增加烟草的产量。

A. 应用技术

烟草黑胫病和根腐病以预防为主，在发病初期即用药。田间发病率在 3% ～ 5% 时，即要使用。移栽时灌根，每株 250g 药液，每隔 5 ～ 7 天灌 1 次，连灌 2 ～ 3 次（稀释倍数 500 ～ 1000 倍）。本药为低毒，施药时要戴手套并穿防护服。

B. 效果评价

1）防效调查方法。连续灌根 2 周后，在防控区和对照区随机选取 3 个采样点，每个采样点调查植株 50 株，计算病情指数及相对防病效果。以株为单位分级调查标准如下。

0 级：全株无病。

1 级：茎部病斑不超过茎围的三分之一，或三分之一以下叶片凋萎。

3 级：茎部病斑环绕茎围的三分之一至二分之一，或三分之一至二分之一叶片轻度凋萎，或下部少数叶片出现病斑。

5 级：茎部病斑超过茎围的二分之一，但未全部环绕茎围，或二分之一至三分之二叶片凋萎。

7 级：茎部病斑全部环绕茎围，或三分之二以上叶片凋萎。

9 级：病株基本枯死。

病情指数 =100×∑（各级病苗数 × 相应级数）÷ 调查总苗数

相对防效 =（对照区病情指数 – 处理区病情指数）÷ 对照区病情指数 ×100%

2）效益计算。

挽回产量损失率 = 对照区产量损失率 – 防控区产量损失率

经济效益 = 挽回损失 – 实际投入

产投比 = 产出经济值 ÷ 投入经济值

生态效益：可减少化学农药的使用量，保护生态平衡。

社会效益：绿色产品，增加烟农收入。

3. 宁南霉素防控烟草病毒病

宁南霉素是一种 L- 丝氨酸胞嘧啶核苷肽型广谱抗生素。室内试验表明，对受烟草花叶病毒（TMV）、黄瓜花叶病毒（CMV）、马铃薯 Y 病毒（PYV）、番茄斑萎病毒（TSWV）等侵害的烟草具有优异的保护活性和治疗活性。毒性试验和残留量分析结果表明，宁南霉素属低毒、无致敏作用、低残留的生物农药，是我国目前抗植物病毒首选药物。宁南霉素通过抑制钝化花叶病毒的活性，提高植物自身抵抗力，达到最终自愈。大田试验表明，对数十种烟草病毒病均有显著的防控作用，相对防效 70% ～ 80%，累计推广应用面积达数千万亩。宁南霉素目前有水剂、粉剂等几种剂型。

（1）应用技术

防控烟草病毒病水剂 5 ～ 10g/ 亩，喷雾。使用适期在苗床期喷药 1 次，可以防病促壮苗，移栽到大田后 15 天左右，以及在烟株旺长到现蕾期，每隔 7 ～ 10 天连续喷药 3 次，可收到显著的防控效果。

（2）效果评价

1）药效调查和计算。连续喷施 2 周后，在防控区和对照区随机选取 3 个采样点，每个采样点调查植株 50 棵，计算病情指数及相对防病效果。以株为单位分级调查标准如下。

0 级：无症状。

1 级：叶明脉或轻花叶。

3 级：心叶及中部叶片花叶，有时叶片出现坏死斑。

5 级：多数叶片花叶，少数叶片畸形、皱缩，有时叶片或茎部出现坏死斑。

7 级：多数叶片畸形、细长或茎秆、叶脉产生系统坏死，植株矮化。

9 级：植株严重系统花叶、畸形、矮化甚至死亡。

2）药效计算。

病株率 = 病株数 ÷ 调查总株数 ×100%

病情指数 =100×∑（各级病叶数 × 相对级数）÷（调查总叶数 × 最高级数）

防控效果 =（对照区病情指数 – 试验区病情指数）÷ 对照区病情指数 ×100%

3）效益计算。

挽回产量损失率 = 对照区产量损失率 – 防控区产量损失率

经济效益 = 挽回损失 – 实际投入

产投比 = 产出经济值 ÷ 投入经济值

社会效益：减少用工量、增加烟农收入。

（十一）抗重茬微生态药肥防控重茬土传烟草病害技术

根据植物微生态学理论，从健康烟草植株筛选具有防病、抗病、促生增产等作用的有益内生菌，通过发酵生产加工制备成烟草抗重茬微生态药肥。烟草抗重茬微生态药肥所选用的菌株能在植株体内定植、繁殖和转移，调节植物体内微生态平衡，达到防病、增产、改善品质等效果。

（1）应用技术

基施，将烟草抗重茬微生态药肥与有机肥、农家肥或化肥等混合均匀撒入地里，立即犁田耕耙理墒，每亩用 2 ～ 4kg；穴施或条施将烟草抗重茬微生态药肥与有机肥、农家肥或化肥等混合均匀，然后覆土定植或播种，每亩用 2 ～ 4kg；蘸根，将烟草抗重茬微生态药肥稀释 150 ～ 300 倍，移栽时苗根浸蘸 30min 以上，然后移栽。灌根，在重茬病害发病初期，用烟草抗重茬微生态药肥 80 ～ 100 倍液灌根，严重地块用 50 倍液灌根；不得与化学杀菌剂混用。菌剂要保存在干燥通风的地方，不能露天堆放，避免阳光直晒，防止雨淋；如与化肥混用，应现混现用，且菌剂开包后要尽快用完。

（2）效果评价

1）防效调查方法。调查采用 5 点取样法，每点取样 15 株。从田间开始出现病株起每隔 7 ～ 10 天调查 1 次，连续调查 3 ～ 4 次。调查记载病株（或叶）率，计算防效。

防效 =［对照区病株（或叶）率 – 处理区病株（或叶）率］÷ 对照区病株（或叶）率 ×100%

在采收期，调查单株产量以及折算后的每公顷产量。

2）效益计算方法。

挽回产量损失率 = 对照区产量损失率 – 防控区产量损失率

经济效益 = 挽回损失 – 实际投入

产投比 = 产出经济值 ÷ 投入经济值

烟草抗重茬微生态药肥能够有效降低化学肥料和农药使用造成的环境污染，有利于烟草安全生产。

减少化学肥料和农药使用量，降低有害物质在烟草中的残留和污染，为消费者提供安全烟草。

三、物理防控技术

（一）灯光诱控技术

1. 频振式杀虫灯

杀虫灯是利用昆虫对不同波长、波段的光趋性进行诱杀，有效压低虫口基数，控制害虫种群数量，是一种常用的物理诱控技术。可以诱杀为害烟草的多种害虫。利用杀虫灯诱控技术控制烟草害虫，不仅杀虫谱广，诱虫量大，诱杀成虫效果显著，害虫不产生抗性，对人、畜安全，促进田间生态平衡，而且安装简单，使用方便。常用的杀虫灯因光源的不同可分为各种类型。因电源的不同，可分为交流电供电式和太阳能供电式杀虫灯等（图 5-2-59、图 5-2-60）。

图 5-2-59

图 5-2-60

（1）应用技术

以目前应用较广的频振式杀虫灯为例。挂灯高度：杀虫灯的底端（袋口）距地 1.2m 左右，地势低洼环境可提高在 1.5m 左右；太阳能杀虫灯硬化底座 30 ～ 50cm 高。

控制面积：灯距 180 ～ 200m，单灯控制面积 30 ～ 50 亩，控制半径为 90 ～ 100m。各种杀虫灯按照棋盘式、井字形或之字形布局，连片应用效果好。开灯时间：分别在 4 月、5 月开始挂灯，采收结束后收灯。害虫成虫发生期使用，其他虫态发生期不使用。发蛾高峰期前 5 天开灯，开灯时间以 20 时至次日 6 时为好。

（2）注意事项

1）架设电源电线要请专业电工，不能随意拉线，确保用电安全。

2）接通电源后请勿触摸高压电网，灯下禁止堆放柴草等易燃品。

3）使用中要使用集虫袋，袋壁要光滑以防害虫逃逸。

4）使用电压应为 210 ～ 230V，雷雨天气尽量不要开灯，以防电压过高，每天要对接虫袋和高压电网的污垢进行清理，清理前一定要切断电源，顺网进行清理。如果污垢太厚，可更换新电网或将电网拆下，清除污垢后再重新绕好，绕制时要注意两根电线不能短路。

5）太阳能杀虫灯在安装时要将太阳能板调向正南，确保太阳能电池板能正常接收光照。蓄电池要经常检查，电量不足时要及时充电，以免影响使用寿命。

6）出现故障时，务必在切断电源后进行维修。

7）使用频振式杀虫灯不能完全代替农药，应根据实际情况与其他防控方法相结合。

8）在使用过程中要注意对灯下和电杆背灯面两个诱杀盲区内的害虫重点防控。

（3）效果评价

1）防效调查方法。在挂灯区随机选取 3 个地块样点，在对照区随机选取 2 个地块样点，调查被害率。以烟青虫为例：每样点采用对角线 5 点取样，每点调查 200 株。7 月上旬调查叶片花叶率，7 月末调查田间被害率，9 月下旬调查一代、二代烟青虫为害，10 月中旬调查百株活虫数。

2）计算防控效果。

花叶率 = 花叶片数 ÷ 总调查叶片数 ×100%

被害率 = 被害株数 ÷ 总调查株数 ×100%

减退率 =（对照田被害率 – 防控田被害率）÷ 对照田被害率 ×100%

防控效果 =（被害株减退率 + 虫口减退率 + 虫孔减退率）÷3

3）效益分析。

挽回产量损失率 = 对照区产量损失率 – 防控区产量损失率

经济效益 = 挽回损失 – 实际投入

产投比 = 产出经济值 ÷ 投入经济值

生态效益：减少投入农药量、增加天敌昆虫量等。

社会效益：减少用工量，降低劳动强度或增加烟农收入等。

2. LED 新光源杀虫灯诱杀害虫技术

LED（发光二极管）新光源杀虫灯是利用昆虫趋光特性，设置昆虫敏感的特定光谱范围的诱虫光源，诱导害虫趋光、趋波兴奋效应而扑向光源，光源外配置高压电网杀死害虫，使害虫落入专用的接虫袋，达到杀灭害虫的目的。利用 LED 新光源杀虫灯诱杀害虫是一种物理防控技术，可诱杀以鳞翅目和鞘翅目害虫为主的多种类型的害虫成虫，包括棉铃虫、夜蛾、食心虫、地老虎、金龟子、蝼蛄等几十种。

白天时，太阳光照射到 LED 新光源杀虫灯的太阳能电池板上，光能转换成电能并储存于蓄电池内，夜晚自动控制系统根据光照亮度自动亮灯，并开启高压电极网进行诱杀害虫工作。对鳞翅目和鞘翅目害虫诱杀效果明显。

（1）应用技术

A. 悬挂高度

田间安装杀虫灯时，先按照杀虫灯的安装使用说明安装好杀虫灯各部件，然后将安装好的杀虫灯固定在主体灯柱上，再用地角螺栓固定到地基上，最后用水泥灌封后将整灯固定安装到地面。灯柱高度（杀虫灯悬挂高度）因不同烟草高度而异。一般来说，悬挂高度以灯的底端（即接虫口对地距离）离地 1.2 ～ 1.5m 为宜，如果烟草植株较高，挂灯一般略高于烟草 20 ～ 30cm。

B. 田间布局

杀虫灯在田间的布局常用两种方法：一是棋盘状分布，适合于比较开阔的地方使用；二是闭环状分布，主要针对某块为害较重的区域以防止害虫外迁或为做试验需要特种布局。如果安灯区地形不平整，或有物体遮挡，或只针对某种害虫特有的控制范围，则可根据实际情况采用其他布局方法，如在地形较狭长的地方，采用小之字形布局。棋盘状和闭环状分布中，各灯之间和两相邻线路之间间隔以单灯控制面积计算，如单灯控制面积 30 亩，灯的辐射半径为 80m，则各灯之间和两相邻线路之间间隔 160 ～ 200m。

C. 开灯时间

以害虫的成虫发生高峰期，每晚 19 时至翌日 3 时为宜。

（2）注意事项

1）太阳能杀虫灯在安装时要将太阳能板面向正南，确保太阳能电池板正常接收光照。蓄电池要经常检查，电量不足时要及时充电，以免影响使用寿命。

2）使用 LED 杀虫灯不能完全代替农药，应根据实际情况与其他防控方法相结合。

3）在使用过程中要注意对灯下和背灯面两个诱杀盲区内的害虫重点防控。

4）及时用毛刷清理高压电网上的死虫、污垢等，保持电网干净。

（3）防效评价

防效主要看两个方面的内容。一是诱杀昆虫（害虫和益虫）种类和数量调查，在挂灯区选择 2 ～ 3 盏灭虫灯定期调查，每 2 ～ 5 天 1 次，将收虫袋内的虫体带回室内，统计诱到的昆虫种类与数量，计算单灯诱捕量。二是田间调查，针对烟草病虫发生实际，在挂灯区和非挂灯区针对主要害虫种类进行田间调查，重点是鳞翅目和鞘翅目害虫的为害情况，包括被害叶数量、田间落卵量、百叶幼虫数等，比较分析叶片受害率和虫口减退率。

花叶率 = 花叶片数 ÷ 总调查叶片数 ×100%

被害率 = 被害株数 ÷ 总调查株数 ×100%

减退率 =（对照田被害率 – 防控田被害率）÷ 对照田被害率 ×100%

防控效果 =（被害株减退率 + 虫口减退率 + 虫孔减退率）÷3

（4）效益分析

挽回产量损失率 = 对照区产量损失率 – 防控区产量损失率

经济效益 = 挽回损失 – 实际投入

产投比 = 产出经济值 ÷ 投入经济值

生态效益：减少投入农药量、天敌昆虫增加量等。

社会效益；减少用工量，降低劳动强度或增加农收入等。

（5）效益评价

调查记录设置杀虫灯区与未设置杀虫灯的烟草田的产量、售价和其间进行虫害防控的各项投入费用，比较分析投入产出情况。通过设置杀虫灯与未设置杀虫灯的烟田的天敌种类和数量比较，分析该项技术的生态效益。

（二）色板诱控技术

色板诱控技术可分有色黏板和非黏性色板。利用昆虫的趋色（光）性，制作各类有色黏板：在害虫发生前诱捕部分个体以监测虫情，在防控适期诱杀害虫。为增强对靶标害虫的诱捕力，将害虫性诱剂、植物源诱捕剂或者性信息素和植物源信息素混配的诱捕剂与色板组合；制作非黏性色板，与植物互利素或害虫利他素配成的诱集剂组合，诱集、指引天敌于高密度的害虫种群中寄生、捕食，达到控制害虫、减免虫害造成烟草产量和质量的损失，保护生物多样性。多数昆虫具有明显的趋黄绿的习性，特殊类群的昆虫对于蓝紫色有显著趋性。一般地，一些习性相似的昆虫，对有些色彩有相似的趋性。蚜虫类、粉虱类趋向黄色、绿色；有些寄生蝇、种蝇等偏嗜蓝色；有些蓟马类偏嗜蓝紫色，但有些种类蓟马嗜好黄色。夜蛾类、尺蠖蛾类对于色彩比较暗淡的黄色、褐色有显著趋性。色板诱捕的多是日出性昆虫，墨绿、紫黑等色彩过于暗淡，引诱力较弱。白光由多种光混合而成，可吸引较多种类的昆虫，白板上昆虫的多样性指数最大。

色板与昆虫信息素的组合可叠加两者的诱效，在通常情况下，诱捕害虫、诱集和指引天敌的效果优于色板和信息素。

烟草上害虫和天敌的种类繁多，色板的种类也较多，可针对主要害虫采用适宜的色板。色板的制作有一定的质量和标准，按照国家标准色谱确定色度和亮度，还要有适宜的硬度和韧性。

1. 应用技术

色板可在育苗大棚、烟田广泛应用。色板可以是长方形的，常用的有 20cm×40cm、20cm×30cm、10cm×20cm 等，也有方形的，如 20cm×20cm、30cm×30cm 等。色板均匀涂布无色无味的昆虫胶，胶上覆盖防黏纸，田间使用时，揭去防黏纸，回收。诱捕剂载有诱芯，诱芯可嵌在色板上，或者挂于色板上。

1）诱捕蚜虫使用黄色黏板。在成蚜始盛期迁飞前后，使用色板诱捕迁飞的有翅蚜，色板上附加植物源诱捕剂更好。在烟草地里，色板高过烟草 15 ～ 20cm，每亩放 15 ～ 20 个（图 5-2-61、图 5-2-62）。

2）诱捕粉虱使用黄色黏板。对于烟草大棚内的粉虱类可选用素馨黄色彩。春季使用色板诱捕越冬的粉虱成虫，或者在粉虱严重发生时，在成虫产卵前期诱捕孕卵成虫。烟草大棚内，20 ～ 30 天更换 1

次色板。色板上附加植物源诱捕剂效果会更好。在烟草地里，色板高过烟草 15 ～ 20cm，每亩放 15 ～ 20 个。

3）诱捕蓟马使用蓝色黏板（图 5-2-63、图 5-2-64）或黄色黏板。在蓟马成虫盛发期诱捕成虫。使用方法同蚜虫类。

图 5-2-61

图 5-2-62

图 5-2-63

图 5-2-64

4）诱捕蝇类害虫使用蓝色黏板或绿色黏板。诱捕雌成虫。烟地里色板高过烟草 15 ～ 20cm，每亩放置 10 ～ 15 个。

2. 效果评价

1）防控效果计算。同化学防控，诱捕区和对照区又分为若干重复的小区，调查色板放置前、后实际虫口，计算校正死亡率，即防控效果。

2）诱捕效果计算。放置诱捕器后 1 天、2 天、3 天至若干天，调查色板上诱捕的害虫，每次棋盘式取样，每次取样的数量≥ 30 个，计算效果持续期、半衰期等。

（三）防虫网应用技术

防虫网采用聚乙烯为主要原料，添加防老化、抗紫外线等化学助剂，经拉丝织成网筛状覆盖材料。具有拉力强度大、抗热、耐水、耐腐蚀、耐老化、无毒、无味、可反复覆盖使用 4 ～ 5 年，每平方米年

图 5-2-65

平均使用成本不足 1 元，最终的废弃物易处理等优良特点。在保护地烟草育苗设施上覆盖，基本上可免除黄曲条跳甲、蚜虫、烟粉虱、斑潜蝇等多种主要害虫的为害，还可阻隔传毒的蚜虫、烟粉虱、蓟马、美洲斑潜蝇等传播的数十种病毒病，达到防虫兼控病毒病的良好效果。可大幅减少农药的施用，缓解保护地内害虫对农药的抗性，而且实用性强、操作简单易行、成本低。根据期望阻隔的目标害虫的最小体型，选择合适的目数，一般生产上常选用 40 ～ 60 目的白色或有银灰条的防虫网。在栽培上还兼有透光、适度遮光、抵御暴风雨冲刷和冰雹侵袭等自然灾害的特点，创造适宜烟苗生长的有利条件（图 5-2-65）。

1. 技术应用

需在害虫发生初始前覆盖防虫网，才可减少农药的使用次数和使用量。为防止存有的虫口发生为害，覆盖之前必须杀灭虫口基数，清除前茬残存枝叶和杂草等田间中间寄主，对残留在土壤中的虫、卵进行必要的药剂处理。根据设施类型，选择操作方便易行、节约的优化组合覆盖方法。目前常用的主要覆盖法有以下几种。

1）设施防虫网、膜结合，即保留设施大棚天膜不揭除，只在棚室四周的通风口及出入门口装上防虫网，防虫网覆盖时网的四周应盖严，压牢，杜绝害虫从网隙中潜入网内，并防止防虫网被风吹开。

2）在保护地通过架设支架全覆盖防虫网育苗。

3）双网（防虫网与遮阳网）配套使用。

2. 效果评价

（1）调查方法

在同等栽培条件下，分对照区和处理区，烟苗上的害虫进入发生期盛期时，采用 5 点取样法调查，每点调查 20 株，对害虫的有虫株率和株均虫口密度等指标进行对比分析，并计算防控效果。有条件的还可选取一定小区面积进行生物量测定对比，可更进一步评价技术应用的经济效益。

常用指标的对比计算公式如下。

有虫株率 = 有虫株数 ÷ 调查总株数 ×100%

株均虫口密度 = 调查取样总虫口数 ÷ 调查总株数

控害效果 =（对照区株均虫口密度 – 处理区株均虫口密度）÷ 对照区株均虫口密度 ×100%

（2）效益计算

挽回产量损失率 = 对照区产量损失率 – 防控区产量损失率

经济效益 = 增加产出经济值（挽回损失值）– 投入经济值（实际投入值）

生态效益：减少投入农药量等。

社会效益：降低栽培管理劳动强度或增加收入等。

（四）银灰膜避害控害技术

利用蚜虫、烟粉虱对银灰色有较强的忌避性，可在田间挂银灰塑料条或用银灰地膜覆盖烟草来驱避害虫，预防病毒病。

1. 应用技术

烟草田间铺设银灰色地膜驱避害虫（图 5-2-66、图 5-2-67）。

图 5-2-66

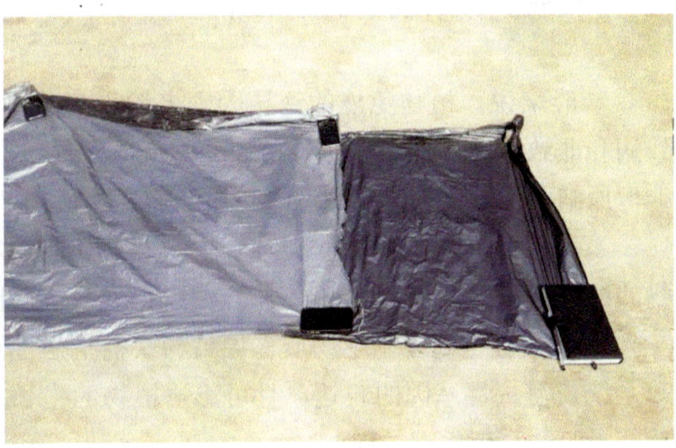

图 5-2-67

2. 效果评价

银灰膜避害控害技术是一项物理防虫措施，可减少田间用药，有利于生产无公害烟草。

（1）防效评价

分别选取设置银灰膜和未设置银灰膜的烟草田各一块，每块田 5 点取样，每点选取烟草植株 10 株并标记，每 10 天调查 1 次，连续调查 3 次，记录有虫株数、有虫叶数、天敌种类和数量等，分析比较百株害虫（蚜虫、粉虱）发生量（表 5-2-6）。

（2）效益评价

调查记录设置银灰膜与未设置银灰膜的烟田的产量、售价和其间进行蚜虫、粉虱防控的各项投入费用，比较分析投入产出情况。通过设置银灰膜与未设置银灰膜的烟田的天敌种类和数量比较，分析该项技术的生态效益。

表 5-2-6 烟田害虫（蚜虫、粉虱）发生数量调查表

调查日期： 调查地点： 烟草品种及生育期： 调查人：

调查株数 / 株	有虫株数 / 株	有虫株率 /%	调查叶数 / 片	有虫叶数 / 片	有虫叶率 /%	百株虫量 / 头	备注

四、植物免疫诱抗剂应用技术

（一）植物免疫概念

植物在长期的进化过程中，为适应自然界环境的变化和抵抗病原微生物的入侵，逐渐形成了能分泌多种免疫功能物质的自身免疫系统。对植物抗病能力的发现可以追溯到100多年前，当时人们就观察到当植物接种致病菌、非致病小种或是一些病原菌的产物时，可产生对一些病害的抵抗能力。美国科学家在《自然杂志》(2006年）上提出了植物免疫系统的概念。

（二）植物免疫诱抗剂的技术原理

一般来说，植物免疫的诱导因素来源于病原微生物的直接感染，如植保素是在诱导条件下产生的，致病和非致病的菌株都能诱导植保素的形成。能诱导植物产生免疫抗性的细菌包括死体或活体病原细菌，非病原细菌及细菌的不同成分，可诱导非寄主植物产生过敏性，进而获得系统抗性。

寡聚多糖是自然界中一类具有生物调节功能的复杂碳水化合物。一些寡聚糖可以使植物抗病原微生物的能力增强，以其为诱导物使植物获得系统抗病性将成为有效的植物保护措施之一。

水杨酸也是许多化学物质诱导植物获得抗病性过程中防御信号传递的关键物质之一。它可诱导一整套系统获得抗性基因的表达，且可影响植物的生长、蒸腾速率、光合速率、气孔关闭、膜渗透性和抗氧化能力等一系列生理过程。

激活蛋白的抗病原理：当激活蛋白接触到植物器官的表面后，激活蛋白可以作用于植物叶表面的膜受体蛋白，当膜受体蛋白接收了激活蛋白的信号后，就通过植物体内的一系列信号转导，激活与抗病性相关的代谢途径而产生具有抗菌活性的水杨酸和茉莉酸等物质，促进植物的生长，同时植物自身获得了对病菌的免疫抗性，提高了对病菌的抵抗能力。激活蛋白本身对病菌无直接杀灭作用，因此对环境和植物安全，更不会引起病菌的抗药性。

（三）植物免疫诱抗剂的研发现状

经过多年的研究，植物免疫诱抗剂（疫苗）已从研究阶段走向应用，并取得了明显效果。随着寡糖疫苗研究的深入，在烟草上也开始有应用。

近年来，蛋白质农药已成为新型环保生物农药发展中的一个新亮点，有关激发植物免疫抗病和促生增产作用的微生物蛋白农药的研究，已引起国内外的广泛关注和重视。

（四）植物免疫诱抗剂的种类

前述提到的植物免疫诱抗剂的种类很多，这里着重介绍寡糖植物免疫诱抗剂与蛋白质植物免疫诱抗剂。

1. 寡糖植物免疫诱抗剂

寡糖类疫苗的研究始于20世纪60年代。1976年发现细胞壁的寡糖碎片能诱导植保素的合成。1985年发现霉菌细胞壁片段A-OK葡聚糖能够激活植物抗性反应，并首次提出了寡糖素这个概念。此后，对于能诱导植物抗性的寡聚糖类的研究越来越受到人们的关注，并对其作用机制进行了较深入的研究。寡糖类植物疫苗已开始应用于烟草生产。

2. A-OK 葡聚糖具有诱导植物免疫活性

迪鲁齐奥在植物病原菌卵菌纲的培养物滤液中第一次检测到，后来又从酵母抽提液中得到纯化物。

葡聚糖在几种豆科植物中都有诱导植保素产生的作用。近些年来利用分离纯化或人工合成的单一寡糖进行的研究表明，寡糖物质的组成及结构特性是影响其生物学活性的重要因素之一。这种寡糖结构是各种菌丝体壁的重要结构单元。因此，对 A-OK 葡萄糖苷的研究多集中于菌丝体壁释放的激发子。用热水或三氟乙酸（TFA）部分水解菌丝体壁，可得到寡聚糖与多聚糖的混合物。其中寡聚葡萄糖在大豆中有激发植保素的积累和产生富含羟脯氨酸糖蛋白的作用；在烟草体内，可诱导植株对病原体的抗性，并激活富含甘氨酸蛋白的表达。

3. 几丁质和壳聚糖

甲壳动物壳的主要成分，也是许多真菌细胞壁的组成成分。几丁质是 *N*- 乙酰氨基葡萄糖通过 β-1 键连接形成的线性多聚糖，其部分脱乙酰化的产物即为壳聚糖。几丁质的溶解性很差，壳聚糖能溶于弱酸中，因此壳聚糖较几丁质有较多的应用功能。壳聚糖不仅能有效地诱导植物的抗病性，在田间对烟草病害的防控表现出明显的效果，而且对植物病原菌生长有抑制作用。壳聚糖被认为是很有应用潜力的激发子。但是，由于几丁质和壳聚糖的水溶性差，限制了它们在农业生产上的应用。因此，水溶性好的壳寡糖引起了人们的极大关注。壳寡糖能有效地诱导植物的抗病性，对植物病害，特别是植物病毒病的防控效果明显。壳寡糖的生产多以海洋甲壳动物的外壳为原料，该原料中含有丰富的甲壳素，甲壳素经过脱乙酰化处理后生成壳聚糖，再将壳聚糖经过部分酸水解或酶解可得到壳寡糖。

4. 蛋白质植物免疫诱抗剂

蛋白质生物农药是由微生物产生的，对多种烟草具有生物活性的蛋白激发子类药物。通过激发植物自身的抗病防虫功能基因表达，增强植物对病虫害的免疫能力，并促进植物生长。微生物蛋白质农药的作用机制在性质上类似动物免疫的抗病机制，属于一种新型、广谱、高效、多功能生物农药。

近 20 年来，已经从植物病原菌中发现多种具有诱导植物广谱抗性和促生长的激发子类蛋白，主要包括过敏蛋白和激活蛋白。激发子能引起植物抗病基因的诱导表达、抗菌物质的产生、细胞凋亡和过敏反应等，从而阻止或限制病害的发生和发展，保护植物少受或不受病原的为害。

蛋白激发子是基于诱导增强植物抗病性、抗逆性而研制的蛋白农药。它对病原物无直接杀死作用，对植物有很好的抗病增产作用，能显著提高烟草的产量和品质。

5. 激活蛋白制剂

激活蛋白是从葡萄孢菌、交链孢菌、黄曲霉菌、青霉菌、纹枯病菌、木霉菌、镰刀菌等多种真菌中筛选、分离、纯化出的蛋白质。植物激活蛋白通过与植物表面受体的互作，诱导植物的信号转导，引起植物体内一系列代谢反应，诱导和激活植物自身防卫免疫系统和生长系统，从而对病虫害产生抗性，促进植物生长。

激活蛋白制剂为功能微生物蛋白，具有自主知识产权。激活蛋白通过激发植物防御免疫系统，提高植物抗病虫能力，同时具有促进植物生长发育，提高烟草产量和品质的功能。

激活蛋白有别于常规生物农药的作用单一或功效缓慢，具有抗病增产的多种功能。可提高植物抗病性和抗逆能力，促进植物根、茎、叶生长和提高叶绿素含量。

激活蛋白初试产品性能稳定，便于规模化生产，产品无毒，无残留。可用于植物的拌种、浸种、浇根和叶面喷施。经对 40 多种植物的室内盆栽和田间试验表明，对病虫害的防控效果为 40% ～ 80%，提高烟草产量 10% ～ 20%。

（五）植物免疫诱抗剂应用实例

1. 植物激活蛋白剂

（1）植物激活蛋白剂作为新型植物蛋白诱抗剂的特点

1）生产成本低，发酵周期短，适于大规模生产、推广应用。

2）功能多。能促进植物种子萌发，促进根系和植株生长，提高烟草的生物产量和坐果率，并能诱导植物对灰霉病、青枯病、烟草花叶病毒病等植物病害的抗性，同时还兼有抗蚜虫作用。

3）效果显著。对多种作物病害防效可达 70%，增产 10% 以上。

4）稳定性强。生产中采用了蛋白质保护剂和蛋白质稳定剂，较好地解决了天然蛋白在田间应用所遇到的实际问题。

5）毒性低。植物激活蛋白对 SD 大鼠急性经口毒性表明，雄性大鼠经口毒性 LD_{50} ＞ 5000mg/kg，雌性大鼠经口毒性 LD_{50} ＞ 3830mg/kg。大鼠经皮毒性 LD_{50} ＞ 2000mg/kg；皮肤刺激性试验显示，对家兔皮肤无刺激性。数据表明，植物激活蛋白对人、畜低毒。植物激活蛋白除了具有增产抗病作用外，对烟草还具有改善品质的效果。

（2）植物激活蛋白烟草田间应用效果

用植物激活蛋白 3% 可溶性粉剂在云南的烟草上进行了田间示范试验。结果表明，植物激活蛋白 1000 倍液连续施用 3 ～ 4 次，对多种烟草主要病害都具有一定的诱抗作用，特别是对病毒病的诱抗效果显著，同时能明显促进烟草的生长发育，提高烟草的产量和品质。

（3）在烟草上的应用方法

用植物激活蛋白可溶性粉剂（15g/ 包）1000 倍液每隔 15 天喷施 1 次，共施用 4 次，对烟草病毒病、黑胫病、白粉病和炭疽病的诱导抗病效果分别为 70.0%、66.7%、60.0% 和 62.5%。另外，施用激活蛋白的烟株生长旺盛，颜色光亮，能明显提高烟草的产量与品质。

2. 壳寡糖应用技术

（1）壳聚糖、壳寡糖的优点

1）使土壤中有益微生物增加，抑制有害菌。

2）抑制根结线虫，改善土壤连作障碍。

3）使土壤形成团粒结构，改善土壤通气性、排水性和保肥力，促进根系发育，增强根系的营养吸收能力。

4）活化植物的几丁聚糖酵素的活性，诱导植物抗毒素的产生，提高烟草抗病能力，减少农药使用量。

5）增进植物对微量元素的吸收能力，增加烟草产量，提早收获，提升品质。

（2）壳寡糖的田间应用效果

壳寡糖可有效提高烟草产量，防控病虫害，增殖土壤和生物菌肥的有益菌，被誉为不是农药的农药，不是化肥的化肥。壳寡糖能刺激植物的免疫系统，激活防御反应，调控植物产生抗菌物质。壳寡糖能诱导植物抵抗根腐病、赤星病等，保证植物正常生长；还可促进土壤中自生的固氮菌、乳酸菌、纤维分解菌、放线菌等有益菌的增加。通过包衣等方法处理种子，可促进种子发芽，促早出苗，出全苗，出壮苗。大田试验证明，壳寡糖可使烟草等增产 10% ～ 30%，提高产品品质，而且具有良好的抗病虫效果。壳寡糖具有安全、微量、高效、成本低等优势，可以应用于粮食和烟草的种子处理，也可用于土壤改良，抑制土壤中病原菌的生长，改善土壤的团粒结构和微生物区系等。

（3）在烟草上的应用方法

1）苗期用壳寡糖 700 ～ 800 倍液喷雾，可促进幼苗在低温下的生长；在苗床上喷施促生作用明显，烟苗健壮。

2）大田定植后至开花前，喷施 1000 倍液壳寡糖有明显的促生作用，用壳寡糖 1000 倍液喷雾 2 ～ 3 次，对病毒病、细菌性病害有良好的防控效果，并能大大降低真菌性病害的发生，提高产量 20% 以上。

（六）植物免疫诱抗剂的应用前景分析

植物疫苗不同于传统的杀菌剂，它们不直接作用于病原菌，而是通过激发植物自身的免疫反应，使其获得系统抗性，对病害产生广谱抗性，从而起到抗病增产的作用。

植物疫苗易被土壤中的微生物迅速降解，无残留；植物疫苗诱导的植物抗性组分都是植物的正常组分，对人、畜安全。因此，利用植物疫苗防控病害，对人、畜无害，不污染环境，而且，诱导的植物抗病谱广、抗病持续时间较长，长期或多次诱导不会使植物产生特异性抗性。同时，病原菌也不会产生抗药性。因此，采用植物疫苗诱导植物免疫抗性，可充分利用植物自身的天然防御能力，最大限度地发挥植物自身固有的抗病潜能，减少化学农药使用量，保护生态环境。

五、生态控制技术

“生态工程”一词最早于 1962 年提出，意为人为调控生态系统中的小部分组分以控制由自然力量驱动的整个系统。后来该理念发展为利用系统方法学来设计生态系统达到人类和自然和谐的目的。生态工程控制烟草病虫害主要是通过调节恢复生态系统的均衡性使烟草病虫为害处于相对较低的水平。

生态工程控制烟草害虫技术具有实现有害生物综合治理目标的潜力，主要有以下三个方面的技术内容；调整化学农药的使用，田间合理布局增加烟田生物多样性，增加重点天敌。

通过播种期合理布局，减少冬春季病虫的繁殖基数；生长期保护利用天敌，发挥有益生物自然控害作用；加大烟草生物防控和统防统治力度，科学选用农药，大力推广“一喷三防”技术，控制病虫害发生。力争做到“发现一点，控制一片，发现一片，控制全田”，将病情控制在初发阶段。当田间发生率达 1% 时，及时组织专业队开展统防统治，遏制病虫扩散流行。

第三节　绿色防控集成技术

一、烟草病虫害绿色防控集成技术

以烟草病虫害监测结果为基础，分析云南省主要病虫害的发生特点，对生产中应用的天敌昆虫防治技术、性信息诱捕技术、生物农药、精准施药等技术进行认真总结，构建“以农业防治、生物防治和物理防治为主，化学防治为辅”的烟草病虫害绿色防控综合体系，编制烟草病虫害绿色防控综合技术规程，为指导烟区开展烤烟病虫害综合防控提供技术支撑，在烟区开展烟草病虫害的绿色防控示范应用。

（一）防控理念和防控技术组装

1. 烟草病虫害绿色防控关键技术路线如图 5-3-1。

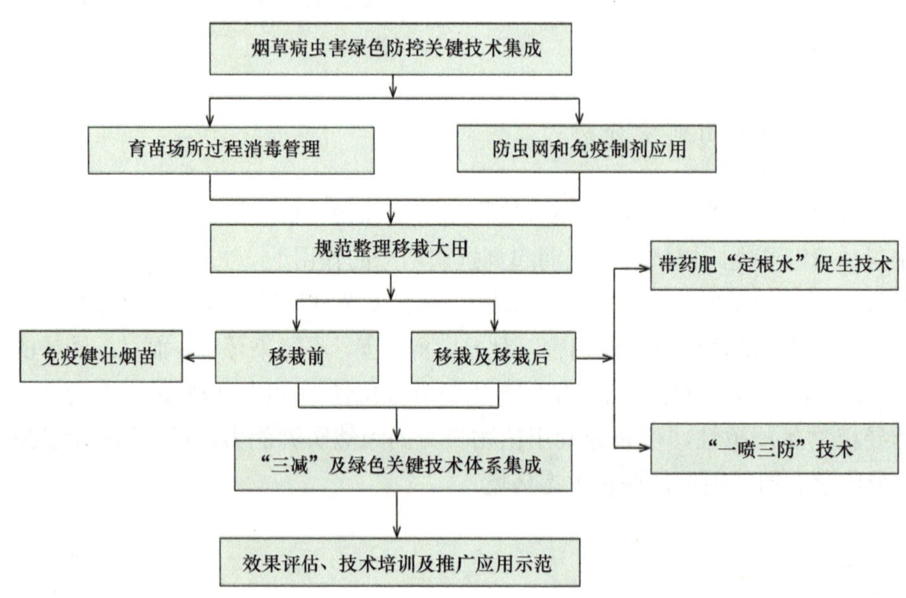

图 5-3-1 烟草病虫害绿色防控关键技术路线图

（二）烟草病虫害绿色防控关键技术要点

1. 无病虫（免疫）壮苗

烟草病毒病是烟草生产上常发又难于直接防治的重要病害，随着人们对植物病害治疗观念的转变，治疗的重点已经由直接杀伤病原体转向调整生物机体自身功能，提高和强化植物免疫系统来进行植物病毒的绿色防控，因而免疫制剂在植物保护方面的应用引起广泛的关注，免疫制剂的研究已成为最活跃的研究领域之一，但是理想的免疫增强剂并不多见。

2. 带药肥“定根水”功能及配料建议

“定根水”防治对象及功能：地下害虫、蚜虫、根结线虫病、黑胫病、青枯病、病毒病以及促进烟株生长。

药剂选择：噻虫高氯氟、甲基营养型芽孢杆菌、坚强芽孢杆菌、香菇多糖。

3. 大田期主要病虫“一喷三防”技术

以防控烟草病毒病为主，兼顾黑胫病、青枯病、赤星病、蚜虫、烟青虫等“一喷三防”大田药剂混配配方及使用技术，分成两个时期进行。

（1）大田旺长期前“一喷三防”

防治对象及功能：烟草病毒病、黑胫病、青枯病、野火病、蚜虫、烟青虫及加强水肥营养调控。

药剂选择：高效氯氟氰菊酯、吡蚜酮、解淀粉芽孢杆菌、坚强芽孢杆菌、地衣芽孢杆菌、氨基寡糖素。

（2）打顶前后“一喷三防”

防治对象及功能：赤星病、白粉病、蚜虫、斜纹夜蛾及加强水肥营养调控。

药剂选择：吡蚜酮、香菇多糖、多抗霉素。

（三）降低农药残留基本思路

1. 药剂选择

1）生物源类。甲基营养型芽孢杆菌、解淀粉芽孢杆菌、坚强芽孢杆菌、枯草芽孢杆菌、多粘类芽孢杆菌、地衣芽孢杆菌、核型多角体病毒、香菇多糖、氨基寡糖素、多抗霉素、宁南霉素、春雷霉素、中生菌素等。

2）植物源类：苦参碱、烟碱等。

3）矿物源类：波尔多液等。

2. 选择低毒、低残化学类农药

吡虫啉、啶虫脒、吡蚜酮、噻虫嗪、氯氰菊酯、高效氯氟氰菊酯、噻虫高氯氟、唑醚代森联、霜霉威、烯酰吗啉、王铜菌核净、盐酸吗啉胍、噻菌铜、氟节胺等。

3. 严控有农残的化学成分

代森锰锌、三唑酮、甲基硫菌灵、多菌灵、二甲戊灵、仲丁灵等及其他已有报道的或明令禁止的成分。

（四）使用化学成分农药注意事项

1. 烟草生产上农药使用原则

1）烟草上使用的农药必须具有“三证”，即农药上使用的登记证、产品生产许可证及产品标准号。

2）严格使用国家烟草专卖局允许在烟草上使用的农药品种。严禁使用非推荐农药和禁止在烟草上使用的农药品种（或化合物）。

3）使用高效低毒低残留农药，避免长时期使用同一农药品种，提倡不同类型、不同品种、不同剂型的农药交替使用。

4）注意对症下药。准确掌握农药的分类和各种常用农药的特性及作用范围，正确诊断和识别作物所患病虫害的类别。根据病虫害属性，选用对口农药。

5）根据田间病虫害发生发展动态和农药性质确定施药时期。

6）准确掌握用药量。严格按照农药使用说明、农药手册或药效试验报告推荐的用量、浓度和方法进行使用。施药单位面积要准确，切不能以习惯面积为单位来计算和称取用药数量。

7）保护或避免杀伤天敌。选用选择性药剂，对病虫害有毒杀作用而对天敌安全或影响较小的农药。改进施药方法，避免在天敌发生高峰期施用广谱杀虫剂。

8）必须在农药安全间隔期内用药。烟株进入成熟期后，进行药剂防治时要注意药物的安全间隔期，采收前 7 天不能施药，以降低烟叶中的农药残留，提高烟叶的安全性。

2. 农药的储存

（1）农药仓库地点选择

农药必须远离居民区、村庄或其他人、畜居住的地方，远离生产和加工厂、畜食品和饲料工厂，远离河流、水井、坝塘等水源地区。农药仓库必须设在不易积水或不易水淹的高地上，以便于运输工具包括消防车出入，禁止闲人进入。

（2）农药仓库的结构要求

库房内地面和墙壁必须采用不渗水的建筑材料，不容易破裂，可以采用混凝土地面。农药仓库内必须有良好的通风设备，要安装适当的通风装置或排气风扇或空气流通装置，不可安装中央制冷系统。

（3）农药储存

1）农药仓库内不能存放化肥。具有挥发性的农药不能储存在封闭不通风的环境中。农户自储农药地点要远离儿童、动物，必须有专门存放农药的柜橱，不让幼儿接触到，必须上锁，由专人保管。计量农药的量器也应存放在药橱中，不可再作其他用途。所存放的农药，必须保持标签及使用说明文字清晰无误。如有破损，必须及时得到新标签及使用说明。装过农药的包装物禁止用于盛粮食、水等食品和饲料。

2）在农药的储存库房内必须有经过当地消防部门确认的有效的消防设备。

在放有农药的库房内，必须在室内醒目处放置警告牌，牌上文字为“农药、危险”“禁止吸烟”“禁止吃食或饮水”。警告牌应取白色底板，暗红色的文字，文字的大小至少高 10cm。

急救处理的指南以及发生中毒事故时必须进行联系的人名和地址，必须标识在药库中醒目的位置。

3）储存的农药必须适时周转以避免超过储存期限。如需越季度存放，则必须保证在储存期间农药的最低限度的有效性。不得把农药放在阳光下或潮湿有水的地方。

4）仓库管理人员必须有详细的记录，记录内容如下：收货的有关数据，如进货数量和日期等、供货单位或人和收货人、进货号、发货号或发票号码、农药的商品名称。

3. 农药搬动和运输

（1）农药的运输

农药搬运过程中不可与食品、医药、玩具、衣物、化妆品或家居装饰物品混装在同一货仓内。农药不可搭装在运送乘客的车厢内；农药的货箱上不可坐人。农药货箱在运输过程中必须装载牢固，安全，并有罩布。

（2）防渗漏

装载前或装载过程中，每一个农药包装必须经过检查，是否封装严实，在封装材料的四周、顶部、底部、各个边缝，以及包装箱的底部是否发生渗漏现象。凡有渗漏迹象，则整批药箱均不得装运。农药包装箱在运载的货舱内固定，不发生移动，不发生相互碰撞损失，而且不会被其他货物所撞伤。在装、卸过程中要注意农药包装箱不能被所使用的工具所损伤。

参与农药装、卸和运输的监督人员必须充分了解所经手农药的毒性和潜在危险性。监督人员必须掌握如何处置农药的渗漏事故，在发生紧急事故时，应向何人何处联系要求医药和急救技术援助。参与人员，特别是监督人员必须经过适当的急救和抢救方法的培训。

（3）处理农药前必须了解急救方法

标签上有关农药处理和使用的预警措施必须预先仔细阅读了解掌握。必须严格遵守有关警告和注意事项，在处理农药前必须了解急救方法。

4. 清洗农药泄漏物的方法步骤

（1）固态粉剂类农药泄漏物

用两倍于泄漏的粉状农药的吸收性物料，如砂子、土壤或锯木屑盖住泄漏物，用扫帚扫入一次性可弃置容器中，最后连扫帚一起焚烧或深埋在至少 0.5m 深的土坑中。

（2）液态农药泄漏物

用惰性吸收性物料，如砂子、土壤或锯木屑盖住泄漏液体，待药液被吸收以后，用扫帚扫入一次性可弃置容器中，最后连扫帚一起焚烧或深埋在至少 0.5m 深的土坑中。

（3）被污染地面的清污

发生农药泄漏的地面可采取下述方法之一来清污（若需采用其他特殊方法，应根据有关农药制造厂商的建议）。

1）用消石灰或碱石灰（碳酸钠）清污。在发生泄漏的地方撒上消石灰或碳酸钠（每 $0.1m^2$ 面积上用 5g 左右），用喷壶稍喷湿，隔夜后清扫处理过的地面，必要时可重复这一步骤。用黏土或类似物料吸掉碱性清洗液，扫入一次性可弃置容器中，焚烧或深埋在至少 0.5m 深的土坑中。

2）大量泄漏物的处理。若在仓库发生大量农药泄漏事故必须立即报告有关部门。如果已污染了作物、水渠或明沟，应立即向主管部门报警，可在被农药泼溅的事故发生地点的四周用容易得到的砂子或土围成一个隔离带，被污染的粮食或水，应有明确的警告标识，禁止食用。

5. 农药的取用和药液配制

农药取用时计量必须准确，不可任意加大用量。农药不同的物态和不同的剂型，应根据情况采用相应的计量方法和手段。

（1）易流动的液态制剂

浓悬浮剂、微乳剂、胶体剂、膏剂等若流动性好（沾壁现象不严重），采用容积计量法，否则采用称重法。浓悬浮剂在取用之前，必须先把瓶内的悬浮液充分摇匀，使上下一致，否则不能确保取用量的准确。流动性好的乳油、水乳剂、微乳剂、水剂，应采用刻度量筒或量杯。计量器使用后必须用清水反复清洗干净，洗液全部倒入喷雾器中。

（2）固态制剂

固态制剂，如粉剂、可湿性粉剂、粉粒剂（含可分散性粒剂）、片剂等均采用称重法配制。

（3）药液的配制

配药时应选择远离饮用水源的安全地点，严防农药被人、畜、家禽误食。配制的具体方法如下。

1）严格按照农药使用说明书或植保手册，确定每桶喷雾器实际所需的农药量，准确称取农药。

2）将农药装在一个容器内用少量水进行充分搅拌溶解。

3）往药桶（喷雾器）中加入 1/2 桶水。

4）将溶解的农药倒入药桶中，充分搅拌、摇匀。

5）用剩余的 1/2 的水分 2 ～ 3 次冲洗计量器、溶解农药的容器、搅拌工具，冲洗水全部倒入药桶中，摇匀即可喷洒。

凡是需要用称量器称重的农药，可以在安全场所进行预先分装，即把每一药桶所需农药预先称好，分成几份，带到田间备用。这样，田间作业时只要记住每喷雾器加一份药即可，不至于出错，也比较安全。在田间，若无合适的工作平台，称量往往不准确，风的影响也很大。对于粉末状的药剂如可湿性粉剂，风还会造成药粉的飘失。

6. 田间施药作业安全防护

不穿戴防护服和不使用防护工具、喷药人员的疏忽、在体弱疲劳情况下施药以及保管不妥和管理不善是事故多发的主要原因。所以在农药使用过程中施药人员必须穿戴防护用具。

（1）工作服具体要求

穿着舒适，且能在工作中充分保护操作人员的身体。工作服的最低要求是，在从事任何施药作业时，工作服必须是轻装而能覆盖住身体的绝大部分，即一件长衫，一条能罩住腿的长裤，一双能护住脚面的鞋。

工作服必须在穿着舒适的前提下，尽可能厚、重，因为工作服越是厚、重，越能阻止农药的穿透。工作服不得有破损。

施药人员在进行操作时不得穿短袖、短裤和凉鞋。

工作服在施药工作结束后要及时清洗。

（2）其他防护设备

1）防护手套。在配制农药时，严禁用手拌药，必须戴胶皮手套，手套的长度至少要达到手腕以上。工作中手套不可触摸身体的任何暴露部位，特别是眼睛和脸面部。可多次使用的防护手套，在脱下前必须首先清洗干净外表，然后才能脱下。

2）脸面部防护设备。打药时和配制粉剂（包括可湿性粉剂）时，要使用能同时保护鼻腔与口腔的防护口罩。

（3）防护措施

1）在操作时禁止吸烟、喝水、吃东西，不能用手擦嘴、脸、眼睛。用药结束后要用肥皂水彻底清洗手、脸并漱口或洗澡。被农药污染的衣物要及时换洗。

2）施药人员每天喷药时间一般不得超过 6h。连续施药 3 ～ 5 天后应停休一天。

3）大风和中午高温时不得喷药。药桶内药液不能装得过满，以免晃出桶外，污染施药人员身体。

4）喷药前应仔细检查喷雾器的开关、接头。喷头等处螺丝是否拧紧，药桶有无渗漏，以免漏药污染。喷药过程中如发生堵塞时，应先用清水冲洗后再排除故障。绝对禁止用嘴吹吸喷头和滤网。施药工作结束后，要及时将喷雾器清洗干净。清洗喷雾器的污水应选择安全地点妥善处理，不准随地泼洒，防止污染水源。

（4）禁止饮酒

施药人员在打药期间不得饮酒。

（5）紧急处理

施药人员如有头痛、头昏、恶心、呕吐等症状时，应立即离开施药现场，脱去污染的衣物，漱口，擦洗手、脸和皮肤等暴露部位，及时送医院治疗。

7. 残剩农药的处理

（1）农户自储农药的废弃处置

采用深埋处理的方法，挖坑地点应远离生活区，远离各种水源的荒僻地带。坑深不浅于 1m，坑内加铺垫物，底层为石灰层，再垫上锯木屑层，捣实后投入废弃农药，废弃农药的四周应留出 20 ～ 30cm 空隙，以便再填入石灰，然后把废弃农药的包装瓶捣碎，再铺入一层石灰捣实，最后填入土壤，捣实铺平至地表。

（2）农药包装物的处置

农药包装物处置，采用集中挖坑深埋处理的办法，禁止将农药包装物丢弃在田边、沟边、路边、水边，清洗药械的污水也不得随地泼洒，避免农药对人、畜造成伤害，对环境造成污染。

二、烟青虫绿色防控集成技术

烟青虫绿色防控技术模式，概括起来是："一个理念，两个模式，三道防线，五项技术"。贯彻一个理念，即"绿色技术，综合治理"理念，就是全程采用非化学防控的绿色防控技术，根据防控指标和发生程度级别，综合考虑防控成本、防控效果和防控目标，提出科学防控技术模式，实现真正意义上的综合治理。推行两个管理模式，即防控区域分级管理模式和防控措施目标管理模式。设置三道防线，第一道防线是诱杀成虫；第二道防线是寄生虫卵；第三道防线是灭杀幼虫。主推五项技术，即白僵菌封垛灭杀越冬幼虫、杀虫灯诱杀成虫、性诱剂诱杀成虫、赤眼蜂寄生虫卵、喷洒生物药剂防控幼虫（表 5-3-1）。

表 5-3-1　烟青虫绿色防控技术组装模式

预计发生级别	预计发生程度	百株活虫参考指标	防治措施	备注
一级	轻发生	40 头以下	不防控	
二级	中等偏轻	40 ～ 80 头	A、B、D、F 中选其一	
三级	中等发生	80 ～ 120 头	A、B、D、E、F 中选其一	高虫量时优先采用 C 或 E
四级	中等偏重	120 ～ 200 头	C 或 E 一次防控，或 A（B、F）+D 或 A（B、F）+E 两次防控	低虫量采取 1 次防控 高虫量采取 2 次防控
五级	重发生	200 头以上	两次防控：D（F）+E 或 A（B、F）+D 或 A（B、F）+E 或 C+E	特高虫量时，优先采用 A（B）+E 或 C+E，并增加喷药量

注：A. 杀虫灯诱杀烟青虫成虫；B. 性诱剂诱杀烟青虫成虫；C. 杀虫灯悬挂性诱芯诱杀玉米螟成虫；D. 释放赤眼蜂寄生烟青虫卵；E. 喷雾机喷洒 At 可湿性粉剂防控幼虫；F. 白僵菌封垛灭杀烟青虫越冬幼虫。

以控制烟青虫为害损失在 5% 以内为目标，确定防控指标为百株活虫 40 头。由此，制定防控区域分级管理模式和防控措施目标管理模式。具体就是，以预计的百株活虫为主要参考指标，将各计划防控区域划分为 5 级发生程度，即发生区域实行分级管理。对于预计的 1 级轻发生区，百株活虫 40 头以下，不采取防控措施；2 ～ 5 级发生区，依据各级预计的百株活虫数量及各项措施的防控效果和所要采用的防控技术措施，实行目标管理。

（一）应用技术

1. 杀虫灯诱杀越冬代烟青虫成虫

将杀虫灯设置在村周边烟草种植区的开阔处，诱杀越冬成虫。开灯时间一般为 3 月下旬至 7 月下旬。一般情况下，每台灯诱蛾半径 100m，两台灯棚间隔 200m 以内，置于田埆四周，诱杀迁移的成虫，使用后可减少田间虫源基数。

2. 烟青虫发生高峰期防控

在烟青虫为害最严重的阶段，应在保护利用天敌的基础上，科学选用生物农药和高效、低毒化学农药，迅速控制为害。施用苦参碱等生物农药进行控制。

烟草生长期间，尽量避免施用广谱性的杀虫药剂，有效地保护自然天敌。喷药防控时操作要规范，喷雾力求均匀周到，严防漏喷；药液应喷在集中为害的叶背，以提高防效（图 5-3-2）。

图 5-3-2

（二）效果评价

1. 防效调查方法

施药后 10 天、20 天分别调查 1 次虫数。按对角线 5 点取样，每点调查 20 株，共 100 株，与不剪叶对照比较，计算虫口减退率。

2. 效益计算方法

挽回产量损失率 = 对照区产量损失率 – 防控区产量损失率

经济效益 = 挽回损失 – 实际投入

产投比 = 产出经济值 ÷ 投入经济值

生态效益：减少投入农药量、增加天敌昆虫量等。

社会效益：减少用工量、降低劳动强度或增加烟农收入等。

三、烟草粉虱绿色防控集成技术

根据烟田生态系统的特征和烟粉虱的发生为害规律，以“农业防治、物理方法和生物防控为主，化学防控为辅”，采取隔离、净苗、诱捕、生防和调控为核心的绿色防控技术体系，兼治番茄斑萎病毒病。

（一）技术应用

1. 隔离

1）冬季寒冷和低温地区，烟粉虱在露地自然条件下不能越冬。合理安排茬口，在日光温室、塑料棚种植耐低温和烟粉虱非嗜食白菜（青菜、小油菜）、菠菜、芹菜、生菜、韭菜等，可有效抑制烟粉虱发生为害和有利切断烟粉虱食源，发挥生物阻隔、屏障的治理虫源基地作用。

2）棚室应在清园后于棚室门窗和通风口覆盖 40 ～ 60 目防虫网，阻断烟粉虱成虫迁入，免受其害，切断烟粉虱的传播途径。

2. 净苗培育

培育无虫苗（或清洁苗），控制初始种群密度是防控烟粉虱的关键措施。无虫苗系指定烟苗不被粉虱侵染或带虫量很低，如大型连栋温室烟苗的成虫发生基数在 0.002 头 / 株以下，节能日光温室、塑料棚栽培低于 0.004 头 / 株，只要抓住这一环节，可使棚室烟苗免受烟粉虱为害或受害程度明显减轻，也为应用其他防控措施打好基础。

培育无虫苗的方法如下。

1）保持苗棚清洁，无残株落叶杂草和自生苗，避免在烟草生产温室内混乱栽育苗，提倡栽培基质培育无虫苗，避开露地虫源。

2）大棚在通风口和门窗处配设 40 ～ 60 目防虫网，小棚整体覆盖防虫网，进行防虫育苗，其他农事措施同常规措施。

3. 在育苗棚内悬挂黄色黏板

可选用规格为 25cm×40cm 黄色黏板，每亩挂 30 ～ 40 块，持续诱捕烟粉虱成虫，监测发生动态，控制其种群增长，兼治斑潜蝇、蚜虫、蓟马等重要害虫（图 5-3-3）。

图 5-3-3

4. 生物防控

当烟粉虱成虫发生密度较低时（平均 0.1 头 / 株以下），均匀布点释放丽蚜小蜂 1000 ～ 2000 头 /（亩 • 次）。将蜂卡接在植株中上部叶片的叶柄上，隔 7 ～ 10 天 1 次，共挂蜂卡 5 ～ 7 次，使成蜂寄生烟粉虱若虫并建立种群，有效控制烟粉虱发生为害。若苗上虫量稍高，可用安全药剂 25% 噻嗪酮可湿性粉剂 1000 ～ 1500 倍液喷雾，压低粉虱基数与释放丽蚜小蜂结合。提倡放蜂寄生粉虱若虫和悬挂黄板诱捕成虫结合应用，可提高防控效果和稳定性。

5. 注意生防与化防协调应用

1）若放蜂棚室发现其他害虫点片发生时，可选择对害虫高效而对寄生蜂相对安全的杀虫剂，施用常用剂量及时进行局部施药挑治，防止害虫扩散蔓延，增加放蜂量到 2000 头 /（亩 · 次）。

2）当放蜂棚室发生白粉病等常发性病害时，可选用高效、低毒杀菌剂甲霜灵或三唑酮等进行防控，对寄生蜂负面作用相对较小，增加放蜂量到 2000 ～ 3000 头 /（亩 · 次）。

将合理用药技术作为烟粉虱种群管理的一项辅助性措施，包括施药适期、抗药性治理的杀虫剂选择和轮换用药三个方面，将其种群数量控制在经济允许水平以下。

（二）效果评价

1. 防效调查方法

烟草定植后 1 ～ 2 天、生长中期和收获前，分别在绿控区和生产对照区随机选取 10 个样点，于清晨每点连续调查 10 株（或每株顶部 5 片叶）的成虫数，计算虫口和煤污病叶减退率表示防控效果。

防控效果 = [（对照区平均成虫数 – 绿控区平均成虫数）÷ 对照区平均成虫数] ×100%

防控效果 = [（对照区平均煤污病叶数 – 绿控区煤污病叶数）÷ 对照区平均煤污病叶数] ×100%

2. 经济效益计算方法

新增经济效益 = 亩新增纯收入 ×0.7× 有效推广面积 – 投入费用

亩新增纯收入 =（绿控区平均亩产 – 对照区平均亩产）× 均价 + 亩节药和省工费用（元）

其中，0.7 为缩值系数（常数），投入费用为试验示范经费支出。

生态效益：烟草烟粉虱绿色防控技术体系示范区比当地烟草生产平均增产 15% 以上，新增平均经济效益 20% 以上。降低化学农药使用量 50% 以上，烟草产品质量符合国家或行业烟叶安全标准，烟田烟草病虫的天敌增加。

四、烟草病毒病绿色防控集成技术

病毒病是严重威胁烟草生产的病害。原有的烟草品种均不抗蚜传病毒病，传播媒介蚜虫、烟粉虱的入侵和全国性的传播蔓延，是病毒病暴发流行的主要原因。烟草虫传病毒是一种基因重组普遍、病毒变异频率高的病毒。针对该病的发生流行规律，应以夏秋季虫传病毒育苗和栽培为保护重点，提出以烟草防控为主的绿色防控技术体系，包括种植抗病品种、清除毒原和综合防控传毒媒介等措施。

（一）技术应用

1. 种植抗病品种

选用种植抗（耐）病性较强品种，可结合产地环境条件、不同生产方式和市场需求，经过试种成功后选用。由于不同品种抗病基因和地区间病毒株系的差异，以及该种病毒易产生变异和病毒间重组等复杂因素的影响，抗病品种的表现有时不稳定。经过试种，选抗病性强、商品性状好的品种扩大应用，并与防控烟粉虱的措施相结合，才能充分发挥抗病品种的作用。

2. 培育无病壮苗

幼苗期最易感染病毒，植株发病后的受害损失亦最严重。保持育苗棚清洁卫生，彻底清除杂草、自生苗及前茬烟草植株的残枝落叶，防止烟粉虱残存滋生。调整育苗期，苗房的通风口和缓冲门安装 50 目防虫网，防止烟粉虱成虫迁入传播病毒。每 10m^2 苗床面积挂 1 块黄色黏虫板监测成虫，一旦发现虫情立即进行药剂防除。

工厂化育苗一旦染病，病毒就会随商品苗远距离传播，病苗被当地烟蚜、烟粉虱成虫侵染后即可终身带毒扩大传播，造成该病大范围流行，工厂化育苗应遵循清洁生产的理念，严格操作规程，培育无病虫壮苗，保障安全生产，防止成为病苗和烟粉虱的传播、扩散基地。

3. 隔离毒源和传毒媒介

育苗棚应远离种植茄科及葫芦科等作物的田块。移栽前，清除烟田周围的豨莶、野苣菜、苦苣菜、曼陀罗、兵豆等杂草，避免病毒交叉传播。前茬受烟蚜、粉虱为害严重的番茄、茄子、瓜类等收获后，做好田园清洁、土壤消毒和前作残体的无害化处理。

育苗棚避免混栽，全程覆盖 40 ～ 60 目防虫网，防止烟粉虱成虫迁入，每亩悬挂 30 ～ 40 张黄色黏板，起到预警和诱杀双重作用。

近年来各地调查研究了烟草病毒病的发生为害情况，明确了主害区的毒源并建立了病毒病诊断技术、病原病毒侵染循环规律，选育和引进的一些抗病品种得到初步应用。局部地区通过综合应用抗病品种、防虫网隔离、黄色黏虫板诱杀、调整育苗期等措施培育无病虫壮苗，配合适时使用高效、低毒农药，可以基本控制此类病害。

（二）效果评价

1. 防效调查方法

保护地发病初期和发病盛期，分别在绿控区和生产对照区随机选取 3 个田块，每个田块采用 5 点取样，每点连续调查 20 株。记录发病株数和各级的病株数。

分别计算病株减退率和病情指数。

病株减退率 =（对照区平均病株数 – 绿控区平均病株数）÷ 对照区平均病株数 ×100%

病情指数 =100×∑（各级病株数 × 各级代表值）÷（调整总株数 × 最高级代表值）防控效果 –（对照区病情指数 – 绿控区病情指数）÷（100– 绿控区病情指数）×100%

2. 经济效益计算方法

新增经济效益 = 亩新增纯收入 ×0.7× 有效推广面积 – 投入费用

生态效益：降低化学农药使用量 30% 以上，烟草产品质量符合国家或行业烟叶安全标准，烟草病虫的天敌增加。

第六章
烟草重要病害

云南省是一个低纬度、高海拔、多山的省份，是世界海拔最高的烟区。由于海拔高低悬殊，地貌复杂多样，云南省形成了一山分四季，十里不同天的情况。基于特殊的地理气候环境，云南省生物资源丰富多彩，烟草种类齐全丰富，烤烟、晾晒烟、香料烟都有；在自然条件下，全年四季都有烟草种植；为害烟草的病虫害种类繁多，为害频率高，造成的损失严重，常年因病虫害造成的烟叶产量损失近10%。本章就重要烟草病害研究及其防治做详细介绍。这十种烟草病害是云南省大面积发生、常年为害并进行过专项研究的烟草病害。

第一节　烟草丛顶病毒病

烟草丛顶病毒病是由烟草丛顶病病毒复合体引起的为害烟草生产的特有的严重的病毒类病害之一，云南省烟草农业科学研究院分别于1995～2002年和2004～2006年立项进行专题研究，研究的题目分别为“烟草丛顶病病原物、致病机理、传播流行规律及防治研究”和“烟草丛顶病预防技术研究”。研究结果明确了烟草丛顶病的分布、发生规律、病原种类及防治方法，是云南省烟草农业科学研究院系统探索研究完成的一种重要病害，研究过程中还到津巴布韦烟草研究院进行专题考察并进行合作研究，研究成果获云南省科技进步一等奖，研究论文收录入最新版的《中国农作物病虫害》专著。

一、烟草丛顶病毒病发展简史

烟草丛顶病毒病1958在津巴布韦首次报道。在国外，该病仅在非洲南部的津巴布韦、南非等国家和亚洲的泰国、巴基斯坦等国家发生。研究人员通过对其症状学、寄主范围、传毒途径进行深入的研究，认为烟草丛顶病毒（*Tobacco bushy top virus*，TBTV）是引起该病的病毒之一，并推测引起叶片扭曲的病毒是烟草脉扭病毒。科尔通过传毒试验证明了盖茨的推测。明确蚜虫是传播烟草丛顶病的介体，引起烟草丛顶病的两种病毒之一烟草丛顶病毒被归为幽影病毒属的暂定成员；另一种烟草脉扭病毒列为黄症病毒科的暂定成员。确定烟草丛顶病的病原物为幽影病毒属的烟草丛顶病毒和黄症病毒科的烟草脉扭病毒的复合体。

在我国，20世纪50年代烟草丛顶病曾在云南建水县羊街农场一带烟区发生较多，其他烟区也有零星发生，但一直被当成次要病害而未引起重视。当时根据该病在烟草田间表现症状，俗称为“烟草丛枝病”“扫把烟”“莴苣烟”；1983年云南省烟草病害普查和1989年全国烟草侵染性病害普查均有此病的记载，由于过去没有系统研究这类病害的病原，误认为病原系植原体，因此病害曾一度被称为“烟草丛枝病”。进入90年代，随着云南省各烟区种植面积的不断扩大，烟草丛顶病开始频繁发生，发病面积日益扩大，为害程度逐渐加重。烟草丛顶病不仅为害烤烟，而且为害香料烟、白肋烟和地方晾晒烟。随着烟草丛顶病蔓延、扩散及造成的损失逐渐增加，已直接危害到云南省的烟草种植安全，引起了各有关管理、科研和生产部门的高度重视。1995年云南省科技厅、云南省烟草专卖局把此病害列入重点科技资助项目由云南省烟草农业科学研究院和云南农业大学植物病理重点实验室，联合对普遍发生于云南各烟区的这类病害的病原、致病机制、传播流行规律和防治进行专项研究。经多年大量的研究，明确了其症状及病原学、寄主范围、传播途径及分子生物学特性，发现此病与五六十年代在津巴布韦暴发的烟草丛顶病是一致的，明确了烟草丛顶病在云南省的存在。研究证实，烟草丛顶病是一种由幽影病毒属的烟草丛顶病毒和黄症病毒科的烟草脉扭病毒复合侵染引起的病毒性病害；烟草汁液可以传播烟草丛顶病毒，但是不能传播烟草脉扭病毒；应用分子生物学研究确定了这两种病毒的分类地位。在人工接种的情况下，烟草丛顶病的寄主除烟草外，还有曼陀罗、小酸浆、龙葵等茄科植物。烟草丛顶病主要由蚜虫传播，蚜虫是造成该病大规模流行的主要因素，研究人员提出采取控制介体的防治策略。由于烟株苗期易感病，且烟苗感病后常导致移栽后大田绝产，因而确定苗期为防治烟草丛顶病重点时期，采取纱网覆盖隔离蚜虫的方式，培育无毒烟苗。研发以网罩育苗、移栽后以药剂控制蚜虫、淘汰和更换病苗、保健栽培技术为主的综合防治技术体系，有效控制烟草丛顶病的发生和流行。主要技术要点包括纱网隔离培育无毒壮苗、控制传毒蚜虫、淘汰病苗、加强田间管理。

烟草丛顶病主要分布在云南省西部三江流域（怒江、澜沧江、金沙江）。流行年份可造成大面积绝产，造成严重的经济损失。1993年，烟草丛顶病在云南保山暴发流行，当年发病面积达10万亩，重病田块病株率高达60%～100%（图6-1-1～图6-1-4）。1996年和1998年烟草丛顶病在云南省金沙江、澜沧江、怒江三江流域河谷烟区再度大规模流行，发病面积达77万亩，其中13万亩绝收，2.1万亩改种，直接经济损失高达2.1亿元（图6-1-5～图6-1-9）；保山市、大理州的永平县、巍山县、楚雄州的永仁县为重病区，昆明、玉溪、红河、普洱、文山、曲靖、临沧、西双版纳及怒江等州市也有烟草丛顶病零星发生，四川省的攀枝花市也有零星发生。烟草丛顶病不仅为害烤烟，还为害香料烟（图6-1-10）、白肋烟（图6-1-11）和地方晾晒烟（图6-1-12），1998年云南省怒江两岸近2500亩香料烟因该病大发生而绝收（图6-1-13）。烟草丛顶病在云南省发生具有分布广、跨流域，为害烟草种类全、为害重，流行性强，一旦

图6-1-1

图6-1-2

图 6-1-3

图 6-1-4

图 6-1-5

图 6-1-6

图 6-1-7

图 6-1-8

图 6-1-9

图 6-1-10　图 6-1-11

图 6-1-12　图 6-1-13

失控会造成重大损失的特点。

二、烟草丛顶病毒病在云南省发生及病原鉴定

从症状病程、传染途径、寄主范围、细胞病变、植原体病原排除、类病毒病原排除、烟草丛顶病毒鉴定、烟草脉扭病毒鉴定 8 个方面，系统地开展探索研究，完成病害和病原的系统鉴定，确定为烟草丛顶病病毒复合体引起的病毒类病害。

（一）症状与病程

1. 症状

烤烟感染烟草丛顶病后有短暂的潜伏期，继而会发生强烈的坏死性过敏反应，接着烟株缩顶，最后腋芽丛生，表现黄化丛枝症。

感病烟株呈现矮缩，叶片脉扭、斑驳并变圆，大量侧芽从感病烟株的主干提前长出并形成侧枝，在侧枝上又长出新的侧枝，最后感病烟株呈现出一种典型的灌木状外观。感病烟株叶色淡绿或黄化，伴有系统坏死枯斑或坏死线纹；苗期感病烟株严重矮化，缩顶蹲塘，萎缩成为僵苗，无丛枝症状，不会开花，造成烤烟绝产；晚期感病烟株腋芽增生成密集小叶的“丛顶”状，可开花结实，只有烟株下部的叶片可以采烤，造成烤烟的减产和烟叶质量下降（表 6-1-1）。

表 6-1-1　云南烟草丛顶病田间症状调查　（单位：d）

发病时期	潜伏期				过敏反应期				缩顶期				丛枝期			
	1994 年	1996 年	1998 年	平均	1994 年	1996 年	1998 年	平均	1994 年	1996 年	1998 年	平均	1994 年	1996 年	1998 年	平均
大十字期	5	6	7	6	17	19	20	18.7	22	26	27	25				
猫耳期	5	6	7	6	17	19	20	18.7	21	26	27	24.7				
摆盘期	4	5	6	5	18	19	18	18.3	22	26	28	25.3	26	31	34	30.3
团棵期	4	5	6	5	15	17	18	16.7	21	25	28	24.7	25	30	34	30.3
旺长期	6	6	8	6.7	16	20	20	18.3	23	29	29	27	29	35	38	34
平均	5.7				18.2				25.3				31.5			

注：调查地点为云南省保山市板桥镇。

2. 病程描述

烟草丛顶病的病程可分为四个阶段：潜育期、过敏反应期、缩顶期和丛枝期，烟株从感染到表现丛枝要经过 25 ～ 38 天，平均 32 天。

（1）潜育期

潜育期 4 ～ 8 天（平均 6 天）。病原已侵入但无任何症状表现。

（2）过敏反应期

过敏反应期 15 ～ 20 天（平均 18 天）。蚜虫接种后的第 4 ～ 8 天，在蚜虫口针刺吸部位开始出现褪绿斑，次日从褪绿斑中心开始坏死出现蚀点斑，继而产生强烈的过敏反应，叶片上布满坏死斑纹，有典型的环纹和蚀纹，严重的导致叶片破裂、叶缘内卷和细脉坏死（图 6-1-14）。

（3）缩顶期

缩顶期 6 ～ 10 天（平均 8 天）。严重坏死的叶片死亡，一般叶片斑纹症状减轻，新生叶片节距明显缩短，顶部几乎成为一个平面，叶色较正常叶片稍黄。大十字期和猫耳朵期接种烟株缩顶后生长极其缓慢，几乎不长高，表现为矮化和萎缩，成为僵苗，未出现丛枝症状，也不会开花。摆盘期、团棵期、旺长期和现蕾期接种的烟株腋芽开始萌发。现蕾期接种的烟株缩顶不明显（图 6-1-15）。

（4）丛枝期

烤烟感染 25 ～ 38 天（平均 32 天）后，烟株腋芽丛生，生长加快，经过 7 ～ 10 天后表现为丛枝症状，叶片变小变圆，叶色黄化，有轻度斑驳，枝条纤细脆弱，不断地分枝，花较正常花朵稍小，能结实。摆盘期接种的烟株虽表现丛枝，但整个植株矮小；团棵期和旺长期接种的烟株能够长到和健康烟株一样大小，表现为丛枝症状，其中旺长期接种的烟株形成典型的丛顶症状，并伴有叶色黄化；现蕾期接种的烟株表现为分枝上的侧芽过度萌发和生长（图 6-1-16）。

3. 症状比较分析

云南烟草丛顶病前期特征为过敏反应导致叶片严重坏死和枯死，后期特征以腋芽丛生而表现为黄化丛枝症，苗期感染形成僵苗症，大田期感染表现丛枝症，其病程表现为潜育、过敏反应、缩顶、丛枝四个阶段，具有典型的病毒侵染的症状和病程特征。

图 6-1-14

图 6-1-15

图 6-1-16

谈文和李金和曾系统地研究我国河南、黑龙江和湖南发现的烟草丛枝病，认为烟草丛枝病的关键性鉴定特征是前期丛枝、后期花器变叶，病原可能是植原体。云南发生的烟草丛顶病害有黄化丛枝症状，但其强烈的过敏反应、能开花结实、无花器变叶症状等事实，说明云南烟草丛顶病害与谈文等记述的烟草丛枝病显然不同。

烟草丛顶病症状是腋芽过度生长，产生许多过细的枝条和脆弱的叶子，花小且长籽，苗期感染导致严重矮化和畸形；病原是烟草丛顶病毒和烟草脉扭病毒的复合体。1999年津巴布韦烟草专家在云南考察时，认为云南的这类烟草病害与津巴布韦的烟草丛顶病的症状很相似，2001年课题组赴津巴布韦考察，确认两者在症状表现上高度相似，确认为同一类病害。

（二）传播途径

云南烟草丛顶病可以通过汁液摩擦、菟丝子、嫁接及蚜虫传播，其中蚜虫传毒为主要的田间传染方式。不经病土、病残体和种子等传染。

1. 汁液传播

汁液摩擦接种后6～10天表现症状，病株粗汁液的钝化温度为60～65℃，稀释限点为10^{-5}～10^{-4}，体外保毒期为6～7天。

2. 介体传播

云南烟草丛顶病经烟蚜传染，饲毒烟蚜接种烟草3～4天后表现症状，症状出现时间比摩擦接种要早，发病烟株表现丛枝症。蚜虫传染最短获毒时间为1h，最短传毒时间为3min，传毒持久期为9天。蚜虫传毒会出现间歇性。摩擦接种发病的烟株不能再由健康蚜虫传播。

3. 传播途径分析

烟草丛顶病经蚜虫和摩擦传染，具有典型的病毒病传染特征，获毒时间文献记载不一，盖茨记载最短的获毒期为1～2h，莱格盖得记载至少20h。

烟草丛顶病由幽影病毒属的TBTV及黄症病毒科的TVDV复合侵染引起。据国际病毒命名委员会第七次报告，自然界幽影病毒属病毒主要依赖黄症病毒科病毒作为辅助病毒进行蚜虫持久性传播，TVDV即为TBTV进行蚜虫传播的辅助病毒，幽影病毒属病毒可以经汁液摩擦传播。黄症病毒主要靠蚜虫以持久性传播，但不能经汁液摩擦传播。云南烟草丛顶病经蚜虫和摩擦传染，但摩擦接种的烟株不能再经蚜虫传染，说明摩擦接种丢失了蚜虫的辅助因子（TVDV），只传染了部分病原（TBTV），与国际病毒命名委员会第七次报告中幽影病毒属与黄症病毒科的关系的描述相符合。

（三）寄主范围

段玉琪等（2003）用病株汁液摩擦接种10科49种植物，仅侵染曼陀罗、辣椒、假酸浆和所有测试的烟属植物。

烟属植物叶片上出现坏死性斑纹，继而缩顶，普通烟、三生烟、心叶烟、白肋烟和香料烟表现丛枝症，其他烟草丛枝不明显；曼陀罗表现系统斑驳和局部褪绿，辣椒局部斑驳，假酸浆系统斑驳（轻微坏死）和局部褪绿。

寄主范围较窄，局限于茄科，未发现枯斑寄主，与卢卡斯在《烟草病害》中关于烟草丛顶病寄主的记载一致。

（四）细胞病变

杨根华等（2000）报道烟草丛顶病病株的细胞中存在两类有明显区别的病变结构：质膜体和细胞质泡囊，广泛而普遍地分布于烟草组织中。

1. 质膜体

病组织细胞内观察到细胞膜系统的病变，有细胞质膜伸入中心空胞形成的质膜体，也有液泡膜伸入中心空胞形成的质膜体，大小在 1000 ～ 2000nm，结构上类似于类病毒侵染寄主形成的旁壁体。

2. 双层膜泡囊

病组织薄壁细胞内观察到双层膜的泡囊，每个细胞中有 10 ～ 30 个，分布于细胞质和液泡中，近球形或近椭圆形，大小比较均匀，多数直径在 100 ～ 200nm，有些泡囊内存在明显的纤维状内含物，有些泡囊是空泡。泡囊由细胞质内部或表面产生，有些泡囊形成后脱离细胞质进入液泡中。结构类似于某些病毒侵染寄主形成的细胞质泡囊和植原体。

3. 细胞病变分析

电子显微镜诊断是植物病毒、类病毒、植原体病害鉴定的重要手段，课题组每年进行数百个以上的电镜超薄切片观察，和近千个电镜负染样品观察，为病原的形态学鉴定提供依据，但未能获得确凿的证据，而在细胞病理病变方面取得了一些新的认识。

感染烟草丛顶病的烟草细胞中形成质膜体，在大小和结构上均类似于旁壁体，在马铃薯纺锤类病毒病、柑橘裂皮类病毒病、牛蒡矮化类病毒病的病叶组织超微结构中都观察到这种膜的畸变，旁壁体是类病毒侵染植物形成的特征病变结构。感病烟叶组织中含有大量超稳定小分子 RNA，可能和质膜体的形成密切相关。

病组织超薄切片中观察到大量的细胞质泡囊，结构上容易和植原体混淆。细胞质泡囊内含的丝状物，有些是空泡，近球形或近椭圆形，大小形态比较均匀，多数直径在 100 ～ 200nm，产生于细胞质内部或表面，存在于薄壁细胞中。通常认为，植原体只存在于筛管细胞中，所谓在薄壁细胞和伴细胞中发现植原体的报道值得怀疑，因为黄化病害常由韧皮部的细胞增生所致，产生不正常的丛生筛管，特别是未成熟的筛管含有细胞质会被误认为是薄壁细胞和伴胞；有可能将薄壁细胞内的空泡判断为植原体，而空泡通常是组织老化或固定不够产生的；植原体大小通常很大（80 ～ 800nm），具有多形性的特点，三层单位膜清晰可辨，内部充满纤维状物质。烟草丛顶病病组织中的小泡囊不是植原体，而是一种细胞病变，结构与伊索和郝菲尔描述的甜菜西方黄化病毒（BWYV）侵染早期产生的含纤维的双膜囊相似。

小囊泡内的纤维状物对低盐介质（0.01×SSC）敏感而对高盐介质（2×SSC）不敏感。推测烟草丛顶病病株内观察到的小囊泡内的纤维状物可能是病毒的复制型，囊泡可能是病毒复制的场所。

（五）植原体病原物的排除

课题研究前云南省没有烟草丛顶病的记载，中国也未见报道。此病一般被认为是烟草丛枝病。云南省各烟区均有烟草丛枝类病害零星发生，1983 年全省烟草病害普查和 1989 年全国烟草侵染病害普查就有记载，但记载和文献均将此类型病害认为是由植原体引起的烟草丛枝病。

虽然烟草丛顶病与烟草丛枝病在症状和传染途径上有明显区别，但病株超薄切片观察到大量结构上和植原体相似的细胞质泡囊。

图 6-1-17

1. 四环素治疗

植原体是无细胞壁的原核生物，对四环素敏感。温室试验、小区试验和大田生产一致，证实四环素类抗生素对云南烟草丛顶病无治疗效果（图 6-1-17）。

2. 检测植原体 16S rRNA 基因

在植原体病害的诊断中 Interested 技术已成为一种标准方法，但在患有云南烟草丛顶病的烟株中未检测到植原体 16S rRNA 基因［引物：R16mR1（CTT AAC CCC AAT CAT CGA C）/R16mF2（CAT GCA AGT CGA ACG GA），R16R2（TGA CGG GCG GDG TGT ACA AAC CCC G）/R16F2（ACG ACT GCT AAG ACT GG）］。阳性对照泡桐丛枝病（采自浙江大学校园内）和桑树萎缩病（中国农业科学院蚕业研究所蒯元章研究员提供）扩增出约 1.5kb（直接 PCR）和约 1.2kb（Interested）的 DNA 片段。

3. 关于植原体问题的结论

症状学、超微结构、传染途径、抗生素敏感性和分子生物等方面的研究和比较表明，云南烟草丛枝类病害除黄化丛枝的症状外均不能满足植原体鉴定的要求，因此可以确定云南西部地区发生的烟草丛枝类病害不是植原体引起的烟草丛枝病。

（六）类病毒病原的排除

从病害症状表现矮缩，病株细胞中形成类似于旁壁体的质膜体，电镜下观察不到病毒粒子，病株中分离不到病毒粒子，以及从病株中发现一种相当稳定的小分子 RNA 的事实，在研究工作的中期阶段，曾推测云南烟草丛枝类病害与类病毒引起的病害可能有相似性，但所有研究事实排除了病原为类病毒的研究人员可能性。

1. 双向电泳检测

多次变性往返电泳未能检测到类病毒环状小分子 RNA 的特异带。

2. 低分子量 RNA 的致病性测定

提纯的与病害密切相关的小分子 RNA 单独接种烟草不会发病，说明没有致病性。

3. 低分子量 RNA 的结构

与病害密切相关的小分子 RNA 可以被蛇毒磷酸二酯酶消化，不具有类病毒的环状结构。

（七）烟草丛顶病毒的分子鉴定

津巴布韦烟草丛顶病的症状、寄主范围、传播方式等方面与云南西部发生的烟草丛枝类病害非常相似，应该是同一病害。然而，津巴布韦烟草丛顶病的研究报道局限于病害生物学特征，未分离到病毒粒子，未见电子显微研究，也未进行分子生物学鉴定，事实上未完成病原物的系统鉴定工作，只是依据其生物学特征，将烟草脉扭病毒归为黄症病毒科的暂定成员，将烟草丛顶病毒归为幽影病毒属的暂定成员。再者，幽影病毒属成员没有编码外壳蛋白的基因，传统的电子显微和血清学方法不适用于病害的诊断鉴定，其传播主要依赖黄症病毒科病毒作为辅助病毒进行蚜虫持久性传播，黄症病毒科病毒是局限于维管束的病毒，含量低，不易检测。所以，病原的鉴定主要依靠分子生物学方法。

1. CRT 检测烟草丛顶病毒复制酶基因

根据幽影病毒属已经测序的病毒的复制酶基因的保守序列设计的引物 Penumbras［5′-TGG（AT）GT（CT）CACAACAACTC-3′］和 Adumbrate［5′-GA（CT）ACATGCTA（AG）TCAAA-3′］，对采自云南省各地的烟草丛顶病烟株和带毒蚜虫的总核酸进行扩增，样品均扩增出约 540bp 的产物，长度与引物设计相符，健康烟株的总 RNA 未扩增出相应产物，说明云南发生的此类型烟草丛枝类病害的病原是幽影病毒属的一种病毒。

2. PCR 产物的序列

扩增产物克隆测序，Monaco 片段全长 549 个核苷酸，核酸序列（EMBL 的登录号为 AF402620，AJ457175）和编码的氨基酸序列如下。

```
1      TGGAGTCCACAACAACTCCCTCAACAATTTAGTGCGAGGGGTTAACGAGCGGGTGTTCTA
1        G  V  H  N   S  L  N   L  V  R  G  V  N  E  R  V  F  Y
61     CACAGACCACAAGAGGAAAGAGCCCCGCAGACCTTCAGCTGGTAGTTTTGACAAGATCAA
21       T  D  H  K  R  K  E  P  R   P  S  A  G  S  F  D  K  I  N
121    CATCAGTGAAATAAAAGCGTTCAGAGTCCAGCCGTGGACTCTCGAGGAGGTCGTTGACAG
41       I  S  E  I  K  A  F  R  V  Q  P  W  T  L  E   V   D  S
181    CTACACGGGTAGCCAGAGGGTGCGGTATGGACAAGCTGTTGAATCCTTAGCAGTAACGCC
61       Y  T  G  S  Q  R  V  R  Y  G  Q  A  V  E  S  L  A  V  T  P
241    CCTCTCACGAAACGACGCTCGGGTCAAAACATTTGTAAAGGCGGAAAAGATAAACTTCAC
81       L  S  R  N  D  A  R  V  K  T  F  V  K  A  E  K  I  N  F  T
301    CGCCAAGCCCGACCCGGCCCCTCGCGTAATCCAGCCGCGGGATCCAAGGTTCAATGCCTG
101      A  K  P  D  P  A  P  R  V  I  Q  P  R  D  P  R  F  N  A  C
361    CTTTGCCAAATACACAAAGCCCTTGGAACCCCTACTATATAAGCAGCTGGGTAAGCTTTA
121      F  A  K  Y  T  K  P  L  E  P  L   Y  K  Q  L  G  K  L  Y
421    CCAGTTCCCATGCATCGCAAAAGGCTTTAACGCCGTAGAGACCGGAGAGATAATAGCCAA
141      Q  F  P  C  I  A  K  G  F  N  A  V  E  T  G  E  I   A  K
481    GAAGTGGAAGTGCTTCAGTGACCCTGTCTGTGTGGGTTTAGATGCCTCCCGGTTTGACCA
161      K  W  K  C  F  S  D  P  V  C  V  G  L  D  A  S  R  F  D  Q
541    GCATGTGTC
181      H  V
```

3. 与幽影病毒属基因同源性的比较分析

经过软件分析和与 NCBI 数据库比较，该序列编码的蛋白质与已经报道的幽影病毒属其他成员的复制酶基因有很高的同源性，与幽影病毒属的花生丛簇病毒、豌豆耳突花叶病毒 2 和胡萝卜拟斑驳病毒的氨基酸同源性最高，分别达 74.7%、69.2% 和 67.6%，应该是烟草丛顶病毒复制酶基因的片段，烟草丛顶病毒复制酶氨基酸序列与幽影病毒属其他成员的一致性为 56.2% ～ 69.2%，显示烟草丛顶病毒与幽影病毒的进化关系很近，说明烟草丛顶病毒是云南发生的这类型烟草丛枝类病害的病原之一。

（八）烟草脉扭病毒的鉴定

1. CRT 检测烟草脉扭病毒外壳蛋白基因

（1）Lu1 和 Lu4 引物的扩增结果

以黄症病毒的通用引物 Lu1（5′-CCAGTGGTTRTGGTC-3′）和 Lu4（5′-GTCTACCTATTTGG-3′）对蚜虫传播的烟草丛顶病烟株和带毒蚜虫的核酸进行反转录和 PCR 扩增，扩增产物约 530bp，长度与引物设计相符，健康烟株的总 RNA 未扩增出相应产物，结果表明云南发生的这一类型丛枝类烟草病害与黄症病毒科的一种病毒有关。

（2）PCR 产物的序列分析

克隆的 DNA 片段全长 540 个核苷酸，为 TVDV 的部分 CP 基因（EMBL 中的登录号为 AJ457176，AF402621），序列和编码的氨基酸序列如下。

```
1       CCAGTGGTTGTGGTCGCACCCCCTCGGGGAGCACGGCGAAGAACTCGAAGAAGACGAAAT
1        P V   A P R G A R  T R   N
61      GGAGGCAGGAACAGAAGAGGCCGTAATGGAGTTGGAGGAAGGTCAAGCAACAGCGAGACT
21       G R N R G R N G V G  R S N S E T
121     TTCATCTTCAACAAGGACTCAATCAAGGATAGTTCCTCAGGCTCAATCACTTTCGGGCCG
41       F I F N K D S I K D S  G S I T F G P
181     TCTCTATCAGAGAGCGTCGCGCTTTCAGGTGGAGTTCTCAAAGCCTACCATGAATATAAG
61       S L S E S V A L S G  V L K A Y H E Y K
241     ATCACAATGGTCAACATACGCTTCATCAGTGAATCCTCTTCCACAGCGGAGGGCTCCATC
81       I T M V N I R F I S E S  T A E G S I
301     GCTTACGAGCTGGACCCCCACTGCAAGCTTTCTAGTCTCCAATCAACCCTCCGTAAATTC
101      A Y E L D P H C K L S L Q S T L R K F
361     CCCGTCACCAAAGGCGGGCAAGCAACGTTCAGGGCTGCGCAAATTAATGGGGTAGAGTGG
121      P V T K G  Q A T F R A Q I N G V E W
421     CATGATACAACCGAAGATCAATTTAGGCTGCTCTATAAAGGCAACGGAACAAAAGGTGTT
141      H D T  E D Q F R L Y K G N G T K G V
481     GCCGCCGGGTTCTTTCAAATCCGGTACACCGTGCAACTGCACAACCCCAAATAGGTAGAC
161      A  G F  Q I R Y T V Q L H N P K *
```

（3）与马铃薯卷叶病毒属病毒 CP 基因的同源性比较分析

经过软件分析和与 NCBI 数据库比较，该序列编码的蛋白质与已经报道的黄症病毒科其他成员，尤其是马铃薯卷叶病毒属成员的外壳蛋白基因有很高的同源性，与南瓜蚜传黄化病毒、禾谷黄矮病毒、甜菜西方黄化病毒和马铃薯卷叶病毒氨基酸同源性分别达 58.8%、57.6%、57.1% 和 55.4%，是烟草脉扭病毒的外壳蛋白基因片段。说明云南发生的这类烟草丛枝类病害的病原之一是黄症病毒科马铃薯卷叶病毒属的一种病毒。

（4）CRT 检测烟草脉扭病毒复制酶基因

以黄症病毒科通用引物 CRLV-1［5′-GAG GTG AGA AAT CGC（CT）TG AC-3′］/CRLV-2 CRLV-1［5′-（AC）GG CGC CAC A（AG）T GAT AGG -3′］扩增得到的 TVDV 的片段（全长 211bp），为 TVDV 的部分基因（基因登录号：AJ459320）。由其推导的氨基酸序列与黄症病毒科马铃薯卷叶病毒属的马铃薯卷叶病毒、甜菜黄化病毒、甜菜轻黄化病毒和大麦黄矮病毒氨基酸同源性最高，分别达 95.7%、85.7%、84.3% 和 80%，是烟草脉扭病毒的复制酶基因片段，说明云南发生的这类烟草丛枝类病害的病原之一是黄症病毒科马铃薯卷叶病毒属的一种病毒。

2. 烟草脉扭病毒的提纯和鉴定

（1）烟草脉扭病毒的分离提纯

应用 PEG 沉淀法和差速离心法，在苗期、团棵期和旺长期的病株、寄生于病株的菟丝子等材料中均未抽提到病毒，在开花期的病株中偶尔抽提到少量球状病毒。在饲养于病株的蚜虫中抽提到大量球状病毒纯化物为乳白色溶液，免疫电泳显示分离物与 SBMV、VTMV、TRSV、Arm、Car mi、CMV、BCMV、TNV 等无血清学关系。纯化物紫外吸收曲线呈典型核蛋白吸收曲线，最高峰在 258nm 处，OD_{258}=0.5245。OD_{260}=0.5228，OD_{280}=0.3488。OD_{260}/OD_{280}=1.5229，OD_{258}/OD_{280}=1.5278，说明纯化物较纯。提纯物病毒浓度为 20.92mg/ml。病毒产量为 11.95mg/g 蚜虫。

（2）烟草脉扭病毒的电镜观察

蚜虫分离物为球状病毒，可以观察到大量实心的粒子，也能观察到大量的粒子空壳，测量 100 个粒子，其直径为 22nm 左右，有时观测到少量很小的球状粒子，直径约 11nm（图 6-1-18）。

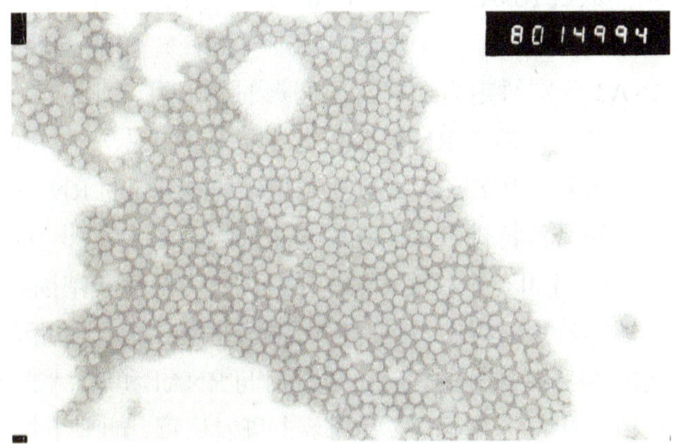

图 6-1-18

（3）蚜虫分离物的 CRT 检测

Lu1 和 Lu4 引物扩增出约 530bp 的 DNA 带，结果与引物设计相符。说明蚜虫分离物包括烟草脉扭病毒的基因组，病毒粒子是烟草脉扭病毒。

（4）蚜虫分离物回接烟草

蚜虫分离物经人工蚜虫饲毒方法回接烟草，烟苗接种后 4 ～ 7 天开始表现症状，说明蚜虫分离物具有致病性，是烟草丛顶病的病原之一。

自然界黄症病毒科病毒是幽影病毒的辅助病毒，幽影病毒基因组没有编码外壳蛋白的基因，靠黄症病毒科病毒作为辅助病毒，黄症病毒科病毒的外壳蛋白异源包裹幽影病毒的核酸，进行介体（如蚜虫）传播。烟草丛顶病的蚜虫分离物为 22nm 的球状粒子，CRT 检测到 TVDV 的部分基因，粒子应该是 TVDV 粒子。

该病害必须要有两种病毒存在才能完成侵染循环，没有辅助病毒 TVDV 进行蚜虫传播，该病毒病害就不能传播蔓延。用病株汁液接种烟草，烟草可以发病；但是再用健康蚜虫吸食汁液后接种烟草，烟草不会发病，证明没有黄症病毒科辅助病毒存在的情况下，该病无法传播蔓延，证明该病是由两种病毒复合作用发生。

3. 烟草丛顶病鉴定结果

通过症状病程、传染途径、寄主范围、细胞病变、植原体病原排除、类病毒病原排除、烟草丛顶病毒鉴定、烟草脉扭病毒分离鉴定 8 个方面的系统研究，确认在云南西部地区发生的烟草丛枝类病害，是烟草丛顶病，与津巴布韦发生的烟草丛顶病为同一种病害，病原物是烟草丛顶病毒和烟草脉扭病毒复合体。2001 年课题组在 *Plant Disease* 上发表论文报道了研究结果。烟草丛顶病由幽影病毒属的烟草丛顶病毒（*Tobacco bushy top virus*，TBTV）及黄症病毒科的烟草脉扭病毒（*Tobacco vein distorting virus*，TVDV）复合侵染引起。在烟草丛顶病植株中提纯到了直径为 20nm 的二十面体病毒粒子，并通过人工饲喂蚜虫回接烟草寄主成功。烟草丛顶病病原病毒复合体粒子的外壳蛋白由 TVDV 编码，病毒粒子中包含 5 种病毒 RNA 组分，这 5 种 RNA 的估算长度分别为约 6.0kb（vRNA1）、4.2kb（vRNA2）、3.0kb（vRNA3）、0.9kb（vRNA4）和 0.5kb（vRNA5）。vRNA1 为 TVDV 的基因组 RNA，vRNA2 为 TBTV 的基因组 RNA，vRNA3 为烟草丛顶病伴随 RNA，vRNA4 为尚未完全定性的 TBTV 似卫星 RNA，vRNA5 尚未鉴定。

（九）病毒的基因组学研究

应用分离患病烟草反转录和克隆测序技术，获得了烟草丛顶病毒基因组的全长核苷酸序列、烟草脉扭病毒基因组 30% 的核苷酸序列以及烟草丛顶病毒卫星 RNA 的全基因组序列；分析它们的结构、功能和同源性，明确了烟草丛顶病毒和烟草脉扭病毒的分类地位。

1. 烟草丛顶病毒的基因组

双链 RNA 图谱和 Northern 杂交结果显示：患病烟株总提取物有明显的 3 条带——RNA1、RNA2 和 RNA3，根据与 1kb 分子量标准对比，它们的表观迁移率分别为 4.5kb、1.7kb、0.9kb。RNA1、RNA2 和 RNA3 分别暂定为烟草丛顶病毒的基因组、亚基因组和卫星 RNA 的复制型。相似的结果在花生丛簇病毒感染的植株的总 RNA 中也被发现，其中最大的 4.6kb 片段为病毒的基因组的双链复制型 RNA，1.3kb 的片段为亚基因组 RNA 的复制型，约 0.9kb 的 RNA3 是一个卫星 RNA 的复制型，它与花生丛簇病的症状表现和蚜传特性有关。在胡萝卜斑驳病毒和胡萝卜拟斑驳病毒浸染植株的总 RNA 制备中，发现了长度为 4.5kb 和 1.4kb 的双链 RNA，分别代表病毒的亚基因组和基因组 RNA。RNA3 在总 RNA 中占有很大的比例，是烟草丛顶病毒的卫星 RNA 的复制型。相应于基因组 5′ 端部分的探针只与较大的 RNA1 杂交，而相应于基因组 3′ 端部分的探针可以同时与 RNA1 和 RNA2 杂交。该结果说明 RNA2 是亚基因组 RNA 的双链形式。在植物被花生丛簇病毒、胡萝卜斑驳病毒、胡萝卜拟斑驳病毒浸染的研究中，也有类似的结果。根据推测，幽影病毒的 ORF3 和 ORF4 是由这些亚基因组 RNA 翻译而成的。

2. 烟草丛顶病毒基因组结构

烟草丛顶病毒的中国分离物（命名为 Botch）的基因组全长核苷酸序列包括 4152 个核苷酸，与其双链 RNA 在琼脂糖凝胶上的表观迁移率类似，计算机分析显示由 4 个可读框（ORF）组成，显示了它们的尺寸和排列方式。在基因组的 5′ 端，有一个长度仅为 10 个核苷酸的非翻译区；其后是 ORF1，编码一个功能未知的 35kDa 的多肽；ORF2 编码病毒的复制酶，并可能通过 –1 位的框移机制与 ORF2 形成融合蛋白，ORF2 与 ORF1 有 8 个密码子的重叠，编码一个分子量为 63kDa 的多肽；在 ORF2 和 ORF3 间有一个 149 个核苷酸的基因间隔区；ORF3 编码一个分子量为 27kDa 的多肽，推测是病毒长距离运动蛋白，ORF4 通过另一个可读框阅读，与 ORF3 几乎重叠，编码一个分子量为 27kDa 的多肽，推测是细胞到细胞运动蛋白；3′ 端的非翻译区长为 645 个核苷酸。

3. 烟草丛顶病毒基因组序列

TBTV-Ch 的基因组序列及其可读框架的序列（GenBank 注册号：AF431890）如下。

```
   1 aggttacgat atggagttca tcaacaagat aaagcaattg ttggcaatga atttcaagcc
  61 ctcaaagggc gtaatgtctc gggaggagct ccgtgaagct ttcgatccca cttgggagct
 121 cctcatcaca caggcccgtg tcaccaatga ggtgtcacgc cagtgtgagg attggtacac
 181 tctagctgta cccaccacct accgcttgcc agagttggcg gtagaagagg ctgtgcgtga
 241 aaagaacata gcgcgagagg tggcggtcaa gtgcccccct gaggacccga ttcctgcaat
 301 cccgcagggg tcacagcctg tccccttggt gatgagctct gaacgctcta gccaggatgc
 361 cgagcgtgag gcgctcgatg agatatgggg gctccccact cccgagtcac atcctctgcc
 421 caagtacttc gagcggcgct accaggcgct ggctcggacc tgcgagaagg actactccaa
 481 ctggcagatt gtaccctaca cgggtgggcc acgcgtgctg agagaggagg acgtgctacc
 541 aatggcttcg gggttatac ccttgccacc acccccccct aaggcttctg taatcggagc
 601 agtcttgggg ctgattaccc gccttaccaa ggtggcgggg gaggtgaaga gcaggctgag
 661 cgtaccgccg cgggagccct cgcccacttg cattggctta gagcaggtgg ctggtgagcc
 721 catgggctac atgaatgcac actctgtggc catggagttg cgggctaggt acggagtcca
 781 gcccgccaca gctgcgaact tgcagcttgg aaaccgggtg gccagggaaa tcctggaaaa
 841 acagtgcggg gccacccgcg acatggtgtt catactcggg cacctcgcca ccaccttgtg
 901 gttcacccct accatggtgg acttggccct tcaatgtggg cccaaggatt tttgctaggg
 961 gatgtggtcg ctcggagggg tgtagaaact aaagtgaaga cgaaaatcca ccccaaaatc
1021 cgagtgctta gggcggcccg tccccggccc gtagaaagag tgtcgtacca aatcgacgtg
1081 gtgcggccct gtgctgactt tggagtccac aacaactccc tcaacaattt agtgcgaggg
1141 gttaacgagc gggtgttcta cacagaccac aagaggaaag agccccgcag accttcagct
1201 ggtagttttg acaagattga catcagcgag ataaaagcgt tcagagtcca gccgtggact
1261 ctcgaggagg tcgttgacag ctacacgggt agccagaggg tgcggtatgg acaagctgtt
1321 gaatccttag cagtaacgcc cctctcacga aacgacgccc gggtcaaaac atttgtaaag
1381 gcggaaaaga taaacttcac cgccaagccc gacccggctc ctcgcgtaat ccagccgcgg
1441 gatccaaggt tcaatgcctg ctttgccaaa tacacaaagc ccttggaacc cctcctatac
1501 aagcagctgg gtaagcttta ccagttccca tgcatcgcaa aaggctttaa cgccgtagag
1561 accggagaga tagtagccaa gaagtggaag tgcttcagtg accctgtctg tgtgggttta
1621 gatgcctccc ggtttgacca gcatgtgtca tgcgatgcac tacggttcac ccatagcgtg
1681 tacaaacggt tcgtgaaggg cagggaagtg aacaagttgc tttcctggat gtacaaaaac
1741 cacgctctgg gaagtgcgaa ggacggattc gtcaagtacg aggtggaagg ctgtcggatg
1801 agtggggata tggatacagc cctagggaat tgtgtcctga tggtcctcat gactaggcaa
1861 ctatgcaaga acctctccat accgcacgaa ctgatgaaca acggcgacga ctgcatagtt
1921 atatttgaca ggcagtacct gtccaccttt caggatgcag tcgagccttg gtttagggag
1981 ctagggttta caatgaaggt cgaggagcca gtctaccatc tcgaaagagt agatttttgc
```

2041 cagacccgcc ccgtgtatga cggcaagaag tggagaatgg tcaggcatat ctcaagtata

2101 gcgaaggatt gctgttcagt cattgactgg gaacagttac cggcttggtg gaacgccatt

2161 ggagaatgtg gcattgccgt ggctggtggt atacccatac acaacagctt cttgagatgg

2221 ctcctgagat caggtgagag caaccctgat ctcctgaagc atggcgcatg gaaaaatgag

2281 ggcctagcgt ggtaccggat gggcatggac ctatcccatg agagacacgt tagtgatgaa

2341 gcgcgcgcca gcttccacac tgcctttgga atcgaaccat ccatgcaggt cgcattagag

2401 cagatctatg actcattgcc tgctcccacc attggtggga aacgagccag agtgtgtaaa

2461 cctggtgaaa tggtattggt tgattcactc ccaccgcggc actttaatga ttacttccag

2521 gatgttggaa taggggggag tagcagtgat tacgttgtcc cggggaccca cgagttcgaa

2581 ccggggacgt tgtggacaca atgctagtca attgagtcag ccaggcatat ggttgcaagc

2641 gctggggact tagtccataa aaccactggt aaagagcctc cagtaggcag gcccgccttg

2701 atgagtctta acgagtggac acccgggtag ccgcggacaa tgcccgacgg gtttcaatgt

2761 ctacgatcat aaatgtcaac actcatccac aaggcagata cgaaagagga gctgctcaac

2821 gctctatacg gggaagtgac gttaagggag ctcgaggaat caaacctcgg cgttctaacc

2881 ccccatcggg ccgaaaacaa ggtggtaatg accccactgc tgccacccag aagtcaagga

2941 agaatcgcca gcgtcctgaa acggttccgc cccacgaaac acacgggggg acttttattc

3001 atagagaagg ttgtggtggt gttcacgccc cacatcccgg acgatgctgg cggagaggta

3061 gaaatctggg tccacgacaa catgctacca cacctaaaca gcgttgggcc ccgcgtaaga

3121 tttccgatga gcggagggcc caggttgata gcattttatc ccccctactc gataccctta

3181 agttgtcaag tgaggggggc gccccggagc tacttcattg tatcggagta ctccggcgtg

3241 aacttcgtcg caggcgcgag cccgttcagc ctgtacataa tgtgggaacc gaagatagag

3301 tgcgtagcgc acaactatct gatgaggccc cccaaagcaa tgccaatttg cagacatctg

3361 gtgaaggaca gtctgtcctc cctaaccctg actcaggggg cactgaaaag tgcaatgtcg

3421 aatcggtatg caacaactgc gaccgggctc ccaccaccaa caagtggtga gcaggatatg

3481 gaggtagtgt cccatcctcc aggctaaatt ggacacaaaa cggagctaga tttagtgttg

3541 caattgctag accgttagcc actacgccag acagtgcgat aactgaggtc gtctatgacc

3601 cacagggtgc catcctgtgc aatttccaac ccttggcagg ggtgatccta gaggacgcgg

3661 gcattgactt gcctggggat gcttctagtt acataccgga gtggttgata gacctctgtg

3721 taaggaaaca ggtgtgagac tggatcctgg gaaacaggct gggatggtcc cgtaagttcg

3781 ggcggtgccc ttcgggggta accccaccgc cgacgtatca cctcacacgc tgttggccga

3841 taagccgagg tgttggaacc gcaccactct ggaggttccc tctccttatg aggtggaggc

3901 acagcacgcc ttaagtgtct gcgatccggc gttcacgtgc cggtggtccc cctagttaac

3961 gtggtgccac agtctgtggt aggggcagct ggtcggattc cagcagaaac caagtagcaa

4021 atggacgttg ctacctcgag cctagagtca tgggcccgca tcgacgtttg cggtaactca

4081 cagcgggcga taatagctgt tgagaatgtc ggttcctgac ttagcgggag atgagcactt

4141 tctctcgcgc cc

ORF1 “MEFINKIKQLLAMNFKPSKGVMSREELREAFDPTWELLITQARV

TNEVSRQCEDWYTLAVPTTYRLPELAVEEAVREKNIAREVAVKCPPEDPIPAIPQGSQ

PVPLVMSSERSSQDAEREALDEIWGLPTPESHPLPKYFERRYQALARTCEKDYSNWQI

VPYTGGPRVLREEDVLPMASGVIPLPPPPPKASVIGAVLGLITRLTKVAGEVKSRLSV

PPREPSPTCIGLEQVAGEPMGYMNAHSVAMELRARYGVQPATAANLQLGNRVAREILE
KQCGATRDMVFILGHLATTLWFTPTMVDLALQCGPKDFC”

ORF2 “MWAQGFLLGDVVARRGVETKVKTKIHPKIRVLRAARPRPVERVS
YQIDVVRPCADFGVHNNSLNNLVRGVNERVFYTDHKRKEPRRPSAGSFDKIDISEIKA
FRVQPWTLEEVVDSYTGSQRVRYGQAVESLAVTPLSRNDARVKTFVKAEKINFTAKPD
PAPRVIQPRDPRFNACFAKYTKPLEPLLYKQLGKLYQFPCIAKGFNAVETGEIVAKKW
KCFSDPVCVGLDASRFDQHVSCDALRFTHSVYKRFVKGREVNKLLSWMYKNHALGSAK
DGFVKYEVEGCRMSGDMDTALGNCVLMVLMTRQLCKNLSIPHELMNNGDDCIVIFDRQ
YLSTFQDAVEPWFRELGFTMKVEEPVYHLERVDFCQTRPVYDGKKWRMVRHISSIAKD
CCSVIDWEQLPAWWNAIGECGIAVAGGIPIHNSFLRWLLRSGESNPDLLKHGAWKNEG
LAWYRMGMDLSHERHVSDEARASFHTAFGIEPSMQVALEQIYDSLPAPTIGGKRARVC
KPGEMVLVDSLPPRHFNDYFQDVGIGGSSSDYVVPGTHEFEPGTLWTQC”

ORF3 “MSTIINVNTHPQGRYERGAAQRSIRGSDVKGARGIKPRRSNPPS
GRKQGGNDPTAATQKSRKNRQRPETVPPHETHGGTFIHREGCGGVHAPHPGRCWRRGR
NLGPRQHATTPKQRWAPRKISDERRAQVDSILSPLLDTLKLSSEGGAPELLHCIGVLR
RELRRRREPVQPVHNVGTEDRVRSAQLSDEAPQSNANLQTSGEGQSVLPNPDSGGTEK
CNVESVCNNCDRAPTTNKW”

ORF4 “MSTLIHKADTKEELLNALYGEVTLRELEESNLGVLTPHRAENKV
VMTPLLPPRSQGRIASVLKRFRPTKHTGGLLFIEKVVVVFTPHIPDDAGGEVEIWVHD
NMLPHLNSVGPRVRFPMSGGPRLIAFYPPYSIPLSCQVRGAPRSYFIVSEYSGVNFVA
GASPFSLYIMWEPKIECVAHNYLMRPPKAMPICRHLVKDSLSSLTLTQGALKSAMSNR
YATTATGLPPPTSGEQDMEVVSHPPG”

4. 烟草丛顶病毒与幽影病毒属其他成员的比较

在基因组组成和病毒编码的推测的产物两个方面，Botch 都和目前已经测序的所有幽影病毒属的成员相似，包括胡萝卜拟斑驳病毒、花生丛簇病毒、豌豆耳突花叶病毒 2 号以及烟草斑驳病毒，它们具有相似的基因组结构。

（1）各个可读框推测的编码产物

对烟草丛顶病毒中国分离物的基因组推测的编码产物的氨基酸序列与已经测序的幽影病毒属的其他成员的相应序列比较的结果显示，它们之间有较高的相似性。ORF1 编码的推测产物与其他幽影病毒 ORF1 的相似性为 26.0% ～ 34.0%，已知的这 4 种病毒的 ORF1 的序列与数据库中的其他病毒或非病毒序列没有明显的相似性，它们的功能未知。ORF2 编码的推测产物与其他幽影病毒 ORF2 的相似性为 56.2% ～ 69.3%，正链 RNA 病毒的所有 8 个保守的复制酶序列片段在其中都能够找到，显示 ORF2 编码是一个推测的复制酶基因。ORF2 编码的多肽与其他病毒属病毒的复制酶基因也有高度的相似性，如 *Antivirus*、*Vicarious*、*Retrovirus*、*Retrovirus*。ORF1 和 ORF2 重叠的排列表明，ORF2 可能是通过 –1 位的可读框漂移而翻译的，这种现象在别的幽影病毒中已有发生。在 UAG 终止密码的上游部分出现的与 PEMV-2 和 Como 一致的可能的框移滑动位点 GGAUUUU 以及在该位点两侧的明显的茎环结构，都支持这个推测。ORF3 编码的推测产物与其他幽影病毒 ORF3 的相似性为 14.8% ～ 35.9%。数据库检索显示这些蛋白与其他的病毒或非病毒序列没有明显的相似性。对 GRV 的 ORF3 编码的蛋白的功能分析显示它是一个长距离运动因子。推测的 ORF4 的产物与其他幽影病毒的 ORF4 产物有 39.3% ～ 57.8% 的相似性。研究表明 GRV 的 ORF4 编码的蛋白参与病毒细胞到细胞的运动功能，并在胞间连丝中积累。数据库检索同时显示 ORF4 的产物与 CMV 的 3a 蛋白有高度的相似性，研究表明该蛋白参与细胞到细胞的运动，同时该蛋白还与中国小麦花叶病毒推测的细胞到细胞运动蛋白有较高的相似性。

（2）非编码区

与其他幽影病毒类似，烟草丛顶病毒的 5′ 端非翻译区很短，它有一个 149 个核苷酸的基因间隔区和一个较长的 3′ 端非翻译区，在烟草丛顶病毒基因组的 3′ 端，有 3 个 C 残基。在其 3′ 端形成与 PEMV-2 和 CMoMV 相似的茎环结构。

5. 烟草丛顶病毒中国分离物的特征

烟草丛顶病毒 / 烟草脉扭病毒复合体的传毒特征以及许多其他生物学特性都与 CMoMV/CRLV、GRV/GRAV 相似。烟草丛顶病毒和烟草脉扭病毒复合体是在中国报道的首例幽影病毒和黄症病毒复合体。烟草丛顶病毒所有的可读框编码的多肽产物的序列与其他幽影病毒的高度相似性，以及它们相同的基因组结构显示了烟草丛顶病毒中国分离物与其他幽影病毒较近的亲缘关系。通过数据库检索没有发现烟草丛顶病毒编码的蛋白产物与任何病毒的外壳蛋白有相似性，这暗示烟草丛顶病毒不编码外壳蛋白。另外，通过对烟草丛顶病烟株大量的电镜观察和多次病毒提纯实验，也没有看到传统的病毒颗粒。研究显示，烟草丛顶病毒可以在植物中有效增殖，并在汁液中中度稳定。这些特性显示烟草丛顶病毒的 RNA 可能与一些能对它提供保护的结构有关。在植物组织切片中观察到的包含双链 RNA 的大小为 100 ～ 200nm 的膜状结构可能就是对裸露的烟草丛顶病毒 RNA 进行保护的结构，并可能是病毒在细胞中的复制位点。在胡萝卜杂色矮化病和莴苣小斑斑驳病毒浸染的植物组织的切片中分别发现了 50 ～ 70nm 的膜状结构。

6. 烟草丛顶病毒的分类地位

建议把烟草丛顶病毒的分类地位从暂定成员提升为幽影病毒属的确定成员。由于津巴布韦等其他国家的烟草丛顶病毒并未获得序列数据，还不能确定烟草丛顶病毒中国分离物与它们的确切关系。在胡萝卜杂色矮化病的例子中，存在同样的病毒病症状可以有不同种的幽影病毒属的成员引起的现象，在那个例子中，胡萝卜拟斑驳病毒，以前被认为是胡萝卜斑驳病毒的一个澳大利亚分离物，实际上是一个不同的病毒种，并且与胡萝卜斑驳病毒有不同的全球分布。复制酶基因是在所有正链 RNA 病毒中唯一保守的蛋白，氨基酸顺序比较揭示了烟草丛顶病毒中国分离物的复制酶与 *Vicarious*、*Combust*、*Lute virus*、*Antivirus*、*Echo virus* 都属于所谓的 RNA 聚合酶。复制酶基因在幽影病毒属和番茄丛矮病毒科的成员间的相似性比其他病毒高，这也支持塔利安斯基等把幽影病毒属划归番茄丛矮病毒科的设想。

课题组在国际上首次获得烟草丛顶病毒的全长基因组序列，明确了其基因组结构，证明烟草丛顶病毒是幽影病毒属的确定成员，支持把幽影病毒属划归番茄丛矮病毒科的设想，提升了烟草丛顶病毒的分类地位，是国际上得到的第四个幽影病毒属成员的全长基因组序列，该研究结果发表在 *Archives of Virology* 期刊上。

（十）烟草脉扭病毒的部分基因组

1. TVDV 部分序列的克隆和测定

以黄症病毒的通用引物 Lu1 和 Lu4 进行反转录和 PCR 扩增，目的扩增产物割胶纯化后与 PMD18-T

载体连接并转化感受态 *E. coil* DH5α 细胞，随机挑取 3 个含有目标片段的阳性克隆提取质粒进行序列测定。根据测序结果设计了引物，根据马铃薯卷叶病毒属复制酶基因序列对齐结果设计的引物 PLRV5′ 进行反转录和 PCR 扩增，目的产物纯化后与 PMD18-T 载体连接并转化感受态 *E. coil* DH5α 细胞，随机挑取 2 个含有目标片段的阳性克隆提取质粒进行双向序列测定。所得序列以 DNASTAR（Laser gene）软件进行组装，以 NCBI 的 ORF Finder 和 BLASTP 程序分析编码区并寻找 Embank 中与所得序列有同源性的序列，通过与黄症病毒科的其他成员的相应基因编码的氨基酸序列进行比较，构建分子进化树。序列对齐软件为 CLUSTAL W，以 MEGA（Version 2.0）程序应用 UPGMA 法构建分子进化树。参比病毒及其序列 Embank 注册号。

2. TVDV 的部分序列

RT-PCR 产物克隆测序合并后获得了 1654bp 的序列（GenBank Accession No. AF402621），序列及其编码产物如下。

```
   1 gacgctaccg cctcatcatg agtgtttccc tagtagatca actggtagcc cgggttctgt
  61 tccaaaatca gaacaagcga gaaatcgctc tttggagggc aaacccctca aaacccggtt
 121 ttggcttgtc tacggatgag caagtgctgg agttcgtaca agctctggcc gcgcaagtgg
 181 aagtcccacc tgaggaagtg attacctcct gggagaagta ccttgtgccg actgactgct
 241 ctggtttcga ctggagcgtt gcggaatgga tgctacacga cgatatggtc gtccgcaaca
 301 aactcacatt ggacctgaat ccgacaacag aaaagctgcg ctttgcgtgg ctaaaatgca
 361 taagcaacag cgtcctttgt ttgagcgatg gcaccctgct agcccaaaga gtccccggtg
 421 ttcagaaatc tgggagttac aacacaagta gctctaactc cagaatccgg gttatggccg
 481 cttatcattg cggagccgac tgggccatgg ctatgggga tgatgctctc gagtcagtca
 541 acaccaacct agaggtgtat aaaagtctag gcttcaaagt cgaggtttca ggacaactgg
 601 aattctgctc tcatattttt agagcgcctg acctcgccct cccagtgaat gagcgtaaaa
 661 tgctgtacaa gctcatcttc ggttacaatc ctgggagcgg gagtctggag gtgatctcca
 721 actatattgc cgcctgtgca tctgtgttaa acgaattgcg gcatgaccca gactcagtag
 781 ctcttctcac ctcgtggcta gtccatccag tgctgccaca aaacgattaa aggagagagc
 841 atacaaaact agccaagcat acatcagttg caagcgttgg aagttcaagt ctgattacca
 901 aagcccgaca ccatagattt taaattttta gcaggatttg cgtcaggatt tctatccgca
 961 atcccaattt cagttgcggg catttactta gtctacctta aaatctcagc ccacgttaga
1021 gctattgtta atgaatacgg gaggagtcag gagtaataat ggaaatggtg gatcacgagt
1081 ctctcgccct cgcagacgcg cacgatcggt tcggccggtc gttgtggtcg cacccccctcg
1141 gggagcacgg cgaagaactc gaagaagacg aaatggaggc aggaacagaa gaagccgtaa
1201 tggagttgga ggaaggtcaa gcaacagcga gactttcatc ttcaacaagg actcaatcaa
1261 ggatagttcc tcaggctcaa tcactttcgg gccgtctcta tcagagagcg tcgcgctttc
1321 aggtggagtt ctcaaagcct accatgaata taagatcaca atggtcaaca tacgcttcat
1381 cagtgaatcc tcttccacag cggagggctc catcgcttac gagctggacc cccactgcaa
1441 gctttctagt ctccaatcaa ccctccgtaa attccccgtc accaaaggcg ggcaagcaac
1501 gttcagggct gcgcaaatta atggggtaga gtggcatgat acgaccgaag atcaatttag
1561 gctgctctat aaaggcaacg gaacaaaagg tgttgccgcc gggttctttc aaatccggta
1621 caccgtgcaa ctgcacaacc ccaaataggt agac
```

TVDV 编码的蛋白质的序列（复制酶基因）

RYRLIMSVSLVDQLVARVLFQNQNKREIALWRANPSKPGFGLSTDEQVLEFVQALAAQVEVPPEEVITSWEKYLVPTDCSGFDWSVAEWML
HDDMVVRNKLTLDLNPTTEKLRFAWLKCISNSVLCLSDGTLLAQRVPGVQKSGSYNTSSSNSRIRVMAAYHCGADWAMAMGDDALESVNTN
LEVYKSLGFKVEVSGQLEFCSHIFRAPDLALPVNERKMLYKLIFGYNPGSGSLEVISNYIAACASVLNELRHDPDSVALLTSWLVHPVLPQ
ND

外壳蛋白基因

MNTGGVRSNNGNGGSRVSRPRRRARSVRPVVVVAPPRGARRRTRRRRNGGRNRRSRNGVGGRSSNSETFIFNKDSIKDSSSGSITFGPSLS
ESVALSGGVLKAYHEYKITMVNIRFISESSSTAEGSIAYELDPHCKLSSLQSTLRKFPVTKGGQATFRAAQINGVEWHDTTEDQFRLLYKG
NGTKGVAAGFFQIRYTVQLHNPK

运动蛋白基因

MEMVDHESLALADAHDRFGRSLWSHPLGEHGEELEEDEMEAGTEEAVMELEEGQATARLSSSTRTQSRIVPQAQSLSGRLYQRASRFQVEF
SKPTMNIRSQWSTYASSVNPLPQRRAPSLTSWTPTASFLVSNQPSVNSPSPKAGKQRSGLRKLMG

3. TVDV 的部分基因结构

获得 TVDV 的基因组约 30% 的序列，1654bp 的序列，该序列编码三个 ORF，它们编码的蛋白质与已经报道的黄症病毒科其他成员尤其是马铃薯卷叶病毒属成员的相关基因有很高的同源性。其推测的编码产物分别为 TVDV 的 Drip 的部分片段、CP 和 MP。分别对应于黄症病毒科的 ORF2、ORF3 和 ORF4。ORF2 编码病毒的部分序列，其长度为 275aa。ORF3 编码病毒 CP，长度为 205aa，ORF4 编码病毒 MP，长度为 156aa。在 ORF2 和 ORF3 之间有一个基因间隔区，其中 ORF4 完全包含在 ORF3 之中，通过不同的可读框翻译。

4. 氨基酸序列比较

应用 DNASTAR 软件对 TVDV 的 CP 和 MP 的氨基酸序列与其他病毒进行了比较。TVDV 的部分氨基酸序列与马铃薯卷叶病毒属其他成员间的一致性为 67.8% ～ 75.7%；与耳突花叶病毒属的唯一成员 PEMV-1 的一致性为 50%；与黄症病毒属成员的一致性则仅为 13.0% ～ 13.8%，但是 TVDV 却与南方菜豆花叶病毒属（*Retrovirus*）的两个成员有 33.7% ～ 34.4% 的一致性。CP 的氨基酸序列与马铃薯卷叶病毒属其他成员的一致性为 51.9% ～ 57.8%；与黄症病毒属成员的一致性为 43.2% ～ 44.0%；与 PEMV-1 的一致性为 28%。MP 的氨基酸序列与马铃薯卷叶病毒属成员的一致性为 37.8% ～ 40.1%；与黄症病毒属成员的一致性为 30.5% ～ 33.3%。氨基酸顺序比较显示已知的 TVDV 序列的编码产物都与马铃薯卷叶病毒属有较高的一致性。

5. 分子进化树

通过与黄症病毒科其他成员和相关病毒编码的蛋白质的氨基酸序列的比较，构建了分子进化树。TVDV 部分序列与其他病毒的比较结果显示，TVDV 与马铃薯卷叶病毒属的成员聚类在一起，它们与耳突花叶病毒属的唯一成员 PEMV-1 一起，和南方菜豆花叶病毒属的两个成员聚类在一起；黄症病毒属的成员则与香石竹斑驳病毒属的两个成员聚类在一起。CP 序列与其他黄症病毒的比较结果显示，TVDV 与马铃薯卷叶病毒属的成员聚类在一起，与黄症病毒属的成员分开。MP 序列与其他黄症病毒的比较结果显示，TVDV 与马铃薯卷叶病毒属的成员聚类在一起，与黄症病毒属的成员分开。三个根据不同基因构建的分子进化树都显示，黄症病毒科成员被按照不同的属分开，TVDV 总是与马铃薯卷叶病毒属的成员聚类在一起。

6. TVDV 的分类地位

在国际病毒命名委员会第七次报告中，新设立了黄症病毒科，下设三个属，原来的黄症病毒属被分为黄症病毒属和马铃薯卷叶病毒属。黄症病毒科成员的基因组由 5 ～ 6 个 ORF 组成，其分属主要依据基因组特征。由于黄症病毒是一类寄生在植物韧皮部的病毒，其在植物体内的含量通常极低。应用分子生物学技术获得了 TVDV 的 Drip 的部分序列、CP 和 MP 基因以及基因间隔区的序列，编码蛋白与其他病毒的对应蛋白的氨基酸序列比较分析和分子进化树都显示了 TVDV 与其他黄症病毒科成员，尤其是马铃薯卷叶病毒属成员有较高的同源性，可以明确 TVDV 为黄症病毒科的新成员。分子进化树表明，TVDV 与马铃薯卷叶病毒属其他成员以及 PEMV-1 与南方菜豆花叶病毒属有共同的起源；而黄症病毒属成员则与香石竹斑驳病毒属有共同的起源。TVDV 基因间隔区的长度与马铃薯卷叶病毒属类似。CP 和 MP 的分子进化分析，也都揭示了 TVDV 与马铃薯卷叶病毒属其他成员的进化关系。根据黄症病毒科划分属的原则，推测 TVDV 应当是马铃薯卷叶病毒属的一个新成员。鉴于黄症病毒科的复杂性，该科病毒的分属要依据其全基因组结构来确定，TVDV 明确的分类地位有待获得其全基因组后证实。

自从 Cole（1962）分离到单独感染 TVDV 的烟草植株以来，尚未见到对该病毒的进一步研究。课题组在国际上首次获得了烟草脉扭病毒外壳蛋白基因的部分序列，证明 TVDV 是马铃薯卷叶病毒属的一个新成员。

（十一）烟草丛顶病毒的卫星 RNA 基因组

1. 卫星 RNA 的发现

病株总 DNA 或总 RNA 提取产物进行琼脂糖凝胶电泳，总发现一条很浓亮的核酸带，在含有 0.5μg/ml EB 的琼脂糖凝胶上的表观迁移率相当于 0.75 ～ 0.8kb 的 DNA，在不含 EB 琼脂糖凝胶上的表观迁移率相当于 0.9kb 的 DNA。

所有显典型症状的田间病株（保山、大理、怒江、红河、楚雄、昆明及玉溪等 21 个县市的烤烟、香料烟和白肋烟）及由这些病株通过摩擦接种和蚜虫传毒接种显症的烟株里均能检测到这条小分子核酸。

由此小分子核酸确定为烟草丛枝病相关的低分子量 RNA。

2. 卫星 RNA 的类型

云南省不同地区采到的丛顶病烟株中的低分子量 RNA 在非变性凝胶电泳中的表观迁移率略有差异，明显分为两个类型，其中来自六库、保山、弥勒、宾川、昆明的低分子量 RNA 表观迁移率相当于 0.80kb 的双链 DNA，而来自建水、楚雄的低分子量 RNA 的表观迁移率相当于 0.75kb 的双链 DNA。推测该差异可能意味着烟草丛顶病毒卫星 RNA 有类型分化。

3. 卫星 RNA 在烟株中的分布

病株的根、茎、叶、花和刚刚枯萎的叶片中含有此 RNA，种子中未检测到此 RNA。摩擦接种 4 天尚未观察到明显症状的接种叶和发病叶即可检测到此小分子 RNA，随着接种时间的推移，小分子 RNA 在病株中的含量逐渐增加，在接种一个半月后达到一个相对稳定的水平，感病一年以上的病株中仍能检测到此小分子 RNA。检测小分子 RNA 的方法可用于烟草丛顶病的早期快速诊断。

4. 卫星 RNA 的核酸序列

对卫星 RNA 进行了 coda 克隆及序列测定，得到两个分离物的序列，其中 SalR-YN1 长 781bp（基因登录号为 AJ315135），SalR-YN2 长 667bp（基因登录号为 AJ315136），两个片段经联网查询均未发现同源序列，但两个分离物之间变异较大，同源性仅为 88%。SalR-YN1 包含完整的 3′ 端序列。

5. 卫星 RNA 的结构与定性

与烟草丛顶病伴随的低分子量核酸对 DNA 酶表现抗性，在低盐溶液中对 RNA 酶 A 敏感及在高盐溶液中对 RNA 酶 A 的较强抗性、EB 染色后明亮的荧光反应，说明低分子量核酸的本质是 RNA 并具有双链 RNA 的一些特点。患病烟株的双链 RNA 有明显的 3 条带，它们的表观迁移率分别为 4.5kb、1.7kb、0.9kb。RNA1 和 RNA2 分别暂定为烟草丛顶病毒的基因组和亚基因组，RNA3 是卫星 RNA 的复制型，与云南烟草丛顶病相伴随的 RNA 是相同的物质。相似的结果在花生丛簇病毒感染的植株的总 RNA 中也被发现，其中最大的 4.6kb 片段为病毒的基因组的双链复制型 RNA，1.3kb 的片段为亚基因组 RNA 的复制型，约 0.9kb 的 RNA3 是一个卫星 RNA 的复制型，它与花生丛簇病的症状表现和蚜传特性有关。确认云南烟草丛顶病伴随的 RNA（RNA3）为烟草丛顶病毒的卫星 RNA。这是在国际上首次发现烟草丛顶病的卫星 RNA。

（十二）致病机制

云南烟草丛顶病典型症状是顶端优势丧失、黄化、侧枝丛生、新生叶片逐渐变小变圆、节间缩短、矮缩、生长缓慢，表现为潜伏期、过敏反应期、缩顶期和丛枝期四个阶段，这些症状的表现与寄主体内的内源激素代谢紊乱密切相关，是由于 C/A（分裂素 / 生长素）值失调而引起的，国内外研究人员都发现，许多寄主植物丛枝症状的发生可能与 C/A 值失调有关。

ELISA 作为一种血清学方法，由于其灵敏度高、特异性强和操作简便，已越来越广泛地被用于内源激素的定量分析，尽管受环境等因素影响，仍能较为准确地看出病健株间内源激素的整体差异和变化。感病初期，病株与健株的 C/A 值差异非常明显，在这个时期病株的细胞分裂素（CTK）含量异常高，而生长素的两者差异不大，因此病株、健株在潜伏期和过敏反应初期的 C/A 值的显著差异主要是由病株的细胞分裂素的异常增高而引起，这种变化可能有以下途径。①外来病原本身可能含有细胞分裂素合成基因，其可以直接编码形成细胞分裂素。大量文献报道许多微生物也确有此能力，可以使寄主植物通过宿主表达导致合成细胞分裂素。②病毒侵染寄主损伤修复，而激活 CTK 合成表达基因，从而触发寄主由氨基酸直接合成腺嘌呤，进而合成 CTK。陈子文等（1983 年）就发现“疯枣树”早期的 Glee、Asp、Glue 和 NH_4^+ 的含量比健株高数倍至十多倍，而这些物质恰恰是合成腺嘌呤的前体物，而腺嘌呤又是细胞分裂素的最初合成前体。③病原侵入使寄主核酸分解，含量增加，再由水解产生具有活性的游离态细胞分裂素。

进入感病中期后，病株、健株 C/A 值差异也比较大，主要原因可能是进入过敏反应中期、后期乃至缩顶期生长素（IAA）含量急剧下降，尽管病株、健株之间的 CTK 含量也存在差异，但差异不大而且相对比较平稳。植物生长素的合成主要是在顶端组织和嫩叶上，组织越老，生长素合成越趋减少，合成后趋于在韧皮部运行。形态观察过敏反应期和缩顶期的症状表现，推测病株生长素的生物合成和运输均受到严重抑制。试验结果证实，感病烟株体内发生了明显的代谢变化，锌作为色氨酸合成酶的辅酶，能催化丝氨酸与吲哚合成生长素的前体物质色氨酸，感病植株体内锌元素的含量低于健康对照，可能是病株体内生长素合成减少的原因之一。另外，植株感病后，其维管系统可能已造成伤害，维管系统的破坏不仅破坏营养输导系统而引起植株矮小、叶片黄化等，同样也破坏了 IAA 由上而下的极性运输，而进一步打破植物激素的空间调节机制，从而打破顶端优势引起植株出现丛枝病症。从酶活性水平上看，参与生长素氧化分解的IAA氧化酶、过氧化物酶活性增强而且它们的同工酶谱带增多，加速了IAA的分解过程，使之成为C/A值减小的主要原因。从已测定病健植株中的IAA活性浓度来看，上述分析得到了充分的验证。值得注意的是，发病后期出现了C/A值倒置的现象。已证实IAA是控制维管分化和促进根分化的主要因子。IAA含量的降低使植株生根能力开始下降，从而导致植株感病后期CTK的合成能力也下降（根部为细胞分裂素的主要合成位点），进而也使根部合成的CTK由输导组织运输到其他部位受到阻滞。而且，这个时期病株的腋芽开始丛生，有的甚至开始疯长，IAA含量开始有所增加，这也可能是导致倒置的原因。另外，整个生长期中，健株的C/A值一直相对稳定，更证实了云南烟草丛枝症状的发生可能是由于C/A值失调而引起的推测。

从另外的实验结果来看，烟草感染丛顶病后氧化酶活性增强，从而在病株体内积累了较多的H_2O_2，又因病株体内过氧化氢酶活性的降低，无法达到分解作用，进一步致使植株中氧自由基增加的同时又引起其他非氧自由基的产生，进而自由基伤害细胞的微膜系统。本研究中叶绿素的降低可能就是因为自由基伤害叶绿体膜，引起叶绿体结构破坏所致，从而导致烟株黄化，进而使病株可溶性糖含量增加。PAL是苯丙烷代谢中的关键酶，它的活性与酚类物质和植保素的合成相关，其参与对病原的抗性等作用。

三、烟草丛顶病病害侵染循环及发生流行规律

（一）烟草丛顶病在云南省发生为害概况

烟草丛顶病在云南西部烟区每年均有不同程度的发生，1993年、1996年、1998年属流行年份，1994年、1995年、1997年、1999年属一般年份，此后各年发病较轻（表6-1-2）。

表6-1-2　云南省烟草丛顶病发生情况统计表

年份	面积 / 万 hm^2			损失		发病率 /%	
	发病面积	灭产面积	改种面积	产量 / 万 kg	产值 / 万元	范围	平均
1993	0.93	0.20	—	530	4 450	3 ～ 100	91
1994	0.36	0.02	—	21	160	5 ～ 100	32.5
1995	0.44	0.15	—	23	180	2 ～ 100	35.7
1996	1.40	0.34	0.04	420	6 100	15 ～ 100	100
1997	0.54	0.04	0.03	110	1 500	5 ～ 100	42.4
1998	1.2	0.24	0.06	290	2 600	4 ～ 100	100
1999	0.09	0.02	—	2.46	33.6	2 ～ 100	—
2000	0.09	—	—	1.57	—	0 ～ 8	—
2001	0.08	—	—	—	—	0 ～ 10	—
合计	5.13	1.01	0.13	1 398.03	15 023.6		

注：—表示无此项。

（二）田间发生为害规律

1. 苗期发病情况

在重病区，4月下旬，当烟苗长到3～4片真叶时，苗床上就可见零星发病的烟株，采用纱网覆盖育苗，母床和子床的烟苗丛顶病的发病率明显低于常规育苗，证实网罩覆盖隔离育苗是培育无毒烟苗的有效方法。

病害流行年份的苗期发病率明显高于一般年份。大十字期和猫耳朵期感病烟株缩顶后生长极其缓慢，萎缩成为僵苗，不表现丛枝症状，也不会开花结实；所以苗期感染形成僵苗症，病苗移栽入大田导致绝产（图 6-1-19 ～图 6-1-26）。

图 6-1-19

图 6-1-20

图 6-1-21

图 6-1-22

2. 大田期发病情况

烟苗移栽大田后烟田内逐渐出现病苗，1997 年田间发病率以每天 1.04% 的速度增长，1998 年以每天 1.43% 的速度增长，流行年份的病害增长速度要高于一般年份。烟草丛顶病在田间的表现有一个从量变到质变的过程，烟株感病越早，损失越大（图 6-1-27、图 6-1-28）。

3. 烤烟品种的发病情况

目前生产上审定推广的品种，采用人工接虫的方法，全为高感品种，而在自然条件下，各品种的抗性强弱一般表现为：'红大' ＞ '云 85' ＞ '317' ＞ 'V2' ＞ 'K326' ＞ 'G28'，但差异不大。

4. 栽培条件对发病的影响

（1）移栽期与烟草丛顶病的关系

在 1996 ～ 1998 年，每年 5 月 5 ～ 10 日和 5 月 11 ～ 25 日移栽的烟株丛顶病的发病率，均比 5 月 5

图 6-1-23

图 6-1-24

图 6-1-25

图 6-1-26

图 6-1-27

图 6-1-28

日前和5月26日以后移栽的烟株发病率低，说明，在发病较重的烟区，烤烟的最适移栽期为5月10～20日。

（2）施肥方法与烟草丛顶病的关系

移栽时施肥以适量，肥水同时补充，防止大田烟苗蹲塘不长为宜；如果塘肥（即底肥）施用过多，容易发生烧根、烧苗，烟株移栽后还苗慢，不抗病虫害侵染。因此移栽时应采取分量施肥，以塘肥适量、适时追肥、肥水同补为原则。

（3）抑芽剂控制烟草丛顶病后期侵染

烟株封顶后烟叶逐渐成熟，组织老化，而蚜虫主要危害新鲜幼嫩的组织，施用抑芽剂，不仅可有效控制腋芽生长，同时也减少蚜虫对烟株为害传毒的可能，因此烟株进入封顶期后，应适时封顶打杈，减少蚜虫对烟杈的危害，有效控制烟草丛顶病的后期侵染，减少当年越冬的带毒虫量。

（4）蚜虫迁飞高峰期与病害的关系

1999年蚜虫的迁飞量少，也比较平稳，而1998年蚜虫迁飞有两个高峰期，一个在4月初，另一个在4月底，这两个时期刚好为烟苗假植和移栽时期；从烟草丛顶病田间发病率来看，1998年远高于1999年，说明蚜虫的迁飞高峰期和迁飞量是造成病害流行的主要因素。蚜虫的迁飞高峰期年度间差异较大，与小春作物的成熟和收割期关系密切。

（三）烟草品种对云南烟草丛顶病的抗性

综合三次测试结果，271个品种中有7个表现抗病，占测试品种的2.58%；13个表现中抗，占测试品种的4.80%；38个品种表现中感，占测试品种的14.02%；213个品种表现感到高感，占测试品种的78.60%。

从烟草丛顶病感染时期与病害发生及经济性状的相关性试验结果看，烟株在团棵之前一经感染，则整株无收；对于这一病害，目前尚无明确的病级划分标准和抗性指标，这个试验仅从发病株率来划分其相对抗性，有一定的局限性，有待进一步完善。云南烟草丛顶病1993年以前在云南省属次要病害，因此对病原、防治方法、抗病育种等方面的研究较少，资料不多。烤烟一旦感染丛顶病，无任何治疗药剂，特别是苗期和移栽期感染的烟株，几乎整株无收。从271个品种的抗性鉴定结果看，仅有2.58%的品种表现抗病，其余品种都感病，抗病育种在这方面可做更进一步开发研究。

（四）烟草丛顶病的流行规律

对保山市烟草丛顶病研究点的6年系统观察得到烟田6月中旬田间发病率，结合1992～1998年的11月至翌年5月的气候资料，以月降水量、月日照时数、月日均温和月均湿度为预报子因子，以6月中旬烟草丛顶病病株率为预报量，用逐步回归分析法，确定上年12月的日照和湿度，当年3月和5月的湿度是烟草丛顶病发病流行的重要因子，对保山市烟草丛顶病发生流行建立预测模型，以1997～1999年的有关气象数据代入验算，模型能够较为准确地预测保山市和相邻的施甸县的烟草丛顶病发生流行状况。

保山市烟草丛顶病预测预报模型：

$$Y=-98.4375+0.4924X1+5.3142X2+10.6066X3-0.1403X4$$

式中，$X1$为上年12月湿度；$X2$为当年3月湿度；$X3$为当年5月湿度；$X4$为上年12月日照时数。

四、烟草丛顶病的卫星 RNA 快速检测

1. 方法

取病株叶片少许放入研钵，加入少量的无菌水，研磨匀浆，放置 3 ～ 5min，3000r/min 离心 5min，取上清液直接经 1.0% 琼脂糖凝胶电泳检测，EB 染色，置紫外透射台观测或凝胶成像系统采集图像。

2. 结果

在病株的直接水匀浆上清液中检测到烟草丛顶病毒的卫星 RNA，可以用此方法快速、简便地检测和诊断烟草丛顶病。

3. 评价

此方法最为简便，设备要求较低，但灵敏度较低，可检测病株，在烟株感病 6 ～ 10 天后可检出。

五、烟草丛顶病防治技术研究

（一）病毒抑制剂对烟草丛顶病治疗效果

在烟苗床上，采用先接虫后施药和先施药后接虫的方法用植病灵、病毒必克、LZ18-6、菌毒清、抗病毒增产剂 5 种药剂，每隔 5 天喷施一次，连续喷施 4 次，防治效果均为零。说明目前生产上广泛使用的病毒抑制剂对烟草丛顶病无防治效果。

（二）应用化学药剂控制蚜虫防治烟草丛顶病

1. 苗期和大田期施用吡虫啉对烟草丛顶病的防效

吡虫啉是目前生产上防治蚜虫效果较好的药剂，一次施药持效期可达 60 天，在假植期采用营养袋施药，一周后采用人工接虫的方法，测定防止烟苗感染丛顶病的效果，结果防效为 24.08% ～ 62.26%；移栽时施用吡虫啉，其防效可达 91% 以上。

2. 杀虫剂对蚜虫的防治作用

用 50% 的吡虫啉防治烟株上的蚜虫，施药后 60 天，对蚜虫的防治效果达 90% 以上，对烟草丛顶病的防治效果达 91% 以上，由此可知，吡虫啉药效较长，具有长期的防治效果，对后期蚜虫的为害有较好的防治作用；在大田期施用吡虫啉或交替使用其他对蚜虫有防治作用的化学药剂，对烟草丛顶病的防治作用可达 95% 以上。

3. 应用网罩隔离育苗防治烟草丛顶病

从表 6-1-3、表 6-1-4 可以看出，采用网罩隔离育苗对云南烟草丛顶病苗期发病率有明显的控制效果，从 4 个处理结果来看，处理 A：烟苗从母床大十字期到移栽时，一直不间断盖网，效果最好；1998 年苗期一直盖网的母床发病率为 0.23%，子床为 2.97%，而不盖网的母床发病率为 1.88%，子床发病率

为11.78%，母床防效达87.77%，子床为74.78%；1999年苗期一直盖网的母床发病率为0.62%，子床为3.60%，而不盖网的母床发病率为24.07%，子床发病率为74.24%，母床防效达97.42%，子床为95.86%；不同处理结果经方差分析，1998年处理与对照差异显著，处理间差异不显著，1999年处理与对照以及处理间差异显著。其次为处理C：母床期不盖网子床期盖网；第三为处理B：母床期盖网子床期不盖网；效果最差为处理D：从母床到大田移栽，一直不盖网。

表6-1-3 网罩育苗对烟草丛顶病的防治效果

处理	母床发病率/%				子床发病率/%			
	1998年		1999年		1998年		1999年	
	发病率	防效	发病率	防效	发病率	防效	发病率	防效
A	0.23	87.77	0.62	97.42	2.97	74.78	3.60	95.86
B	0.54	71.27	16.71	30.58	5.12	56.53	49.22	33.70
C	0.27	85.63	9.98	58.54	3.67	68.85	12.96	82.54
D	1.88	—	24.07	—	11.78	—	74.24	—

表6-1-4 网罩育苗对烟草丛顶病发病率方差分析结果

处理	1998年						1999年					
	母床			子床			母床			子床		
	发病率	5%	10%	发病率	5%	10%	发病率	5%	10%	发病率	5%	10%
D	1.88	a	A	11.92	A	A	24.07	A	A	74.24	A	A
B	0.54	b	B	5.12	B	B	16.71	B	B	49.22	B	B
C	0.27	c	B	3.67	By	B	9.98	C	C	12.96	C	C
A	0.23	c	B	2.97	C	B	0.62	D	D	3.60	D	C

（三）综合防治示范与推广

1. 烟草丛顶病综合防治技术

控制烟草丛顶病，必须采取“以治（避）虫防病为主体，综合防治烟草丛顶病”的技术系统，以防治传媒、培育无毒烟苗和控制大田流行为主，其次从保健栽培及淘汰病苗方面入手，增强烟株抗病性和控制传播源以达到有效防治的目的，综防关键是苗期，要点：①培育无毒苗；②控制传媒；③淘汰病苗；④加强管理（图6-1-29、图6-1-30）。

（1）培育无毒烟苗

试验示范结果表明，最有效的方法是采用网罩隔离育苗（或采用工厂化漂浮育苗），此方法可将丛顶病苗期的发病率控制在0.5%以下，用喷施杀虫剂的方法在正常年份可将苗期丛顶病病株率控制在1%，但在流行年份就很难达到。例如，1998年是烟草丛顶病流行年份，保山市板桥镇朗义办事处和沙登办事处用网罩隔离培育烟苗0.5亩，移栽时调查烟草丛顶病害的发病率为1.34%；而用常规方法培育烟苗4.5亩，移栽时烟草丛顶病害的发病率达68.9%，加上感病未表现症状的发病率更高，完全失去移栽价值。

（2）淘汰病苗

正确识别烟草丛顶病的初发症状，进行田间和集中现场培训，让种烟农户掌握淘汰病苗技术。移栽后1个月以内（团棵以前），将病苗拔除，用预备苗替换。

图 6-1-29

图 6-1-30

（3）控制蚜虫

烟草丛顶病在田间只能通过蚜虫传播，用网罩隔离的方法可取得理想的防治效果，大田期用杀虫剂进行控制。目前漂浮育苗全程使用网罩隔离育苗，对防控蚜传病毒病起到重要作用。

（4）保健栽培

不在菜地周围培苗，确定适宜的播种移栽期，可有效地在假植和移栽时错开蚜虫迁飞的高峰期，合理施肥，使移栽后烟苗早生快发，增强田间抗逆能力，加强田间管理，减少其他病虫害的发生，在烟草丛顶病发病较重的地区，全面施用化学抑芽剂抑芽，减少烟株烟杈，避免烟杈带毒传染。

2. 综合防治技术示范

1994 ～ 1999 年在烟草丛顶病重病区进行的综防示范，各点防治效果均在 95% 以上，示范面积达 8 万亩，挽回烟叶损失 1.7 万担，价值 9864 多万元，取得了较好的经济效益。在病区通过综合防治技术的实施，可以控制烟草丛顶病的发生及传播流行。

3. 综合防治技术推广

在烟草丛顶病重病区进行综防示范的同时，在保山市、永平县、巍山县、永仁县等县市带动示范推广面积约 200 万亩，平均防治效果均在 90% 以上，挽回烟叶损失约 250 万担，价值约 4.2 亿元，经济效益极为显著。

通过 1994 ～ 1999 年的技术示范和坚持不懈的 6 年技术推广，烟草丛顶病的综合控制技术基本得到普及，有效地防止了烟草丛顶病的暴发流行，1999 年以后，烟草丛顶病发病率逐年下降，综合防治技术的普及起到关键作用。

（四）病害防控原理与方法

烟草丛顶病在田间是一种以蚜虫为主要传播途径的病毒病，控制烟草丛顶病的具体要点如下。

1. 农业防治

加强保健栽培，适时移栽。要求结合当地的气象条件和农作物结构，确定适宜的播种移栽期，避开蚜虫迁飞的高峰期，减少传毒的机会。移栽后1个月以内（团棵以前），将病苗拔除，用预备苗替换。后期施用抑芽剂抑芽，采后清除烟秆，减少来年初侵染源。

2. 物理防治

漂浮育苗小棚膜内覆盖一层防虫网，大棚所有蚜虫可能进入的地方，如通风口、门等均设置防虫网隔离。并在棚内不定期喷施防蚜农药，防止蚜虫对烟苗可能的为害。

3. 治蚜防病

烟草丛顶病在田间主要通过蚜虫传播，移栽后每隔7～10天，喷施3～4次杀虫剂可以有效地控制蚜虫传播烟草丛顶病。用70%吡虫啉可湿性粉剂12 000～13 000倍液、3%啶虫脒乳油1500～2500倍液等杀虫剂防治蚜虫，减少病害的传播。

4. 防虫网罩隔离育苗防治烟草丛顶病

子床期即营养袋假植期，这时正是蚜虫迁飞高峰期，如果防治措施不当，将造成较大的危害。苗期一直不间断盖网，以及母床期不盖网子床期盖网，其发病率明显低于母床期盖网子床期不盖网，说明网罩隔离育苗对云南烟草丛顶病苗期发病率有明显的控制效果。

（五）国际合作研究课题组赴津巴布韦考察情况

应津巴布韦烟草研究院的邀请，云南烟草科学研究院、保山烟科所等的4人组团，于2001年2月15日至3月8日，为期22天，在津巴布韦烟草研究院库查加研究站、帮德研究站，以及布莱克福德农业研究所、托尼培训研究所、迪尔培训中心、烟草商业农场，以津巴布韦烟草丛顶病与云南烟草丛枝症病害相比较为重点做调查研究（图6-1-31～图6-1-34）。

1. 津巴布韦烟草丛顶病发生危害情况

（1）烟草丛顶病分布

烟草丛顶病在津巴布韦发生较早，1957年在津巴布韦北方常年种植烟草的春克旺里发生，以后发病流行并造成很大损失。在赞比西河峡谷地区，种植的烟草种类复杂（如鼻烟等），终年种植烟草，烟草丛顶病发病重。有些地方因丛顶病，香料烟也不种了。津巴布韦邻国马拉维、南非等国家都有该病发生。

（2）烟草丛顶病症状

在研究站植病研究室温室内盆栽接种的烟株大部分均有丛顶病。在室外试验田内，有7～8株处于成熟期的病株，在白肋烟上也有少量丛顶病发生。有一块处于团棵期的试验地，发病很重。在布莱克福德农业研究所及培训中心的烟田有丛顶病发生。

对盆栽病株，团棵期、成熟期及烟杈发病症状进行调查研究，烟草丛顶病发病的烟叶表现失绿褪色成淡黄色或黄色。病叶有皱缩现象，叶柄变脆易折断，后期发病的烟株有许多不正常丛枝现象。发病早的烟株矮化，几乎没有收成，病叶无经济价值。发病晚的烟株不矮化，并有部分可采叶。

图 6-1-31

图 6-1-32

图 6-1-33

图 6-1-34

（3）烟草丛顶病的传播途径

津巴布韦专家研究认为，该病主要通过蚜虫传播，并可以汁液摩擦接种。中津科研人员共同到田间采集典型病株及疑是丛顶病的烟株，并采集专用于科研的不带毒的蚜虫，中方科研人员与津方专家在病株上饲养蚜虫，然后，在室内作蚜虫接种及病株汁液摩擦接种试验。每处理 3 盆，每人共 6 盆。离开津巴布韦时，接种烟株已发病。

（4）烟草丛顶病病原分子生物学研究

按津巴布韦研究站研究方法，中津双方科研人员提取了烟草丛顶病病原核酸，做了多次电泳试验。同时，津方按中方的研究方法，多次提取核酸，做电泳试验。参照试验研究结果，结合中津方以前对病原的研究资料，认为烟草丛顶病与云南烟草丛枝症病害的病原在分子生物学方面相同。

（5）烟草丛顶病的防治

烟草丛顶病在津巴布韦北方烟区开始发生，发病比较早，致使一些烟区损失大。在津期间（2001 年）的田间调查发现，田间有零星发病，但发病轻微，造成损失不大。但是，无论在津巴布韦烟草研究院试验站，还是在布莱克福德农业研究所的科研人员或者是商业农场的农场主，在谈到丛顶病时，非常紧张，认为该病是烟草生产的潜在威胁，即使发病很轻，也不能掉以轻心。在萨伽研究站，科研人员加大了对该病的研究力度，在抗病育种上下功夫，达到有效防治该病的目的。目前，津巴布韦对该病的防治办法是，治避虫防病，并通过立法来保证防治技术的落实。

津巴布韦立法规定，6 月 1 日前不准播种，播种后在苗床上覆盖地膜增温，以达到避蚜防丛顶病的目的。9 月 1 日前不准移栽，到 11 月底移栽结束，移栽后要及时销毁苗床上剩余的烟苗。大田采烤结束，到 5 月 11 日前必须销毁田间烟残体，即使是田间尚未采收结束，也要销毁。确保 5 月中旬至 6 月上旬，田间绝对不能有烟草种植，若田间发现烟株就属非法，尽可能使蚜虫在当时很干燥的环境下，不能生存，减轻蚜虫对病害的传播。移栽后，通过根施颗粒状杀虫剂如吡虫啉，以及按常规喷施杀蚜农药来防治蚜虫以达到防控丛顶病的目的。

立法规定的播种期、移栽期及采收期，是根据津巴布韦的干季和雨季气候条件下田间种植作物特点，以及蚜虫的发生规律而制定的，目的是避过蚜虫高峰期，减少烟苗带毒，以避免病害。

2. 云南烟草丛顶病与津巴布韦烟草丛顶病比较

津巴布韦烟草丛顶病与云南烟草丛顶病一样，在烟草生育各阶段所表现的症状相同。都表现为叶片黄化、皱缩、矮化及丛枝、无效枝叶多。发病早的烟株，全株无经济价值，发病晚的烟株，有部分收成，有的烟株烟杈发病而对烟叶影响不大。可能由于品种、土壤、气候环境不同，有微小差异。侵染途径方面津巴布韦烟草丛顶病主要以蚜虫传播，汁液摩擦可以接种，与云南烟草丛顶病传播途径基本相同。

云南烟草丛顶病的防治方法，培育无毒壮苗，筛选健苗，淘汰病苗；大田初期拔除中心病株，补栽健株。并以治避虫防病为主体，综合防治丛顶病。津巴布韦烟草丛顶病的防治方法，以基础研究为依托，采用立法的形式，通过法律、法规，规划移栽节令，避开蚜虫高峰期，减少蚜虫传播，来达到苗期治虫防病的目的。大田期辅以化学防蚜，治虫防病。特点是通过立法，保证一个月左右，田间无烟株，此时气候环境处于干季，蚜虫无法生存或生存环境恶劣，致使蚜虫不能越到烟草生长的下一季节。总的来看，云南烟草丛顶病与津巴布韦丛顶病防治原理基本相同，都以治避虫防病为主要技术，但落实防治技术的着力点不同。

云南烟草丛顶病与津巴布韦烟草丛顶病，在症状表现上非常相似；病害一旦流行所造成的损失也都非常严重，引起科研等各方面的高度重视，是烟区潜在的危险性病害；其主要侵染途径相同，即蚜虫是主要的传播介体。两个病害，在生产中实施的防治原理基本相同，都采取治避虫防病。由此确定云南烟草丛顶病与津巴布韦烟草丛顶病是同一种病害。

3. 到津巴布韦考察学习的启示

目前津巴布韦烟区烟草丛顶病发病轻微，过去曾发病很重，造成很大的经济损失，因此津巴布韦高度重视。滇西局部烟区，1993 年、1996 年、1998 年烟草丛顶病害流行发病，已引起烟草管理层高度重视。科研人员 1993 ～ 2000 年经过 10 年的研究探索，在许多领域取得突破性进展。中方的许多与防治相关的研究成果与津方对丛顶病的研究基本相同，但在防治技术的落实到位方面，津方已上升到立法上，通过法律、法规落实防治技术，取得很好防效。云南烟草丛顶病病害重病区，在落实科研人员制订的有科研依据的针对性防治技术上，到位率低，有的地方对“治虫防病”不理解而产生怀疑。对丛顶病害等病毒病的防治困难性认识不足，认为一个病害的防治，应该是喷施农药后，就有明显的防治效果，忽视了防治丛顶症致病原理，即只能从病害的侵染循环出发，尽可能阻止侵染途径及消灭侵染源，而达到防治目的。在防治云南烟草丛顶病害方面，应坚定不移地抓好抓落实“以治（避）虫防病为主体，综合防治烟草丛顶病技术”。中津双方达成共识的烟草丛顶病技术综合防治要点如下。

（1）培育无毒壮苗

在传统的重病区，在苗床期覆盖防虫网或推广应用大小棚漂浮育苗，避开蚜虫为害，并适当喷施杀蚜农药杀灭网棚内蚜虫，培育无病壮苗。

（2）精准防控

进一步研究蚜虫消长规律，调整移栽期，使烟苗避开蚜虫高峰期，减少烟苗带毒。

（3）移除病株

大田移栽后，要拔除中心病株，补栽健株。要适当施用化学农药杀蚜。

（4）减少感染

全面施用化学抑芽剂抑芽，减少烟株烟杈，避免烟杈带毒传染。

（5）清除毒源

全面彻底清除田间残体。烟草采收结束后，应通过行政手段，及时销毁田间烟秆、烟根及烟叶、烟杈残体，特别要检查清除活体烟株，以防止丛顶病等病害感染烟杈，使蚜虫等带毒，成为下一年可能的病原。

第二节　烟草花叶病毒类病害

烟草是一种极易感染病毒的茄科植物，其病毒病原得到广泛深入的研究，作为一类鉴别寄主植物，可经人工接种的植物病毒多达 100 多种。国内外报道的从田间自然感染的病毒分离物已达 40 多种，在中国已发现的烟草病毒病有 20 余种（王凤龙等，2019）。由于云南气候类型复杂，国内外报道的多数烟草病毒病原均有不同程度的发生，目前在云南省报道的烟草病毒病就有 19 种，这些病害在云南各烟区均有发生，局部烟区发病严重，往往是多种病毒复合侵染（李凡和陈海如，2001）。其中引起烟叶花叶的病毒病有 6 种。在不同地区、不同的生长季节，不同的品种同一株烟上侵染病毒病的种类、所占比例可能都不相同，病毒病对烟草的为害不仅引起产量的损失，还引起烟草质量的严重下降。感染病毒的烟叶在烘烤后突出表现是重量下降，叶薄而色淡，感染病毒的烟叶随着病级的增加，均价损失达 4.78% ～ 58.76%。经内在品质分析，烟叶全氮、全钾和蛋白质含量明显增加，而总糖、还原糖含量及施克值显著下降（周本国等，1998b）。在早期发病严重的烟田损失大，产量、质量的损失可达 90% 以上。由于缺乏有效的控制办法而导致严重的经济损失，有些烟区损失程度是毁灭性的。

一、烟草普通花叶病毒病

（一）烟草普通花叶病毒病发展简史

烟草普通花叶病毒（*Tobacco mosaic virus*，TMV）是烟草花叶病毒属的典型成员，属世界性病害。烟草花叶病毒病在 1886 年首次由荷兰鉴定。1892 年，伊万诺夫斯基证实其具有滤过性传染活性。之后，各国学者对其进行广泛深入的研究。可以这样说，烟草普通花叶病毒研究的历史在一定程度上代表了植物病毒学发展的历史。烟草花叶病毒能侵染 30 个科的植物，寄主植物十分广泛。除烟草外，还为害番茄、辣椒、野生茄科植物，这些植物是烟草普通花叶病毒的主要寄主。烟草普通花叶病各产烟省（区）普遍发生（图 6-2-1、图 6-2-2）。

（二）烟草普通花叶病毒病症状

系统侵染，整株发病，苗期、大田期均可发生。移栽后 20 天到现蕾期为发病高峰期，打顶后，田间病株仍呈上升趋势，为害症状主要表现在烟杈上，对烟叶产量影响不大。

图 6-2-1

图 6-2-2

感病烟株首先在嫩叶上出现症状，叶脉组织变成淡绿色，近光呈现半透明状，即“脉明”。几天后叶片上形成淡黄至浓绿相间的斑驳，即“花叶”。田间发病烟株表现轻型花叶和重型花叶两种类型的症状。轻型花叶病只在叶片上形成黄绿相间的斑驳，叶形不变；重型花叶病症状叶色黄绿相间镶嵌状，深绿色部分出现“疱斑”。叶片边缘形成缺刻并向下卷曲，叶片皱缩扭曲变细呈带状。早期发病的烟株明显矮化。在气温较高和光照较强的天气条件下，旺长期发病的烟株上部叶片可能出现红褐色坏死斑，即“花叶灼斑”。根据田间出现的症状不同，大体分为轻型和重型两类。

①轻型花叶（图 6-2-3、图 6-2-4）。轻型病株与健株无明显差别，烟株感病后，先在新叶上发生“脉明”。稍重时，出现深色与浅色黄绿相间的花叶斑驳，叶片基本不变形，但叶肉会出现明显变薄或厚薄不均现象。②重型花叶（图 6-2-5、图 6-2-6）。重型花叶色泽明显深浅不均，出现黄绿色相间呈镶嵌状。由于叶片受病毒刺激，一部分叶肉细胞增多或增大，而另一部分不增加，致使叶片厚薄不匀，形成疱斑。病叶边缘多向后背面翻卷，叶片皱缩扭曲，呈畸形，有时有缺刻或呈带状。早期发病，烟株矮化，生长迟缓，重病株花变形，果小而皱缩，种子多数不能发芽，后期发病仅上部嫩叶边缘花叶。有的则仅在杈叶上出现花叶。在典型花叶症状的烟株上，中下部叶片易受日灼出现大面积褐色坏死斑，即“花叶灼斑”（图 6-2-7、图 6-2-8）。③与黄瓜花叶病的区别。此病症状与黄瓜花叶病显著不同的是，病叶边缘向下翻卷。叶基部不伸长，茸毛不脱落。根系受影响不大。

图 6-2-3

图 6-2-4

图 6-2-5

图 6-2-6

图 6-2-7

图 6-2-8

（三）烟草普通花叶病毒粒体形态及其基本特征

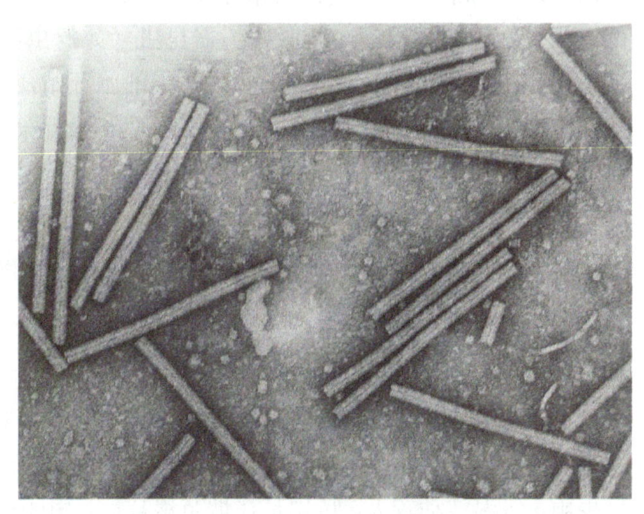

图 6-2-9

烟草普通花叶病毒（TMV）是烟草花叶病毒属的典型成员，病毒粒体为直杆状，长 300nm，直径 18nm。它由一种简单的蛋白质亚基盘绕形成螺旋状结构的粒体，每个粒体包括一个单链 RNA 分子。粒体能解离成核酸和蛋白质，核酸和蛋白质能重组成稳定的侵染性病毒粒体。蛋白质外壳的作用是保护内部的核糖核酸。病毒的毒力和抗逆力强，病毒在鲜烟叶汁液稀释 100 万倍仍有致病力，病毒增殖的最适宜温度是 28 ～ 30℃，温度在 37 ～ 38℃或以上即停止增殖。电镜负染可见病毒粒 4nm 的空心（图 6-2-9）。病毒相对分子质量为 39.4×10^6，标准沉降常数 $S_{20\times W}$=194S，氯化铯中的浮力密度为 1.325g/cm^2。病毒粒子非常稳定，体外存活期约 3000 天。

烟草普通花叶病毒的核酸为单分子线形正义 ssRNA，长约 6. 4kb，相对分子质量 2×10^6，核酸约占病毒粒子重量的 5%。病毒外壳蛋白由多个氨基酸组成，分子质量 17 ～ 18kDa。TMV 普通株系（U1 株系）基因组 RNA 长 6395nt，3′ 端有一个可与组氨酸结合的类似 tRNA 结构，5′ 端含有一个甲基化核苷酸帽子结构（m pppGp），之后有一个大约 70nt 的非编码序列。基因组至少编码 4 个蛋白，其中外壳蛋白（大小约为 17.5kDa）、运动蛋白（大小约为 30kDa）和复制酶（大小约为 54kDa）研究较深入。

烟草花叶病毒主要通过汁液接触传播，有时也通过带毒的种子传播，但在烟草子房中未发现病毒可侵染胚，此外还可通过嫁接传毒。TMV 的寄主范围较广，可侵染 30 余科的 400 多种植物。烟草中比较普遍而且较为确定的有 U1 和 U2 株系。农事操作中，病毒经沾染过病毒的手或工具通过接触烟叶的微伤口而侵入，混有病株残体的肥料、种子、土壤和带病的其他寄主作物及杂草，甚至烤烟叶、烟末等都可成为 TMV 的初侵染源。而这些侵染源或移入大田的病苗，通过各种媒介接触烟株引起再侵染，使病害在田间扩展蔓延。病害发生与品种的抗病性有密切关系。栽烟后天气处于干旱少雨、气温偏高（28 ～ 30℃）时发病重：晚栽的比适当早栽的烟田发病重，凡前茬或本茬套种马铃薯、油菜、萝卜等的烟田发病严重。

（四）烟草普通花叶病毒病侵染循环与防控

TMV 易于通过接触传染，在苗期和大田中均可发生。工厂化育苗或漂浮育苗中的人工或机械剪叶操作若消毒未做好，或在大田操作中 TMV 都会传播，TMV 也可被带到烟草制品中，如卷烟、雪茄烟或嚼烟。它能在植株残体上存活多年，成为新的侵染源。目前还没有证据表明 TMV 能够通过烟草种子传播。

TMV 可以在病株残体、烟秆、烟杈、碎烟叶、种子里夹杂的花果残屑中，以及卷烟的烟丝中，还可以在其他寄主植物，如野生杂草上越冬，成为下一年的初侵染源。

育苗场地的初侵染来源主要是带有病株的残体、种子中混杂的病残体、已经感染病毒的其他寄主植物和带毒土壤。据报道 TMV 可在土壤的病根、病茎残体上存活 2 年。病毒粒体还可被土壤颗粒吸附，在干土中存活力很强，土壤含水量超过 60% 时其活力降低。据王绍坤等（1991）在云南曲靖烟区研究证实，被带病烟株残体污染的水源是苗期重要的初侵染源。造成大田发病的初侵染源，主要是带毒的病苗、粪肥、土壤中病残体和其他带病的寄主植物。

苗期最初发病的烟苗，可通过烟苗间的摩擦、农事操作过程中的触摸、剪叶，在育苗过程中传播。大田出现病株后，通过烟株的相互摩擦，农事操作中通过人手触摸或工具的机械接触使病毒传播而引起再侵染。在通常情况下，刺吸式口器昆虫（如蚜虫）不传播 TMV；咀嚼式口器昆虫，如青蚱蜢、烟青虫则是 TMV 的传播介体。病毒从侵入寄主细胞开始，到出现花叶症状一般需要 6 ～ 8 天，如果气温低、烟株生长缓慢则需要 10 天以上。烟叶收获后，除病株残体重新落入土壤外，烤后的烟叶、烟末以及卷烟中的烟丝和烟头都可成为下一季烟草的侵染来源。

（五）烟草普通花叶病毒病田间消长动态及影响因子

1. 气候因素

TMV 发病最适宜的温度为 28 ～ 30℃，高于 37℃或低于 10℃则症状隐蔽或不显著。烟草普通花叶病的主要发生流行时间是在苗床期到大田现蕾期，这一时段的气候条件对流行影响很大。每年 4 ～ 6 月，干旱少雨，气温波动较大，特别是在烟苗移栽后，由团棵期进入旺长期的关键时期，如遇干热风或突降冷雨，容易引起普通花叶病的暴发流行。

在高温情况下，由烟草普通花叶病毒引起的花叶病会出现坏死斑点或斑块。高于40℃，侵入被抑制。如温度在37℃以上或10℃以下，或在光照太弱时，则症状隐蔽或不显著。这证明植株代谢达到一定程度，病毒合成即不再进行，植株继续生长。

2. 土壤因素

土温对病毒合成的影响小于大气温度，土壤湿度及耕作条件如适合病毒快速生长，就提供了自然侵染的良好条件。土质瘠薄、板结、黏重以及排水不良的田块，烟草生长弱，花叶病发生较重。此外，感染时，植株生长势越弱，则症状及系统侵染越明显。幼嫩烟株一般比老烟株更易感病。在田间条件下，烟草普通花叶病毒可在病株根部大量存活，直至种下季作物，病残体经5～6个月的充分风化与腐烂后，其中的TMV会大部分失掉活性，但大片碎茎及根在不冷冻、不干燥、不完全腐烂的情况下，TMV可在土壤中存活两年。病地为感染来源，病毒还可在多年生寄主内长期存活。

3. 栽培因素

烟草连作，普通花叶病发生重，而且连作年限越长，发病越重。连作地块发病率高达47.6%，而轮作地块发病率仅为10.3%。烟草普通花叶病毒，大田病土传染很重要。病地连茬，移栽后25天，病很轻，培土后20天，病势明显上升。说明第一个主要发病期为培土以前，第二个发病期为培土后2～3周。据以碎屑混入消毒土壤在温室与大田接种的试验，对照自然病田，最早发病的病株主要是由于叶片（重点为下部叶片）接触病土后传染，根部受病土传染是次要的，早期的土传病株数量不大，到后期才大量发病。凡前茬种植或本茬套种油菜、萝卜或马铃薯的烟田，烟草普通花叶病发生均较重。同一品种，同一地块，烟草与马铃薯套作，烟草普通花叶病发病率达90%，单种烟草的发病率为49.2%。田间管理不及时的田块，烟株根系不发达，生长矮小，叶不开片，发病严重。在烟草普通花叶病株的根及根际土壤内如线虫数量较高，则烟草普通花叶病毒与线虫有明显的增效作用，感染线虫时病亦重。

（六）烟草普通花叶病毒病防控技术及方法

由于其接触性传染的特点，防治TMV必须非常谨慎。最有效的防治方法是使作物远离毒源。为防止TMV在烟草中的机械传播，可对苗床喷洒牛奶（每20L牛奶配20L清水，可用于100m^{2}的苗床），田间操作人员用牛奶或磷酸盐洗涤剂溶液中洗手。可有效防止TMV在植株间传播和将病毒从苗床带到大田。选用无病种子，从无病烟株上采种，单收、单藏，并进行汰选，防止混入病株残屑。普通花叶病在田间侵染性较强，在防治上应认真对待。防治TMV最有效的技术措施是防止烟株感染，烟株一旦发病，难以治疗。因此防治主要是以预防为主，从侵染途径入手，进行综合防治。

1. 抗耐病品种的利用

目前，烤烟品种中，农艺性状和抗病性高度统一的品种极少。因此，选育优良的抗耐病品种已是当务之急。TMV的抗性基因是从心叶烟中获得的。它是一个单一的显性基因，可以限制病毒只存在局部坏死区域内（超过敏性反应），叶片损失很少。

目前生产可选用较耐病品种NC297、NC102、NC98、NC471等。

2. 栽培管理

在苗床操作和大田管理中，禁止吸烟，操作先健株，后病株；在病害初发期，及时拔除田间病株。打顶后及时抹杈并铲除田间杂草，破坏烟青虫及直翅目昆虫的生存条件，防止后期普通花叶病扩展。由于病毒可以附着在病茎、病根和其他病株残体上，在土壤中长时间存活。应及时清除烟田烟秆及残株，铲除杂草，深翻土层，防止病原菌大量留存成为来年的毒源。坚持轮作，轮作年限以 2 ～ 3 年为宜。

3. 培育无病壮苗

育苗场地选址尽可能远离菜地及烤房、晒棚等场所；注意清除育苗场地附近杂草。防治烟草普通花叶病是培育无病壮苗的重要环节，烟苗生长健壮，移栽后还苗快，烟株根系发达，可提高抗病力。

适时移栽和选用壮苗。适时移栽，可使植株早生快发，提高抗性。田间移栽时，注意要使用壮苗。如果育苗场的烟苗被侵染，在移栽前的这段时间内，病害多处于潜育期。许多带毒的病苗尚未表现花叶症状，不易被识别和淘汰，移栽到大田后，才陆续表现花叶，并进一步引起其他烟株发病。在云南烟区，许多地方花叶病的主要传染源就是病苗。因此移栽时要特别注意选用壮苗，减少大田的初侵染源。

4. 加强大田管理

烟苗移栽前，做好大田保墒工作，移栽后一个月内禁止大水漫灌，防止地温下降，烟苗受寒，可造成其生理抗性减弱。

使烟株尽快通过团棵、旺长两个最感病阶段，及时追肥、培土，促使烟株生长健壮，提高抗性。在团棵和旺长期，如田间出现病症，应立即追施速效性肥料，抓紧培土后浇水，促使烟株正常生长。

5. 药剂防治

防治普通花叶病没有特效药。最有效的防治方法是用 0.1% 的硫酸锌溶液在发病初期及时施用，可钝化病毒活性，有较好的防效。在发病初期喷施 0.1% 的硫酸锌溶液，间隔 3 ～ 5 天喷施 0.3% 的尿素，交替喷施 1 ～ 2 次，能避免烟株发生缺锌症，还能防治花叶病，防效一般在 50% 以上。

（七）防控面临的问题

1. 防治困难

一是目前在烤烟推广种植品种中，还没有对普通花叶病毒病有抗性的“抗病”品种。

二是缺少有效的治疗药剂。

2. 毒源复杂

烟草普通花叶病毒病的“毒源”，来源复杂：

一是来源于上年患病烟株残体中的残留在烟秆、烟杈、碎烟叶里的烟草普通花叶病毒；

二是带毒的病株残体可隐藏在粪肥、育苗场及大田的土壤中，这些均是幼苗接触造成初次侵染的“毒源”；

三是来源于其他作物寄生及野生寄主植物上的“毒源”，包括茄科、苋科、豆科等 36 科 350 多种植物；四是直接来源于土壤中的“毒源”，研究发现，土壤中的病残体分解后，普通花叶病毒能吸附在土壤粒体表面。

3. 传播复杂

一是通过病株汁液进行传染。

二是在病叶与健叶轻轻摩擦后，造成叶肉或叶毛细胞的细微损伤，病毒可通过微伤口侵入。

三是伴随如灌溉水、施用带菌肥料、作业人员接触病株的手、衣服、工具以及其他农事操作等进行传播，是导致病害暴发成灾的综合因素。

二、烟草黄瓜花叶病毒病

烟草黄瓜花叶病毒病于1916年首次发现，世界各地均有分布。烟草黄瓜花叶病在各烟区普遍发生。由于其传播方式多，潜伏期长，病害发生具有突发性，已成为近年来云南烟草生产上发生为害严重的病毒病害之一。

（一）发展简史

黄瓜花叶病毒（*Cucumber mosaic virus*，CMV）属于世界范围内分布的病毒，在云南烟草种植区均有发生，可引起烟草斑驳、花叶、黄化、矮化、疱斑、叶坏死等症状。在病区CMV可起60%以上的产质量损失（周本国等，1998a），其症状因感染时期不同和气候差异有所不同。一般在干热和湿热两种气候类型中发病严重。CMV适应性极强，在烤烟、白肋烟和香料烟上随种植年限的增加可高度感染。CMV可通过60多种蚜虫传播，主要为棉蚜和桃蚜，传播过程在数十秒内即可完成。至少有10种菟丝子传播CMV，此外还有种子传毒及摩擦接种传染（汁液摩擦较难，嫁接与浸根接种率高）。CMV寄主范围非常广泛，可侵染52科174属775种植物。寄主诊断，黄瓜产生黄化或绿色的系统花叶；烟草心叶烟产生褪绿、坏死斑、环斑；番茄系统花叶或叶片变窄；菜豆，在较低温度下产生局部坏死斑；苋色藜及昆诺藜，产生褪绿斑或局部坏死斑；豇豆有的分离物产生局部斑。繁殖寄主为心叶烟和烟草。

（二）烟草黄瓜花叶病毒病症状

黄瓜花叶病毒病在苗期和大田期都会发生。移栽后开始发病，旺长期为发病高峰。田间表现症状因烟草类型、发病时期、感病株系不同而表现不同，特别是如与其他病毒病复合侵染症状更为复杂。主要症状表现为：首先在幼嫩叶片上发病，顺脉透明，出现明脉症状，几天后变成花叶，叶片变窄、扭曲，表皮绒毛脱落，形成深绿浅绿相间的花叶，常出现疮斑。有的病叶粗糙、发脆如革质状，叶茎变长，侧翼变窄变薄，呈现拉紧状，叶尖细长；有的病叶叶脉向上翻卷，有时侧脉出现坏死斑或沿病叶脉出现深绿色闪电状坏死斑。株型明显变矮（图6-2-10、图6-2-11）。

黄瓜花叶病毒引起的症状因烟草类型不同而差异很大，易与其他病毒病，如TEV、TMV、PVY和TRSV所诱发的症状混淆。症状包括几个方面。①有或轻或重的花叶型症状，有时伴有叶脉呈带状和主脉发黄。叶片上有不同的畸形，如存在泡状突起，叶片趋向于线状或皱缩（图6-2-12）。②局部坏死或出现小的灰棕色或褐色线条，形成条纹或圆环。褪绿坏死的条纹有时会在叶片上形成“栎树叶”症状。这类症状可在深色晾烟下部叶片上发现（图6-2-13）。③普通的坏死变化可破坏顶芽。这种变化往往伴随着叶片、叶脉、茎基部的坏死（图6-2-14）。这些症状主要发生于深色晾晒烟。在许多国家混合侵染经常发生，尤其是CMV和PVY的混合发生。发生较为普遍和为害症状严重，有时可引起致死性坏死。

图 6-2-10

图 6-2-11

图 6-2-12

图 6-2-13

图 6-2-14

正确区分 TMV 和 CMV 引起的花叶病，除根据症状外，还需根据在特定鉴定寄主上的症状表现。CMV 侵染心叶烟和曼陀罗时引起系统侵染，呈现系统花叶；在苋色藜和中国豇豆上则产生枯斑。而 TMV 侵染心叶烟和曼陀罗时出现中央灰白色、周围赤褐色的局部坏死枯斑。

（三）黄瓜花叶病毒粒体形态及其基本特征

黄瓜花叶病毒是雀麦花叶病毒科黄瓜花叶病毒属的典型成员。该病毒属世界性分布，尤其在温带地区；病毒粒子为等轴对称的二十面体，无包膜，三个组分的粒子大小一致，直径为 28 ～ 30nm，粒子中央有一个直径约 12nm 的电子致密中心，呈“中心孔”样结构。基因组按分子量大小分为 4 种，即 RNA1、RNA2、RNA3 和 RNA4。RNA1 和 RNA2 分别包装在不同的粒子中，而 RNA3 和 RNA4 在同一粒子中，其中三种大的RNA分子为侵染所必需（图6-2-15）。

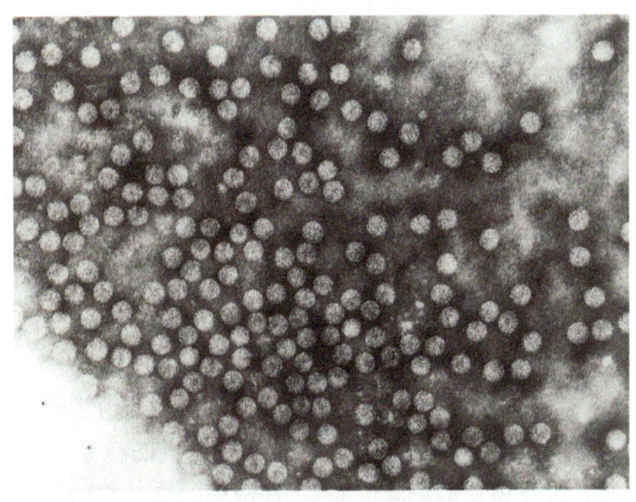

图 6-2-15

CMV在体外的抗逆性较TMV差。典型的CMV株系致死温度为65～70℃、10min，稀释限点为10^{-4}～10^{-5}，其体外保毒期仅为72～96h，但在冷冻真空干燥条件下，干叶内的CMV可以存活9年以上。CMV有很多不同的株系，常见的有普通株系（CMV-0）、菠菜株系（CM）、黄斑株系（CM）、豆科株系（CLEM）等。各株系在病株上所表现的症状、毒力、传染能力和稀释限点及致死温度等方面都有所不同。

CMV的寄主植物达40个科191种，包括常见的葫芦科、茄科、十字花科作物，以及泡桐、香蕉、玉米等农林作物，还有繁缕、老鹳草、竹叶草、小酸浆等农田常见杂草。一些野生杂草和20多种蔬菜的种子能带毒。

CMV在田间可由60种蚜虫非持久性传播，蚜虫的口针刺入病株表皮很快就可获得病毒粒子，获毒最短时间为2～4h，不同种类的蚜虫传毒力有一定差异，传毒率最高的是烟蚜。

（四）烟草黄瓜花叶病毒病侵染循环与防控

由于黄瓜花叶病毒的抗逆性较差，CMV与TMV的越冬场所不同，不能在病株残体中越冬，主要在越冬蔬菜、蔬菜留种株或多年生杂草上越冬。翌年春天，由有翅蚜把病毒传到烟草，CMV的发生流行与气候、寄主、环境和有翅蚜的数量关系密切。冬季温度的高低，对蚜虫的越冬数量影响很大。如果冬季温度较高，则有利于蚜虫的越冬和翌年有翅蚜的迁飞与繁殖。病害是否流行主要取决于烟草易感阶段的毒源、气候条件和蚜虫等的综合作用，烟株在现蕾以前比较容易感病，此后比较抗病；烟株根系发育不良时病害比较严重，现蕾后发病较少，水肥条件好病株会有不同程度的康复，重病株比例下降。冬季蚜虫食源植物多、暖冬烟蚜带毒率高、蚜虫基数大发病率就高。大田期田间发病率与烟蚜发生量呈正相关，一般在蚜虫量高峰期后10天左右出现发病高峰期。栽培与土壤因素，氮肥施用过量，烟株组织生长幼嫩，较易感病，而且症状出现较快。土壤瘠薄、板结、黏重以及排水不良的烟田，烟株长势弱，发病也重。作物间作特别是麦烟套种、苗床及大田管理水平与黄瓜花叶病的流行及病情严重程度有密切关系。

（五）烟草黄瓜花叶病毒病防控技术

1. 农业防治

由于缺乏可供利用的抗源，烟草栽培品种中，几乎没有高抗CMV的品种。至今仍未培育出抗CMV的品种。目前主要是采用农业与治蚜防病为主的技术措施。在安排苗床和大田时，一定要注意远离蔬菜、油菜地，减少感染病毒的机会。大田期利用银灰地膜覆盖可有效驱避蚜虫向烟田迁移；苗期采用网纱隔离、大棚育苗等技术培育无毒烟苗，移栽后做好蚜虫的防治。确定适宜的播种和移栽时间，避开烟蚜迁飞高峰期移栽烟苗。由于黄瓜花叶病毒主要由蚜虫传播，因此灭蚜防病是防治关键措施。蚜虫传毒主要以有翅蚜为主，无翅蚜传毒有限。应及时清除烟田的烟秆及残株，铲除杂草，深翻土层，防止病原菌大量留存成为来年毒源。

2. 药剂防治

治蚜防病。常用吡虫啉或啶虫脒类药剂 3000 ～ 4000 倍液防治烟蚜，可以减少病害的传播。

第三节　烟草马铃薯 Y 病毒属病害

马铃薯 Y 病毒属是世界上最大的两个植物病毒属之一，为害多种农作物。马铃薯 Y 病毒属主要引起烟草的花叶黄化症状，少部分危害严重的株系导致叶脉坏死，在有的文献中将马铃薯 Y 病毒属引起的烟草病害称为“烟草脉斑病”。在侵染的烟叶细胞中产生柱状内含体。马铃薯 Y 病毒属可通过蚜虫及机械摩擦传染到烟草上，苗期感染时造成严重的症状，在中后期感染为害较小，与 TMV 复合侵染出现白化花叶。马铃薯 Y 病毒属在烟草上可引起 30% 的产量损失（李淑君等，2001）。马铃薯 Y 病毒属在云南烟区普遍发生，是云南烟草花叶病的主要病原之一，在烟草上的发生种类及分布见表 6-3-1。

表 6-3-1　马铃薯 Y 病毒属病毒的主要特征

普通名称	缩写	特征	传播方式	云南发生范围
马铃薯 Y 病毒	PVY	曲杆状，730nm×11nm	烟蚜、机械传毒	昭通发病较多，其他烟区零星发生
烟草蚀纹病毒	TEV	曲杆状，730nm×（11 ～ 13）nm	烟蚜传毒、机械传毒、菟丝子	所有烟区
烟草脉带花叶病毒	TVBMV	曲线状粒体，（779 ～ 900）nm×13nm	烟蚜传毒	所有烟区，滇中烟区较重
烟草脉斑驳病毒	TVMV	曲线状粒体，（779 ～ 900）nm×13nm	烟蚜传毒	所有烟区，滇中烟区较重
烟草萎蔫病毒	TWV	弯曲线状粒体，（779 ～ 900）nm×（11 ～ 13）nm	烟蚜传毒	滇中烟区较重
辣椒脉斑病毒	PVMV	弯曲线状粒体，750nm×（11 ～ 13）nm	烟蚜传毒	滇中烟区较重

一、烟草马铃薯 Y 病毒病

（一）烟草马铃薯 Y 病毒病发展简史

史密斯于 1931 年首次发现烟草马铃薯 Y 病毒病。云南烟区零星发生，有加重的趋势。在一些高度受害的田块，产量损失 70% 以上。收获烟叶质量降低，烟叶烟碱降低，总氮、硝酸盐含量在受 PVY 侵染后均有所上升。

烟草马铃薯 Y 病毒（PVY）病又称“烟草脉坏死病”“烟草脉带病”等，是由马铃薯 Y 病毒引起的一种系统侵染性病害，常和黄瓜花叶病毒（CMV）、烟草普通花叶病毒（TMV）等复合侵染，给烟叶生产造成更大危害。PVY 病的田间症状因病毒株系、烟草品种、叶龄及气候条件等的不同而有很大差异。同一株系在不同品种上的症状表现不同，即使是同一株系在同一品种上的症状表现也不尽相同，这可能与同一株系内不同毒株的致病力不同有关。PVY 单一侵染时的症状一般表现为：在发病初期出现脉明，后形成系统斑驳，小叶脉间颜色变淡，叶脉两侧的组织呈绿色带状斑，即脉带。如果是坏死株系，在感病品种上，叶部小叶脉变成褐色或黑色，坏死斑有时达主脉或茎秆，坏死症状常深入髓部，甚至引起根系坏死。有些株系形成白色至褐色小斑点，数目、大小不一。在烟田，PVY 若与 CMV、TMV 等其他病毒复合侵染会产生更严重的坏死症状。烟田 PVY 的症状主要有花叶、畸形、脉带、叶脉坏死、茎坏死及闪电状蚀纹等。

（二）烟草马铃薯 Y 病毒病症状

烟草马铃薯 Y 病毒病为系统侵染整株发病，烟株自苗期到大田期都可发病，是可防而不可治的病害。病害症状随植株大小、环境条件、病毒株系及烟草品种的不同而不同。自苗期到成株期均可发病，但以大田成株期发病为主。所表现的症状特点主要为：①轻型（弱毒）株系所致症状：发病初期在新叶上出现“脉明”，后形成系统斑驳。在较大的叶片上，沿叶脉两侧形成暗绿色的脉带，在脉带之间表现黄化，在叶基部的裂片上，这种脉带比较明显。植株会出现矮化现象和叶片的偏上性直立，还会出现卷叶扭曲现象。②重型（也称坏死型）株系所致症状：叶脉变成深褐色至黑色，坏死斑常常延伸到中脉，甚至进入茎的维管组织和髓部而引起叶片坏死。有时坏死仅限于支脉和主脉梢，叶片尚能保持一段时间的活力，烟株变矮，叶片皱缩并向内卷曲。在有些病株上叶片出现斑驳后呈干燥或烧焦状，有时是顶叶坏死，有时是底叶坏死。小叶脉变褐枯死极为普遍，叶片上出现褐色或白色坏死斑，斑点的大小、颜色和形状差异较大（图 6-3-1 ～图 6-3-8）。

在田间还常能见到：

1）病株叶片颜色异常，在叶脉之间有或多或少的大理石花纹。叶脉变黄，叶肉深绿，有时植株中部叶片出现许多环形黄色斑点。

2）叶片出现不同形状的坏死区域，主脉和侧脉变褐。这种并发症严重时木质部、茎和髓部呈现黑褐色的坏死。

3）叶脉附近开始出现不同大小的白色斑点，但在大多数情况下为棕色、褐色的斑点。

马铃薯 Y 病毒病自幼苗到成株期都可发病，但以大田成株期发病较多。烟株侵染病毒后，因品种和病毒株系的不同所表现的症状特点也有不同。观察症状大致分为 4 种类型，分别是花叶、脉坏死、点刻条斑、茎坏死。

1）花叶症状。由 PVY 的普通株系侵染所致。植株发病初期，叶片出现“明脉”，后叶脉中间颜色变浅，形成系统斑驳。

2）脉坏死症状。由 PVY 的脉坏死株系侵染所致。病株叶脉变暗褐色至黑色坏死，叶片皱缩黄褐色，有时坏死部分延伸至主脉和茎的韧皮部，病株根系发育不良，须根变褐，数量减少。有些品种表现出病叶皱缩，向内弯曲，重病株枯死，失去烘烤价值。

3）点刻条斑症状。由 PVY 的点刻条斑株系侵染所致。发病初期植株上部 2 ～ 3 片叶先成失绿斑点，后叶肉变成红褐色坏死斑或条纹斑，叶片呈青铜色，有时整株发病。

4）茎坏死症状。由 PVY 茎坏死株系侵染所致。病株茎部维管组织和髓部呈褐色坏死，根系发育不良，变褐腐烂。若 PVY 所有株系与 TMV、CMV 等混合发生则表现比上述更为严重的坏死症状。

（三）马铃薯 Y 病毒粒体形态及其基本特征

烟草马铃薯 Y 病毒（*Potato virus Y*，PVY）是马铃薯 Y 病毒科、马铃薯 Y 病毒属的典型成员。该病毒在世界各地均有分布。病毒粒体呈线状，大小为 680 ～ 900nm，宽 11 ～ 12nm。粒体沉淀平衡常数 150，单链 RNA，核酸含量 5.4% ～ 6.4%，蛋白质含量 95%。病毒的致死温度 52 ～ 62℃、10min，稀释限点为 10^{-2} ～ 10^{-4}，体外保毒期在 20 ～ 22℃下保持 6 天，至 18 天后钝化。在干燥病叶中，4℃可保毒 16

图 6-3-1
图 6-3-2
图 6-3-3
图 6-3-4
图 6-3-5
图 6-3-6
图 6-3-7
图 6-3-8

个月。也有报道致死温度为 55 ～ 56℃、10min，稀释限点为 10^{-2} ～ 10^{-3}，体外保毒期为 2 ～ 4 天（图 6-3-9）。PVY 的寄主范围很广，能侵染 34 个属 170 余种作物。以茄科为主，除烟草外，还有番茄、马铃薯和辣椒等。

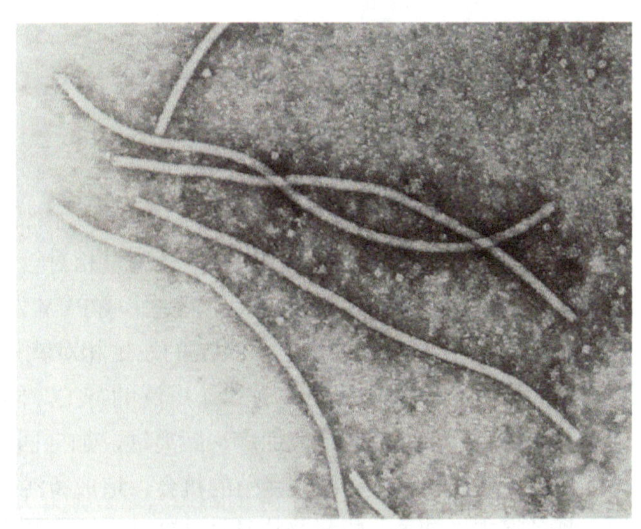

图 6-3-9

其次是藜科和豆科植物，在中国严重为害马铃薯、番茄、辣椒、烟草等作物。PVY 可引起烟草幼苗至成株期发病，但以大田成株期发病较多。系统侵染，整株发病。

马铃薯 Y 病毒有很多株系，据不完全统计，目前至少有 17 个株系。有研究鉴定在烟草上发生的 PVY 有 4 个株系，即普通株系（PVY^0）、茎坏死株系（PVY^{NS}）、脉坏死株系（PVY^{VN}）和褪绿株系（PVY^C）。我国大多烟区为普通株系。

PVY 在室内试验易经汁液机械传染，在自然条件下主要是靠蚜虫介体传毒。不同病毒株系对烟草的影响差异很大，弱毒株系对烟草的影响较小，其他株系尤其是强毒株系对烟草的光合作用、呼吸作用、酚类物质代谢及水分吸收等影响明显，甚至致使叶片或整株死亡。PVY 在复制过程中以嘌呤和嘧啶碱基的基本活性干扰花色素苷的合成。烟草抗 PVY 是单基因隐性，染色体 E 携带有抗 PVY 基因。烟草种间抗性也有一定差异，卡瓦卡米烟草表现稍矮化，病毒积累较少。PVY 侵染烟草后，在寄主细胞的细胞质内形成风轮状、柱状、片层状的内含体，而细胞核内没有内含体，有别于蚀纹病毒。

（四）烟草马铃薯 Y 病毒病侵染循环与防控

PVY 一般在马铃薯块茎及一些蔬菜（如番茄、辣椒）等茄科作物上越冬，也可在一些杂草（如地樱桃）上越冬，一年四季都有马铃薯和番茄等种植的地区，PVY 病毒可通过汁液机械传播及嫁接传播，但在自然条件下主要由蚜虫以非持久性方式传播。主要的传毒蚜是桃蚜，有一种螨也可传播 PVY 病毒。当它直接从韧皮部吸食时，病毒很快就进入虫体内，只需很少量病毒就可传毒；但是通过蚜虫传播，病毒粒体外必须包裹有一层蛋白质。这层蛋白质曾称为保护部分或助因子。只有具备这种保护因子的粒体才能在蚜虫口针中保存并且有侵染力。传播效率与病毒分离物的种类有关。无论成蚜和若蚜都有得毒、持毒和传毒能力。迁飞的蚜虫适宜的取食获毒时间为 15 ～ 60s，多数蚜虫于获毒取食 1h 后停止传毒，但饥饿的蚜虫持毒时间更长些，最小潜育取食时间为 30 ～ 60s。PVY 的发病条件与黄瓜花叶病基本相似。主要受传毒蚜虫、气候因素和烟草生育状况等多方面影响。一般苗期不发病，团棵期开始轻微发病，旺长至封顶前后则大量发生。种植品种不同，田间发病率也不相同。蚜虫的发生数量与当年的气候条件关系密切，特别是 6 ～ 8 月三个月的天气条件，如适宜蚜虫生长繁殖，蚜虫发生量大，马铃薯 Y 病毒发生则重；反之，发生则轻。

在氮肥充足时，烟草生长迅速，组织幼嫩，较易感病，且出现症状较快。烟田离马铃薯地块越近，发病率越高，为害越重；反之，发生则轻。据云南曲靖地区调查，前作是马铃薯的烟田发病重，病株率达 17.6%，而远离马铃薯轮作的烟田，则发病较轻，病株率为 2.4%。

（五）烟草马铃薯 Y 病毒病田间消长动态及影响因子

PVY 的寄主范围很广，主要在马铃薯块茎、冬季保护地栽培的茄科蔬菜以及杂草等寄主的活体上越冬，靠烟蚜的非持久性传毒方式传播，也可由机械摩擦传播。其发病主要因素如下。广泛存在的毒源与传毒介体马铃薯、油菜等作物种植多的地区，毒源量相对较大，PVY 的发生可能就重。但毒源并不是造成 PVY 发生的主要因子。传毒介体蚜虫的存在，是影响 PVY 发生的重要因子，尤其是有翅蚜发生数量的多少，直接影响 PVY 的发生。有翅蚜量大，PVY 的发生相对就重。随着近年蔬菜生产的发展，特别是茄科蔬菜面积的不断扩大和四季种植，为 PVY 提供了广泛的寄主，同时也提供了大量的传毒介体——蚜虫。由于蚜虫可寄生于多种作物和杂草，且迁飞面广、距离远，加上四季不间断的种植茄科蔬菜，为 PVY 提供了完整的侵染循环，也为蚜虫提供了可四季繁殖的机会，造成毒源的大量积累，为 PVY 的流行提供了良好条件。1999 年烟区越冬寄主（油菜）蚜量平均高达 278 头 / 株，其中有翅蚜比例占 0.97%；常年较大面积种植马铃薯及油菜等茄科蔬菜，广泛存在的毒源加上庞大的传毒介体，可能是造成当地 PVY 暴发流行的两个主导因素。发病面积达 80% 以上，严重田块发病株率高达 80%，部分烟田发病率高达 90% 以上，甚至造成绝收。

1. 气候因素

温湿度及光照对 PVY 的发生也有很大影响。如果持续高温后突然降温降雨，往往使病害加重。另外，高温干旱有利于蚜虫的生长繁殖，间接影响 PVY 的传播蔓延。近年来频繁的暖冬天气，十分有利于毒源植物的生长增殖，同时给蚜虫的越冬存活以及大量繁殖提供了非常有利的条件，有利于 PVY 的发生与流行。

2. 施肥

氮肥施用量大，易感病，且表现症状较快，增施磷钾肥，增强抗病性。

烟草品种对 PVY 存在抗性差异，同一品种不同的生育阶段对 PVY 的抗性不同。种植感病品种及适合病害发生的烟草生育阶段，都会有利于烟草 PVY 的发生。

（六）烟草马铃薯 Y 病毒病防控技术

1. 轮作

坚持轮作 3 年以上，尽量不与茄科作物及葫芦科作物等轮作和间作。适当连片种植。在可能的毒源与烟田之间种植向日葵等隔离作物，以减少烟田发病率。

2. 避蚜治蚜防病

PVY 通过有翅蚜的迁飞传播，因此可利用地膜覆盖，以驱避蚜虫向烟田内迁飞。还可进行烟麦套种，根据蚜虫趋黄性，小麦可吸引蚜虫优先降落，吸食后脱毒，如在小麦田喷施治蚜药剂，效果更好。烟蚜以卵在桃树上或以雌虫在蔬菜上越冬，因此，可在越冬卵孵化后用氧化乐果等药剂喷施桃树及蔬菜田，可在一定程度上阻止烟蚜进一步传播。

3. 施用抗病毒制剂

抗病毒制剂的主要作用是抑制病毒的活性和诱导烟株产生抗性，因此，一定要在病毒侵入烟株之前施药。建议苗期用药 1 ～ 2 次。

4. 选用抗病品种

虽然这是最经济有效的途径，但在国内外农艺性状与抗病性都较好烤烟品种极少。目前烟草上对 PVY 抗性较好的品种有‘NC55’‘NC744’‘NCTG52’‘VASVR’等。目前基因工程技术、突变体筛选技术、单倍体育种等现代技术与常规育种相结合，已获得部分较好的新种质资源，有望获得优质抗病的新品种推广应用。对于抗病育种中抗 PVY 多个株系转基因烟草的研究，必须严格遵守国家有关规定。

5. 育苗场地消毒

在育苗前，要对育苗场地及四周进行消毒，可有效减少土壤和育苗场地周围的病毒量。消毒时可采用对病毒有强抑制作用的药剂，如 22% 的病毒特 500 倍液、菌毒清 100 倍等消毒。

培育无病壮苗。育苗场地要尽量远离菜地、烤房、晾晒棚等毒源较多之处，注意在基质湿润、装盘过程中，不要混入烟的残体。在育苗和大田操作时，手和工具要用肥皂水消毒。

（七）烟草马铃薯 Y 病毒病防控面临的问题

PVY 和 CMV 等其他病毒病一样，一定要以预防为主，采取综合防治措施。目前生产中防病意识普遍不够，往往要等到病害发生流行以后才采取措施，这对 PVY 等病毒病害来说，已经错过了防治最佳时机。

缺少抗 PVY 栽培品种是近年来该病流行发生的主要因素。经多年多地的调查表明，目前推广种植的烤烟品种中尚未发现抗病品种，这些品种包括‘NC82’‘NC89’‘G28’‘G140’‘红花大金元’‘中烟 86’‘K326’‘K346’‘NC27NF’等。

1. 气候

气候因素影响毒源植物的生长和传毒介体的存活。近年气候趋于变暖，给蚜虫的越冬存活创造了有利条件。从对有翅蚜的调查看，因气候的关系有翅蚜迁飞的时间和量都有所变化，向利于传播病毒的方面发展。

2. 毒源植物

毒源植物种类和数量的增多给 PVY 的大发生创造了条件。

近年保护地种植蔬菜和马铃薯、油菜等 PVY 的寄主植物面积的扩大给蚜虫和病毒提供了充足的越冬和繁殖场所。山东等地的大发生可能与保护地种植蔬菜面积的扩大有很大关系。河南、安徽、黑龙江等地的大发生可能与马铃薯、油菜种植面积的扩大有很大关系。在烟草、马铃薯和蔬菜混种的地区发生较重，尤其在马铃薯和烟草间作的地块，危害更为严重，受害烟草产量和质量均下降。这种情况在黑龙江、山东、安徽、湖北等地广泛存在。前些年国内烟草上 PVY 的为害不重，常规育种抗病研究较少，山东农业大学曾鉴定了‘NC82’‘NC89’‘G28’‘G80’‘G140’‘红花大金元’等 12 个品种对 PVY 普通株系的抗病性，结果没有发现抗病品种。多数外引品种，如‘K326’‘K346’‘NC89’‘NC82’‘NC27NF’‘RG17’等均不抗 PVY。

二、烟草蚀纹病毒病

烟草蚀纹病毒病于 1911 年发现于印度尼西亚，在云南的部分地区已成为主要病害。

（一）发展简史

烟草蚀纹病毒（*Tobacco etch virus*，TEV）最早由约翰逊（1911 年）记述，属于马铃薯 Y 病毒属成员。病毒粒体形态及其基本特征为单链正链 RNA 病毒，长线状，弯曲，（680 ～ 800）nm×（11 ～ 13）nm，粒体平均长度为 730nm。标准沉降系数 $S_{20\times W}$=54S，氯化铯中的浮力密度为 1.27 ～ 1.30g/cm^3。RNA 占病毒颗粒重量的 5%，其组成为 G23、1.27 ≤ 1.30。蛋白质占颗粒重量的 95%。烟粗汁液的钝化温度为 55℃、10min，稀释限点为 1×10^{-4}。TEV 主要引起烟草蚀纹病，在南北美洲普遍发生，我国主要烟区亦普遍发生为害。在云南烟草上主要侵染中下部叶片，发病初期为褪绿条纹，中后期则发展成为褐色、枯白色蚀刻坏死线纹，重病株表现为整株为害。苗期感染则导致植株矮化坏死。该病是云南烟草重要的叶斑型病毒病之一，由十多种蚜虫传播，包括桃蚜、豆卫矛蚜，传毒时间仅需 10s，饲毒时间为 1 ～ 4h，在虫体内可观察到类似病毒粒体。可通过汁液摩擦传染及加州菟丝子、啤酒花菟丝子传播。TEV 可侵染 19 科 120 多种植物。诊断寄主有烟草，接种后通常发生褪绿斑或坏死斑，系统症状为脉明或坏死蚀纹；接种曼陀罗后产生系统斑驳或叶畸形和脉带；接种甜椒表现系统斑驳、暗绿花叶及叶畸形；接种辣椒时大部分株系表现根坏死、萎蔫及死亡；在叶片上表现局部坏死斑，系统侵染的叶表现畸形、褪绿、坏死及矮化。繁殖寄主为烟草栽培品种 Havana 425 及 Burley21，藜、苋色藜、昆诺藜是较好的局部斑指示植物。烟草和甜椒适于作为对蚜虫传毒研究植物。

（二）烟草蚀纹病毒病症状

苗床和大田期均可发生，前期一般不表现症状。旺长期症状才显现出来，打顶后病情发展趋缓。以叶片为主，茎叶均可受害，重病叶片多集中在中部第 6 ～ 12 片叶上。

因不同的病毒株系、烟草品种及生长条件而不同。初期在叶面上形成 1 ～ 2mm 的褪绿小黄斑，然后沿细脉发展，连成褐色或银白色线状蚀刻。脉间出现多角形不规则的小坏死斑，严重时病斑布满整个叶面。后期病组织连片枯死脱落，形成穿孔，叶脉虽仍残留，但主脉已成枯焦条纹，支脉变黑而卷曲，采收时叶片破碎。有时茎部也可受害，形成干枯条斑。

烟草蚀纹病与马铃薯 Y 病毒病在症状上非常相似，其不同点在于，烟草蚀纹病主要表现为小叶脉间斑驳坏死，而马铃薯 Y 病毒病则沿小叶脉产生不规则的脉带，并且连续。田间可出现两种症状类型。一种是感病叶片初出现 1 ～ 2mm 大小的褪绿小黄点，严重时布满叶面，进而沿细脉扩展呈褐白色线状蚀刻症。另一种是初为脉明，进而扩展呈蚀刻坏死条纹。两种症状后期叶肉均坏死脱落，仅留主脉、侧脉骨架。烟株的茎和根亦可出现干枯条纹或坏死。轻度发病的叶片有隐症或轻微褪绿脉明。重病株除叶面典型蚀纹症状外，整个株形和叶形亦发生病变，使叶柄拉长，叶片变窄，整株发育迟缓，与健株差异明显，最终扩展到茎的维管束和髓部，使烟株死亡，或仅叶脉坏死，叶片皱缩向内卷，有些品种的顶叶呈青铜色。烟脉斑驳病毒同马铃薯 Y 病毒所产生的症状非常相似，不同之处是在系统侵染的叶片上所产生的不规则的脉带是不连续的，亦无叶片卷缩现象。另外，陕西的生物学鉴定结果是，在普通烟上只有蚀纹病毒在脉间可形成蚀刻症状，且在曼陀罗上产生系统斑驳，叶片扭曲，马铃薯 Y 病毒和烟草脉斑驳病毒的所有株系在曼陀罗上均表现免疫。马铃薯 Y 病毒可在苋色藜和昆诺藜上产生枯斑，而烟草脉斑驳病毒则不产生枯斑。可从上述特性将这种病毒引起的病害加以区分（图 6-3-10 ～图 6-3-12）。

图 6-3-10

图 6-3-11

图 6-3-12

图 6-3-13

（三）烟草蚀纹病毒粒体形态及其基本特征

烟草蚀纹病毒（TEV）属于马铃薯 Y 病毒属。病毒粒子为线状，大小为（730 ～ 790）nm×（12 ～ 13）nm（图 6-3-13）。一般分为 2 个株系，强毒株系症状表现为褪绿、坏死和矮化，弱毒株系症状表现为很轻的褪绿斑驳、蚀纹，弱毒株系不能由蚜虫传播。病毒体外稳定性较差。病毒粗汁液稀释限点为 10^{-4}，病毒增殖的最适温度为 25 ～ 28℃，35℃以上即停止增殖。病毒粗汁液的钝化温度为 55℃、10min，20℃下 5 ～ 10 天失去侵染力。

TEV 主要通过蚜虫非持久性传播和汁液传播，至少有 10 多种蚜虫能传播 TEV，在田间的主要传播介体是烟蚜、棉蚜、菜缢管蚜、玉米缢管蚜、麦长须蚜。种子不带毒。

TEV 的寄主范围很广，可侵染 19 个科 120 多种植物。以茄科为主，包括常见的番茄、辣椒及杂草等。

（四）烟草蚀纹病毒病侵染循环与防控

TEV 的流行与有翅蚜的数量及活动关系密切，在与蔬菜和油菜相邻的烟田，蚜虫较多时，发病就重。冬季和初春温度与当年 TEV 的发生关系很大，主要影响蚜虫的发生数量。温度高，蚜虫越冬数量多，TEV 发生就重，反之则轻。

移栽期与病害发生程度密切相关。移栽较早的烟田，有翅蚜的数量较多，病害往往较重。氮肥施用量大，生长过旺的烟田，病害较重，氮肥量适中的烟田病害则较轻。

（五）烟草蚀纹病毒病防控技术

烟草蚀纹病毒病主要由蚜虫非持久性传播，目前生产上推广的品种对 TEV 无良好的抗性，因此应以避蚜防病为主，进行综合防治，具体方法参见烟草黄瓜花叶病毒病的防治。

三、烟草环斑病毒病

烟草环斑病毒病是在各烟草种植区都有发生的一种病毒病，在云南、河南、山东、黑龙江、安徽、陕西等省均有发生（魏宁生和安调过，1990a，1990b）。但多在局部小面积烟田造成为害，很少流行。烟草环斑病毒病的寄主范围很广，可侵染 54 科 246 种植物，自然侵染寄主有豆类、瓜类、薯类、花卉和果树等，常见的有烟草、大豆、马铃薯、甘薯、黄瓜等。

（一）发展简史

烟草环斑病毒（TRSV）在美洲、大洋洲和日本均有报道，引起多种植物病害。在云南烟草上 TRSV 主要引起环斑症状，在线虫为害较重的山地烟区发病率较高，主要侵染中下部叶片，少数烟株可产生系统症状，发病初期为褪绿环斑，之后发展成为坏死环斑，有的在环斑中心有坏死斑点。该病引起烟叶损失较少，在山地烟中病率较高，但病情较轻。线虫等传播 TRSV，也有烟蓟马、螨、桃蚜和棉蚜传播的报道。

（二）烟草环斑病毒病症状

烟草环斑病毒病整个生育期均可发生，以大田发生较多。叶片发病后，环斑沿叶脉发展，形成波浪形轮纹，褪绿变成浅黄色，斑纹常略有凹陷。有时病斑也发生在叶脉上，维管束受害后影响水分、养分输送，造成叶片干枯，品质下降。茎或叶柄上可见褐色条斑或凹陷溃烂（图 6-3-14 ～图 6-3-17）。

图 6-3-14

图 6-3-15

图 6-3-16

图 6-3-17

TRSV 至少侵染 17 科 38 属植物，人工接种已测定可侵染 21 科。诊断寄主为黄瓜，产生褪绿局部斑，系统症状为斑驳、矮化及顶端畸形；烟草、心叶烟上由坏死局部斑发展为环斑，系统环状或线纹，叶部有时会隐症；番茄上表现为小的坏死斑点；菜豆接种叶产生坏死斑，系统侵染表现为斑点或环，以及生长点坏死，豇豆上表现为局部坏死斑、系统坏死、顶端坏死及萎蔫，豇豆不同品种可用于区分株系；在苋色藜和昆诺藜上表现为局部坏死斑点。黄瓜和烟草适于作保存寄主，用于提纯则宜用黄瓜和菜豆。豇豆、烟草和望江南是较好的局部枯斑寄主，黄瓜通常用于线虫传毒试验。

（三）烟草环斑病毒粒体形态及其基本特征

烟草环斑病毒（TRSV）粒体圆球状，直径 29nm。钝化温度为 60℃，稀释限点 10 000 倍，室温下体外存活期 4 天，–18℃条件下侵染力可保持 22 个月。蛋白质约占颗粒重量的 60%。上述特性在不同分离物中有差异。烟草环斑病毒病主要通过土壤中的剑线虫或长针线虫以持久方式传播，还可通过机械接种传播，也有烟蓟马、螨、桃蚜和棉蚜传播的报道。病毒在农作物及杂草上广泛寄生，主要在茄科、葫芦科、豆科等寄主上。病毒株系的划分没有一个比较确定的方法，因此所得的结果也不相同。

（四）烟草环斑病毒侵染循环与防控

烟草环斑病毒在作物和杂草上广泛寄生，主要在多年生茄科、葫芦科、豆科等寄主上越冬，成为来年的初侵染源。在田间主要以病株汁液通过接触传染，从叶片和根的伤口侵入。多种介体，如线虫、蓟马、叶蝉、烟草叶甲和蚜虫等，也可传染环斑病毒，在高氮水平下发病重，土温在 20 ～ 24℃时有利于线虫传毒。一般在 6 月上旬开始发病，6 月下旬达到发病高峰，这段时间的旬平均气温在 18 ～ 21℃。

1. 预防

1）育苗场地消毒。

2）轮作。发生严重的地区，采用烟与麦、豆套种，能显著减轻发生程度。

3）田间卫生。提沟培土或封顶打杈等田间操作时，严格按照先无病田，后有病田，先无病株，后有病株的原则进行；及时追肥、培土、灌溉等，提高烟株的抗病性。

4）栽培管理。施足氮、磷、钾底肥，尤其是磷肥、钾肥。及时喷施多种微量元素肥料，提高烟株的抗病能力。盖银灰（或白）色地膜栽培，对于减缓或抑制大田期第一次蚜量高峰具有重要作用，明显减少有翅蚜的数量。

2. 防治

烟株发病时，可用2%的菌克毒克水剂200～250倍液，或18%的抑毒星可湿性粉剂350～500倍液，或3.95%的病毒必克可湿性粉剂500～600倍液，或24%的毒消水溶剂600～900倍液进行喷施，每亩50～75kg，7～10天一次，共喷施4次。在发病初期，可及时喷施0.1%的硫酸锌溶液，能钝化病毒活性，防病效果较好。可用22%的金叶宝可湿性粉剂300～400倍液喷雾，也能减轻发病。以上药剂每亩50～75kg，每7～10天一次，连续喷雾3～4次。

四、烟草脉带花叶病毒病

烟草脉带花叶病毒（*Tobacco vein banding mosaic virus*，TVBMV）是马铃薯Y病毒属（*Potpourris*）成员，在我国报道的烟草病毒病中，将TVBMV引起的病害与PVY引起的脉坏死症状统称为“烟草脉斑病”，病原记述都是PVY（马国胜等，2000）。日本在1980年初即报道了该病毒，它与PVY同属不同种，粒体大小也有一定的差异，国际病毒命名委员会第五次报告中收录的马铃薯Y病毒属中，该病毒被列入其中。

（一）发展简史

烟草脉带花叶病病害的发生与分布仅见日本和我国台湾报道。在云南烟草上该病症主要引起沿叶脉边缘产生褪绿及坏死线纹，初期表现为黄化，在高温、高湿的雨季病害发生较严重。目前中下部叶片感染较重，在云南主要烤烟栽培品种上普遍发生（图6-3-18、图6-3-19）。

图6-3-18

图6-3-19

（二）烟草脉带花叶病症状

该病初期侵染的烟草叶片表现花叶、叶片革质化，病斑沿叶脉两侧呈深绿带状花叶症状、脉带（沿叶脉的带状绿岛）及坏死斑症状。后期脉带发白如缝衣针线状，称为脉带花叶病，严重的病斑穿孔叶片呈网状坏死（图6-3-20～图6-3-25）。

图 6-3-20

图 6-3-21

图 6-3-22

图 6-3-23

图 6-3-24

图 6-3-25

（三）病毒粒体形态及其基本特征

病毒粒体为长线状，较弯曲，（770 ～ 900）nm×13nm。钝化温度为 65 ～ 70℃、10min，稀释限点（DEP）为 1×10^{-2} ～ 1×10^{-6}，体外存活期（LIV）20 天以上。病毒核酸为单分子线形正义 ssRNA，长约 9.5kb，基本结构属于典型马铃薯 Y 病毒属病毒结构特征，核酸约占病毒粒子重量的 5%。在自然条件下，TVBMV 主要由多种蚜虫以非持久方式传毒，其中桃蚜传毒效率最高。带毒蚜虫、大田带病毒茄科作物及杂草是大田传播的主要毒源。在人工接种时，可通过机械摩擦传播。在适于蚜虫发生的条件下，病害发生较为严重。

（四）烟草脉带花叶病毒侵染循环与防控

目前生产上推广的品种对 TVBMV 均无抗性，因此应以避蚜防病为关键措施，进行综合防治。

1. 农业防治

传毒蚜虫主要以有翅蚜为主，无翅蚜传毒有限。利用银灰地膜覆盖，可以有效地驱避蚜虫向烟田迁飞。主要是采用农业与治蚜防病为主的技术措施。在安排育苗场地和大田时，要注意远离蔬菜、油菜地，以减少感染病毒的机会。大田期利用银灰地膜覆盖可驱避蚜虫；苗期采用网纱隔离、大棚育苗等技术培育无毒烟苗，移栽后做好蚜虫的防治。确定适宜的播种和移栽时间，避开烟蚜迁飞高峰期移栽烟苗。由于烟草脉带花叶病毒主要由蚜虫传播，因此灭蚜防病是防治此病的主要措施。

2. 药剂防治

治蚜防病常用的药剂是吡虫啉或啶虫脒类，常用 3000 ～ 4000 倍液防治烟蚜，可以减少病害的传播。

第四节　烟草番茄斑萎病

张仲凯（2004）等在研究云南烟草病毒病病原中发现番茄斑萎病毒（*Tomato spotted wilt orthotospovirus*，TSWV）在云南烟区广泛分布，主要引起斑块状褪绿、黄化、坏死及灼烧状等症状，在局部地区可造成 60% 以上的烟叶损失。丁铭（2004）在昆明地区栽培的马铃薯病株上分离鉴定出番茄斑萎病毒和番茄环纹斑点病毒（*Tomato zonatesport virus*，TZSV）。由于其危害严重，经济损失日益加大，已被作为潜在流行的病害进行预警及防控研究。

一、烟草番茄斑萎病发展简史

烟草番茄斑萎病毒最早由南非的路易斯·贝瑞在 1906 年首次报道。1915 年，布瑞特·贝克在澳大利亚观察到可疑的番茄萎蔫症状。1930 年，塞缪尔在澳大利亚确定了番茄萎蔫的病因，并命名为番茄斑萎病毒，由此番茄斑萎病毒由塞缪尔、帕蒂和皮特曼于 1930 年正式报道。从那时起，TSWV 在全球范围内传播开来。1970 年以前，TSWV 主要流行于澳大利亚、欧洲和非洲南部。20 世纪 70 年代以后，TSWV 传播到美国和亚洲东部地区，直到 80 年代中期在美国造成重大损失。现在这种病害已在花生、烟草、蔬菜和许多观赏植物中流行。随后，威吉坎普发现了该病的传毒介体主要为西花蓟马。

随着西花蓟马近年来在云南部分地区的传播扩散，番茄斑萎病毒的发生情况受到关注。特别是2009年，在红河州泸西县烤烟移栽后在伸根期烟草番茄斑萎病流行，发病面积达3万多亩，其中1万多亩为害严重，被翻犁改种。此后烟草番茄斑萎病在文山、曲靖、昆明、玉溪等地时有发生，且有加重的趋势（图6-4-1～图6-4-4）。

图6-4-1

图6-4-2

图6-4-3

图6-4-4

二、烟草番茄斑萎病田间发病症状特征

烟草番茄斑萎病为系统侵染整株发病病害，烟株自苗期到大田期都可发病，是可防而不可治的病害。

病害症状随植株大小、环境条件、病毒株系及烟草品种的不同而不同。烟草病株初期表现在幼嫩叶片上，引起坏死的斑点、斑纹或同心轮纹枯斑（图 6-4-5 ～图 6-4-8）；有时在叶片上可密布小的坏死环，这些坏死环常合并为大斑，形成不规则的坏死区。坏死区初为淡黄色，后变为红褐色，严重的呈灼烧状，有的叶片半片叶点状密集坏死，且不对称生长，呈镰刀状（图 6-4-9、图 6-4-10）。感染后期，在中部叶片上沿主脉形成闪电状黄斑或坏死轮纹，有时叶脉也出现坏死（图 6-4-11 ～图 6-4-14）。坏死条纹也可沿茎秆发展，并在导管和髓部出现黑色坏死和空洞，植株矮化，顶芽萎垂或下弯，或叶片扭曲，形成不对称生长，这是该病的一大识别特征（图 6-4-15 ～图 6-4-18）。发病后期，烟株进一步坏死，茎秆上有明显的凹陷坏死症状，且对应部位的髓部变黑，但不形成碟片状；顶芽萎垂或下弯，或叶片扭曲最终导致烟株整株矮化死亡，此为该病与其他坏死病毒病的显著差异（图 6-4-19 ～图 6-4-25）。

图 6-4-5　图 6-4-6

图 6-4-7　图 6-4-8

图 6-4-9　图 6-4-10

图 6-4-11

图 6-4-12

图 6-4-13

图 6-4-14

图 6-4-15

图 6-4-16

图 6-4-17

图 6-4-18

图 6-4-19　图 6-4-20

图 6-4-21　图 6-4-22

图 6-4-23　图 6-4-24　图 6-4-25

烟草番茄斑萎病毒属病毒从移栽到成熟所有阶段都可能发生。烟草快速生长的前期比成熟期更容易感染。感染症状在不同时期和不同品种之间差异很大。感染通常是全株性的，烟苗发生从叶片出现枯斑到全株性坏死的现象。全株性感染常发生在温度变化、灌溉或降雨等环境因素引起植物突然生长的情况下。全株性感染导致特定的叶片和顶芽坏死。移栽大田后，烟苗可能会整株枯死。

三、烟草番茄斑萎病病原

目前在云南、广西、贵州、四川、重庆以及山西等省（直辖市）检测发现引起烟草番茄斑萎病的主要病毒种类是番茄斑萎病毒（姚革，1992；张仲凯，2004）和番茄环纹斑点病毒（卢训等，2012）。

病毒粒子呈球状粒体，直径 80 ～ 110nm，表面有一层外膜包被（图 6-4-26）。膜外层有 5nm 厚、几乎连续的突起层组成，染色较包膜要深。病毒包裹三个不同大小组分的负义单链 RNA，基因组总长约为 16 600nt，其中 ssRNA-L 长 8897nt，ssRNA-M 长 4821nt，ssRNA-S 长 2916nt，核酸占病毒粒子重量的 1% ～ 2%。标准沉降系数 $S_{20\times w}$=530S、583S，氯化铯中的浮力密度为约 1. 21g/cm^3。钝化温度为 45℃，稀释限点 1×10^{-3}，体外存活期（LIV）约 5h。至少有 7 种蓟马以持久性方式传播病毒，也易通过汁液摩擦接触和嫁接传染，不可经种子、花粉传播。TSWV 寄主范围较广，可侵染 70 科 900 余种植物。烟草斑萎病毒的寄主植物主要是菠萝、花生、番茄、生菜、烟草、辣椒、棉花、洋葱、韭菜、葱、甘蓝、豆类及许多观赏植物。病毒可在多种植物上越冬，也可附着在番茄种子、土壤中的病残体上越冬，田间越冬寄主为残体、烤晒后的烟叶、烟丝，这些均可成为该病的初侵染源。该病害的发生与蓟马（图 6-4-27）的活动密切相关，在蓟马活跃时期发病较严重。

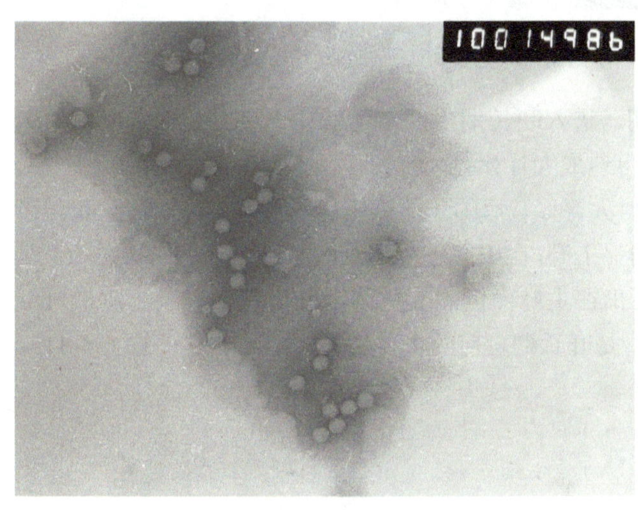

图 6-4-26

图 6-4-27

烟草斑萎病症状的观察不能作为感染的明确诊断。目前可明确诊断的三种技术分别是双抗体夹心酶联免疫吸附法、反转录 - 聚合酶链反应和汁液接种。双抗体夹心酶联免疫吸附试验（DAS-ELISA）是一种常用的检测病毒的血清学方法。特定于病毒的抗体被用来制造特定的病毒，有时也会使用抗体的组合。DAS-ELISA 由于其可靠性和易于在短时间内进行大量样品的筛选，使用较广泛。

四、烟草番茄斑萎病侵染循环及发病规律

烟草斑萎病毒病的发生与环境条件关系密切，高温干旱天气利于病害发生。此外，施用过量的氮肥，植株组织生长柔嫩或土壤瘠薄、板结、黏重以及排水不良的烟田发病重。烟草斑萎病毒的毒源种类在一年里往往有周期性的变化。

传播途径和发病条件：蓟马只能在幼虫期获得病毒。传毒需要在体内繁殖，葱蓟马经 5 ～ 10 天变为成虫后才能传毒，烟蓟马最短获毒期为 15 ～ 30min，豆蓟马需 30min，时间长的传毒效率升高，蓟马一

旦带毒，可持续传毒达 20 天，具终生传毒能力。蓟马多在番茄叶表细胞浅表皮吸食时获取病毒，一般经 4 天潜育期即发病。此病毒可以通过一些野生植物品种来越冬。病毒流行水平主要依赖于虫口密度。最主要的介体昆虫——蓟马的成虫藏在土壤中，春季土壤温度上升后，害虫会迁移到杂草上。

至少有 13 种蓟马传播病毒。在美国，主要的媒介是西花蓟马（图 6-4-28 ～图 6-4-30）。

图 6-4-28　图 6-4-29　图 6-4-30

烟草番茄斑萎病的田间危害主要在苗期和团棵期，进入旺长期后，出现新的零星发病株，成苗期烟苗枯死和移栽后发病烟株枯死后造成缺塘，流行年份可造成大片死亡。

2006 年 5 月 10 日，在文山州西畴县法斗乡新箐村大箐移栽后约一周烟田内见到发病株，其症状与苗期症状相似。进入 5 月中下旬至 6 月初，田间发病率明显上升，在田间进行调查时见到当地烟农称之为“低头黑”的病苗。叶片出现不规则失绿斑点，斑点主要出在主脉两侧和支脉间，叶肉失绿仅余表皮，斑点布满整个成形叶片；生长点弯曲，茎秆上有黑色条斑，是旺长期之前的主要病害（图 6-4-31 ～图 6-4-41）。

五、烟草番茄斑萎病防控

烟草番茄斑萎病病毒传毒介体蓟马的寄主种类很多，使得病害控制非常困难。最有效的方法是通过

图 6-4-31

图 6-4-32

图 6-4-33

图 6-4-34　图 6-4-35　图 6-4-36
图 6-4-37　图 6-4-38
图 6-4-39　图 6-4-40　图 6-4-41

使用抗病品种来减少斑点枯萎病的影响。花生、番茄、辣椒等抗病品种的应用取得重大进展。在烤烟的推广品种中没有发现抗病品种，只能采用如杀虫剂喷雾、调整种植日期、病株的清除等控制措施。

田间和田边的一年生阔叶杂草上的病毒是蓟马感染病毒的毒源地。应及时清除受感染的植物，喷洒防治蓟马的杀虫剂。当冬季的一年生杂草开始死亡，不再支持昆虫活动时，蓟马会转向更具吸引力的物种，如保护地种植的农作物。春天的干燥气候条件有助于造成烟草中的TSWV传播。烟草斑萎病毒病的防治应以控制越冬虫源、防治传播介体蓟马为主。

1. 苗期控制措施

加强苗期管理，培育无病壮苗。蓟马一般在早春2～3月开始活动，3～4月转移到烟苗上为害，建议及时防治早春作物，如葱、蒜、莴苣及杂草上的蓟马。可用2.5%的多杀霉素悬浮剂1000～1500倍液进行防治。育苗大棚需覆盖60目防虫网，以隔绝外来虫源，严格执行育苗大棚卫生管理措施，防止病害的流行。

2. 移栽期控制措施

合理布局烟田，远离蔬菜种植区域。采用银灰色薄膜趋避苗期蚜虫和蓟马。在移栽后15天，用25%的吡虫啉可湿性粉剂1000倍液或25%的噻虫嗪水分散粒剂3000～5000倍液灌根。也可释放捕食螨防治蓟马，以虫治虫，治虫防病。

3. 团棵期和旺长期控制措施

此时期烟株营养生长旺盛，应保证养分的供应，及时追肥。利用蓟马昼伏夜出、趋蓝色的特性，在田间与株高持平处设置蓝色和黄色黏虫板，诱杀蓟马成虫。加强田间管理，铲除田边野生杂草，及时拔除病株。蓟马一般以成虫、若虫在植物残体、落叶、杂草或土壤中越冬。因此，烟叶采收后，应及时清除烟田残株，铲除杂草，深翻土层，减少毒源。

六、烟草番茄斑萎病防控面临的问题

烟草番茄斑萎病已成为烟草生产过程中倍受关注的问题，目前烟草没有抗该病品种，因此防治方案依赖于农业技术和化学物质。环境和寄主对病毒为害的严重性起重要的作用。许多作物和杂草都易感病，而媒介蓟马也把这些植物作为寄主。随着病毒、寄主和病毒载体的出现，一旦环境适宜每年都会发生TSWV的流行。杀虫剂，如吡虫啉和噻虫嗪主要用于杀灭目标昆虫。香菇多糖可诱导作物对病毒产生很好的诱导抗性，以防止作物感染病毒。病毒和蓟马传播媒介普遍存在，了解病毒和蓟马的生物学特性，以及它们与有利于流行病的环境条件的关系是研究重点。

第五节　烟草黑胫病

一、烟草黑胫病发展简史

烟草黑胫病最早由布伦德亨利1896年发现于印度尼西亚的爪哇，并将其命名为烟草疫霉（*Phytophthroa parasitica* var. *nicotianae*）。大约在1920年佛罗里达州发现该病，1931年北卡罗来纳州鉴别出该病。如今烟草黑胫病已成为为害全球烟草生产的主要病害之一，是世界烟草生产中最主要的病害，发病率高，为害烤烟、晾烟、晒烟、白肋烟、香料烟等栽培烟草；分布范围广，在世界范围广泛传播，造成巨大的经济损失。1950年，该病在国内的黄淮地区首次发现。并且连续多年严重危害烟草的正常生产（陈瑞泰等，1997）。此病主要为害烟株的茎基部和根部，也侵染叶片和茎。苗期一般发病较少，苗期发病首先在茎基部产生黑斑，病斑向上下扩展，延及茎叶及根部，容易引起猝倒。大田期根系或茎基部受侵染病害向上扩展，破坏髓部及维管束，影响水分运输，导致叶尖凋萎变黄，根部出现黑色坏死，茎基部出现坏死斑，横向扩展可绕整个茎围，纵向可破坏根系。

二、烟草黑胫病在云南省发生及危害情况

烟草黑胫病在云南烟区是常年发生的病害，平均发病率为 5% ～ 12%，严重田块发病率高达 75%，甚至造成绝收。据病虫害测报站统计，烟草黑胫病平均每年发病面积高达 45 万亩，产量损失 18 万担，产值损失超过 7000 万元。烟草黑胫病发病区域广，不同气候区域、海拔、土壤类型，只要种植烟草都有发病的可能。发病面积和严重程度与当年种植的品种结构、气象条件及轮作率有明显关系；为害造成的严重程度由当年种植易感品种的比例多少而定。例如，2010 年在云南玉溪、文山、昭通等地推广种植感病品种 KRK26 数量多，导致移栽后至采收期烟草黑胫病大面积流行造成严重损失（图 6-5-1 ～图 6-5-4）。

图 6-5-1

图 6-5-2

图 6-5-3

图 6-5-4

对烟草黑胫病的防治一直以来主要以化学防治为主，并结合品种及栽培措施为辅的综合防治方法。许多药剂对烟草黑胫病的防治效果都比较好，其中甲霜灵（瑞霉素）系列杀菌剂是防治该病常用的较好的药剂。相对防效可高达 91.18%，能有效地控制黑胫病的流行；20% 的移栽灵乳油对烟草黑胫病的防效可达 80% 以上，在生产上对于黑胫病的防治工作是常规性的，每年移栽时都普遍使用以甲霜灵为代表的杀菌剂。但由于长期大量使用该系列药剂，导致药效降低，黑胫病菌产生了抗药性，如果种植的是红大等易感品种，在气象条件适宜年份一旦流行病害很难控制，防治效果不理想，防不胜防的情况时有发生。

由于长期使用化学药剂，许多抗病品种的抗性丧失，病原产生了抗药性。近年来，利用根际细菌和内生细菌的拮抗作用和诱导抗病性研究十分活跃，已取得一定进展。

三、烟草黑胫病症状

烟草黑胫病在烟草整个生育期均可发生，主要为害移栽后的大田烟株，侵染成株的茎基部和根部，也可侵染叶片和茎部，对苗期也会造成一定的危害。在苗期发病时，通常会导致“猝倒”症状，首先侵染幼苗茎基部产生黑斑，或底叶发病后沿叶柄扩展到茎；苗棚在高湿条件下，病斑向上扩展，病苗上布满白色菌丝和孢子囊，迅速向苗床四周扩展，常使烟苗成片死亡，气候干燥时，病苗呈褐色干枯死亡。

烟草大田生长期成株的根、茎、叶等各部位均可以被烟草黑胫病菌侵染，但主要以侵染茎基部及根茎部为主。发病烟株主要表现为五大症状：叶尖枯萎、黑胫、穿大褂、黑膏药、碟片状。

感病烟株最早表现在中上部叶尖凋萎，而后茎基部出现黑褐色凹陷病斑，并迅速沿纵向和横向环茎扩展，严重时黑斑可环绕整个茎基部，病斑长可达 3 ～ 7cm，烟草黑胫病菌侵染茎基部后，很快向髓部扩展，病株叶片自下而上依次变黄，中下部叶片被侵染后，可形成直径达 4 ～ 5cm 的圆形病斑，当叶片发病后经主脉蔓延到叶基部或病菌侵染叶腋，可造成茎中部腐烂。纵剖病茎，可见髓部变为黑褐色，干缩呈碟片状，碟片之间有白色菌丝，烈日、高温下，全株叶片突然凋萎枯死。根部被害变黑，大暴雨后阴湿天气下，底叶易生圆形大斑，无明显边缘并出现水渍状浓淡相间的轮纹，数日内通过主脉、叶柄蔓延到茎部，造成“腰烂”以致全株死亡。田间烟草黑胫病常见 5 种症状如下。

图 6-5-5

（一）叶尖枯萎

先是在烟株叶上部叶片叶尖出现凋萎、黄化枯死病症状。而后茎基部出现黑斑（图 6-5-5 ～图 6-5-7）。

图 6-5-6

图 6-5-7

（二）黑胫

先是在茎基部出现黑斑，然后侵染扩向髓部，阻塞水分运输，造成叶片萎蔫。在多雨潮湿季节，病斑环绕全茎，并向上延伸，有时病斑可达病株的 1/3 ～ 1/2。夏季大雨之后，病害发展迅速，往往成行成片地发病。病株叶片自下而上依次变黄（图 6-5-8 ～图 6-5-10）。

图 6-5-8

图 6-5-9

图 6-5-10

（三）穿大褂

植株出现“黑胫”症状后，若大雨或遇到烈日、高温，则全株叶片突然凋萎下垂，数日内全部枯死，像“穿大褂”（图 6-5-11 ～图 6-5-13）。

图 6-5-11

图 6-5-12

图 6-5-13

（四）黑膏药

在多雨潮湿季节，特别是大雨后，土壤中的孢子囊和游动孢子经雨水溅到植株底部叶片上，造成叶片侵染。叶片上的病斑起初无明显边缘，水渍状，暗绿色，圆形；以后病斑迅速扩大，中央呈褐色，有浓淡相间的隐约可见的轮纹，直径可达 4 ～ 5cm，被烟农称为“黑膏药”。在干燥时叶斑扩展很慢，常形成穿孔。由于病斑比所有其他各种病原物所引起的病斑都大得多，且在潮湿条件下，病斑表面产生稀疏的白色绒毛状物，这就是病菌的子实体（菌丝和孢子囊），较易识别（图 6-5-14、图 6-5-15）。

图 6-5-14

图 6-5-15

（五）碟片状

纵剖病茎，髓部呈褐色，干缩呈碟片状，碟片之间有稀疏的棉絮状的白色菌丝，这是黑胫病区别于烟草其他根茎病的主要特征（图 6-5-16、图 6-5-17）。

图 6-5-16

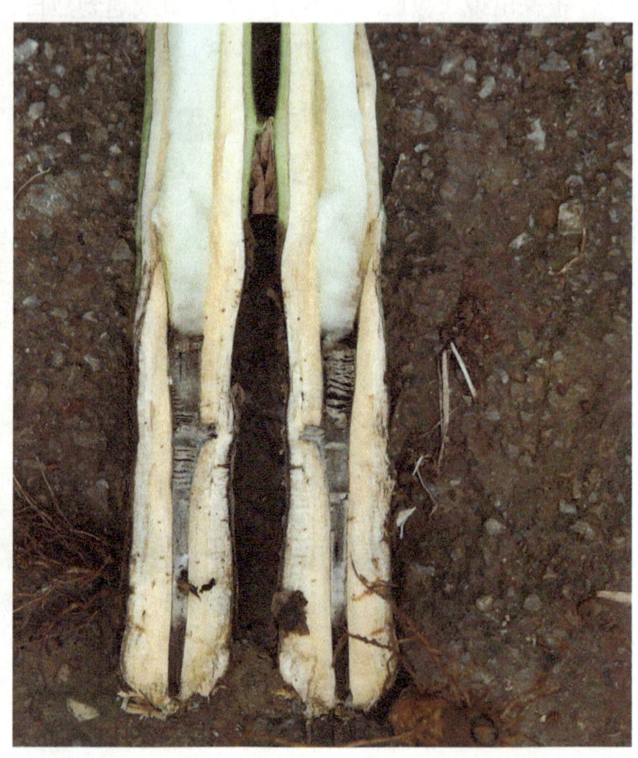

图 6-5-17

四、烟草黑胫病病原

烟草黑胫病的病原为卵菌门疫霉属烟草疫霉。主要以菌丝和厚垣孢子两种方式在田间传播发病。菌丝较细，无色透明，无隔膜，孢子囊顶生或侧生，梨形或椭圆形，顶端有乳头状突起。在适宜条件下，可产生30多个游动孢子。游动孢子无色，侧生两根不等长鞭毛，在水中游动遇寄主时失去鞭毛，产生牙管侵入植株，条件不适宜时，孢子也能直接萌发出芽管侵入植株。黑胫病的菌丝和厚垣孢子在病株残体和土壤、肥料中可存活3～5年。大田期初侵染来源主要来自带病的土壤，其次是受黑胫病污染的灌溉水和流经病地的雨水，及混有病菌的农家肥料及带病烟苗。厚垣孢子，在合适条件下萌发产生芽管，再产生孢子囊。孢子囊萌发产生菌丝或游动孢子。游动孢子萌发的菌丝可侵染烟株根、茎、叶（图6-5-18～图6-5-20）。

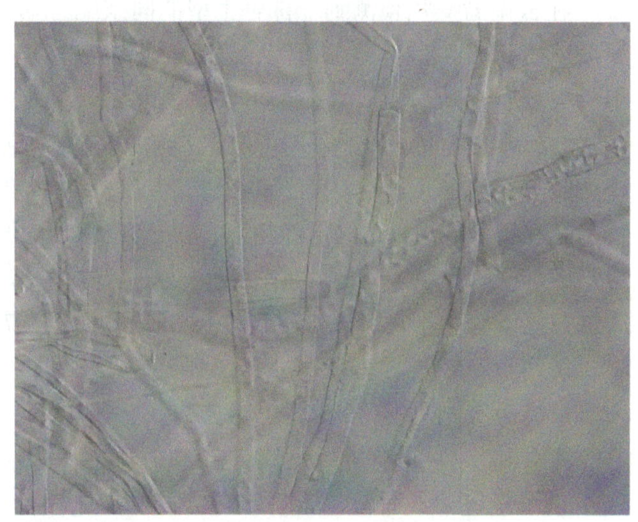

图 6-5-18

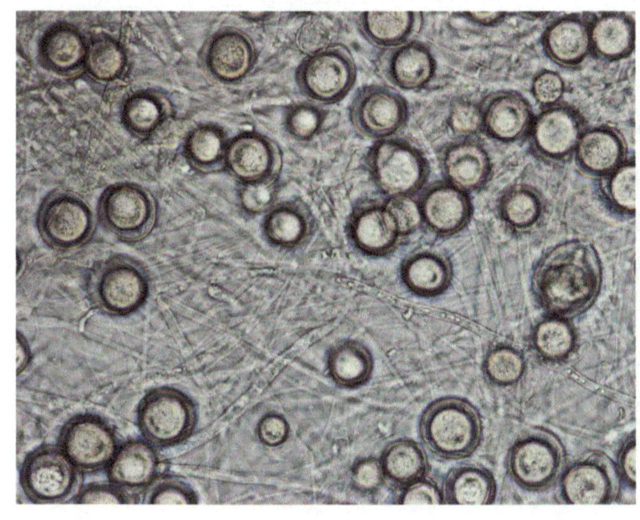

图 6-5-19

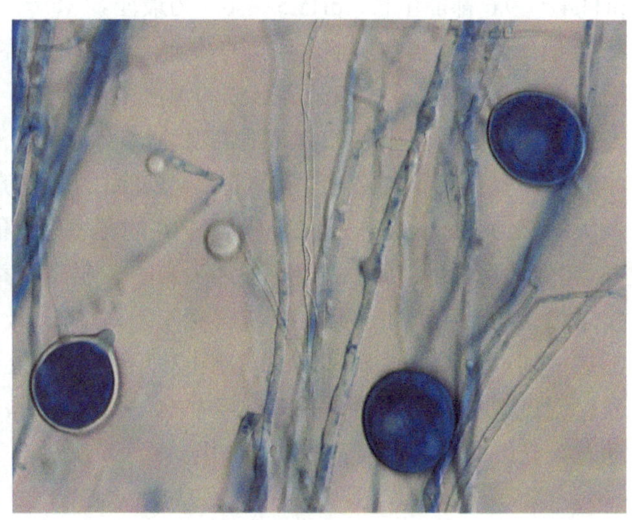

图 6-5-20

根据土壤含菌量测定，烟草黑胫病主要集中在地表0～5cm的土层内活动，5cm以下的土层中含菌量明显下降，15cm以下则很少有该菌的活动。侵染的主要菌态是游动孢子。

游动孢子侵染烟草的主要部位是处于土表至5cm深的茎基部。由于游动孢子的趋化性和根表面弱电流对游动孢子的吸引力，游动孢子也可以大量聚集在根部受伤部位。可以直接侵入未木质化的根冠或从伤口侵入，3h内便可产生芽管穿入表皮，菌丝迅速进入皮层细胞内或细胞间，6h即可到达中柱。条件适宜时，2～4叶期幼苗在侵入48h内即表现症状；较大的幼苗在侵入后48～72h便可萎蔫，1周后枯死。

在温暖潮湿的条件下，游动孢子在72h内就可完成从萌发到产生新一代游动孢子的过程。烟田受到初侵染时，开始只是少数植株首先发病，随后病株上产生的孢子囊和游动孢子通过地面流水或雨滴飞溅或通过人工操作向周围传播，游动孢子在再侵染中起主导作用。经过若干次重复侵染，逐渐蔓延到全田。

病株在田间死亡或腐烂后，病菌或病残体进入土壤或土杂肥中成为下一年的初侵染来源。

（一）病原及形态

在云南省宾川检测到一株野生型的同宗配合烟草黑胫病菌疫霉，能够产生卵孢子。烟草黑胫病的病原烟草疫霉气生菌丝较细，无色透明，无隔膜，但在老熟菌丝中偶有分隔，菌丝老熟后可变为淡黄色。孢囊梗丝状，从病组织气孔生出，单生或2～3根束生，孢子囊顶生或侧生，梨形或椭圆形，顶端有乳头状突起。在适宜条件下每周可产生5～30个游动孢子。游动孢子椭圆形或肾形，侧生2根不等长的鞭毛，鞭毛脱落前产生芽管侵入寄主。在较高温度条件下，孢子囊可直接产生芽管侵入寄主。在病组织培养基上，特别是在培养6周以上的培养物上，常常形成大量的游动孢子。厚垣孢子可在菌丝的顶端和菌丝中间产生，球形或卵形，无乳状突起，单生或中生，初时壁薄，无色透明，后渐渐变成浅褐色，壁加厚，老熟时变为深黄色或棕色。大小为（16.2～18.3）μm×（29.7～54）μm。

（二）病原生理

烟草疫霉菌喜高温、高湿。菌丝生长最适温度为28～32℃，最高36℃，最低10℃。孢子囊产生最适温度为24～28℃。游动孢子活动和发芽的最适温度为20℃，最高为34℃，最低为7℃。烟草疫霉在pH4.4～9.6都能生长，pH5.5～6.5为最佳。

烟草黑胫病病菌属半水生兼寄生菌，喜高温、高湿，在培养基上菌丝生长温度范围为10～36℃，最适温度为28～32℃，孢子囊形成的温度范围为13～35℃，最适温度为25～30℃，游动孢子活动与萌发的温度范围为7～34℃，最适温度为20℃。孢子液浓度越大，孢子活力越强。游动孢子能自动大量聚集在根的受伤部位，除化学趋向外，根表面的弱电流对游动孢子也有吸引力，游动孢子在土壤中移动的最大距离为52cm，该病菌在pH 4～10的环境中均能生长，但以pH 7～8时生长最好，在燕麦、玉米、谷子和小麦琼脂培养基上都能正常生长，在燕麦培养基上生长旺盛，在谷子培养基培养2周可以产生大量厚垣孢子，菌丝生长必需钙素营养，无钙条件下，菌丝生长量极少，随着钙含量的增加，菌丝干重亦随之增加。适温条件下用0.1%的硝酸钾溶液浸泡生长良好的菌丝，3天后可产生大量孢子囊，孢子囊萌发对湿度要求非常严格，相对湿度97%～100%时，经5h即萌发，相对湿度为91%时，45～70h才能萌发。光线有抑制孢子囊萌发的作用。

（三）病原生理分化

黑胫病菌生理小种的鉴定工作始于20世纪60年代初。1962年杰利艾尔首先提出烟草黑胫病存在生理小种，并在美国肯塔基州鉴定出0号和1号小种，广泛分布于世界各产烟国，随着对烟草黑胫病菌研究的逐步深入，其致病性与生理分化现象相继在美国、南非、印度、中国等主要产烟国进行了研究鉴定。迄今国内外已发现烟草黑胫病菌存在0号、1号、2号和3号四个生理小种（朱贤朝等，2002b）。其中，0号、1号和3号小种发现于美国，2号小种发现于南非；0号和1号小种广泛分布于世界各种烟区，2号生理小种仅发现于南非。麦金太尔等根据生理生化及其对寄主植物的致病性测定结果，把美国康涅狄格州发现的1个与0号、1号、2号小种不同的生理专化型鉴定为3号生理小种，并从生理生化特性上把3号小种与0号和1号小种区分开来，即0号和1号小种经代谢能产生果三糖，而3号生理小种则不能。

我国对烟草黑胫病菌的致病性与生理分化研究鉴定20世纪80年代初期开始。朱贤朝等最先报道了烟草黑胫病菌的鉴定，发现 0 号和 1 号生理小种及 1 个致病专化型，0 号生理小种为优势小种，并于 1982 ～ 1986 年先后从国内 11 个省的 42 个县市采集分离了 255 株菌株，用游动孢子悬浮液注射基部接种 10 叶期的鉴别寄主，根据鉴别寄主的病害反应确定其生理小种，确定在我国主要烟区的烟草黑胫病菌群体中，0 号生理小种为优势小种，占总菌株的 90.6%，也少量 1 号生理小种和 1 个寄主专化型存在。

（四）寄主范围

烟草是黑胫病病菌唯一的自然寄主植物，绝大多数烟属植物种都感染黑胫病。人工接种条件下，烟草黑胫病的寄主范围比自然条件下广泛一些，可侵染番茄、辣椒、茄子、马铃薯、蓖麻、海狸豆等植物的幼苗并侵染苹果、茄子、番茄、棉铃等的果实，但这些植物根系都能抵抗黑胫病菌。

五、烟草黑胫病侵染循环与发病规律

（一）有利发病的条件

烟草黑胫病的发生流行主要取决于寄主抗病性、病原菌初侵染源数量及环境条件这三个因素的相互作用。归纳起来发病主要条件包括土壤 pH 高、施肥量大、根结线虫数量多、水分过多、轮作、栽培方法和气候干旱等。

烟草黑胫病菌以厚壁孢子和菌丝体的形式在病株残体、土壤或土杂肥中越冬。休眠厚壁孢子单独在土壤中至少可以存活 8 个月，而菌丝体单独在土壤中只能存活 2 个月。初侵染源主要是带菌土壤，其次为带病菌的灌溉水或施入混有病菌的粪肥，而植株病残体遗留土中可成为第二年侵染源。烟草黑胫病菌主要集中在 0 ～ 5cm 深的土层中。在适宜条件下萌发芽管从伤口或表皮侵入，并以菌丝在寄主细胞间或细胞内生长蔓延。病株上产生的孢子囊通过地面流水或风雨传播，进行再侵染。

（二）主要影响因素

1. 烟草抗病性

烟草属的不同种和品种的抗病性存在显著的差异。感病品种在不同生育期的抗病性也有差异，一般在现蕾期前易感病，现蕾后茎基部已木质化，不易感病。不同地区和寄主来源的黑胫病菌株对烟草的致病性也存在差异。抗黑胫病好的烤烟品种有 K346、K326、G-28、Coker371 等，以及国内育成的云烟 85、云烟 87 等。

2. 气象条件

烟草黑胫病属高温、高湿型病害，其发生流行主要与气温和降雨量有关，与光照等气象因素无直接关系。一般情况下，高温、高湿条件往往会导致发病率增加。如大面积种植感病品种，烟田连作，在烟草生长季节遇高温多雨，可引起烟草黑胫病大流行。环境条件影响烟草植株的生长发育和黑胫病菌的繁殖、传播、侵入等。肥料伤害可能使抗病品种易受侵染。黑胫病高发于炎热、干旱时期，这种天气又常在生长季节的后半段，这可能是由于在生长季节早期发生隐藏形式侵染，然后是地面症状的表达（茎形态的发生），当植物处于水分胁迫时最重。云南烟区黑胫病发生流行与平均气温关系密切，其界标为≥ 22℃，≤ 20℃黑胫病不发生或发生蔓延缓慢。当旬平均气温＞ 22℃，开始发病，且随着降雨量的增加，发病率与病情指数也随之升高；当旬平均气温＜22℃时，则不发病，且与降雨量多少也无关。但烟株在感病阶段（现蕾前），降雨量的多少对病情发展影响很大，雨量大，病情增长速度快，流行加重。黑胫病发生动态分析：不同年份黑胫病发生危害程度与年平均降雨量呈正相关，与温度变化呈非线性关系，随着温度上升而上升。5 月发病重，6 月递减，7 月上升（蔡红艳和段宏伟，1993）。

3. 耕作栽培条件

黑胫病是一种土传性真菌病害，主要是通过带菌土壤和病残体进行传染。烟田一年内春烟 - 晚稻隔季轮作比隔年水旱轮作（即第一年春烟 - 晚稻，第二年两季水稻，第三年春烟）发病率高 10% ～ 19%，病情增加 7.75% ～ 15.25%。轮作病轻，连作病重；黏土、低洼、排水差的田块发病重；适时早栽，使感病阶段避过高温多雨季节，选用无病苗，注意田间卫生，及时揭膜可减少病害的发生；砂土、地势高、排水良好的田块发病轻；土壤中钙、镁离子多，高氮低磷情况下发病严重；农事操作造成伤口多，发病严重。过量的石灰会增加土壤 pH，可能导致黑胫病发生。高 pH（5.6 以上）可增加黑胫病的发生。选择排水良好的田块种烟，通过整地理墒保持烟田有良好的排灌能力，可减少病害。

4. 根结线虫的影响

高线虫感染常导致黑胫病发病率增加。线虫伤害根部，增加病害发生的概率（吸引引起这种疾病的游动孢子）。观察发现，减少根部刺激通常有助于控制黑胫病发病率。根结线虫使烟草根系产生大量伤口，有利于黑胫病菌的侵入。根结线虫喜湿，一般较黑胫病先发，在两病混发区，凡前期根结线虫发病率高的田块，后期黑胫病菌流行广且为害严重。线虫造成的伤口有利于真菌侵入和定植，被根结线虫感染的植株，易受病原菌的侵染。病原菌的致病性主要表现在孢子囊产生的数量、释放的比例和游动孢子游动时间的长短。高致病力的病原菌产生孢子囊较多，释放比例较高，游动孢子游动时间较长。孢子游动时间平均为 12 ～ 15h，高致病力的可达 30 多小时，而低致病力的仅 5 ～ 8h。烟草黑胫病为典型的土传性单循环病害。病原菌初始带菌量大，品种感病，气候适宜，则发病严重。有研究者对云南黑胫病菌的致病力分化研究的结果表明：云南省的黑胫病病菌比非云南省外的致病性强；来源于烟草的黑胫病病菌比来源于非烟草的致病性强。

六、烟草黑胫病防控

对于烟草黑胫病，生产上积累了丰富的防病经验，形成了一系列有效的常规综合防治技术体系。主要措施如下。

（一）选用抗病品种

种植抗病品种是防治黑胫病最经济有效的措施。目前生产上利用的抗病具有多基因控制的水平抗性，如 G80、NC82、NC89、NC98、K326、K346、云烟 85、云烟 87 等，既抗病又优质。目前选育的抗病品种虽高抗黑胫病，但这些品种易感花叶病、赤星病和气候斑点病。

（二）栽培防病

1. 合理轮作

旱地应实行四年两头栽的轮作制度，而地烟与水稻轮作只需隔年栽烟，就可获得理想的防控效果。

虽然在自然条件下黑胫病病菌只侵染危害烟草，但要达到病害综合治理，与禾本科作物轮作较好，避免与茄科作物轮作。

2. 田间卫生

施用无病菌污染的肥料，灌溉用清洁的水。在田间一旦发现病株及时拔除，带出田外妥善处理，严禁随地乱扔，以免人为扩大传播。选择排水良好的田块种烟，通过整地理墒保持烟田良好的排灌能力，做好提沟培土，防止田间积水，使地面流水不与烟株茎基部接触，减少烟株染病机会。

适时早育苗，早移栽，使烟株感病阶段能避过高温多雨季节，采烤后要及时清除田间病株残体，保持田间清洁，控制土壤 pH 等都能有效地防治黑胫病。

（三）药剂防治

黑胫病菌主要在地表 0 ～ 5cm 土层活动，以侵染茎基部为主，一般大田期为害较重，只要药剂能渗入土壤表层保护茎基部不受侵害，就可以起到防病作用。在发病初期或雨季到来之前，对茎基部局部施药，可以杀死土表的病原菌，保护茎基免受侵染。这比栽烟前全面施药成本低，防效好。目前防治烟草黑胫病仍以化学农药防治为主，常用的药剂有甲霜灵系列、敌克松、烯酰吗啉、福美双、乙磷铝等，采用喷洒茎基或灌根等施药方法。这些化学药剂多为苯基酰胺类，作用机制比较相似，容易产生抗药性，从而引起药效下降。混配药剂 72% 的甲霜灵锰锌可湿性粉剂在用药 7 天后，防治效果可达 90.86%，用药 21 天后防治效果仍然达到 85.74%，防治效果很理想（陈惠明，1993）。另外，霜霉威、烯酰吗啉有较强的保护、治疗、消除作用，并且同甲霜灵等无交互抗性，对致病疫霉有较好的防治效果。

（四）生物防治

目前对烟草黑胫病菌的生物防治主要是从土壤、植物体内筛选出具有一定拮抗作用的微生物菌株，以及从一些植物组织中提取植物活性物质，用来抑制烟草黑胫病菌的活性。研究表明有些木霉菌也对烟草黑胫病病菌有较强的拮抗作用，田间的药效试验防效达 67%。兰香、桉树叶 2 种植物的叶片抽提物的 10% 水溶液对烟草黑胫病病菌的抑制率为 84.4% ～ 86.5%，赤贞桐的叶片抽提物的 10% 水溶液对烟草黑胫病病菌的抑制率达 55% ～ 62.7%。

内生细菌和根际细菌是生物防治研究的两个主要方面。对烟草疫霉具有拮抗作用的内生细菌有芽孢杆菌和假单胞杆菌，它们通过产生抗生素而使烟草疫霉菌丝溶解。植物内生细菌作为植物微生态系统中的天然组成成分，它们的存在可能促进了寄主植物对环境的适应，加强了系统的生态平衡。已有许多内生细菌作为生物防治剂、固氮菌剂和植物促生剂在使用。方敦煌等（2017）等利用土壤拮抗细菌 GP13 防治烟草黑胫病，其防效为 52.2% ～ 83.3%，与对照药剂甲霜灵锰锌的防效相当。从烟草根茎部分离得到的内生细菌 118 菌株有明显诱导抗病作用，防效为 46.55%。根际细菌荧光假单胞杆菌 RB-42 和 RB-89 通过产生抗生素类物质抑制病原菌的菌丝生长、游动孢子囊的产生和游动孢子的萌发。从土壤中分离筛选的木霉菌可产生 β-1,3 葡聚糖酶和纤维素酶消解病菌的细胞壁，同时还可产生非挥发性抗生素抑制病菌菌丝生长、孢子萌发、芽管伸长，产生挥发性抗生素抑制病菌气生菌丝的生长。进行药剂防治黑胫病时应注意不要长期单独使用同一种农药，如甲霜灵，以免病原菌产生抗药性或引起其他方面的副作用。可根据病情轻重确定用药种类，交替使用。

七、烟草黑胫病防控面临的问题

烟草黑胫病是一种土传病害，采用单一的防治措施很难控制，采取轮作和种植抗病品种，加强栽培管理，并结合生物防治和化学防治的综合措施，才会取得较好的防治效果。目前抗病品种的大面积连年连片单一种植，容易导致抗性丧失，有必要进行科学的选种及种植。在施用化学农药时，应该注意农药的交替施用，防止病菌对某一类药剂产生交互抗性。生物防治安全、无污染，符合烟草综合治理的方针，筛选拮抗菌、生产生物制剂都是比较良好的防治烟草黑胫病的途径。进一步加强生物防治的研究对烟草黑胫病的有效治理有重要意义。近几十年的研究结果表明，烟草黑胫病发生动态与连作状况、寄主品种的抗感性及气象因素呈一定的相关性。云南省烟草农业科学研究院在栽培措施方面进行了大量的研究，取得的成果对控制黑胫病的发生起到了很好的效果。单纯依靠改进栽培措施来控制该病害的发生还不够，在此基础上还要利用转基因技术，大力开展抗病品种的选育。药剂防治方面，长期使用化学药剂，不仅对环境造成严重的污染，还导致品种的抗病性逐年下降。因此对低毒、低残留、高效药剂的筛选和研制也很重要。此外还应经常交替使用不同作用机制的杀菌剂，以延缓病菌抗药性的产生。生物防治是一个综合性系统工程，具有高效、无污染、无公害等特点，是今后防治烟草黑胫病的主要途径之一。

第六节　烟草赤星病

一、烟草赤星病发展简史

烟草赤星病于1892年首次在美国发现，由链格孢菌（*Altenaria alternata*）侵染引起，在世界各烟草产区广泛发生。烟草赤星病具有潜伏期短、流行速度快的特点。1956年在北卡罗来纳州突然暴发流行，造成直接损失2100万美元。1931年在津巴布韦广泛传播；哥伦比亚、阿根廷、委内瑞拉、澳大利亚、加拿大等国家也有发生。2000年8月在美国康涅狄格州和马萨诸塞州大暴发，分别造成两州烟草减产75%和89%（朱贤朝等，2002）。在我国20世纪50年代烟草赤星病在河南烟区大流行。70年代间歇为害。1989～1991年，河南省平均每年因烟草赤星病造成烟草损失达人民币2300万元，烟草赤星病成为毁灭性病害（谈文，1993）。近年来，烟草赤星病在我国各烟区间歇性流行，是烟草生产上重点监测的病害之一（向红琼和罗永俊，1997）。

二、烟草赤星病在云南的发生及危害情况

20世纪70年代以前，烟草主要以有机肥和高密度种植为主，烟叶表现为发育不全、成熟度不够，烟草赤星病呈零星发生。80年代采用单行条栽，降低种植密度，提高烟叶成熟度等生产措施，烟草赤星病的为害逐渐加重，成为烟叶生产的主要病害之一。1993年烟草赤星病在云南烟区大面积流行，造成直接损失1.5亿元（王绍坤等，1992），此后成为云南烟区成熟期常见多发的病害，控制不及时常造成较大损失（图6-6-1、图6-6-2）。

三、烟草赤星病发病症状

在田间自然条件下，烟草赤星病主要在烟草叶片衰老或成熟时发生，特别在打顶后烟叶成熟采收期容易发生，为害叶片、叶脉、茎秆、花梗和蒴果。叶片症状见图6-6-3～图6-6-6。烟株发病，先在下部老、弱叶片上发生，以后逐渐向中上部成熟叶片扩展。叶片感染病菌后1～3天，出现黄褐色至深褐色小斑

图 6-6-1

图 6-6-2

图 6-6-3

图 6-6-4

图 6-6-5

图 6-6-6

点（病斑），以后逐步扩大到直径 1 ～ 3cm 的圆形或不规则形褐色病斑。病斑外围带有黄色晕圈，病斑上的坏死组织出现同心轮纹（病斑每扩大一次出现一同心轮纹），大病斑的坏死组织上一般有灰褐色至黑色霉层，即病菌的分生孢子和分生孢子梗。病斑大小与叶片老嫩和湿度有关，湿度大病斑大，霉层厚；湿度小，病斑扩长慢，病斑小，霉层薄或无。幼嫩叶片上病斑小，周围黄色晕圈窄或不明显；湿度大，老熟叶片上病斑大，周围黄色晕圈宽，霉层厚。叶脉、茎秆、花梗上病斑呈褐色、纺锤状（图 6-6-7 ～图 6-6-11）。病害流行年份，烟株受害严重时，许多病斑相互连接合并，致使病斑枯焦脱落，造成整个叶片破碎失去使用价值（图 6-6-12、图 6-6-13）。

图 6-6-7

图 6-6-8

图 6-6-9

图 6-6-10

图 6-6-11

图 6-6-12

图 6-6-13

在烟草赤星病发生期，常有多种叶部病害并发，要注意与烟草野火病和烟草靶斑病等病害的区别。烟草野火病为细菌引起，病斑上不产生像烟草赤星病样的霉层（图 6-6-14），黄色晕圈比赤星病幅宽、色淡、界线不分明（图 6-6-15）。烟草靶斑病病斑边缘为褐色，中央灰白色，形如明显的田螺的螺丝屁股纹，病斑中央散生由分生孢子及其梗组成的小黑点。靶斑病由真菌引起，显微镜检查易于区别（图 6-6-16 ～图 6-6-18）。

图 6-6-14

图 6-6-15

图 6-6-16

图 6-6-17

图 6-6-18

四、烟草赤星病病原

形态特征：烟草赤星病病菌属真菌交链孢属链格孢菌（*Alternaria alternata*）。用普通光学显微镜观察，菌丝无色透明，有分隔，分生孢子梗顶端屈曲，不规则，褐色。分生孢子在其梗上呈链状，接近梗的分生孢子较大，倒棒槌形至手榴弹形，有横隔 2 ～ 7 个，纵隔 1 ～ 4 个，孢子长短不一。培养病菌分生孢子的大小因菌龄不同而有差异，菌龄短的孢子小，菌龄长的孢子大。用电子显微镜观察云南玉溪、通海等地分离的病菌，孢子中有可见格状细胞群，孢子细胞壁分为几层，菌丝中有内质网状结构。来源不同的病菌超微结构没有明显差异（图 6-6-19、图 6-6-20）。

图 6-6-19

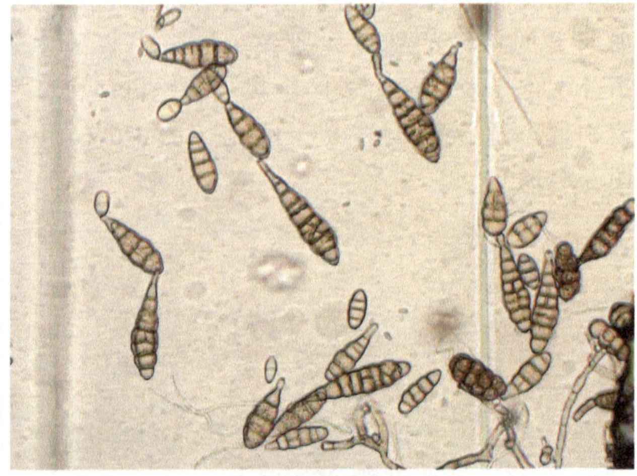

图 6-6-20

病原菌生理特点：烟草赤星病病菌生长的最适温度为 25 ～ 30℃，最低温度为 4℃，最高温度为 38℃，菌丝的致死温度为湿热 50℃、5min 或 49℃、10min，在干热条件下为 115℃、5min，多数分生孢子的致死温度在湿热条件下为 53℃、5min，在干热条件下为 125℃、5min。孢子与菌丝在冰冻或 –10℃ 条件下可存活几个月，在 46℃条件下可存活 2 天，在干燥条件下病叶上的分生孢子经 5℃、15℃ 和 25℃可保持生活力 370 天。烟草赤星病病菌对酸碱度的适应范围广，生长的 pH 范围为 3 ～ 10.2，最适 pH 为 5.5 ～ 7.5；黑暗条件有利于产孢，但孢子萌发率降低，同时明显抑制菌丝的生长，光照有利于孢子萌发和菌丝生长，但产孢量少。在马铃薯琼脂培养基（PDA）和燕麦琼脂培养基（DA）上培养，初期（1 ～ 2 天）为白色菌落，以后菌落中央颜色逐渐变深，由灰色至暗绿色。在 PDA 培养基上培养的分生孢子致死温度 50℃、5min 或 49℃、10min，萌发最适 pH 为 6 ～ 8，最低 pH 为 3，在 pH11 仍有萌发；病斑上产生的分生孢子在 10℃可萌发，保湿 5h 萌发率 48%，保湿 12h 萌发率达 95%，在 20 ～ 30℃保湿 5h 萌发率达 95% 以上。幼菌丝致死温度为 52℃、5min 或 50℃、10min。在 PDA 培养基上菌落生长最低温度 6℃，最高温度 37℃，最适温度 24 ～ 30℃，最低生长 pH3，最适 pH6 ～ 8，在 pH11 时仍有生长。病斑在 10℃高湿度下可产生分生孢子，随温度升高，产孢量增加，20 ～ 30℃产孢量最多。寄主范围：烟草赤星病病菌在自然条件下只能侵染烟草属植物，其中普通烟草和黄花烟草比碧冬烟草更易感病：在人工接种条件下可侵染 19 科 56 种植物，如茄科的马铃薯、番茄、茄子、辣椒、龙葵、曼陀罗，以及烟田的一些杂草。在 PDA 和 DA 培养基上培养的病菌接种离体叶片，引起茄子、莴苣、扁豆、向日葵、洋姜、蓖麻、皱果苋、土大黄出现病斑。

烟草赤星病病菌主要为害烟株的叶片、茎秆和蒴果等部位，在烟草生长中后期侵染烟草引发病害，其发生流行受温湿度及烟株生长状况的影响较大。赤星病是烟草成熟期的一种典型叶斑类病害。赤星病病菌菌丝随病残体遗落田间越冬，第二年春季气温回升湿度大时又重新形成分生孢子，由风雨传播至叶片，萌发形成芽管，从中下部衰老叶片的正面或背面侵入，最易从叶缘基部细胞、叶缘细胞和虫咬伤口处侵入，有时也可从气孔侵入。烟草生长早期，赤星病菌只能从叶片生长衰弱部分侵入；生长后期，约在始花期叶片趋于成熟，分生孢子产生具有吸器的短芽管，直接侵入叶片或植株地上的其他部位，烟草赤星病病菌在寄主体内和培养过程中可产生几种不同类型的毒素，其中主要的是AT毒素和TA毒素，这两种毒素在烟草赤星病病菌致病过程中都起着重要作用。AT毒素和TA毒素都能诱发烟草叶片产生典型的病斑，AT毒素在寄主病原物互作中是识别因子，是病菌能否致病的决定因子。TA毒素主要在病斑的扩展过程中起主要作用，与病斑大小呈正相关。

多数烤烟品种对赤星病都属感病类型。一般多叶型品种的抗性明显强于半多叶型和少叶型品种，许多地方性品种表现出较强的抗病性。连续多年大面积种植单一抗性品种导致群体遗传背景的单一化，往往成为新的致病力优势菌系、品种抗病性迅速丧失、病害暴发猖獗的根本原因。烟株对赤星病有明显的生育阶段抗病性。幼苗期抗病能力较强，随着叶片的成熟，抗病力逐渐减弱，并按烟叶成熟的先后顺序，病害逐渐由底脚叶向上部蔓延，烟叶成熟期则成为高度感病阶段。这可能是因为叶片成熟后积累了充足的可溶性糖分和氨基酸，有利于赤星病菌繁殖滋生；同时，组织老化、细胞疏松、孔隙率增大，有利于病菌的侵入与扩展。

五、烟草赤星病侵染循环与发生规律

初次侵染源是残留田间和露天堆放的病茎、室内外堆放的病茎叶等病残体，翌年可产生分生孢子。用普通方法烤房烘烤后烟叶上孢子翌年不再萌发，病斑上也不产生孢子，未烘烤过的烤烟叶和晒晾烟叶上的病斑翌年可产生孢子，病菌可萌发生长和侵染为害。有些蔬菜和杂草也可能成为该病的初侵染源。

赤星病菌发病过程。病菌分生孢子在水膜中于适温下1h即可萌发，产生芽管侵入烟草。云南烟区烟草赤星病自6月中旬开始零星发生，6月中旬至7月上旬病株率缓慢上升，7月中旬烟叶进入成熟采烤阶段以后发病速度加快，病株率快速上升，至8月中下旬进入发病稳定期，之后无新发病株出现;6月30日后，随着病情的进一步发展，病情指数持续上升，对烟叶的危害也持续加重。烟株的生育阶段抗病性。同一品种不同生育期抗病性有差异，旺长期以前抗性强，封顶后成熟采收期抗性弱。烟叶生长过程中对赤星病的抗病性也有变化，在适宜发病条件下，病情指数随烟叶成熟进程增长，病情指数增长进度（累积病指）和成熟度（成熟进程、时间）的关系为“S”形曲线，理论模式为正态累积函数。单位时间内病情指数增量上部叶大于中部叶，同一品种部位越高，烟叶成熟时的病指越大，病情越重。‘K326’烟叶发病期与成熟期的关系大致为，始盛期在腰叶成熟后9天，上二棚叶成熟前4天，顶叶成熟前4天；高峰期在腰叶成熟后18天，上二棚叶成熟后3天，顶叶成熟前1天；盛末期在腰叶成熟后38天，上二棚叶成熟后7天，顶叶成熟后6天（陈慧明，1998）。

田间发病时期。自然条件下，在夏烟（2月下旬至3月播种，5月移栽）苗期一般不发病，大田期移栽至旺长中期不发生流行，现蕾至脚叶成熟零星发生，发病部位先在脚叶或下部叶上，以后随烟叶成熟顺序由下而上逐步发展蔓延。发病时间的早迟主要与烤烟所处的生育阶段有关，烤烟生长发育进入现蕾后脚叶成熟即进入易感赤星病阶段，病害的发展蔓延方向与烟叶成熟的顺序相一致。

（一）气象因素

烟草赤星病菌是靠风雨传播，能多次再侵染的季节性病害，其发生的早迟、轻重和流行与烟叶成熟采收期间（7～9月）的降雨、湿度、温度、温差、日照等有较大关系。

1. 温度

烟草赤星病属中温性病害，病菌在6～37℃均能生长和产孢，田间赤星病发病的适宜温度为20～

30℃。在适宜温度范围内，温度高，病菌孢子萌发、侵入生长繁殖快，病害潜育期短，病程短，侵染循环加快。在云南主产烤烟区烟株易感病阶段是7～9月，此时大气温度均适宜赤星病发生，气温的变化对赤星病病情的发展没有大的影响。但昼夜温差大，烟叶结露时间长利于发病。

2. 湿度与降雨

烤烟旺长期（脚叶老熟）以前，降雨和湿度对赤星病病情发展影响尤为严重，烟株现蕾以后至采收完的降雨量、降雨日数和相对湿度是烟草赤星病流行的决定性因素。湿度大，旬平均达80%以上，降雨量高或降雨日数多，连续阴雨，田间病情迅速增加，10～15天后将会出现病害流行。例如，玉溪市1993年7月下旬连续降雨6天，降雨量75.1mm，相对湿度83%，8月上旬又连续降雨10天，降雨量81.3mm，相对湿度84.5%，比1992年同期降雨量增加113.3mm，相对湿度提高5.1%，1993年8月中旬就出现烟草赤星病暴发流行。由于后期连续多雨、高湿，赤星病流行一直持续到9月采收结束，造成了烟叶产量和质量的重大损失。在玉溪和大理调查，烟叶成熟采收期（易感病阶段）每次长时间降雨或降雨量高，几天后赤星病病情就会相继出现一次发展高峰。

3. 日照

日照长度常与降雨和大气湿度相联系，降雨少，阴雨日少、湿度小，则日照长，反之，日照短。日照长短影响烟叶光合作用和烟叶内含物及烟株抗病性，间接影响病害的发生和流行。一般来说，日照短，降雨多、湿度大，烟株光合作用减弱，烟叶有机养分减少，抗病性降低，加之叶表有水膜，叶内水分重有利于病菌孢子萌发和侵入生长而引起病害。

4. 雾、露、风

风传播病菌孢子。在高湿或昼夜温差较大的情况下，雾、露使叶面产生和保持水膜，落在叶面上的分生孢子能萌发侵入。故暴风雨、大雾和长时间的露水有利于病害发生流行。

5. 田间菌量

在大片烟田范围内，如防治措施不强，病菌量有逐年增长的趋势。例如，玉溪市坝区，1990年以前发病较轻，1991年团山出现局部重病田，1992年出现更大面积的较重田块，这些田块发病很重，8月底调查发病率100%，病情指数40以上，1993年出现流行，8月底至9月初调查6个乡镇7个村，平均病株率100%，病叶率93.87%，病情指数48.78，其中北城镇王棋的病叶率96.89%，病情指数54.25，城关镇葫芦的病叶率100%，病情指数55，大营街镇常里的病叶率100%，病情指数54.49。这与病菌的逐年积累有关。

田间病菌孢子量与病害发生流行直接相关。据余清（2011）调查，赤星病菌孢子在田间消涨具有一定的规律。在玉溪坝区，一般在7月上中旬田间空中即可捕捉到分生孢子，7月下旬至8月上旬为孢子增量高峰期，从出现孢子到大量孢子（高峰期）一般需3～30天。孢子高峰期出现后的5～10天，田间病情开始加重，空中孢子量受温度和降雨的影响，随着温度增高和雨量的增加，田间浮游孢子量大量增加。在多雨高湿情况下，有利于病菌孢子扩散和侵入，随田间病情的加重，产生大量的病菌孢子，形成再侵染，促进病害流行。孢子的扩散和空中浮游量具有一定的范围，在病重的地方（发病中心）空中浮游孢子量多，离发病中心区越远，孢子量越少。分生孢子的垂直分布，在0.5～1.5m高度（烟株间）范围内孢子量最大，1.5m以上（烟株上空）浮游孢子量开始减少。因此，生产上采取发病初期控制发病中心，以后再普遍防治具有重要意义。

6. 施肥

施肥水平及各营养元素肥料的配合比例影响烟株的营养状况和生育期，导致抗病性差异明显，进而影响烟草赤星病的发生和流行。一般凡有利于提高烟株抗病性和调控生育期使烟株易感病阶段（成熟采收期）避过高湿多雨季节就能减轻病害，反之则加重病害。同生育期、同部位叶在同样的发病条件下，施氮越多，赤星病越重，病情与施氮量呈正相关，施钾越少，病害越重，反之则轻。在云南省中等肥力田块（砂壤土中碱解氮 90.5mg，速效钾 80mg），以施肥比例 N ∶ P_2O_5 ∶ KO_2 ≈ 1 ∶ 1.5 ∶ 2 每亩栽烟 1100 株计算，每亩施纯氮 5 ～ 9kg 病情指数差异不显著，当每亩施纯氮增加到 11kg 以上，病情指数差异显著，发病程度明显加重，病情指数急剧上升（王绍坤等，1992）。

栽培密度影响田间小气候，这方面与施肥量有关。在同一田块上同一品种，同等施肥条件下，栽培密度越大，田间隐蔽高湿，叶面露水时间长有利于赤星病发生和流行，病重，反之则轻。经调查，云南省栽培的红花大金元、云烟 87、K326 等品种在中等肥力田块，亩栽烟 1000 ～ 1200 株，施肥合理，叶片不过长过宽，叶面积系数合理，病情无明显差异。

7. 移栽期

适时移栽有利于调节烟株生育期而影响病害发生和流行。移栽期提早，烟叶成熟早，烟株较早进入易感病阶段，发病也早，但若避开多雨高湿天气则病轻。反之，移栽期迟发病时间推后，但如果移栽较晚，烟叶成熟过晚，进入三秋后昼夜温差大，露水大、湿度大、烟叶水膜时间长，加之低温降低烟株抗病力，发病加重，烟叶质量差。若移栽时期适当，使烟叶感病期避开多雨高湿季节则病轻或不流行。

在同一地方同一栽期，使用地膜覆盖能够加速烟株生长发育，烟叶的成熟时间早于不盖膜的，烟株较早进入易感病期，发病就早。

8. 烟田地势

烟田块势低凹和处于窝风带，为赤星病发生创造了较好的小气候条件，低凹、窝风、背阴处湿度偏大，光照弱、结露时间长，易于发病。1993 年在玉溪市调查，同生育期烟株，处于窝风、背阴、低凹地方的赤星病较重，如贾井、梁王、常里、响水、波衣等部分田地；而地处向阳、通风、高燥处病较轻，如刺桐关、研和的大坡头、宋官等的一些田地。

9. 土壤质地

土壤黏重结构差的胶泥田、泥田地、潮湿或被水淹过的田地，土壤持水量大、通透性差，根系生长受到抑制或受根结线虫病危害的烟株抗病性下降，发病较重。而砂壤土等调节土壤水肥气热较好，烟株根系生长好，发病较轻。在玉溪市小石桥调查，赤星病重的烟株根系少，根干重 113.8g。

10. 烤房调制为害

感染赤星病的烟叶采收进入烤房后，在烘烤变黄期烤房内温度 68℃以下，相对湿度可达 95%，叶内水分较多，处于高温、高湿条件下，病害继续发展和为害。进烤房前未表现症状的烟叶在烘烤过程中出现病斑。烤前病叶上的小病斑发展成大病斑，病斑增大可达 90% 以上。低温烘烤时间越长，病害发展越大，损失也越大。

（二）云南省主产烟区赤星病发生时间及流行特点

在云南省夏烟（通常 5 月栽烟）栽培条件下，赤星病发病初期一般在 7 月上中旬，病情发展高峰期出现在 8 月。病害初发后，病情随成熟烟叶增加而加重，病情增长速度随降雨量、降雨时间和成熟叶数的增加而加速。9 月初至 9 月中旬降雨对病害流行至关重要。如降雨日多，降雨量大，则可能出现暴发流行。

六、烟草赤星病防控

随着卷烟工业对烟叶成熟标准的要求越来越高，在田间充分养好烟叶成熟度是烤烟生产的主攻方向，而烟叶生长进入成熟阶段后对烟草赤星病抗性下降，又是烟草赤星病发病的适宜期，要充分养好烟叶成熟度必然会面临烟草赤星病发生问题。对待这一矛盾，首先要认识到彻底消灭烟草赤星病是不现实也不科学。对赤星病的防治方向应采取既要充分养好烟叶成熟度，又要把赤星病的为害控制在低限度和小范围，也就是整个烟叶成熟过程，发病指数不超过 20，立足于这个前提，才能正确把握烟草赤星病的防治工作。

赤星病尚无特效的防治措施，应本着预防为主，综合防治，强调以农业防治为主，化学防治并重的原则。

（一）预防

1. 清除田间烟株残体

收完烟后彻底销毁烟秆、烟杈、烟根、病叶等带病残体及前作根桩和田间及周边杂草，减少越冬菌源。大部分赤星病病菌在田间、烤房、仓库和住房内外的烟秆、烟杈、烟根和病叶等残体上越冬，有一部分病菌也可在杂草和后作上越冬，来年气温上升，湿度大时产生分生孢子传播成为初侵染源。因此，必须彻底清除和销毁这些越冬菌源，控制烟草赤星病初侵染源，减少为害。前作收割后，其残留田间的秸秆残桩和杂草必须及早处理和毁掉。

2. 种子清洁和消毒

赤星病菌可以在种子表面和混杂在种子中的病残组织上越冬。在种子采收后至播种前，烟种必须经过筛选和风选，除去杂物，然后用 1% ～ 2% 硫酸铜或 0.1% 硝酸银浸种 10 ～ 15min，捞出烟种再用清水冲洗 2 ～ 4 次，然后才能制成包衣种子或播种。

3. 培育无病壮苗

育苗场所应选择远离村寨、烤房、储烟仓库的背风向阳、地势平坦、土质好、排水方便、水源方便的场地。在整理育苗场地时要注意消除未腐烂的秸秆残物，不施用病菌污染的肥料，保证病菌不带入育苗场地，育苗场地消毒处理，可兼治其他病虫草害。加强育苗场地管理，培育无病壮苗，提高烟苗抗病力，以免将病苗带入大田。

（二）保健措施

1. 实行轮作

病菌可随病残体在土壤中存活 2 年以上。如果连作种烟，土壤中积累的菌量逐年增加，发病会越来越重。因此烟田应实行轮作，减少越冬病源，减轻为害。

2. 密度合理

适当稀植，保持单位面积上总叶面积趋于合理，株数、留叶数、叶片大小和分布状况协调，烟田通风透光好，排湿容易。根据土壤肥力每亩栽烟 1000 ～ 1300 株。

3. 合理施肥

氮肥过多烟株抗病力下降，多施钾肥可以增强烟株对烟草赤星病的抵抗力，及时封顶抹杈。根据品种需肥特性和土壤肥力，合理施够氮肥并搭配足量磷肥和钾肥，确保烟株既长得起来，又能正常分层落黄成熟。一般土壤每亩栽烟 1000 ～ 1300 株的情况下，每亩施纯氮量红花大金元为 5 ～ 7kg、云烟 85-87 为 7 ～ 9kg、K326 为 9 ～ 11kg，N ∶ P_2O_5 ∶ K_2O=1 ∶ 1.5 ～ 2 ∶ 3。有缺素症的田地应针对性地施用所缺元素，保证烟株营养协调。根据品种特性、土壤施肥和烟株长相等情况，适时打顶保持烟株正常长势和长相。及时抹杈，使烟株通风透光，烟叶有充足营养，提高抗病力。

4. 适时采烤

及时采收成熟烟叶，勿把烟叶养烂于田间。过熟叶或衰老叶片易感染赤星病。及时采收成熟叶，既保证烟叶成熟度，提高烟叶质量，又能防止和控制病害的蔓延，减轻病害。采收不及时，会使病情加重，积累菌量，导致病害流行。

（三）加强病情监测

加强病害预测预报及时施药防治。烟草赤星病是靠风雨传播的具有多次再侵染的叶斑病。菌源数量、气象条件、田间小气候和烟草抗病性等对病害流行为害影响很大，在做好上述农业措施的基础上，若流行条件具备，一旦发病还需做好药剂防治。病害预测预报是指导药剂防治的基础，加强预测预报工作，严密监视病情发展动态和流行条件变化，及时开展药剂防治工作。室内叶片接种施药（代森锰锌）试验结果表明，接种前和接种后 30h 内施药不发病，防效达 100%。36h 后施药可发病，施药越晚，发病早且病情越重，防治效果减弱，接种 6 天后施药防治效果差。在病菌侵入以前施药效果好，病菌侵入寄主细胞后施药防治效果较差。在田间赤星病从下部底脚叶先发病，然后在脚叶病斑上积累大量病菌，适于病害流行的条件下，向中上部叶片扩展。因此，在有病菌源和烟株处于感病阶段，可根据当地气象预报，预测赤星病的发生流行时期，确定药剂防治的最佳时期。发病初期在发病中心摘除重病叶销毁并及时施药封锁，保护周围烟株减缓病害扩展。进入发病期后，若遇长时间降雨，降雨日多或降雨量高的天气，病情可出现大的增长（高峰期），尤其在中上部烟叶进入成熟阶段遇前述天气易出现大流行，应在雨前 2 ～ 3 天施一次药。若连续阴雨时间长，间隔 7 ～ 10 天再施一次药，一般施药 2 ～ 3 次即可。流行年份要 3 ～ 5 天喷药一次，共喷药 3 ～ 5 次。施药应统一行动，大面积同时防治。因为赤星病在适宜的条件下，潜育期很短，只要两天就可以再侵染 1 次，几天内就可毁灭全田，如果错过了防治时机，就很难奏效。

（四）药剂控制

防治赤星病的有效药剂和施药浓度：40% 菌核净可湿性粉剂兑水 500 倍，0.3% 科生霉素兑水 200 倍，

70% 代森锰锌兑水 500 倍，50% 扑海因兑水 300 倍，1.5% 多抗霉素兑水 50 倍。可结合当地实际，选择使用或交替使用，延长使用寿命。

第七节　烟草靶斑病

一、烟草靶斑病发展简史

烟草靶斑病病原菌为瓜亡革菌（*Thanatephorus cucumeris*），其无性世代为立枯丝核菌（*Rhizoctonia solana*），是为害烟草生产的重要真菌类病害之一。

烟草靶斑病在烟草苗期至大田烟叶成熟阶段均可发生。据有关文献报道，该病最早于 1948 年在巴西东方烟草上发现，开始称其为晕斑和叶焦病，病原被鉴定为一种引起苗期猝倒病的真菌菌株。1973 年梵高尔阐述了该病害在哥斯达黎加烟草上发生，并将叶部侵染物确定为亡革菌属。1985 年休尔将其称为丝核菌叶斑病。1990 年被命名为靶斑病。1984 年夏季，美国北卡罗来纳州大学病理系收到了来自全州烤烟种植区域的大量叶斑病样品，起初与烟草赤星病相混淆，后来在病部组织分离出了瓜亡革菌，被确定为与以往不同的病害。当时观察到，靶斑病叶斑病害最经常发生在下部叶片上，后能够向上蔓延到 16 位叶片的高度（烟株高约 85cm 处），在几个调查的地块，烟株发病率超过了 80%，大部分叶片至少有 1 个以上病斑，个别地块损失超过 50%。在我国 2005 年烟草靶斑病在辽宁丹东烟区成熟期烟株上突然发生。吴元华等（2006）鉴定为中国烟草上一种新病害。2011 年该病在广西罗城、南丹钟山有报道发生。2013 年，在黑龙江省宾县常安镇、宾安镇和林口县莲花镇局部个别地块发生为害。

二、烟草靶斑病在云南省发生及危害情况

烟草靶斑病是近年在云南发生的一种新病害，2016 年 7 月在云南普洱、临沧烟区突然发生流行严重，造成重大损失。2017 年 8 月在保山腾冲、临沧烟区烟叶成熟期有该病发生，2018 年在普洱、临沧烟区再次发生流行，造成严重损失。在临沧镇康县勐奉镇权栗村种植的 300 多亩烟田全部发病，中下部叶片发病重，由下部叶片发生后向上蔓延到上二棚叶位，在几个调查的地块，田间烟株发病率超过了 90%，大部分叶片至少有一到数十个 1cm 以上的病斑，多数穿孔呈明显“靶斑”症状。多数田块损失超过了 80%（图 6-7-1 ～图 6-7-8）。目前烟草靶斑病已成为云南省仅次于烟草黑胫病、烟草番茄斑萎病、青枯病、赤星病之后的第五大主要病害，是云南南部湿热烟区烟株大田生长期重点关注病害，应加强该病研究防控工作。

三、烟草靶斑病发病症状

烟草靶斑病在烟草苗期（图 6-7-9、图 6-7-10）至大田烟叶成熟阶段（图 6-7-11 ～图 6-7-15）均可在叶片发生，病斑中心有空洞，严重时病斑连片，影响烟叶采收烘烤价值。烟草靶斑病既侵染叶片，也可危害茎部；侵染叶片初为圆形水渍状斑点，如温度较高、湿度大、叶片湿润时间较长，则病斑迅速扩展，形成直径 2 ～ 5cm 的不规则斑，有同心轮纹，形成褪绿晕圈枯斑，病斑坏死部分易碎形成穿孔，形似枪弹射击后留在靶纸上的空洞，故称靶斑病。湿度较大时病斑周围有褪绿晕圈，病斑正反面周围绿色组织和病斑坏死部位常见白色的毡状物，为该菌丝及有性世代的子实层，在叶片下表面的病斑边缘常产生该菌的菌丝体及有性世代的子实层和担孢子。

图 6-7-1　图 6-7-2

图 6-7-3　图 6-7-4

图 6-7-5　图 6-7-6

四、靶斑病病原及特征

烟草靶斑病病原菌菌丝粗壮、多核、有分隔，直径为 7 ～ 12 μm。初生菌丝无色，后为褐色，分隔少见。新生菌丝粗壮与母体约为 45° 分枝，随着菌丝老熟变为棕黄色至褐色，菌丝分枝夹角约为 90° 且在分枝处有明显缢缩，在分枝不远处有一个隔膜（图 6-7-16），与母菌丝隔开，在隔膜的中央有一个小孔从母体吸

图 6-7-7　图 6-7-8

图 6-7-9　图 6-7-10　图 6-7-11　图 6-7-12

图 6-7-13　图 6-7-14　图 6-7-15

取营养，鉴定为立枯丝核菌。在病斑处经常能见到病原的有性世代菌丝体交织形成菌核，奶油色至灰白色，松散地贴在病斑上，担子 14μm×9μm，担子梗 5μm× 25μm（图 6-7-17），担孢子球形至椭圆形，透明光滑，平均为 9μm×5.5μm（图 6-7-18、图 6-7-19），病菌在培养基内可形成深褐色菌核，大小不一，菌核内夹有菌丝（图 6-7-20）。利用分离到的病菌回接烟草叶片，表现的症状（图 6-7-21）与田间一致。

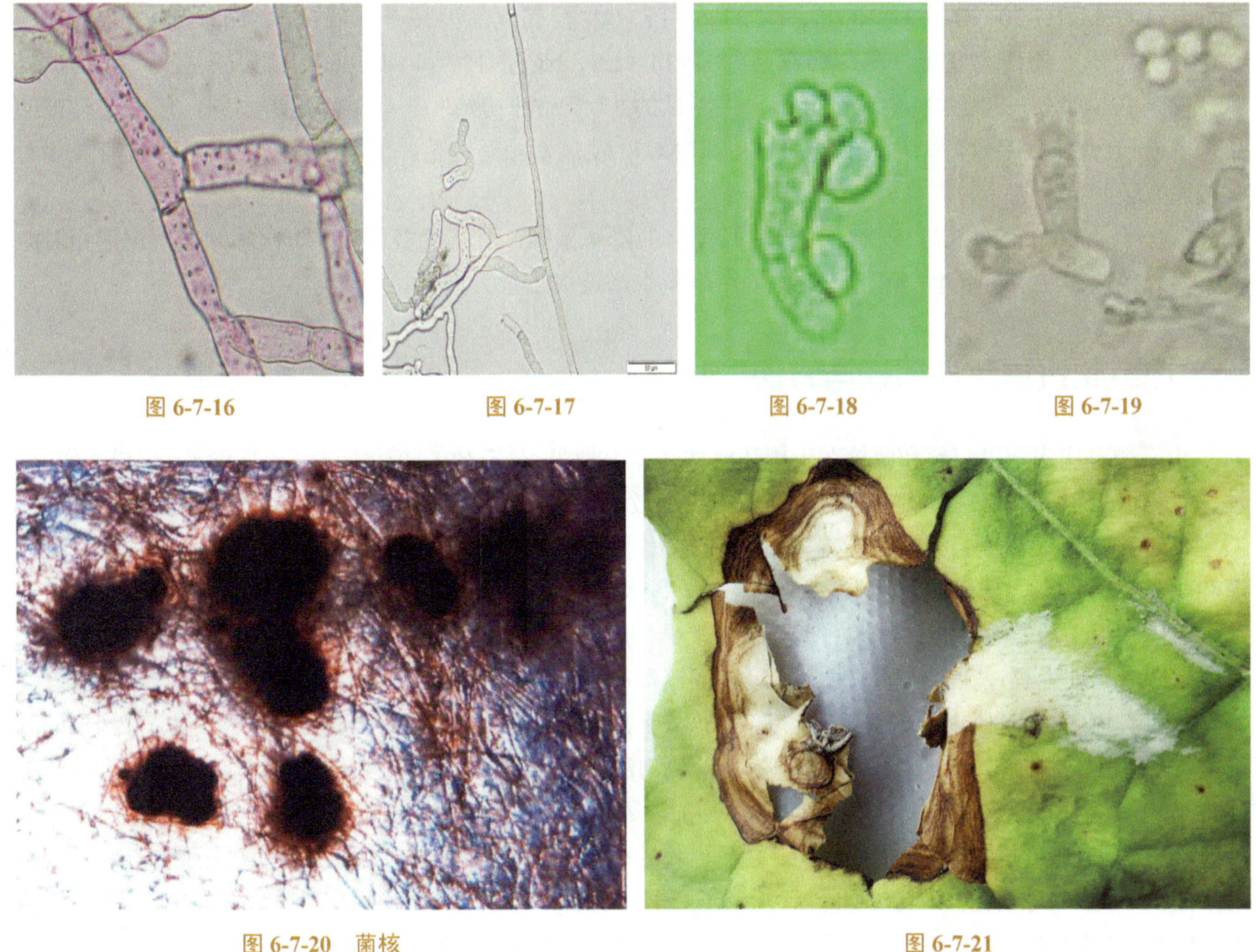

图 6-7-16　图 6-7-17　图 6-7-18　图 6-7-19

图 6-7-20　菌核　图 6-7-21

五、烟草靶斑病侵染循环与发生规律

（一）初侵染源

靶斑病病菌以菌丝和菌核在土壤和病株残体上越冬，越冬病菌产生担孢子，靠空气流通传播扩散到健康的烟株上侵染为害。越冬病菌在 24℃以上的温度和适宜的湿度条件下产生孢子，孢子萌发直接侵入烟草叶片，完成初侵染;叶部病害在适宜的环境条件下，需 16 ～ 20 天完成侵染循环。麦尔登的研究认为，其他大田作物和观赏植物不具备烟草靶斑病病原来源风险，也不太可能成为靶斑病的显著初侵染来源。

（二）流行条件

大田期烟株叶部的靶斑病是由担孢子再侵染引起的，靶斑病担孢子小而轻、数量大，靠气流传播，遇到适宜的环境条件能够迅速蔓延。1984 年北卡罗来纳州一些地块病情严重及在该州东部的广泛传播是由当年适宜的气候条件所引起的，尤其与 1984 年以来的高湿条件（6 月和 7 月异常湿润、频繁降水和低于正常的温度）有关。因为这样的天气条件十分有利于担孢子的产生和散布。卡斯洛斯等于 1990 年对苗期的跟踪调查证实，品种 G70 和 K-149 在苗期更容易发生近地面茎部感染，NC72、NC71、K326、

Coker371-Gold、G-70、G-168、NC95、NC2326 和 K-149 较其他品种具有较低抗性水平。2005 年，埃姆宝伦在弗吉尼亚的研究发现，靶斑病在品种 KY14×L8、NCBH129 和 NC2000 上的发展轻于品种 NC5、NC7 和 KT204121。艾力尔特的研究显示，供测试的 97 个品种初始发病率虽然显著不同，但主要种植的品种中 Barley 21 和 Ky14 发病率较轻，Hicks 和 NC72 发病率相对较重，但在田间自然条件下没有发现对靶斑病有较好抗性的品种。

2005 年与 2006 年我国丹东地区烟草生长季节的降雨偏多，且持续多日，并有雨雾天气，田间相对湿度大，导致该病在辽宁烟草产区严重发生，对烟草生产造成了极大损失。

六、烟草靶斑病防控原理与方法

由于靶斑病病菌以菌丝和菌核在土壤和病株残体上越冬，最有效的防治方法是土壤消毒，但成本较高，生产上难以承担。烟草靶斑病的防治研究国内报道较少，美国等防治技术研究和经验较多。梅尔顿认为，烟草靶斑病的病害管理必须贯穿于温室育苗到大田种植整个过程中。在温室对靶斑病防治要采取栽培管理和化学防治相结合的措施。北卡罗来纳州大学病理系提出在温室使用扑海因进行化学防治，同时必须加强通风和卫生消毒等措施，适当的氮肥用量水平；氮肥水平过低，叶片容易受靶斑病早期侵染，氮肥过多容易造成早期生长过旺、浓密，通风不良和高湿环境，有利于病害的快速发展和为害加重。

烟草靶斑病在田间烟株生长高度 1m 以下，烟株上部叶片未遮挡下部叶片以前一般发展较慢。靶斑病的流行主要发生在烟株生长的中期、后期。靶斑病病原物对湿度变化十分敏感，尤其是需要高湿的小气候和叶片湿润条件。防止植株遮蔽、摘除感病的下部叶片、增加通风、减少叶片湿润的措施可以减少病情的快速发展流行。目前还未发现有较好抗性水平的品种资源。由于主栽品种抗性水平低，需要发掘鉴定具有可接受农艺特性的高抗品种。应积极采取实施合理轮作、降低种植密度等防治措施，并在烟株生长到行间封闭前提早开始使用杀菌剂。后期病害发生严重时会给杀菌剂喷洒带来很大的难度，病害将变得难以控制，很难达到理想的防治效果。

苗期控制病害流行的有效方法是施用氟酰胺、异菌脲、氟啶胺、戊唑醇、代森锌和代森锰锌。在国内目前防治上主要采取以下措施。

一是栽培措施。进行合理轮作，及时清除病株残体；保持田间卫生，减少初侵染原；控氮增钾，合理密植，保持烟田通风透光，及时清除底脚叶。团棵期可使用 1 ∶ 1 ∶ 200 倍的波尔多液进行预防。

二是药剂防治。发病初期用 1.8% 嘧肽多抗水剂或 10% 井冈霉素水剂 500 ～ 700 倍液，均匀叶面喷雾 2 ～ 3 次，间隔 7 ～ 10 天，对烟草靶斑病均有很好的防治效果，基本能控制病情发展。

第八节　烟草根结线虫病

烟草根结线虫病由根结线虫属的若干种根结线虫（*Meloadogyne* sp.）所引起。云南省烟草农业科学研究院于在 1990 ～ 1993 年和 2012 ～ 2014 年立项进行专题研究，分别为“烟草根结线虫病发生及防治研究”和“烟草根结线虫病综合治理技术集成研究与应用”。对烟草根结线虫病的发生分布、发生规律、病原种类及防治方法进行系统研究。

一、烟草根结线虫病发展简史

烟草根结线虫病于 1892 年首见报道。1950 年以后在美国等地发生为害，目前世界各主要产烟区均有发生，成为世界烟草生产的一个主要病害。20 世纪 80 年代以前，我国仅在山东、河南、安徽、四川等地零星发生，属次要病害；80 年代中后期以后，烟草根结线虫发生面积逐年扩大，为害也日益严重；目前云南、河南、山东等 13 个主产烟区都有发生，局部地区为害严重，损失较重，成为我国烟草主要病害之一（陈昌梅等，1990；陈昌梅和度治华，1991）。

二、烟草根结线虫病在云南省发生及危害情况

云南省烟草种植面积常年为 600 万亩左右，烟草根结线虫在全省发病面积在 50 万亩，田间发病率 80% ～ 100%，烟叶减产 30% ～ 45%，重者减产 60% 以上。发生较为严重的州市依次为红河州、昆明市、昭通市、曲靖市、玉溪市、文山州、临沧市、保山市、楚雄州、丽江市和大理州，其他四个州市零星发生。

从两次调查结果看，烟草根结线虫分布发生区域变广、为害加重，已成为云南省烟草的主要病害，在滇中、滇东和滇南烟区发生较为严重（图 6-8-1 ～图 6-8-6）。

图 6-8-1

图 6-8-2

图 6-8-3

图 6-8-4

三、云南省烟草根结线虫种类鉴定结果

采用形态学、分子生物学和生物化学方法对根结线虫进行了种类鉴定，在云南省为害烟草的根结线虫种类主要是南方根结线虫（*M. incognita*）（图 6-8-5）、爪哇根结线虫（*M. javaria*）（图 6-8-6）、花生根结线虫（*M. arearia*）（图 6-8-7）和北方根结线虫（*M. hapla*）。其中以南方根结线虫发生最为普遍，主要

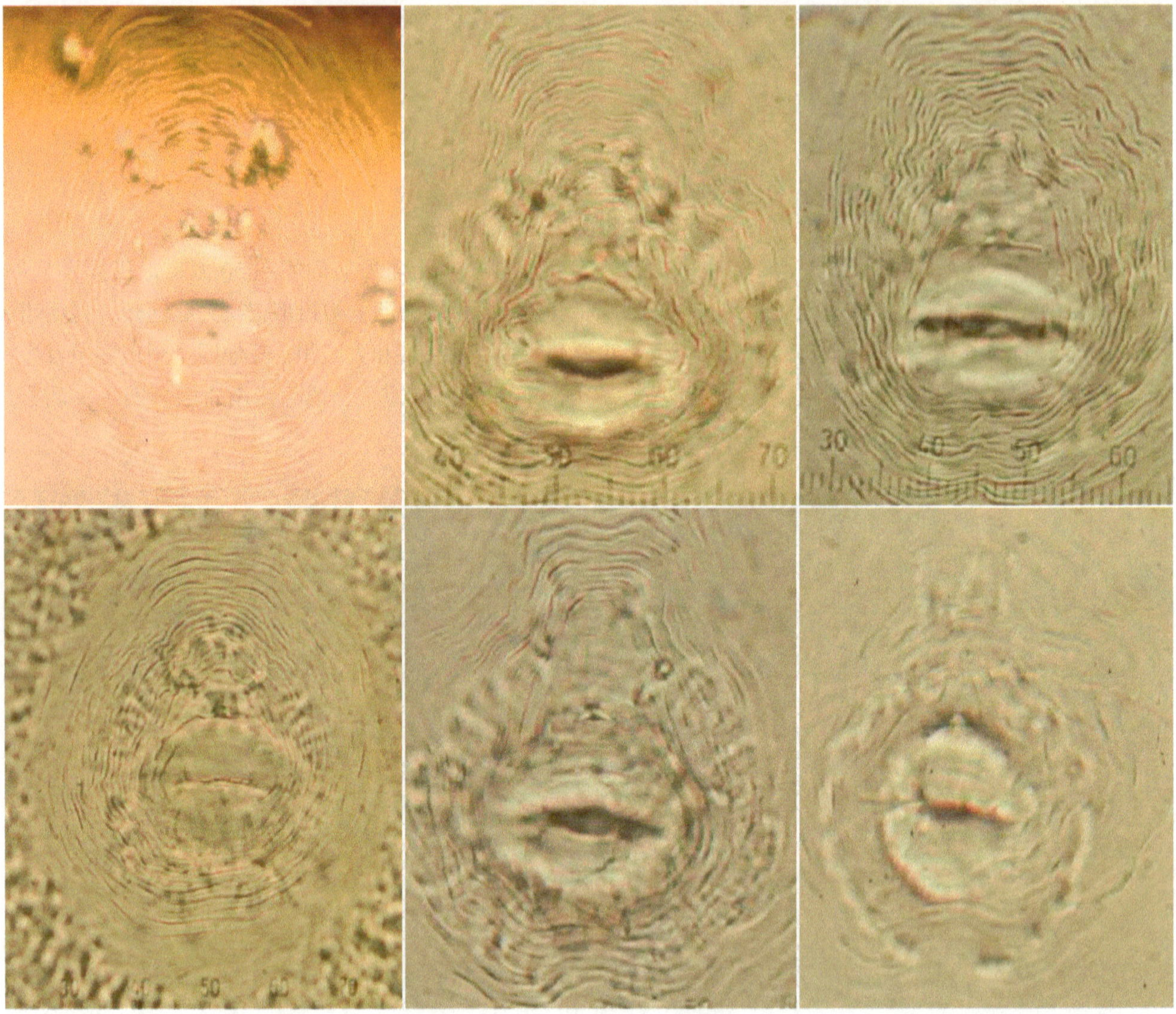

图 6-8-5　南方根结线虫会阴花纹

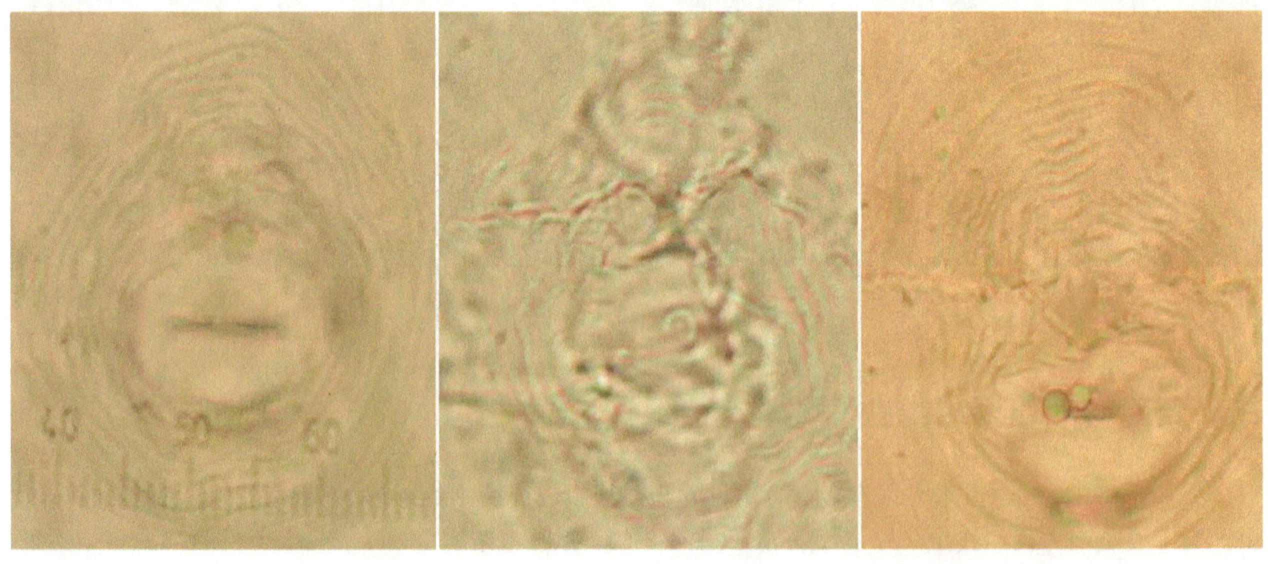

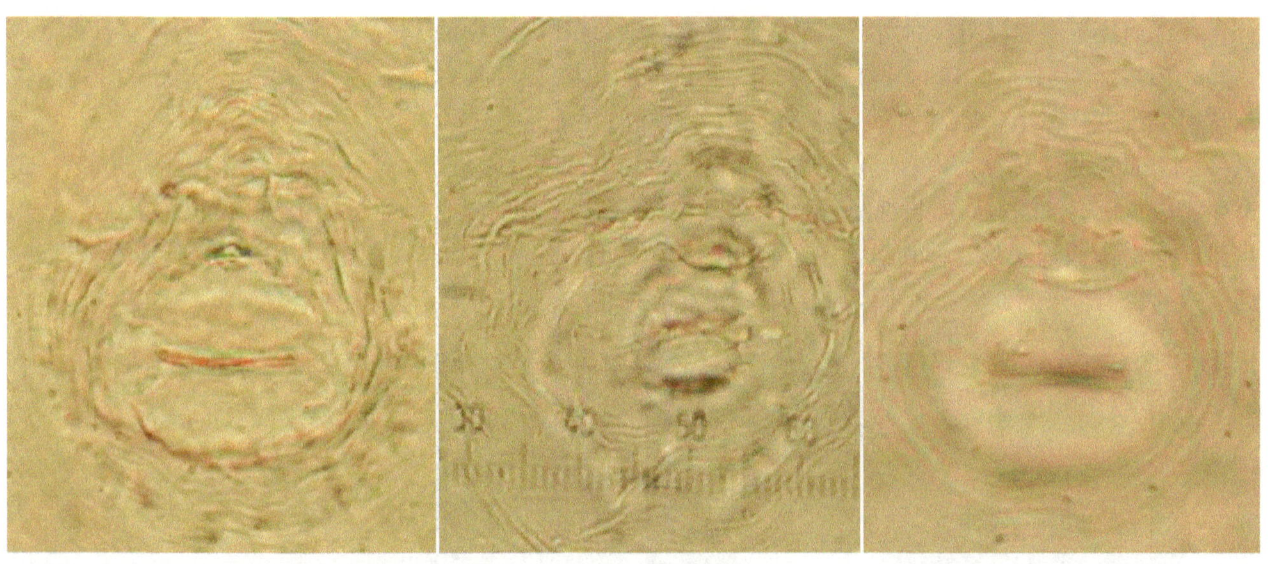

图 6-8-6　爪哇根结线虫会阴花纹

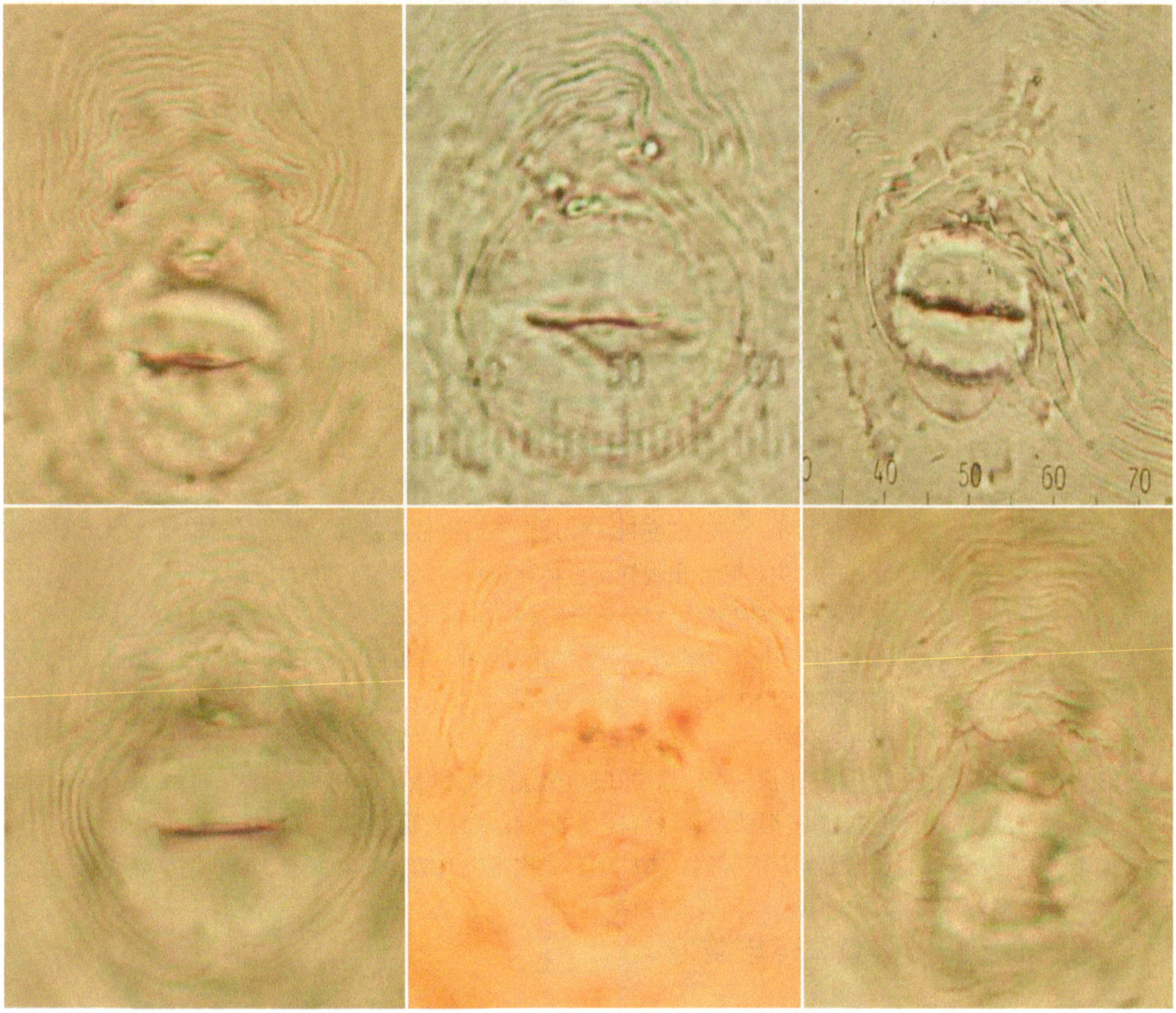

图 6-8-7　花生根结线虫会阴花纹

分布在红河、玉溪、昆明、曲靖、大理、楚雄、文山、保山等地州的54个县，是云南省的优势种群（杨铭等，1995；喻盛甫等，1998）。花生根结线虫分布在玉溪、红河、曲靖、保山、文山等地州的15个县；爪哇根结线虫分布在玉溪、昆明、红河、文山等地州的9个县。

剥开烟草根部根结，内有乳白色发亮小粒，即雌虫。雌虫洋梨形，卵包在雌虫阴门外的卵囊内，每个卵囊有300～500粒。卵长椭圆形，一龄幼虫蜷缩在卵壳内，二龄幼虫破壳而出，蜕皮三次后，雌虫呈腊肠状，渐成洋梨形，体表覆被一层有弹性的角质膜。雄线虫细长，尾端钝圆，交合刺成对、针状，硬而弯曲。引带一对，呈三角形（图6-8-8、图6-8-9）。

图 6-8-8

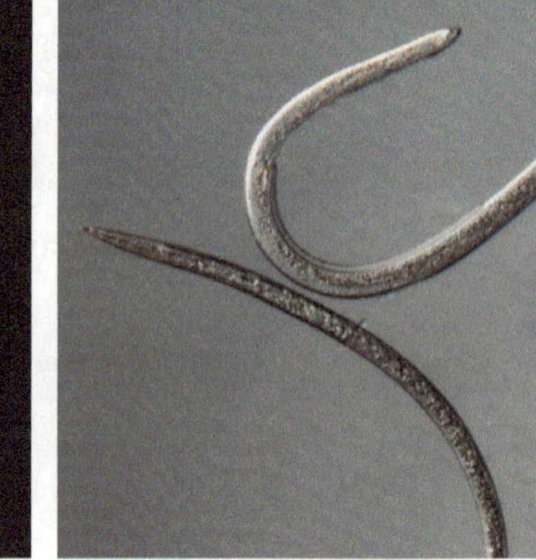

图 6-8-9

四、烟草根结线虫病田间发病症状特征

传统上根结线虫病在烟草苗期和大田期均可发生。但近年来随着育苗方式转变，采用漂浮育苗后，苗期为害现象已不复存在。大田期为害症状主要表现为地上叶片和地下根系受害症状。

地上部症状。早期烟株受害产生营养不良和中后期叶片早衰、叶片边缘干枯。早期营养不良造成病株生长缓慢、矮化及叶片黄化，如干旱缺雨，这种症状更为严重。白天高温时表现萎蔫，夜间可以恢复，有时个别烟株可能死亡。病株黄化矮小，茎基部变粗，叶片自下而上依次变黄下垂，最后干枯。中后期感病表现为叶片特别是中下部叶片的叶尖和叶缘出现红褐色坏死斑块，且叶缘内卷，类似缺钾症状。有时坏死区可达叶片的1/3～2/3，出现不正常的早熟，致使烟叶的产量和质量严重下降（图6-8-10～图6-8-12）。

地下部症状。中后期感病烟株在根上形成大小不一的根结，根结的形状因线虫种类不同而稍有差异，有时许多根结紧密连接在一起，形成一个大根结。在小的根结内至少有一条幼虫，而大根结内有大量处于各个阶段的幼虫。发病后期，部分根腐烂中空，严重时，仅留变粗的主根，侧根则全部腐烂，致使根呈“鸡爪状”。如侵染发生于烟株生长后期，虽可形成大量根结，但地上部长势与健株区别不明显（图6-8-13、图6-8-14）。

烟草根结线虫病不仅直接为害烟株，造成烟株枯萎黄化，发育迟缓，甚至整株死亡，对烟叶的产量和质量影响也很大，而且会导致烟草黑胫病、青枯病、镰孢菌根腐病等病害发生，降低烟草品种的抗性。

五、烟草根结线虫侵染循环与防控

烟草根结线虫以卵、卵囊幼虫在土壤中或以幼虫、成虫在病根残体、土壤、未腐熟的粪肥内和田间

图 6-8-10　图 6-8-11　图 6-8-12

图 6-8-13　图 6-8-14

其他寄主植物根系上越冬，翌年卵孵化成 2 龄幼虫为发病的主要侵染来源。其发生世代数即根结线虫在土壤中的生活周期受温度影响很大。温度在 25℃左右时，根结线虫 20 天即可完成 1 代。在云南只有 3 代，第一代侵染为害烟苗，第二、第三代为害大田烟株。线虫的世代重叠现象十分明显，这与其本身的越冬虫态、侵染时期、作物生长季节长短、温度变化等都有很大关系。其发生和流行受到土壤温度、土壤湿度、土质类型、耕作状况、烟草品种及其他根部病害等的综合影响。

烟草移栽后的 1 个月左右，土壤中线虫的密度逐渐下降，40 天达到最小值，然后开始迅速上升，生长季节结束的时候，土壤中根结线虫的密度达到最大值。总体趋势呈横向“S”形。土壤中根结线虫在 0 ～ 100cm 均有分布，无论是 8 月还是 3 月根结线虫数量在耕作层（0 ～ 40cm）分布最多，40cm 以下土层随着深度的增加根结线虫数量逐渐减少，但各土壤层不同时期根结线虫密度差别较大，冬春季节，各土层根结线虫数量明显低于夏秋季，是因为烤烟是根结线虫的寄主植物的原因。

重茬作物土壤中，线虫虫口密度值在整个大田期将会发生较大的变化，变化受制于土壤类型：黏土→轻壤土→中壤土→重壤土，虫口密度由小→大。

根结线虫二龄幼虫数量在烟草生长季中呈现一定的起伏变化，不同的有机肥处理后变化规律不同。氨基酸肥料处理后根结线虫数量先升高，后降低；鸡粪有机肥处理后，表现出增加—降低—增加的趋势。生物炭的处理总体是先增加再降低的趋势。化学农药福气多施用后表现为先降低而后逐步升高的趋势。

不做处理的空白对照总体是逐步升高的变化过程。在移栽后 100 天，施用化学农药福气多的二龄幼虫数量最少，可见其对根结线虫二龄幼虫的控制作用最高。氨基酸肥料和生物炭也表现出一定的控制作用，而鸡粪有机肥在二龄幼虫的数量上也表现出控制作用。

烟草根际土中根结线虫二龄幼虫的虫量在整个烟草生育期内增长平均达到 200% 以上，而同期同一小区万寿菊根际土中的根结线虫数量普遍下降，最高降幅达 76%，表明种植万寿菊可以有效降低土壤的根结线虫虫量。

在连续两年的调查中，烟草连作使土壤中的线虫数量持续增加，每年土壤虫量的增长幅度均在 5 倍以上，其中从移栽期到烤烟生长中期虫量增长缓慢，中后期虫量增长迅速，冬季土壤休闲可以在一定程度上减少土壤虫量。连续两年的烟草连作土壤根结线虫量积累为原来的 10 倍以上，因此烟草连作是根结线虫病暴发成灾的重要基础条件。

在种植万寿菊的两个处理中，第一年土壤虫量呈现微增长或负增长，表明万寿菊根系对根结线虫有较强的抑制作用，而且第二年种植烟草后土壤中线虫数量的增幅也显著小于烟草连作的土壤，可以推测万寿菊根系释放到土壤中的根结线虫抑制性物质具有一定的持效期。与间作模式相比，万寿菊 - 烟草轮作模式控制烟草根结线虫病的效果更好。从农事操作上来说，轮作比间作更为简便。种植万寿菊的经济价值低于烟草，因此，万寿菊 - 烟草轮作应用范围应局限在烟草根结线虫病严重的田块。

六、烟草根结线虫防控技术

对根结线虫任何一种单项措施都不能收到理想的防治效果，必须采取以轮作和抗病品种为中心，辅之以药剂防治的综合防治措施。

（一）选用抗病品种

目前生产上应用的抗病品种只能抗南方根结线虫的 1 号小种，这些品种的抗源大部分都来自 TI706，如 NC95、G-28、G-80、NC89、K326 及中烟 14 等。但这些品种对其他种的根结线虫，或南方根结线虫的其他小种都没有抗性。目前尚无兼抗根结线虫各个种或小种的品种，在利用抗病品种防病时，首先要确定当地根结线虫种类和小种。

（二）农业防治措施

1. 轮作

在农业防治措施中，首先就是轮作。可选用禾本科作物进行 3 年以上的轮作，水旱轮作可迅速杀死线虫，效果最佳。

2. 消灭越冬线虫，施用净肥

烟草收获后，将病根挖出集中烧毁，并及早进行耕耙，切碎病根加速其腐烂分解。有条件的地方，烟草收获后可放水漫灌 1 个月左右，以消灭线虫。同时要施用净肥，有机粪肥充分腐熟，减少初侵染来源。

3. 培育无病壮苗，适时早栽

培育无病壮苗，严防病菌移入大田，因地制宜实行早育苗、早移栽可减轻根结线虫为害。

4. 及时中耕

移栽后及时中耕，提温保墒，促使根系发达，提高烟株抗病性。

（三）药剂防治

1. 土壤熏蒸剂

使用土壤熏蒸剂防治线虫病有明显效果。这类药剂中的 D-D 混合剂，每千克 300kg 原液，开沟施入土中，立即覆土，在地温 15 ～ 27℃，处理后 7 ～ 14 天再栽烟，效果较好。若温度过低将会降低杀线虫的效果。其他可用的熏蒸剂还有二溴化乙烯，每公顷 260 ～ 75kg；二溴氯丙烷，每公顷 15 ～ 22.5kg。

2. 内吸或触杀线虫剂

克线磷、灭线磷等。克线磷颗粒剂每公顷 45 ～ 90kg，在栽烟时施在烟株附近，防效可达 65% 以上。

七、烟草根结线虫防控面临的问题

回顾烟草抗根结线虫的抗病育种和品种利用的历史，大多数工作主要围绕南方根结线虫进行，生产上利用的品种的抗性几乎都是相同的。由于这种抗性的单一性导致了其他根结线虫种类的增加，所以，如何利用已有的抗源，培育出抗或兼抗其他多种根结线虫的优质品种，是当前烟草抗根结线虫育种的主要问题。在农业措施中轮作是最有效的，轮作中最好是实行水旱轮作，其次是与抗病植物进行 2 ～ 3 年轮作。培育无病烟苗是另一项主要的农业措施。进行化学药剂防治也是目前比较常用的方法，但是由于成本大，药剂毒性高，残留量大，不能普遍使用。目前常用的杀线虫剂包括土壤熏蒸剂和内吸性杀线虫剂两种。国内利用的土壤熏蒸剂主要为氯化钴。内吸性杀线虫剂有灭线磷、克线磷。生物防治是目前积极倡导和推广的方法，也是近年来研究较多的领域。虽然根结线虫的天敌生物种群较多，包括捕食线虫真菌、内寄生真菌、细菌、捕食动物等，但是国内外只有对内寄生真菌和内寄生性细菌进行生产工艺和田间应用的报道。虽然由于生物制剂防效较慢，田间定植活性受环境影响较大，生产上还未进行大面积的应用，但这将是未来烟草根结线虫防治研究的一个重要方面。烟草根结线虫是世界烟草重要病害之一，也是我国烟草生产上主要病害和威胁性较大的病害之一，只有在了解和研究我国各个产烟区的根结线虫为害种类和发生流行规律的基础上，加强抗病品种的选育和利用，筛选和利用有益的生物资源，开展生物防治研究，才能不断地提高防治效果。

第九节　烟草青枯病

烟草青枯病由青枯雷尔氏菌引起，是为害云南省烟草生产主要细菌类病害之一，云南省烟草农业科学研究院于在 1990 ～ 1993 年和 2012 ～ 2014 年立项进行专题研究，分别为“烟草黑杆病致病原及综合治理技术研究”和“云南烤烟青枯病菌鉴定与抗病资源筛选利用”研究。研究成果获中国烟草总公司科技进步三等奖。

一、烟草青枯病发展简史

烟草青枯病是由青枯雷尔氏菌（*Ralstonia solanacearum*）引起的一种细菌性病害。烟草青枯病 1880 年首次发现于美国北卡罗来纳州的格兰维尔，被称为格兰维尔萎蔫病。1910 年在美国种植烟草的一些农场造成的损失高达 25% ～ 100%。1920 ～ 1940 年仅北卡罗来纳州的格兰维尔县损失就达 3000 万～ 4000 万美元。此病在印度尼西亚也曾造成损失。青枯病主要发生在北纬 45° 至南纬 45° 的一些烟区，其年平均降雨量在 1000mm 以上，烟草生长季节不少于 6 个月，北半球 1 月和 7 月平均温度分别不低于 10℃和 21℃，南半球 1 月和 7 月温度不低于 21℃和 10℃，温度不超过 23℃，都适于此病的流行。在爪哇和苏门答腊又称为“黏液病”，中国则俗称为“烟瘟”和“半边疯”。目前在中国长江流域及其以南烟区普遍发生，其中以广东、福建、湖南、江西、广西、安徽、四川、云南及贵州为害严重，近年来在山东、河南、陕西和辽宁等省零星发生，并有逐渐向北扩展的趋势；烟草青枯病个别年份常常暴发流行，造成烟草毁灭性损失，该病造成的损失已居各类病害第四位（孔凡玉，2003）。

二、烟草青枯病在云南省发生及危害情况

烟草青枯病主要发生在云南南部湿热烟区，近年来在滇中河谷烟区也时有发生。文山州自从 20 世纪 80 年代就有青枯病发生，并有进一步扩展蔓延的趋势，尤其在极端气候下发病率达 80% ～ 90%（汪炳华等，2009），近年来在南部湿热的临沧烟区、德宏烟区及普洱烟区发病较重，曲靖和昆明的局部烟田也有发病（表 6-9-1，图 6-9-1 ～图 6-9-4）。

表 6-9-1　2008 年文山州烟草青枯病发病情况统计表

调查地点	调查面积 /hm²	发病面积 /hm²	品种	前作	土壤类型	田烟 / 地烟	产量 /（kg/ 亩）			产值 /（元 / 亩）		
							发病	无病	产量损失	发病	无病	产值损失
砚山县	1 425	75	云 85	小麦或空闲	砂壤土	地烟	63.85	129.02	65.17	712.25	1 438.27	726.02
丘北县	11 250	3 525	云 85	小麦	红黄壤	地烟	83.30	112.85	39.55	807.60	1 274.66	467.06
马关县	24 000	1 200	云 85、云 87	小麦、油菜	沙壤、黄壤	田烟、地烟	118.85	134.59	15.74	1 220.69	1 546.89	326.20
广南县	30 000	1 200	云 85、云 87	小麦、油菜	红壤	地烟	112.50	127.00	14.50	1 105.60	1 376.40	270.80
麻栗坡县	24 000	10 500	云 85、云 87	小麦、油菜	沙壤、黏土	田烟、地烟	108.29	128.97	20.68	1 199.48	1 492.40	292.92
西畴县	18 000	11 250	云 85、云 87	小麦、油菜	沙壤、黄壤	田烟、地烟	98.60	113.80	15.20	987.60	1 276.00	288.40
合计	108 675	27 750										

三、烟草青枯病田间发病症状特征

烟草青枯病是典型的维管束病害。苗期和大田期均可发生，主要侵染烟株根、茎、叶片；田间烟株地上地下部均有发病症状。

（一）叶部症状

地上部叶片发病初期半边黄化凋萎，而后最典型的症状是烟株一侧叶片迅速凋萎，凋萎的叶片仍呈绿色而得名（图 6-9-5 ～图 6-9-9）。病株发病的一侧叶片凋萎，无病一侧的叶片生长正常，因此也称

图 6-9-1

图 6-9-2

图 6-9-3

图 6-9-4

图 6-9-5

图 6-9-6

图 6-9-7

图 6-9-8

图 6-9-9

“半边疯”。这一症状与烟草“低头黑”病症状相似，不过后者的生长点向有病一侧弯曲，而青枯病则直立。如果气候条件不利病害发展，或抗病品种的烟株，病害发展较慢，受害叶片开始呈浅绿色，然后逐渐变成黄色，主脉和侧脉变软，大叶片呈伞状下垂，在叶脉间和叶片边缘常出现坏死区。天气炎热时，病株的叶片常呈不规则的灼伤，以后叶片变干，边缘脱落。通常病株的茎是直立的，其上挂着枯死的叶片。

（二）茎髓部症状

被感染的病株茎和叶脉的导管变成褐色至黑色，外表出现黑色条斑（这种黑条斑是青枯病的主要特征），有的黑色条斑一直延伸到烟株顶部，甚至枯萎的叶柄上都有黑条斑。横切病茎，可见一侧的维管组织变成褐色，病茎髓部变成蜂窝状或全部腐烂，形成仅留木质部的空腔。天气潮湿时，用力挤压病茎切口处，可见黄白色乳状黏液从切口处渗出，即细菌的“菌脓”（这是细菌病害与其他病害区别的重要特征之一）（图 6-9-10 ～图 6-9-15）。

图 6-9-10

图 6-9-11

图 6-9-12

图 6-9-13

图 6-9-14

图 6-9-15

（三）地下部症状

发病初期，拔起病株，可看到病茎一侧的根系腐烂，随病害进一步发展，大部分根腐烂变成深褐色至黑色。土壤湿度大时，主根呈软腐发黏，至此地上部分则全株枯死（图 6-9-16 ～图 6-9-23）。

图 6-9-16

图 6-9-17

四、烟草青枯病病原

（一）形态与分类

烟草青枯病菌为雷尔氏菌属（*Ralstonia*）、青枯雷尔氏菌（*Ralstonia solanacearum*）。烟草青枯病病菌菌体杆状，两端钝圆，大小为（0.9 ～ 2.0）μm×（0.5 ～ 0.8）μm，具有 1 ～ 3 根鞭毛，多数单极生，偶有两极生，无内生孢子，无荚膜。革兰氏阴性反应。

图 6-9-18

图 6-9-19

图 6-9-20

图 6-9-21

图 6-9-22

图 6-9-23

（二）生理特征

青枯病病菌为好气性细菌。在琼脂培养基上菌落小而圆，表面润滑呈乳白色，在反射光下呈白色，后因病原菌分泌一种水溶性黑色素而变成红褐色。在牛肉培养基上，菌落为圆形，稍隆起，乳白色有光泽。在 TTC 培养基上，有些菌落中央呈粉红色，周围乳白色，流动性较强，无毒菌株菌落中央粉红色，奶油状。病菌适宜生长温度范围为 18 ～ 37℃，最适温度为 30 ～ 35℃，致死温度为 52℃、10min，生长 pH 为 4 ～ 8。最适 pH 为 6.6。在病株残体中能存活 7 个月以上，但在干燥条件下很快死亡。在不同土壤中存活年限差异很大，有的长达 8 年之久，而有的则很短。附着在种子表面的病菌，两天后就全部死亡。而在无菌蒸馏水中保存 9 年都不会丧失毒力（图 6-9-24、图 6-9-25）。

图 6-9-24

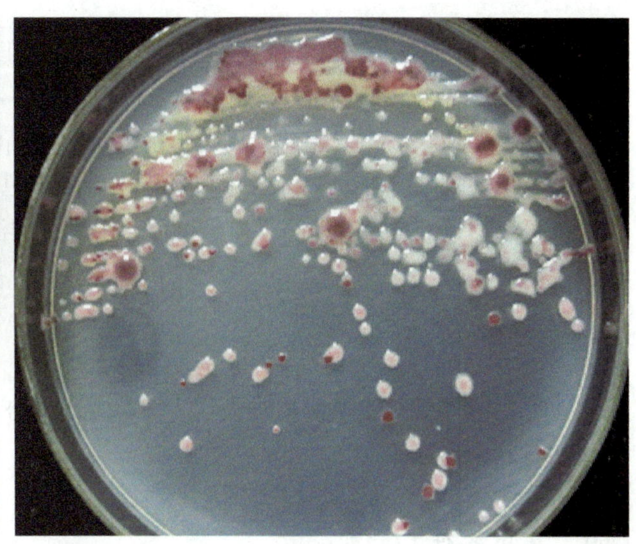
图 6-9-25

（三）生理分化

青枯病病菌有明显的生理分化现象，根据不同寄主的病害反应，可分为 3 个生理小种：Ⅰ号生理小种可以侵染烟草等茄科植物和其他植物，寄主范围最广；Ⅱ号生理小种可侵染香蕉和蝎尾蕉属的植物；Ⅲ号生理小种可侵染马铃薯等植物。将培养 36 ～ 48h 的细菌悬浮液（10^8 个 /ml）注射到生长 30 ～ 45 天的烟草叶片组织的细胞间，12h 就出现症状。上述 3 个小种的反应：Ⅰ号生理小种产生深褐色坏死，周围有黄色晕圈；Ⅱ号生理小种产生过敏反应；Ⅲ号生理小种的渗透组织变为黄色。在生理小种内可分为致病力不同的若干亚小种，近年有人还按生化特性不同分为 4 个生理小种。广东为害烟草的青枯病菌，还能侵染番茄、花生，这是否为不同的小种，有待进一步研究。青枯病病菌变异较大，分为不同的小种、生物型、血清型、噬菌体型及细菌素型，现已鉴别出 5 个小种和 5 个生物型（丁伟，2018）。中国报道有生物型Ⅰ、Ⅱ、Ⅲ、Ⅳ、Ⅴ。侵染烟草的菌株为小种和生物型小种Ⅰ、Ⅲ、Ⅳ，在自然条件下青枯病假单胞菌易产生无毒突变体，其生物型也发生变化。

（四）寄主范围

青枯病病菌寄主范围很广泛，可以侵染茄科、豆科、蓼科、紫草科、凤仙花科等 44 科的 220 多种植物，大多数禾本科植物不受侵染，茄科中感病的种最多。棉花、甘薯和麻类作物不受危害。

五、烟草青枯病侵染循环与发病规律

（一）品种抗性

目前生产上推广的烟草品种都不抗青枯病，或者抗性很低，很难抵御病菌的侵袭，这也是该病流行的重要原因之一。虽然已选育或引进了一些抗病品种，但由于种种原因，尚未在生产上普遍应用。

（二）温湿度条件

高温、高湿是青枯病流行的先决条件。气温在 30 ～ 35℃，湿度在 90% 以上时，病害发生严重。6 ～ 7 月温度高达 30℃以上，气温正适合该菌的繁殖，只要此时阴雨连绵，病害就有可能严重发生。此时，如果再遇暴雨或大雨，病害就会迅速传播蔓延，而高温干旱或低温多雨时，则不适宜该病的发生和流行。

在适宜的条件下接种后 48h 就可发现维管束变色，4 ～ 5 天就出现萎蔫症状。在接种 24h 内，细菌在茎内以每小时 0.25mm 的速度运行，运行速度受土壤湿度、蒸腾作用、空气温度及导管直径等的影响。

（三）土壤条件

如果排水不良，土壤湿度过大，病害就重。地势低洼、土壤黏重的地块，也易诱发此病。中性偏酸的土壤，有利于病害的发生。

（四）栽培条件

青枯病病菌在土壤中越冬，因此，连作田块增加了土壤中的病菌含量，初侵染增加，发病重。据卢洪兴报道，相同品种在同等管理条件下，烟草维管束发育不良，顶芽萎缩，烟株生长不健壮，易受此病危害。硝态氮对烟草生长有利，而铵态氮可直接为细菌所利用，因此施用铵态氮的地块比施用硝态氮的地块病重。中耕次数多，或中耕过深，增加根部的伤口，也常加重病害。过早打顶，因烟株幼嫩多汁，伤口难以愈合，也增加了病菌侵入的机会。

（五）与其他生物的关系

青枯病病菌侵入后，大量次生的微生物可能随之出现，它们若为病原物，就可能加重为害。用根结线虫和青枯病菌同时接种，烟株受害程度大大增加，一方面，由于线虫的为害造成大量伤口，为细菌侵入创造了有利条件，同时也由于线虫在根上酿成的巨细胞，降低了烟株对青枯病的抗性。地下害虫的为害，也会在根上造成大量伤口，从而加重青枯病病菌的为害。

（六）烟草青枯病预测预报模型

以云南省文山州病虫测报站 2004 ～ 2007 年的气象资料和烟草青枯病发病资料为基础，选取全部气象因子 1 ～ 12 月月均温（X_1 ～ X_{12}）、月平均湿度（X_{13} ～ X_{24}）、月降水（X_{25} ～ X_{36}）、月平均日照时数（X_{37} ～ X_{48}）共 48 个预测因子为自变量，发病率（Y_1）或发病指数（Y_2）为因变量，采用 DPS 数据处理系统进行数据分析，经过逐步判别分析，文山的青枯病指数与 4 月的气温、7 月的相对湿度、8 月的相对湿度、11 的降雨量密切相关。

六、烟草青枯病防控技术

（一）保健措施

1. 深耕晒垡

移栽前 30 天深耕晒垡，耕层深度要 30cm 以上，有效降低田间病原基数，提高土壤温度。

2. 选用优质、抗病品种

目前生产上种植的优质品种大多数不抗烟草青枯病，抗病品种较少。种植 K326 或云烟 87 较好。

3. 土壤消毒及改良

消毒及改良具体操作如下：①每亩撒施 100 ～ 150kg 生石灰和 1000kg 发酵农家肥，翻犁后整地理墒；②选用有机复合肥 80kg/ 亩（以当地施氮量折算为准）；③在移栽后 30 天用 20 倍液生石灰水溶液 500ml/ 株灌根。

4. 防止大田生长期田间积水

特别是旺长期后必须保障田间排水通畅，无积水。

（二）苗期防治措施

1）成苗期移栽前用 0.2% 硼砂兑水喷雾一次，增强抗病性。

2）烟苗在移栽时用农用链霉素 200 单位液或施用 50% 琥珀酸铜（DT）300 ～ 400 倍液，20% 青枯灵 400 ～ 600 倍液，20% 叶青双可湿性粉剂 500 倍液，6% 叶枯净可湿性粉剂 300 倍液，90% 乙霜青可湿性粉剂 600 倍液。

（三）大田期防治措施

1）对定根水进行消毒。对来自于水窖和坝塘水进行消毒。根据青枯病发生的特点，在病区移栽时用漂白粉 100g/m^3 对施用的定根水进行消毒处理。

2）合理施肥。应用土壤、烟叶分析结果和田间档案及施肥经验，有针对性地确定烟草专用复合肥的施肥量，氮肥用量一定要足，重病区可以上浮 10%。示范样板每亩增施 10kg 硫酸钾移栽后 30 天追施。

3）移栽后要加强以青枯病为主的土传病害防治。移栽后 10 天、20 天用 200 单位 /ml 农用链霉素（必须在傍晚或阴天施药），或施用 50% 琥珀酸铜（DT）300 ～ 400 倍液，20% 青枯灵 400 ～ 600 倍液，20% 叶青双可湿性粉剂 500 倍液，6% 叶枯净可湿性粉剂 300 倍液，90% 乙霜青可湿性粉剂 600 倍液，每株烟用 250ml 药液灌烟根防治一次，注意药剂的交替使用。

4）重病区可以适时早栽，提早成熟采收，使叶片成熟期避开青枯病盛发期，减少损失。

5）清除田间烟秆。烟叶采收结束后，应在10天内清除所有烟根、烟秆。

七、烟草青枯病防控面临的问题

长期种植烟草会使土壤中病原菌的数量得以积累，造成病害流行。在云南省德宏州芒市新开垦的土壤种植烟草也发生烟草青枯病，并检测出青枯雷尔氏菌，这一现象产生的原因有待研究。将烟草青枯病组织埋于土壤中，证实青枯雷尔氏菌在土壤中上下扩展的能力大于侧向扩展。一般来说，青枯雷尔氏菌在土壤表层存活时间相对较短，而在表层下30cm以内的土壤中存活较多，在更深的土层内虽然仍可存活，但数量一般很少，这是由于表土下30cm以内土壤的温度、湿度与通气性相对较适于其存活。也有报道认为，青枯雷尔氏菌可以在多种非感病植物的根部定殖，特别是在许多田间杂草的根部定殖，这些植物虽然不能表现出青枯病症状，但却是感病植物发病的侵染来源，青枯雷尔氏菌的这些生态特性，造成青枯病防治较为困难。

近年来，随着分子生物学技术的快速发展，植病研究人员对于青枯病菌本身的分子生物学基础有了更加深刻的认识，有研究显示青枯菌基因组在结构和基因特性等方面，均体现了遗传上的多样性和致病机制的复杂性，也是青枯病的研究及防治更加困难的原因。随着该病原菌本身分子生物学基础的不断明确，病原菌与寄主植物互作机制的认识也更加全面、准确。通过对病原菌与寄主植物互作机制的认识，将有利于植物抗青枯病的研究，加快抗青枯病育种的进程。

烟草青枯病是影响世界烟草生产的重要病害之一，相关方面的研究虽然取得了一定的进展，但仍有很多问题需要解决。目前烟草青枯病的防治仍然是烟草生产上尚待解决的一大难题，难以用一种方法从根本上解决烟草青枯病的问题，只能多种方法相结合，尽量减轻青枯病的为害。

1）农业防治。实行合理轮作，最好是水旱轮作；合理选地，选用土壤疏松、排水良好的地块，高垄栽培，搞好排灌系统；搞好田间卫生，田间一旦发现零星病株，要及时拔除并带到田外烧毁，并进行田间消毒；适当提早移栽，避过高温、高湿青枯病流行期。

2）化学防治。目前烟草青枯病的防治主要依靠化学药剂来控制和减轻为害。氧氯化铜、青枯灵对烟草青枯病的抑菌效果较好，且药效稳定。

3）生物防治。由于抗药性和农药残留等问题，青枯病的生物防治越来越受到重视。拮抗菌假单胞菌苗期接种菌根真菌结合生防制剂能够有效防治烟草青枯病，还能改善烟株的农艺性状，改善烟叶品质。

第十节　烟草气候斑点病

烟草气候斑点病是烟草大田生长期发生的主要叶部病害之一，为非侵染性病害。烟草气候斑点病在我国传统烟草品种上少见报道，自从国内20世纪80年代末全面推广种植外引品种特别是美国引进的系列品种后，随着外引品种种植面积的扩大，烟草气候斑点病开始普遍发生，是大田生长期中下部叶片的主要病害，从定植成活到采烤期间都可发生，对烟叶的产量和品质造成了严重的影响。

一、烟草气候斑点病发展简史

1920年安德森首次报道烟草气候斑点病在美国发生。其后该病陆续在加拿大、日本等国家出现。

1959年在美国康涅狄格州、1965～1966年在佛罗里达州、1972年在北卡罗来纳州相继大发生，其中仅康涅狄格州当年便损失100万美元。在加拿大，1955年以来由于烟草气候斑点病所造成的损失成为经济失调因素之一，其中仅安大略省1975年损失达500万美元。在日本1965年仅有秦野等地少量发生，1968～1970年便一跃成为主要病害，受害烟田达17.5%～18.5%。在中国台湾省于1970年前后即有发生，大陆烟区直至引进G28等易感品种推广后，气候斑点病才逐渐严重起来。烟草气候斑点病自安德森报道后，国外学者对此病的症状、病原及其和烟草的关系，以及烟草抗性、病害流行等都进行了研究。1959年，赫格斯塔德等便证实了烟草气候斑点病乃由烟雾中光化学氧化剂所致，并曾建议命名此病为“臭氧斑点病”。

二、烟草气候斑点病在云南省发生及危害情况

1987年烟草气候斑点病在云南普遍发生并引起注意，尤以玉溪市江川、通海烟区较多，美引品种G-28、NC2326、Coker347等品种受害较重。受害烟田面积占全省种植面积的60%以上，受害烟草品种以G28、K326为主。1991年气候斑点病在云南、贵州、广西、广东各烟区大发生，其中以种植K326、云烟85、云烟87发病普遍且严重，每株发病叶片达6～8片，甚至10多片，上中等烟比例下降。此后，烟草气候斑点病在云南省大部分烟区呈加重发生的趋势，特别是滇西、滇南的湿热及早春烟种植区，气候斑点病的发生面积占栽培面积的90%以上，发病严重地块的中下部叶片全部受害，失去了利用价值。经品质测定气候斑点病导致烟株体内碳氮代谢失调，烤后烟叶的总氮、烟碱、钾离子、总糖和游离氨基酸含量均下降，烟叶品质降低（王绍坤等，1992）。经多年调查分析，烟草气候斑点病发生的原因很可能是冷害。为低温冷害导致烟叶细胞内叶绿体受冻解体，致使病害发生。

三、烟草气候斑点病症状

烟草气候斑点病一般发生于大田生长期的烟株。以烟草团棵期至旺长期的中下部已全部伸展的叶片受害最重，但早花烟株的脚叶和在适宜病害发生条件下旺长期至成熟采收中后期的中上部叶片也时有发生，关于烟草气候斑点病的发病症状，美国的卢卡斯没有区分类型，仅描述为密集小白斑，而日本的佐佐木幸雄则将其分为5个型。我国对该病的分型讨论较少，1992年出版的《中国烟草病虫害彩色图志》对该病没有分型，彩照有2种。1993年高乔婉教授主编的《广东烟草病害图谱》，首先明确指出广东烟草气候斑点病有斑点型、环斑型和釉光古铜型3种症状，这是我国最早的有图文的关于烟草气候斑点病发病症状的分型报道。陈锦云（1998）依据卢卡斯、高乔婉等的图文资料，通过对福建省烟田的病害普查、病斑外观表征比照和动态胁迫致病模拟，认定气候斑点病症状有白点型、褐斑型和环斑型3种。2002年朱贤朝等主编的《中国烟草病害》，明确烟草气候斑点病有8种症状类型，彩照有4种。由于云南省栽培烟草品种多，烟区分布范围广，气候、土壤等生态条件复杂多变，生态类型差异大，导致气候斑点病发病症状出现多种类型。在田间主要表现有以下8种类型。

（一）白点斑型

白点斑型是卢卡斯所描述的密集小白斑，也是佐佐木幸雄描述的白色斑和高乔婉描述的斑点型（图6-10-1～图6-10-4）。这种病斑正如卢卡斯所述，首先在刚成熟的脚叶上出现许多密集的不定形的斑点。正在扩展的叶片，病斑多发生在叶尖部位，在48h内病斑从褐色变成灰色或白色，斑点中心坏死下塌，边缘组织褪绿。病害发生于团棵期后中下部叶片上。病斑一般圆形、近圆形或不规则形，直径大小为

图 6-10-1　图 6-10-2

图 6-10-3　图 6-10-4

1～3mm。初水渍状，后变褐色，在1～2天内再变为灰白色甚至白色，病斑外缘组织稍褪绿变黄，斑点常集中在主脉和侧脉两侧和叶尖部位。最后，病斑中心坏死、下陷，严重时穿孔、脱落，特别严重时因许多病斑联合穿孔，可使叶片破烂不堪。这是气候斑点病的主体症状，是全国各烟区最普遍发生的类型。

（二）褐斑型

褐斑型病斑与佐佐木幸雄所分的各种褐色斑大致一样，呈浅褐色或红褐色，斑点较大，不规则，多出现在前半叶缘，有时聚集呈现如卢卡斯所述的星云状（图6-10-5～图6-10-8）。云南也有该类型病斑的发生，在河南则呈红色块斑，研究证明其主要病因是低温冷害或SO_2，多发生在厂矿砖窑附近的烟田，这与陈锦云等（1998）的SO_2模拟斑相似。这种褐斑型病斑在福建省各烟区发生很普遍，是烟草气候斑点病重要的症状类型。此型亦发生于伸根期以后中下部叶片上。症状及其演变与白斑型类似，但病斑变褐色后，长期保持褐色不再变为灰白色。病斑内颜色更深，病健交界更明显。

（三）环斑型

病斑常在白斑和褐斑的周围具1个，甚至2个、3个由多点间断组成的轮环，即由一些小白斑组成1～

图 6-10-5

图 6-10-6

图 6-10-7

图 6-10-8

3 个同心轮环或弧段，外径大致为 1cm，圆心斑或有或无（图 6-10-9 ～图 6-10-12）。最早报道烟草气候斑点病的安德森曾描述阔叶烟草上出现这种症状，这种病斑在各烟区时有发生，不少单叶上往往有几十个斑环，在‘K326’×‘CB1’品种上也偶尔可见。极似烟草环斑病毒病症状。但它不能经汁液摩擦等接种传病。

（四）尘灰型

病斑极小，且互相紧靠，似尘灰或一般植物叶片受红蜘蛛为害状。初灰白色，后变褐色，多发生于嫩叶叶尖、叶缘和生长稍差较薄的叶片上，受害处很少穿孔（图 6-10-13 ～图 6-10-16）。

（五）坏死褐点型

发生于始花期后下中叶至上中叶上。病斑初位于叶片表皮下，大小针头状，暗紫色至黑色，水渍状，后变褐色或黑褐色。病斑常聚集成片，叶片迅速黄化早衰甚至坏死（图 6-10-17 ～图 6-10-20）。多发生于烟株根部发育不良的水田和排水不良的旱地上。

图 6-10-9

图 6-10-10

图 6-10-11

图 6-10-12

图 6-10-13

图 6-10-14

图 6-10-15

图 6-10-16

图 6-10-17

图 6-10-18

图 6-10-19

图 6-10-20

（六）非坏死褐色型

发生叶位与坏死褐点型相同。病斑大小、色泽及演变亦与坏死褐点型相似。病斑较少、分散、大多互不相连，组织不坏死，叶片除斑点外仍保持绿色（图 6-10-21 ～图 6-10-24）。多发生于氮肥不足烟株叶片上。

图 6-10-21

图 6-10-22

图 6-10-23

图 6-10-24

（七）成熟叶褐斑型

发生于烟株成熟阶段已充分生长的叶片上。病斑发生于叶片转黄处，初褐色，较小，后扩大合并为不规则形的褐色大斑（图 6-10-25 ～图 6-10-28）。多发生于荫蔽烟株叶片上。

（八）雨后黑褐斑型

发生于成熟阶段中上部叶片上。病斑初位于叶缘或叶脉两侧，水渍状，后迅速扩大，变黑褐色，不规则形，组织坏死（图 6-10-29、图 6-10-30）。多发生于排水不良、荫蔽或生长差的烟株上。

图 6-10-25 图 6-10-26

图 6-10-27 图 6-10-28

图 6-10-29 图 6-10-30

四、烟草气候斑点病致病原因分析

烟草气候斑点病具有发病时间快和发生面积广的特点，主要集中发生在脚叶和下二棚的 4 ～ 6 片叶，而中部、上部烟叶发病少，病情指数低，叶龄较大的下部叶易发生气候斑点病。不同部位、不同发育期是影响气候斑点病发生因素。

（一）环境因素

低温、降雨和土壤湿度大是诱导烟草气候斑点病发生的环境因素。低温会诱导烟草气候斑点病发生。黄丽华等（1995）的研究表明，若仅有 O_3 伤害，而没有低温，则不能形成气候斑点病；仅有低温而不给予 O_3 伤害，也不能形成气候斑点病，低温和 O_3 同时作用烟株才能发病。陈锦云等以 1991 年全国烟草气候斑点病发病始见期监测和大发生机遇为主要条件，对照气候因素分析了烟草气候斑点病与气候的关系，认为在烟株团棵期气温骤降是烟草气候斑点病发生的主要诱发因素，并且在有致病的污染大气情况下，这段时期内降温早，烟株发病早，降温强，烟株发病重。殷全玉等（2006）研究指出，较高浓度的 O_3（650×10^{-9}，体积比）在短时间（12h）内的伤害不能使烟草发生气候斑点病，低温（10℃）和臭氧（650×10^{-9}）同时作用，24h 内可以使烟草发病。此外，烟苗移栽至旺长期，在突然降温、下雨，特别是伴有闪电、雷鸣的情况下，最有利于近地层大气中 O_3 的形成、聚集，导致气候斑点病迅速发生。土壤湿度对气候斑点病也有较大的影响，土壤湿度大易发生气候斑点病。在 O_3 含量较高的条件下进行烟田灌水可以导致气候斑点病加重发生。1998 年，孙恢鸿等采用人工模拟 SO_2 和 O_3 对烟草叶片的伤害症状，结果表明：SO_2 和 O_3 对烟株叶片伤害症状存在较大差异，O_3 诱导形成的白斑型症状与田间气候斑点病一般症状相同，因此认为烟草气候斑点病由以 O_3 为主的大气污染所致。烟草气候斑点病发生程度与 O_3 浓度、O_3 与烟株接触时间的长短成正比。黑克等首次研究指出：烟草在 O_3 浓度为 0.1 ～ 0.28mg/L 下暴露 2h 和 0.1mg/L 下暴露 2 ～ 3h 就将产生为害症状。我国测定了 O_3 引起烟草气候斑点病的临界剂量为 0.321 ～ 0.358μl/（L·0.25h），两者研究结果基本相一致。O_3 能通过开放的气孔进入烟草叶片的幼嫩组织（栅栏组织），大部分 O_3 在叶片表皮的外壁中解离为 O_2 和过氧化物，对细胞质膜造成破坏，导致质膜透性增加，使细胞内电解质和水分进入细胞间隙，加速代谢失调，进而产生毒害。因为烟株中下部叶片气孔数量比顶叶多，关闭速度比顶叶慢，且叶片在水分多、湿度大的情况下，气孔开度大，所以最先表现出症状的部位一般是中下部叶。曼德尔等认为烟草的成熟度与对 O_3 的敏感性呈负相关，完全展开的叶片对 O_3 更敏感。由于 O_3 主要集中在大气的平流层，通常不会对植物造成为害。然而，在大气发生强烈垂直气流变化时，O_3 急剧下沉，达到一定浓度时将会危害植物。烟草是对 O_3 敏感的植物之一，在某些外界条件下，地表 O_3 浓度增到 0.06mg/kg 时，有些烟草品种易发生气候斑点病。在 6 月上旬至 7 月下旬，云南烟区进入雨季，冷暖气流交替频繁，易出现较强的垂直气流，因此这一时期的烟株易发生气候斑点病。

（二）施肥

施肥直接影响烟株所需养分，只有合理的施肥，烟株才能健壮地生长发育，增强抗性，减少或抑制病害发生。如果施肥不合理，尤其是新开垦烟田或土质黏重的烟田，在烟株营养供应不平衡时，烟株抗性减弱，极易发生气候斑点病。烟株若缺氮、发育不良，或施氮量偏大，都容易发生气候斑点病；土壤在缺磷的条件下，气候斑点病发生严重。调查发现，气候斑点病发生最重的是在有效钾含量及钾氮比低的酸性沙泥烟田，而紫泥烟田的病情最轻。孙恢鸿等通过几年的系统研究和大田调查认为，在德宏和保山烟区水田烟比旱地烟病害重，施钾少、氮钾比失调比施钾多、氮钾比协调病害重。许仙菊等研究表明，叶片中的钙含量、叶位与气候斑点病严重度有直接关系，下部叶片中钙的浓度最高，受气候斑点病的为害严重。

（三）病毒

烟株受病毒病感染的状况在一定程度上也会加重气候斑点病的发生。朱惠聪等认为，烟草线条病毒病与 O_3 对烟株生长的抑制效应是累加的，但烟草脉斑驳病毒病与 O_3 的关系则因烟草品种而异。

（四）品种

我国关于烟草品种资源气候斑点病抗性鉴定和抗病品种选育的报道较少。杨铁钊（2003）认为，不同基因型烤烟对气候斑点病的抗性不同，国内自育烤烟品种对烟草气候斑点病的抗性整体上明显强于外引基因型。程崖芝等从调查的 60 个烟草种质资源中初步筛选出 13 个高抗种质，包括鹤峰晒烟等 8 个晒烟种质和永定 401、NC89 等 5 个烤烟种质；抗病种质 5 个，包括岩烟 97、红花大金元等；此外，还有翠碧一号等 10 个中抗种质。

五、烟草气候斑点病田间发病规律

烟草气候斑点病的发生，除烟草品种感病性外，还受 O_3 浓度和持续时间、烟株生育期和叶片的叶龄及其成熟度、病害发生前后的气象条件、烟株的水分、肥料营养供应状况以及其他污染物与病原物存在状况的综合影响。胡人才和刘文杰（1991）调查认为烟草气候斑点病具有发病快、时间短和发生面积广的特点，主要集中发生在脚叶和下二棚的 4 ～ 6 片叶，而中上部烟叶发病较少，病情指数低，即叶龄较大的下部叶易发生气候斑点病。叶片所处的不同发育时期是影响气候斑点病发生的一个重要因素，烟株移栽后 35 天左右、叶片发生后 15 天左右、叶长 40cm 以上的烟叶易发生气候斑点病。一般来说，烟草生长进入团棵至旺长期容易发生气候斑点病，叶尖比叶基、老叶比新叶、中下部叶比上部叶更易受到气候斑点病的为害。气候斑点病大多集中在叶尖表面，这也是与其他叶斑性病害区别的重要特征之一。

（一）环境因素

气候斑点病多发生在感病品种叶片快速生长至刚成熟阶段。灌水、土壤水分含量高、叶片细胞间隙内充满水分、氮磷钾肥供应不足或比例失调，病害便会大发生。若烟田位置低洼，或周围有屏障，或烟株又已感染某些病毒病，病害便轻重不一。烟草在团棵期至旺长中后期，病害最容易发生。受害叶片多位于自下而上的第 4 ～ 8 叶片上，但若烟株早花和生育后期出现特别适合病害发生的气象条件和栽培条件，脚叶和上二棚叶也会发生斑点病。因气温较低，栽后烟株出现早花时，烟草气候斑点病发生常较重。

（二）气象因素

气象条件与烟草气候斑点病的发生有紧密相关性。特别是移栽后，遇寒潮低温时、降水多、雷电交加，寒潮后天气晴朗，病害便普遍出现严重。气温大幅下降，最低温低于 6.6℃，烟田发病多，严重田块病株率达 100%。寒潮是对烟草气候斑点病影响最大的气象因子。寒潮来临、低温多雨、雷暴闪电可形成 O_3，地面逆温层又有利于对流层的 O_3 以及地面汽车和工厂废气等初级污染物在日光下所产生的 O_3 在地面聚集，地面 O_3 浓度较高，加上寒潮使原在较高温度下生长的烟株生理失调，又有利于 O_3 的侵袭。低温有利于 O_3 伤害是引起烟草气候斑点病的直接原因，突然低温降雨则是诱导病害发生的一个重要因素。水田与旱地烟草气候斑点病最易发生于浓绿多汁的烟叶上。水田种烟水分多、湿度大、烟叶浓绿多汁、叶片气孔张开，病害常较重；反之，旱地种烟则较轻。

（三）土肥因素

土壤不同，肥料和水分含量及供应状况不同，烟株生长状况不同，受 O_3 的伤害也存在一定的差异。据调查：黏性红壤、新垦红壤发病最重，稻田土次之，砂壤土紫色土最轻，质地较轻、偏酸性的白砂泥田的发病率比质地较黏、微碱性的紫泥田高。合理施肥烟株才能生长发育健壮，抗性增加，减轻和抑制病害发生。但因肥料种类、数量及各要素间配比往往与土壤类型、地力、前作施肥状况及所种植品种的实际需要等密切相关，情况复杂，合理施肥应因地而异。有的报道氮少磷少病害重。但在施氮量相同的条件下，凡氮磷比、氮钾比低的病害重，反之氮磷比、氮钾比高的病害轻；在氮磷钾配比相同的条件下，不同的施氮量与病害的关系则不明显，叶片中钙的含量、叶位与气候斑点病严重度有直接关系，下部叶片中钙的浓度最高，气候斑点病的数量也最多。

（四）水分因素

在同样气象条件下，不同烟田的排灌状况对烟草气候斑点病的发生程度影响很大，土壤湿度大病害较重。土壤湿度过大，即使是抗病品种病害发生也会骤增。例如，在同一田块，地势高不积水的一边病叶率较少，为 20.46%，地势低沟中积水的另一端病叶率较高，为 40.14%，这一结果表明了排灌与病害的相关性。

（五）与病毒病及其他病原物的关系

黄丽华等（1995）报道，烟株受病毒病的感染状况在一定程度上也影响着 O_3 对烟株的伤害。但不同的病毒病对伤害的影响不同。已感染烟草普通花叶病毒（TMV）、烟草蚀纹病毒（TEV）的烟株比未受感染的气候斑点病轻；反之，已感染烟草脉带花叶病毒（TVBMV）和烟草马铃薯 Y 病毒（PVY）的烟株比未受感染的气候斑点病重。调查还发现受黄瓜花叶病毒（CMV）侵染的烟株气候斑点病也重。

六、烟草气候斑点病防控原理与方法

自 20 世纪 80 年代以来，研究人员对烟草气候斑点病的防治进行了大量研究，制定了相应的综合防治措施，取得了一定的研究成果。根据影响烟草气候斑点病发生的相关因素，防治烟草气候斑点病，应从种植抗（耐）病烟草品种、大田栽培管理、培育健壮烟株以及使用化学药剂防治等。

（一）选用抗病品种

种植抗（耐）气候斑点病品种是国内外生产实践已普遍证明的最经济有效的防治手段之一。国外研究表明，烟草对气候斑点病的抗性呈显性遗传，已成功选育出一批抗病品种。

杨铁钊（2003）等研究发现，烟草叶片下表皮气孔密度和气孔导度与气候斑点病发生具有一定的相关性，在下部叶中分别达到显著和极显著水平，下部叶气孔密度和气孔导度可以作为抗病育种的选择指标。殷全玉等选用 6 个不同抗性材料，采用 $P\times(P-1)/2$ 双列杂交遗传交配设计方法，分析了烟草对气候斑点病的抗性和气孔导度的遗传方式，研究表明：烟草对气候斑点病的抗性和气孔大小均符合显性遗传模型，抗病性表现为隐性基因作用方式为显性或部分显性，而且具有较高的狭义遗传力，因此可以通过种间杂交选育高抗品种；但因为平均显性度接近 1，所以杂交后代不宜在早代选择，然而，尽管气孔导度可以作为选育抗病品种的一个鉴定指标，但由于气孔导度与叶片光合作用密切相关，降低气孔导度势必降低烟叶光合能力，因此在选育新品种时应兼顾两者，不能顾此失彼。

（二）大田栽培管理

烟草气候斑点病发生的主要诱因是低温和臭氧，而且易发生在烟叶生长发育的旺盛阶段。在确定烟叶生产技术方案时需要结合当地的气候条件，合理安排播种育苗和移栽期，使烟叶旺长期正处于良好的外界环境中，从而减轻外界不利气候因素对气候斑点病的诱导作用。在云南烟区，K326 和 RG17 在移栽后 40 天以前长势明显强于 NC89，对气候斑点病相对较敏感，因而应适当推迟育苗、移栽时间，以保证烟株旺长期处于适宜生长的环境条件。由于土壤湿度与气候斑点病的发生有直接关系，在烟田土壤干旱时必须合理灌水，防止烟田土壤湿度过大诱导气候斑点病发生。在烟株团棵期及旺长前期，如果遭遇大风、寒流等不利气候条件时，应减少灌水。一般情况下，在烟草移栽后 30 天以前，应避免大水漫灌。魏崇荣等报道，土壤中氮、磷不足容易导致烟草气候斑点病的发生。不同磷肥、钾肥配比试验和不同病情烟田的氮、磷、钾含量分析表明，钾肥用量大有利于烟株的健壮生长，提高抗病能力，因而田间病害较轻。在提高氮肥用量的情况下，磷钾肥尤其是钾肥用量应相应增大，氮磷钾比例 1 ∶ 1.5 ∶ 2，若达到 1 ∶ 2 ∶ 3 则更好。气候斑点病发生后，若气候因素仍不稳定，可打掉气候斑点病发生严重的叶片，并及时采收成熟叶片，促进田间通风透光，减轻气候斑点病的发生。

（三）“防寒抗冻”离子水防治方法

从 20 世纪 60 年代以来，国外广泛试用抗坏血酸喷剂、抗氧化剂、抗蒸腾剂、气孔调节剂、生长调节剂、农药、化学试剂及波尔多液等药剂进行防治。这些药剂防治气候斑点病虽然有一定的效果，但防效达 50% 以上的药剂较少，而且有些药剂的防治效果年际差异很大，存在成本过高的问题，在生产上难以大面积推广应用。近年来笔者选用“防寒抗冻”思路提出对收集米汤和淘米水加硫酸钾兑成离子水喷施方法，在德宏烟区进行田间防治气候斑点病，田间药效试验表明，用米汤和淘米水以 1 ∶ 5 比例兑水喷施，与杀菌剂和植物生长调节剂对气候斑点病的田间防治效果相当，最终防效达到 63.24%，具有较好的防治效果，目的是通过调控烟株体内的营养浓度以控制气候斑点病。

七、烟草气候斑点病防控面临的问题

烟草气候斑点病已经成为影响世界烟叶生产的主要病害之一，国内外对气候斑点病的发病症状、病因以及防治进行了大量的研究，提出了以“防寒抗冻”为指导，以农业防治为主、米汤和淘米水防治为辅的有效防治措施，并取得了较大的进展。对烟草气候斑点病的防治，首先应从选育优质、抗病品种出发。

可以充分利用我国烟草高抗品种红花大金元与优质、高产种质进行杂交，后代通过严格的抗性鉴定及综合性状评价，有可能得到抗气候斑点病、综合性状较好的品种（系）。同时，应加强对气候斑点病抗性遗传规律的研究与探索，分析其遗传发育特点，阐明抗病性状的分子机制。随着生物技术的发展，分子标记辅助选择成为现代作物育种的一个重要发展方向和研究热点。在今后的研究中，要积极开展分子标记辅助选择育种研究，鉴定出与抗气候斑点病基因紧密连锁的分子标记，在杂交或回交育种中通过分子标记辅助选择与抗性鉴定相结合、减少抗性基因与不利性状之间的连锁，选育出高抗气候斑点病、综合性状优良的品种。另外，通过大田科学、规范的栽培管理，使烟株生长发育良好，营养均衡，从而提高烟草自身的抗逆性及耐臭氧伤害能力。此外应研制开发有效防治气候斑点病的化学药剂，并合理施用，是控制该病害发生、减少其为害的重要措施。另外，空气污染是烟草气候斑点病发生的根本前提，应采取多种措施保护大气以避免污染，从根本上减少气候斑点病的发生。

参 考 文 献

白羽祥，杨焕文，徐照丽，等. 2017. 不同锌肥水平对烤烟光合特性和产量及质量的影响. 中国土壤与肥料，(2): 102-106.

蔡红艳，段宏伟. 1993. 烟草黑胫病的发生规律及防治技术研究初报. 中国烟草，(3): 20-24.

曹志洪，李仲林，周秀如，等. 1990. 氯的生理功能及烤烟生产中的氯肥问题. 贵州烟草，(3): 1-10.

陈昌梅，度治华. 1991. 四川省烟草根结线虫病研究综述. 中国烟草，(1): 9-10.

陈昌梅，王锡康，王绍杰. 1990. 黔江县烟草根结线虫病综合防治研究. 烟草科技，(5): 40-42.

陈丹梅，陈晓明，梁永江，等. 2015. 轮作对土壤养分、微生物活性及细菌群落结构的影响. 草业学报，24(12): 56-65.

陈冬梅，杨宇虹，晋艳，等. 2011. 连作烤烟根际土壤自毒物质成分分析. 草业科学，28(10): 1766-1769.

陈惠明. 1993. 烟草黑胫病药剂防治试验示范. 农药，(6): 58-59.

陈惠明，黄学跃，刘敬业，等. 1998. 烟草罹赤星病后苯丙烷类代谢途径有关酶及物质的动态研究. 中国烟草学报，13(1): 49-53.

陈惠明，刘敬业，冉邦定. 1994. 烟草感染赤星病后有关酶动态的研究. 中国烟草学报，(2): 21-27.

陈家骅. 1990. 烟草病虫害及其天敌. 福州：福建科学技术出版社.

陈锦云. 1998. 福建烟草气候斑点病病斑症状的分型认定研究. 福建农业科技，(4): 8-9.

陈锦云，熊凯风，王阳青. 1998. 烟草气候斑点病研究与综述. 中国烟草学报，4(1): 54-59.

陈瑞泰，王念慈，王智发，等. 1989. 烟草病虫害防治. 济南：山东科学技术出版社.

陈瑞泰，朱贤朝，王智发，等. 1987. 中国烟草栽培学. 上海：上海科学技术出版社.

陈瑞泰，朱贤朝，王智发，等. 1997. 全国 16 个主产烟省（区）烟草侵染性病害调研报告. 中国烟草科学，(4): 17-25.

成巨龙，安德荣. 1997. 陕西烟草赤星病的病原鉴定. 陕西农业科学，(3): 21-22.

程宝玉，陈卫华. 1994. 豫西烟田地膜覆盖与烟草赤星病发生的相关性探讨. 烟草科技，(6): 41-43.

程宝玉，苏富强，陈卫华. 1995. 豫西烟草白粉病发生规律及损失估计研究. 烟草科技，(1): 40-41.

程宝玉，吴娟霞，陈卫华，等. 2002. 豫西烟草脉斑病发生规律及药剂防治研究. 烟草科技，(7): 46-48.

程功，刘济，李跃峰，等. 1997. 栽培措施与烟草赤星病抗性关系的研究. 河南农业大学学报，(3): 272-276.

崔国明，张晓海，李永平，等. 1998. 镁对烟草生理生化及品质和产量影响研究. 中国烟草科学，(1): 7-9.

丁伟 . 2018. 烟草有害生物的调查与测报 . 北京 : 科学出版社 .

段玉琪 , 秦西云 , 莫笑晗 , 等 . 2003. 烟草丛顶病 (TBTV) 传毒特性及寄主范围研究 . 中国烟草科学 , (4): 23-26.

方敦煌 , 黄学跃 , 秦西云 , 等 . 2017. 云南烟草病虫害绿色防控实践与思考 . 中国植保导刊 , 37(10): 76-79.

方树民 , 唐莉娜 , 陈顺辉 , 等 . 2011. 作物轮作对土壤中烟草青枯菌数量及发病的影响 . 中国生态农业学报 , 19 (2): 377-382.

方宇澄 , 徐庆丰 , 承河元 , 等 . 1992. 中国烟草病虫害彩色图志 . 合肥 : 安徽科学技术出版社 .

方中达 . 1957. 植病研究方法 . 北京 : 高等教育出版社 .

侯慧慧 , 孙剑萍 , 刘子仪 , 等 . 2018. 云南烟草靶斑病 (*Rhizoctonia solani* Kühn) 病原鉴定及其融合群研究 . 沈阳农业大学学报 , 49(2): 203-208.

胡国松 , 曹志洪 , 周秀如 , 等 . 1993. 烤烟根际土壤中钾素及微素行为的研究 . 中国烟草学报 , (1): 1-11.

胡国松 , 郑伟 , 王震东 , 等 . 2000. 烤烟营养原理 . 北京 : 科学出版社 .

胡人才 , 刘文杰 . 1991. 烤烟气候斑点病发生规律调查 . 江西农业科技 , (2): 19-20.

黄继梅 , 邓建华 , 龚道新 , 等 . 2008. 烟蚜茧蜂防治烟蚜的散放次数及其田间防治效果研究 . 中国农学通报 , 24(10): 437-441.

黄丽华 , 刘铎 , 邹志云 , 等 . 1995. 烟草气候斑病病因探讨 . 植物病理学报 , (3): 285-288.

姜新 , 白建保 , 王左斌 , 等 . 2007. 烟草角斑病研究进展 . 安徽农业科学 , 35(7): 2014-2015.

金霞 , 赵正雄 , 李忠环 , 等 . 2008. 不同施氮量烤烟赤星病发生与发病初期氮营养、生理状况关系研究 . 植物营养与肥料学报 , 14(5): 940-946.

金霞 , 赵正雄 , 吕芬 , 等 . 2010. 施磷量对烤烟几种生理生化物质含量、赤星病发生及烟叶产质量的影响 . 中国烟草学报 , 16(3): 53-56.

晋艳 , 杨宇虹 , 段玉琪 , 等 . 2002. 烤烟连作对烟叶产量和质量的影响研究初报 . 烟草科技 , (1): 41-45.

晋艳 , 杨宇虹 , 华水金 , 等 . 2007. 低温胁迫对烟草保护性酶类及氮和碳化合物的影响 . 西南师范大学学报 (自然科学版), (3): 74-79.

孔凡玉 . 1995. 我国烟草侵染性病害发生趋势原因及防治对策 . 中国烟草 , (1): 31-34.

孔凡玉 . 2003. 烟草青枯病的综合防治 . 烟草科技 , (4): 42-43, 48.

孔凡玉 , 朱贤朝 , 石金开 , 等 . 1995. 我国烟草侵染性病害发生趋势原因及防治对策 . 中国烟草 , (1): 31-34.

兰平秀 , 程建勇 , 李凡 , 等 . 2008. 烟草扭脉病毒部分基因组特征及其分类地位分析 . 农业生物技术学报 , (1): 177-178.

雷永和 , 晋艳 , 杨宇虹 , 等 . 1999. 施肥水平对烟株长势及烟叶质量的影响 . 烟草科技 , (6): 39-42.

雷永和 , 杨士福 , 冉帮定 , 等 . 1991. 烤烟栽培与烘烤技术 . 昆明 : 云南科技出版社 .

黎玉兰 . 1983. 烟蛀茎蛾生物学特性研究初报 . 中国烟草 , (3): 13-18.

李凡 , 陈海如 . 2001. 引起烟草病害的病毒种类研究 . 云南农业大学学报 , 16(2): 160-166.

李凡 , 钱宁刚 , 蔡红 , 等 . 2002a. 烟草丛顶病毒复制酶基因克隆及序列分析 . 云南农业大学学报 , 17(4): 442-443.

李凡 , 钱宁刚 , 杨根华 , 等 . 2002b. 烟草扭脉病毒外壳蛋白基因克隆及序列分析 . 云南农业大学学报 , 17(4): 440-441.

李凡 , 钱宁刚 , 张雪峰 , 等 . 2003. 烟草扭脉病毒复制酶基因克隆及序列分析 . 云南农业大学学报 , (2): 212.

李凡 , 吴建宇 , 秦西云 , 等 . 1999. 云南烟草丛枝症病害研究 : V 传染途径 . 云南农业大学学报 , 14(1): 99-103.

李惠芹 , 成巨龙 , 冯崇川 . 1992. 陕西烟草根结线虫病调查鉴定初报 . 陕西农业科学 , (2): 29.

李军营，李大肥，杨宇虹，等 . 2009. 烤烟幼苗响应温度胁迫的部位差异 . 烟草科技，(11): 52-55, 64.

李明福，张永平，王秀忠，等 . 2006. 烟蚜茧蜂繁育及对烟蚜的防治效果探索 . 中国农学通报，22(3): 343-346.

李姗姗，刘国顺，张玉丰，等 . 2008. 施氯量对凉山烤烟产量和品质的影响 . 河南农业大学学报，42(1): 14-17.

李淑君 . 1991. 河南省烟草根结线虫病初步研究 . 河南农业科学，(5): 16-18.

李淑君，王海涛，陈玉国，等 . 2001. 2000 年烟草病毒病大发生概况与原因分析 . 烟草科技，(1): 44-46.

李遂己，王福江 . 1990. 防治烟草根结线虫病试验总结 . 烟草科技，(5): 43-45.

李永忠，罗鹏涛 . 1995. 氯在烟草体内的生理代谢功能及其应用 . 云南农业大学学报，(1): 57-61.

李永忠，杨宇虹，李军营，等 . 2011. 不同烤烟品种种子萌发的低温耐受性比较 . 中国农学通报，27(16): 89-93.

梁伟，赵艳珍，孙建生，等 . 2020. 低温对片烟外观质量及香味前体物的影响 . 湖南农业科学，(2): 68-71, 75.

林代福，夏永坤，孙光军，等 . 1993. 烤烟品种对主要病害的抗性反应鉴定 . 云南农业大学学报，(3): 227-228.

林福群，张云鹤 . 1996. 凤阳县烤烟生产现状与烟稻连作栽培技术 . 安徽农业技术师范学院学报，(3): 34-36.

刘国顺 . 2003. 烟草栽培学 . 北京：中国农业出版社 .

刘建安，王廷晓，周瑞宽，等 . 1992. 河南省烟草胞囊线虫发现与研究初报 . 河南农业大学学报，26(增刊): 89-90.

刘勤，赖辉比，曹志洪 . 2000. 不同供硫水平下烟草硫营养及对 N、P、Cl 等元素吸收的影响 . 植物营养与肥料学报，6(1): 63-68.

刘秋，吴元华，于基成 . 1999. 烟草野火病的研究进展 . 沈阳农业大学学报，(3): 354-360.

刘维志 . 1995. 植物线虫学研究技术 . 沈阳：辽宁科学技术出版社 .

刘学敏，常稳，李大壮 . 2000. 烟草赤星病研究现状及存在问题 . 东北农业大学学报，31(1): 81-85.

刘雅婷，张世珖，李永忠 . 2003. 烟草野火病菌初侵染源的研究 . 湖南农业大学学报 (自然科学版), 29(1): 43-44.

刘勇，秦西云，李文正，等 . 2010. 抗青枯病烟草种质资源在云南省的评价 . 植物遗传资源学报，11(1): 10-16.

刘勇，秦西云，王敏，等 . 2007. 云南省烟草青枯病危害调查与病原菌分离 . 中国农学通报，23(4): 311-314.

龙亚芹，左瑞娟，李凡，等 . 2010. 烟草丛顶病毒 ORF3 的克隆及原核表达 . 华南农业大学学报，31(2): 32-35.

卢训，丁铭 . 方琦，等 . 2012. 侵染云南烟草的番茄环纹斑点病毒 N 基因的分子变异分析 . 植物病理学报，42(2): 195-201.

卢燕回，谭海文，袁高庆，等 . 2012. 烟草灰霉病病原鉴定及其生物学特性 . 中国烟草学报，18(3): 61-66.

陆家云 . 1997. 植物病害诊断 (第二版). 北京：中国农业出版社 .

罗正友，刁朝强，桑维钧，等 . 2007. 烟草灰斑病在贵州烟草漂浮苗上的发生及鉴定 . 中国烟草科学，28(5): 12-14.

吕军鸿，张广民，丁爱云，等 . 1999. 烟草野火病菌毒素研究进展 . 微生物学报，26(5): 358-360.

马贵龙，杨信东，华致甫，等 . 1998. 烟草赤星病菌孢子萌发侵入与露时、露温关系的研究 . 吉林农业大学学报，(S1): 116.

马国胜，高智谋，陈娟 . 2003. 烟草黑胫病菌研究进展 (I). 烟草科技，(4): 35-42.

马国胜，郭红，陈娟 . 2000. 浅析皖北烟草脉斑病连年发生并间歇式暴发原因及对策 . 植物保护，26(4): 26-28.

毛知耘 . 1980. 试论氯化铵氮肥的发展前景 . 纯碱工业，5(5): 1-7.

毛知耘，周则芳，石孝均，等 . 1998. 论植物氯素营养与含氯化肥的施用 . 化肥工业，25(3): 10-18.

孟庆雷 . 1993. 烟草根腐线虫病的识别与防治 . 烟草科技，(5): 46-47.

莫笑晗，秦西云，陈海如 . 2002. RT-PCR 技术快速检测烟草丛顶病研究 . 云南农业大学学报，17(4): 21-23.

莫笑晗，秦西云，杨程，等. 2003. 烟草脉扭病毒基因组部分序列的克隆和分析. 中国病毒学, 18(1): 58-62.

彭润，张世珖，王绍坤. 2003. 烟草野火病生理小种的研究进展. 云南农业大学学报, 18(2): 198-202.

彭润，张世珖，熊立，等. 2005. 云南省烟草野火病菌生理小种分化的研究. 植物病理学报, 35(1): 1-5.

钱玉梅，高正良，王正刚. 1994. 烟草菌核病菌生物学特性的研究. 中国烟草, (1): 25-28.

秦西云. 2004. 烟草病虫害图册. 北京：中国财经出版社.

秦西云. 2005. 烟草丛顶病在中国的发现及研究进展. 中国烟草科学, (3): 45-48.

秦西云，钏相俊，杨程，等. 1999a. 云南烟草丛枝症病害研究 VI 综合防治技术的研究与示范推广. 云南农业大学学报, 14(1): 104-106.

秦西云，段玉琪. 2001. 云南烟草丛枝症病原及传媒研究初报. 西南农业学报, 14(4): 67-70.

秦西云，段玉琪，李应金，等. 1999b. 云南烟草丛枝症病害研究 XIV 感染时期与病害发生及经济性状的相关性. 云南农业大学学报, 14(3): 310-313.

秦西云，李应全，段玉琪，等. 1999c. 云南烟草丛枝症病害研究 XVI 网罩隔离培育无毒烟苗防治病害. 云南农业大学学报, 14(3): 318-322.

秦西云，杨铭，段艳平，等. 2001. 云南烟草丛枝病研究田间发病规律影响因子. 西南农业学报, (4): 38-42.

秦西云，杨铭，段玉琪，等. 1999d. 云南烟草丛枝症病害研 II 田间发病规律. 云南农业大学学报, 14(1): 87-90.

秦西云，杨铭，余清，等. 1999e. 云南烟草丛枝病病原及传媒研究初报. 云南农业大学学报, 14(3): 87-89.

裘维蕃. 1985. 植物病毒学. 北京：科学出版社.

任广伟，秦焕菊，史万华，等. 2000. 我国烟蚜茧蜂的研究进展. 中国烟草科学, 21(1): 27-30.

任广伟，张连涛. 2002. 烟蚜和烟青虫的发生与防治. 烟草科技, (5): 43-48.

尚志强. 2007. 烟草黑胫病病原、发生规律及综合防治研究进展. 中国农业科技导报, 9(2): 73-76.

邵岩. 2006. 云南省烤烟轮作规划研究. 北京：科学出版社.

沈志浩，程玉文，田祥贵，等. 1991. 烟蛀茎蛾发生规律及防治技术研究. 贵州农业科学, (3): 13-19.

司洪阳，杜红，郝学政，等. 2018. 1.8% 嘧肽 · 多抗水剂对烟草靶斑病病菌 (*Rhizoctonia solani*) 的作用机制研究. 江苏农业科学, 46(2): 67-69.

苏亮，王欣亚，孙俊佳，等. 2018. 低温胁迫对不同烟苗叶龄花芽分化进程的影响. 延边大学农学学报, 40(2): 53-60.

孙逊，金水存，杨庆民. 1993. 烟草赤星病发生与综合农艺措施关系的研究. 烟草科技, (5): 39-43.

谈文. 1993. 烟草赤星病的发病规律及综合治理. 烟草科技, (2): 45-48.

谈文. 1995. 烟草病理学教程. 北京：中国科学技术出版社.

谈文，吴元华. 2003. 烟草病理学. 北京：中国农业出版社.

谭海文，卢燕回，王雅，等. 2012. 广西烤烟棒孢霉叶斑病病原分子鉴定及其生物学特性补充. 植物保护, 38(5): 35-39, 50.

唐俊昆，周志成，易图永，等. 2011. 烟草马铃薯 Y 病毒病的发生与综合防治. 现代农业科技, (11): 195-197.

田波. 1987. 植物病毒研究方法 · 上册. 北京：科学出版社.

汪炳华，殷红慧，2009. 烟草青枯病研究进展. 农业科技通讯, (1): 126-129.

汪邓民，吴福如，杨红娟，等. 2001. 干旱对不同烤烟品种的生理及其烟株生长势的影响. 烟草科技, (10): 39-41.

王东胜，刘贯山，李章海. 2002. 烟草栽培学. 合肥：中国科学技术大学出版社.

王凤龙，周义和，任广伟. 2019. 中国烟草病害图鉴. 北京：中国农业出版社.

王刚. 2003. 我国烟草病虫害防治研究策略探讨. 中国烟草科学, 24(4): 37-39.

王静，赵杰，钱玉梅，等. 2013. 山东烟草白绢病病原鉴定及室内防治药剂筛选. 中国烟草科学, (4): 55-59.

王绍坤，赵瑜，姜建文，等. 1991. 磷钾肥对烟草野火病的影响. 烟草科技, (1): 37-39.

王绍坤，赵瑜，姜建文，等. 1994. 氮肥对烟草野火病的影响研究初报. 烟草科技, (3): 43-44.

王绍坤，赵瑜，钟树强，等. 1992. 烟叶烘烤后野火病、赤星病病斑面积的变化研究. 中国烟草, (1): 23-25.

王振国，丁伟. 2012. 烟草野火病发生与防治的研究进展. 中国烟草学报, 18(2): 101-106.

王智发，董汉松. 1991. 培养条件对烟草赤星病菌生长能力的影响. 山东农业大学学报, (3): 207-210.

魏宁生，安调过. 1990a. 陕西渭北地区烟草环斑病毒 (TRSV) 的研究Ⅰ. 病毒的鉴定及其理化特性. 中国烟草, (3): 1-5, 35.

魏宁生，安调过. 1990b. 陕西渭北地区烟草环斑病毒 (TRSV) 的研究Ⅱ. 病毒的传播、种苗带毒检测及防治. 中国烟草, (4): 1-5.

温明霞，易时来，李学平，等. 2004. 烤烟中氯与其他主要营养元素的关系. 中国农学通报, 20(5): 62-64, 67.

吴建宇，程建勇，杨根华，等. 1999a. 云南烟草丛枝症病害研究Ⅷ. 验证与烟草丛枝症病害相关的稳定 RNA. 云南农业大学学报, 14(2): 180-184.

吴建宇，秦西云，钏相俊，等. 1999b. 云南烟草丛枝症病害研究Ⅰ. 病害的症状学及其病程. 云南农业大学学报, 14(1): 80-86.

吴建宇，张仲凯，秦西云，等. 1999c. 云南烟草丛枝症病害研究Ⅹ. 病原研究：植原体问题. 云南农业大学学报, 14(2): 188-193.

吴建宇，朱晓清，杨根华，等. 1999d. 云南烟草丛枝症病害研究Ⅻ. 病原研究：病毒问题. 云南农业大学学报, 14(2): 199-203.

吴元华，王左斌，刘志恒，等. 2006. 我国烟草新病害：靶斑病. 中国烟草学报, 12(6): 22-23.

席孟玲. 2005. 烟草野火病、角斑病的防治. 河南农业, (12): 31.

向红琼，罗永俊. 1997. 我国烟草赤星病的研究现状及展望. 贵州农学院丛刊, (3): 53-56.

肖田，姚廷山. 2008. 烟草青枯病的发生特点与综合防治技术. 云南农业科技, (1): 56-57.

肖悦岩. 2002. 病虫害监测与预测第一讲病虫调查与系统监测. 植保技术与推广, 22(1): 37-38.

邢红梅，丁平，王克荣，等. 2009. 毁灭炭疽菌 RAPD 和 ISSR-PCR 最佳反应体系的建立. 广东农业科学, (5): 94-98.

熊江波，李晓斐，周紫燕，等. 2015. 涝害对烤烟产量和化学成分的影响研究. 江西农业大学学报, 37(5): 788-792.

徐发华，单沛祥，李文璧，等. 2003. 基质盐渍化对漂浮育苗的影响. 烟草科技, (2): 40-42.

徐辉，熊霞. 2009. 烟草青枯病防治技术研究进展. 湖南农业科学，(4): 91-94.

徐树德，尚志强，秦西云. 2010. 烟草青枯病研究进展. 天津农业科学, 16(4): 49-53.

徐照丽，邓小鹏，杨宇虹，等. 2018. 氮水平和硝态氮比例对烤烟钙、镁、铜、锌等元素累积分配的影响. 基因组学与应用生物学, 37(2): 900-908.

徐照丽，杨宇虹，段玉琪，等. 2013. 硼肥对不同烤烟品种生长发育及产质量的影响. 华北农学报, (Z1): 342-346.

徐照丽，杨宇虹，段玉琪，等. 2017. 氮水平和硝态氮比例对烤烟磷、钾、氯等元素累积分配的影响. 云南农业大学学报 (自然科学), 32(6): 1028-1035.

徐照丽，张晓海 . 2006. 利用铁、铜间相互作用减轻烤烟铜毒害的研究 . 中国烟草科学 , 27(2): 37-40.

杨程 , 王旭明 . 1991. 烟草根结线虫病的鉴别与防治 . 烟草科技 , (5): 44-45.

杨根华 , 蔡红 , 张修国 , 等 . 2000. 云南烟草丛枝症病害的超微细胞病变研究 . 山东农业大学学报 (自然科学版), 31(3): 269-272.

杨根华 , 吴建宇 , 程建勇 , 等 . 1999a. 云南烟草丛枝症病害研究Ⅸ . 追踪致病因子 . 云南农业大学学报 , 14(2): 64-66.

杨根华 , 吴建宇 , 程建勇 , 等 . 1999b. 云南烟草丛枝症病害研究Ⅺ . 病原研究 : 类病毒问题 . 云南农业大学学报 , 14(2): 73-77.

杨纪青 , 袁磊 , 陈洪萍 , 等 . 2011. 烟草丛顶病毒完整基因组上微卫星分布 . 湖北农业科学 , 50(3): 603-605.

杨龙祥 , 罗文富 , 杨艳丽 , 等 . 2007. 云南烟草赤星病菌遗传多样性的 RAPD 分析 . 云南农业大学学报（自然科学版），22(2): 216-221.

杨铭 , 秦西云 , 段玉琪 , 等 . 1995. 云南烟草根结线虫病发生及防治研究 . 云南农业大学学报 , 10(2): 134-135.

杨铭 , 杨竹林 . 1992. 烟草野火病的流行规律及防治方法研究 . 中国烟草 , (1): 40-44.

杨泮川 . 1992. 云南烟草炭疽病形态生理研究 . 云南农业大学学报 , 7(4): 199-205.

杨铁钊 . 2003. 烟草育种学 . 北京 : 中国农业出版社 .

杨铁钊 , 殷全玉 , 王树文 , 等 . 2002. 不同烤烟基因型对烟草气候斑点病的抗性生理研究 . 中国烟草科学 , 23(3): 8-10.

杨宇虹 , 陈冬梅 , 晋艳 , 等 . 2011. 不同肥料种类对连作烟草根际土壤微生物功能多样性的影响 . 作物学报 , 37(1): 105-111.

杨宇虹 , 陈冬梅 , 晋艳 , 等 . 2012. 连作烟草对土壤微生物区系影响的 T-RFLP 分析 . 中国烟草学报 , 18(1): 40-45.

杨宇虹 , 冯柱安 , 晋艳 , 等 . 2004. 酸性土壤的烟株生长及烟叶产质量调控研究 . 云南农业大学学报 , 19(1): 41-44.

杨宇虹 , 高家合 , 唐兵 , 等 . 2006. 施肥量与留叶数对烟叶产值量及化学成分的影响 . 中国农学通报 , 22(4): 168-170.

杨宇虹 , 黄必志 . 1999. 钙对烤烟产质量及其主要植物学性状的影响 . 云南农业大学学报，14(2): 148-152.

杨宇虹 , 晋艳 , 吴玉萍 , 等 . 2008. 烤烟漂浮育苗基质中有效铁含量对出苗率和烟苗生长的影响 . 烟草科技 , (11): 63-66.

姚革 . 1992. 四川晒烟上发现番茄斑萎病毒 (TSWV). 中国烟草 , (4): 2-4.

姚玉霞 , 于莉 , 程淑云 , 等 . 1995. 烟草赤星病发病程度与烟叶内总氮含量关系的初报 . 吉林农业大学学报 , (3): 99-101.

殷全玉 , 杨铁钊 , 邵惠芳 , 等 . 2006. 烟草对气候斑点病的抗性遗传研究 . 中国烟草科学 , 27(1): 16-19.

尹朝先 , 包娜 , 冉志伟 , 等 . 2010. TBTV 卫星 RNA 不同分离物的序列测定及系统进化分析 . 云南农业大学学报 (自然科学), 25(6): 797-801.

余春英 , 张西仲 , 王定福 , 等 . 2010. 黔南烟区烟草马铃薯 Y 病毒病发病原因及防治措施 . 安徽农业科学 , 38(10): 5110-5112.

余清 . 2011. 烟草赤星病对烟叶产量产值损失率估计研究 . 安徽农业科学 , 39(6): 3341-3346, 3389.

喻盛甫 , 胡先奇 , 王杨 . 1998. 云南烟草根结线虫优势种群动态规律研究 . 云南农业大学学报 , 13(1): 52-58.

云南省烟草科学研究所 . 2008. 烟草微生物学 . 北京 : 科学出版社 .

云南省烟草科学研究所 , 云南省土壤肥料测试中心 . 1995. 云南烟草中微肥营养与土壤管理 . 昆明 : 云南科技出版社 .

云南省烟草科学研究所 , 中国烟草育种研究 (南方) 中心 . 2007. 云南烟草栽培学 . 北京 : 科学出版社 .

战徊旭 , 王静 , 王凤龙 , 等 . 2014. 四川省烟草白绢病病原菌的分离鉴定及其生物学特性 . 烟草科技 , (1): 85-88.

张广民 , 吕军鸿 , 阚光锋 , 等 . 2002. 烟草野火病研究概况 . 中国烟草学报 , 8(2): 34-38.

张广民 , 王兴利 , 王智发 , 等 . 1996. 烟草根结线虫病综合防治技术的研究 . 中国烟草 , (4): 3-8.

张济能，庞乡林，李庆义，等．1992. 烟草赤星病流行因素及其防治．中国烟草，(3): 28-30.

张加云，吉文娟，刘芳今．2012. 2011 年 3 月云南倒春寒过程及其对烤烟影响评估．云南地理环境研究，24(1): 25-29.

张凯，谢利丽，武云杰，等．2015. 烟草黑胫病的发生及综合防治研究进展．中国农业科技导报，17(4): 62-70.

张林，韩全军，袁彤彤，等．2011. 烟草蚀纹病毒山东分离物全基因组序列的克隆和保守性分析．植物保护学报，38(5): 401-407.

张绍升．1991. 烟草根结线虫病的病原鉴定初报．中国烟草科学，(3): 20-21.

张帅，杨金广，王凤龙，等．2011. 贵州烟草上一株 PVY 坏死株系全序列测定与分析．中国烟草科学，32(1): 47-51.

张万良，翟争光，谢扬军，等．2011. 烟草赤星病研究进展．江西农业学报，23(1): 118-120.

张孝羲，张跃进．2006. 农作物有害生物预测学．北京：中国农业出版社．

张新生，罗宽．1988. 番茄青枯病抑制土的初步研究．湖南农学院学报，14(4): 47-49, 50.

张亚，何可佳，罗坤，等．2011. 烟草赤星病研究进展及对策．陕西农业科学，(2): 82-84, 90.

张拯研，晋艳，黄成江，等．2008. 磷锌营养对烤烟抗花叶病毒病的影响．湖南农业大学学报（自然科学版），34(3): 298-302.

张中义，李继新，关国经，等．2008. 烤烟棒孢霉叶斑病病原菌鉴定．中国烟草学报，14(6): 44-47.

张仲凯，丁铭，方琦，等．2004. 番茄斑萎病毒属 (*Tospovirus*) 病毒在云南的发生分布研究初报．西南农业学报，17(Z1): 163-168.

赵芳，赵正雄，徐发华，等．2011. 施氮量对烟株接种黑胫病前、后体内生理物质及黑胫病发生的影响．植物营养与肥料学报，17(3): 737-743.

赵钢．1995. 烟草野火病角斑病及综合治理．烟草科技，(6): 43.

赵正雄，杨宇虹，张福锁，等．2002. 烤烟底脚叶对烟叶含钾量及品质的影响．中国农学通报，18(3): 27-29.

中国科学院南京土壤研究所．1993. 烤烟营养及失调症状图谱．南京：江苏科学技术出版社．

中国农业科学院烟草研究所．1987. 中国烟草栽培学．上海：上海科学技术出版社．

中国农业科学院植物保护研究所．1996. 中国农作物病虫害（第二版）. 北京：中国农业出版社．

周本国，高正良，刘小平．1998a. 安徽省烟草脉斑病 (PVY) 的发生趋势及防治措施．安徽农学通报，4(1): 34-35.

周本国，高正良，马国胜，等．1998b. 烟草病毒病 (CMV、PVY) 药剂防治及挽回损失研究初报．烟草科技，(3): 44-45.

周兴华．1993. 烟稻轮作与烟草土传病害发生关系的初步探讨．中国烟草，(2): 39-40.

周志成，肖启明，曾爱平，等．2009. 烟草病虫害及其防治．北京：中国农业出版社．

朱贤朝，郭振业，刘保安，等．1986. 在山东省烟草黑胫病菌 (*Phytophthora parasitica* var. *nicotianae*) 中出现 0 和 1 号小种的分化．中国烟草科学，(2): 8-10.

朱贤朝，郭振业，刘保安，等．1987. 我国烟草黑胫病菌生理小种研究初报．中国烟草科学，(4): 1-3.

朱贤朝，王彦亭，王智发，等．2002a. 中国烟草病虫害防治手册．北京：中国农业出版社．

朱贤朝，王彦亭，王智发，等．2002b. 中国烟草病害．北京：中国农业出版社．

祝明亮，莫笑晗，汪安云，等．2008. 烟草丛顶病野生毒株的致病力分化．烟草科技，(5): 57-59.

邹焱，袁家富，章新军，等．2000. 鄂西南烤烟叶片含氯状况及施氯效果．湖北农业科学，(6): 40-42.

祖旭宇，陈海如，秦志峰，等．2003. 与云南烟草丛顶病害病原相关的病毒粒体性质的初步研究．南华大学学报（医学版），

31(4): 389-391.

左丽娟，赵正雄，杨焕文，等 . 2010. 增加施钾量对红花大金元烤烟部分生理生化参数及“两黑病”发生的影响 . 作物学报，36(5): 856-862.

左瑞娟，周雨泫，李丽娟，等 . 2011. CTAB 法用于染病烟草植株中烟草丛顶病毒 RNA 的提取 . 云南农业大学学报 (自然科学)，26(1): 26-29.

Bonants P, De Weerdt M H, van Gent-Pelzer M, *et al*. 1997. Detection and identification of *Phytophthora fragariae* Hickman by the polymerase chain reaction. European Journal of Plant Pathology, 103(4): 345-355.

Chen J, Zheng H Y, Chen J P, *et al*. 2002. Characterisation of a potyvirus and a potexvirus from Chinese scallion. Archives Virology, 147(4): 683-693.

Cole J S. 1962. Isolation of tobacco vein-distorting virus from tobacco plant infected with aphid-transmissible bushy-top. Phytopathology, 52: 1312.

Costa A S. 1948. Mancha aureolada erequeima do fumo causades por *Corticium solani*. Biologico, (14): 113-114.

Culbreath A K, Bertrand P F, Csinos A S, *et al*. 1993. Effect of seedling source on incidence of tomatospotted wilt in flue cured tobacco. Tobacco Science, (37): 9-10.

Culbreath A K. 1991. Tomato spotted wilt virus epidemic in flue-cured tobacco in Georgia. Plant Disease, (75): 483-485.

Érsek T, Schoelz J E, English J T. 1994. PCR amplification of species-specific DNA sequences can distinguish among *Phytophthora* species. Applied and Environmental Microbiology, 60(7): 2616-2621.

Gates L F. 1962. A virus causing axillary bud sprouting of tobacco in Rhodesia and Nyasaland. Annals of Applied Biology, 50(1): 169-174.

Godwin I D, Aitken E A, Smith L W. 1997. Application of inter simple sequence repeat (ISSR) markers to plant genetics. Electrophoresis, 18(9): 1524-1528.

Grote D, Olmos A, Kofoet A, *et al*. 2002. Specific and sensitive detection of *Phytophthora nicotianae* by simple and nested-PCR. European Journal of Plant Pathology, 108(3): 197-207.

Hu X J, Meacham T, Ewing L, *et al*. 2009. A novel recombinant strain of Potato virus Y suggests a new viral genetic determinant of vein necrosis in tobacco. Virus Research, 143(1): 68-76.

Ippolito A, Schena L, Nigro F. 2002. Detection of *Phytophthora nicotianae* and *P. citrophthora* in citrus roots and soils by nested PCR. European Jounal of Plant Pathology, 108(9): 855-868.

Katundu J, Kulembwa I M. 1980. The effect of planting date and application of dimethoate on aphid infestation and incidence of tobacco rosette and bushy top in Tanzania. East African Agricultural and Forestry Journal, 46(1/4): 62-70.

Kong P, Hong C X, Jefers S N, *et al*. 2003. A species-specific polymerase chain reaction assay for rapid detection of *Phytophthora nicotianae* in irrigation water. Phytopathology, 93(7): 822-831.

Lacourt I, Duncan J M. 1997. Specific detection of *Phytophthora nicotianae* using the polymerase chain reaction and primers based on the DNA sequences of its elicitin gene ParA1. European Journal of Plant Pathology, 103(1): 73-83.

Li S, Hartman G L. 2003. Molecular detection of *Fusarium solani* f. sp. *glycines* in soybean roots and soil. Plant Pathology, 52(1): 74-83.

Lorenzen J, Nolte P, Martin D, *et al*. 2008. NE-11 represents a new strain variant class of Potato virus Y. Archives of Virology,

153(3): 517-525.

Lucas G B. 1975. Diseases of Tobacco (3rd ed). Raleigh: Biological Consulting Associates: 407-410.

Mayo M A, Manilof J, Desselberger U, *et al*. 2005. Virus Taxonomy: Eighth Report of the International Committee on Taxonomy of Viruses. SanDiego, USA: Elsevier Academic Press.

Mo X H, Qin X Y, Tan Z X. 2002. First report of tobacco bushy-top disease in china. Plant Disease, 86(1): 74.

Nagy P D, Bnjarski J J. 1998. Silencing homologous RNA recombination hot spots with GC-Rich sequences in Brome Mosaic Virus. Journal of Virology, 72(2): 1122-1130.

Oka H, Yoshino K. 1988. Breeding tobacco resistant to TMV and CMV. Tob. Res., (14): 62-65.

Schubert R, Bahnweg G, Nechwatal J, *et al*. 1999. Detection and quantification of *Phytophthora* species which are associated with root-rot diseases in European deciduous forests by species-specific polymerase chain reaction. European Journal of Forest Pathology, 29(3): 169-188.

Shew H D, Melton R T A. 1995. Target spot of tobacco. Plant Disease, 79: 5-11.

Shew H D, Main C E. 1990. Infection and development of target spot of flue-cured tobacco caused by *Thanatephorus cucumeris*. Plant Disease, (74): 1009-1013.

Smith K M. 1946. Tobacco rosette: a complex virus disease. Parasitology, 37(1-2): 21-24.

Sreenivasaprasad S, Sharada K, Brown A E, *et al*. 1996. PCR-based detection of *Colletotrichum acutarum* on strawberry. Plant Pathology, 45(4): 650-655.

Stavely J R, Main C E. 1970. Influence of temperature and other factors on initiation of tobacco brown spot. Phytopathology, 60(11): 1591-1596.

Volossiouk T, Robb E J, Nazar R N. 1995. Direct DNA extraction for PCR-mediated assays of soil organisms. Applied and Envimmental Micobiology, 61(11): 3972-3976.

Zhang Z G, Li Y Q, Fan H, *et al*. 2006. Molecular detection of *Phytophthora capsica* in infected plant tissues, soil and water. Plant Pathology, 55(6): 770-775.

Zhang Z G, Zhang J Y, Zheng X B, *et al*. 2004. Molecular distinctions between *Phytophthora capsica* and *Ph. tropicalis* based on ITS sequences of ribosomal DNA. Journal of Phytopathology, 152(6): 358-364.

Zietkiewicz E, Rafalski A, Labuda D. 1994. Genome fingerprinting by simple sequence repeat (SSR): Anchored polymerase chainreaction amplification. Genomics, 20(2): 176-183.